工业产品设计与创客实践
（Inventor 2018）

陈道斌　主编
段　欣　主审

電子工業出版社
Publishing House of Electronics Industry
北京 · BEIJING

内 容 简 介

随着技能大赛试题类型的多样化和试题难度的增加，各地参赛选手和指导老师迫切需要一本紧扣技能大赛的指导用书。本书以 Autodesk Inventor 2018 为基础，结合近几年技能大赛中的一些典型题目，采用实例的形式，对大赛中用到的一些方法、技巧进行详细介绍。

本书主要包括数字样机和创客实践两大内容，其中数字样机部分包含了零件设计、装配设计、基于多实体的零件设计、表达视图设计、工程图设计、效果图与动画渲染等 6 个模块；创客实践部分包括了设计改进实践、一平米板创新设计实践、自由造型设计实践等 3 个模块。每个模块内容翔实，可操作性强，对于参赛选手与指导老师具有很好的参考价值。

本书配有电子教学资源，详见前言。

本教材适用于职业院校技能大赛的参赛选手和指导老师作为技能提升教材使用，同时也适合工程技术人员学习和参考之用。

图书在版编目（CIP）数据

工业产品设计与创客实践：Inventor 2018 / 陈道斌主编. —北京：电子工业出版社，2018.3
（技能大赛实战丛书）

ISBN 978-7-121-33772-7

I. ①工… II. ①陈… III. ①工业产品—计算机辅助设计—应用软件 IV. ①TB472-39

中国版本图书馆 CIP 数据核字（2018）第 037958 号

责任编辑：关雅莉
印　　刷：北京七彩京通数码快印有限公司
装　　订：北京七彩京通数码快印有限公司
出版发行：电子工业出版社
　　　　　北京市海淀区万寿路 173 信箱　邮编 100036
开　　本：787×1 092　1/16　印张：15　字数：384 千字
版　　次：2018 年 3 月第 1 版
印　　次：2025 年 2 月第 15 次印刷
定　　价：49.80 元

凡所购买电子工业出版社图书有缺损问题，请向购买书店调换。若书店售缺，请与本社发行部联系，联系及邮购电话：（010）88254888，88258888。

质量投诉请发邮件至 zlts@phei.com.cn，盗版侵权举报请发邮件至 dbqq@phei.com.cn。

本书咨询联系方式：（010）88254617，luomn@phei.com.cn。

前　言

Preface

“计算机辅助设计（工业产品 CAD）”项目作为全国职业院校技能大赛中职组的常青藤项目，自 2010 年至今已经举办了 7 年（其中 2014 年休赛一年）。2012 年以前，该项目名称为“工业产品设计（CAD）技术”，自 2013 年起沿用现在的名称，在 2018 年的申报书中，又将名称改为“工业产品设计与创客实践”。表面上看只是名称的改变，但从这几年比赛的方向来看，该项目越来越接贴近“中国制造 2025”的人才需求规划。

随着指导老师、参赛选手水平的逐年提高，大赛在赛题的题量、难度方面也逐年加大。从最初的简单模型到现在比较复杂的曲面建模，越来越考察参赛选手的读图能力、建模技巧。从这几年的比赛情况来看，很多选手都卡在了建模这一环节。尽管这几年国赛的题目都在赛后进行了公布，但是从比赛来看仍然有很多学校没有找到正确的建模方法及技巧，而市场上针对大赛的辅导资料少之又少，因此很多指导老师、参赛选手非常希望能有一本这方面的指导教材来进行引导。

本书以历年国赛中的经典题目作为任务，详细介绍了曲面建模、装配，以及动画制作的一些方法及技巧，并辅以本人指导备赛过程中的经典题目作为练习，以帮助读者比较全面地了解比赛中用到的方法及技巧。

编者本人自 2011 年至今历年参加该项目的全国职业院校的技能大赛，指导的选手先后获得了 4 个一等奖、3 个二等奖。因此对历年的大赛题目把握得比较透。由于作为参赛选手的学校，不能作为国赛裁判，因此本人没有担任过国赛裁判，但在一些地市的技能大赛中担任过裁判，并且有幸在 2017 年该项目的行业赛中担任裁判。在裁判过程中发现，尽管好多题目已经公开了很长时间，但仍然有很多学校在比赛过程中没有找到正确的解决方法，通过与很多同行的指导老师交流，我感觉针对近几年的比赛情况应该编写一本技能大赛方面的指导教材，以帮助指导老师、参赛选手解决学习中遇到的这些问题。

编者希望读者能通过本书的学习，掌握曲面建模、零部件装配、动画制作等的一些方法、技巧。在学习过程中如果能够举一反三，相信在比赛中就不会遇到无从下手的尴尬了。比赛对选手来说无非就是读图能力和熟练程度，我想前者还是最关键的。拿到图纸后能在较短时间内找到正确的建模方法，我想这是每位参加国赛的选手须首先具备的。

本书作为技能大赛的进阶版，主要通过任务的形式从题目的做法、技巧上做了详细的介绍，并没有对软件的基本应用进行系统的介绍。建议读者在使用本教程的同时，结合本人后续编写的基础版教材《工业产品设计（Inventor 2018）》一起学习，这样可在熟悉软件基本操作的基础上，再针对大赛的一些题目的做法、技巧进行深入的针对性指导，相信读者会收获甚丰。

本书陈道斌主编，段欣主审，在此表示感谢。

本书所有参考文件及文件夹，见电子参考资料包，可登录华信教育资源网搜索本书并下载。

编　者

2018月3月

目　　录

Contents

数字样机

创 客 实 践

数字样机

数字样机是针对于物理样机而言的，其兴起于20世纪90年代。早期的概念是指建立整个产品的全三维数字化模型，实现对复杂产品整体的显示和装配过程的模拟。

随着计算机技术、信息技术的发展，数字样机也越来越赋予更多的含义。Autodesk 提出的数字样机强调将产品的整个生命周期的模型实现数字化，而不仅仅是最终产品的数字化。数字样机贯穿了从产品的概念设计、工程设计到工程分析全过程的集成应用。

模 块 1

认识 Inventor 2018

1. Autodesk Inventor 2018 的特点

Autodesk Inventor 是美国 Autodesk 公司推出的一款可视化三维实体设计软件，它的功能涵盖了从产品的草图设计、零件设计、零件装配、视图表达、模具设计、工程图设计等全过程，另外还包含了 BIM 内容、3D 打印等附加模块，用于帮助用户创建和验证完整的数字样机，使用户在数字样机设计流程中获得极大优势，以便在短时间内生产出更好的产品。

Inventor 具有强大的三维造型能力，一经面世就广受市场关注，与其他主流三维 CAD 软件相比，它具有以下明显特点。

① 简单易懂的操作界面。采用与 AutoCAD 相似的界面，使用 Autodesk 其他产品的用户能够在短期内熟悉使用环境并快速上手。

② 融入参数化三维特征造型技术，使 Inventor 具有强大的实体造型能力。

③ 部件功能中具有突破性的自适应技术，能够实现基于装配的关联设计，使自顶向下的设计过程在 CAD 软件中变得可行。

④ 支持多种数据格式。Inventor 能够导入导出多种数据格式，如 IGES、Parasolid、ACIS、STEP、三维 PDF 等，可最大限度地利用现有的设计资源。

⑤ 文件之间可根据设计需要相互关联。例如，对零件进行了修改后，Inventor 可自动将这一变更应用到与该零件相关的部件、工程图及表达视图等文档中，从而有效地减少设计过程中的重复工作。

⑥ 全方位、智能化的帮助功能和丰富的参考资源可以提升设计人员的设计能力。

⑦ 3D 打印工作室设立了专门的 3D 打印环境，它可以让用户定位和修改部件，以适应各种兼容的 3D 打印机。在这里一个模型可被分解成多个子部件，以适应单个打印作业需求。

2. Inventor 2018 用户界面

Inventor 2018 零件环境下的界面如图 1-1 所示。它主要包括图形窗口、功能区面板、快速访问工具条、浏览器、状态栏、功能选项卡、导航工具条、坐标系和 View Cube 等。

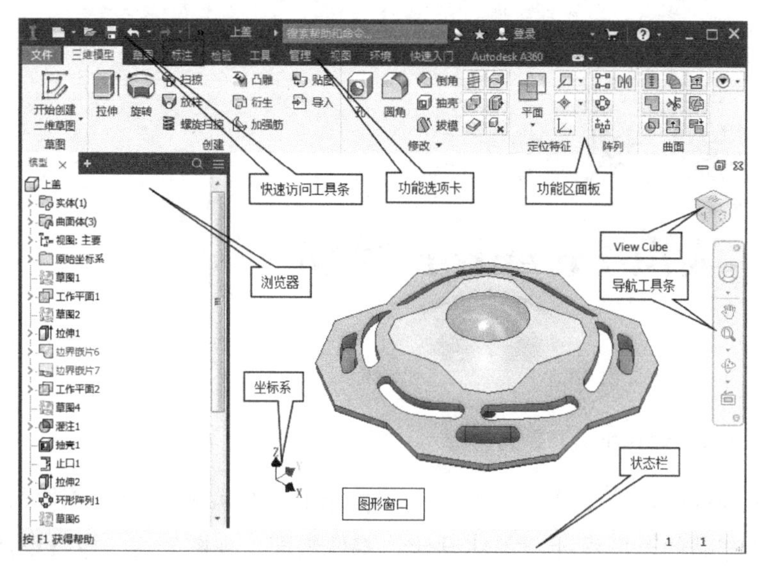

图 1-1　零件环境下的 Inventor 2018 界面

3．鼠标的使用

鼠标是十分重要的计算机外部设备之一，在可视化的操作环境下，用户与 Inventor 交互操作时几乎全部利用鼠标来完成。如何使用鼠标，直接影响到用户的设计效率。使用三键鼠标可以完成各种功能，包括选择菜单、旋转视角、物体缩放等，具体使用方法如下。

（1）移动鼠标

当鼠标经过某一特征或某一工具按钮时，该特征或该工具按钮会高亮显示。例如，当鼠标在浏览器的模型树中某一父特征上悬停时，该父特征会用红框突出显示，并且在图形显示区的模型上相对应的特征以虚线形式高亮显示，如图 1-2 所示；当鼠标在工具面板的某一特征按钮上悬停时，会弹出该特征的说明对话框，如图 1-3 所示。

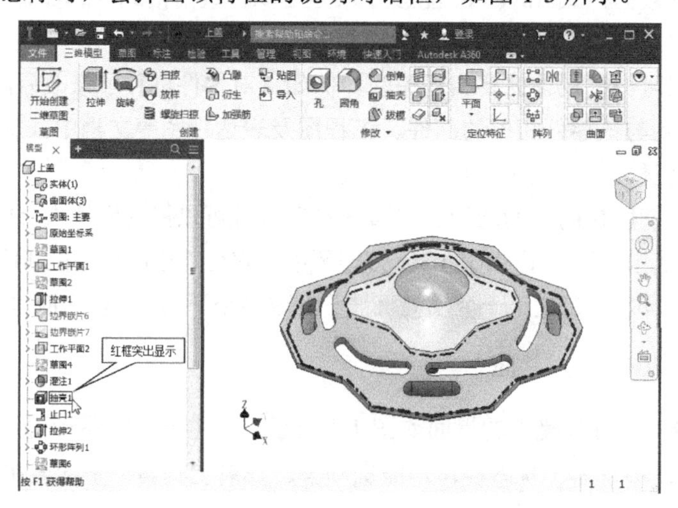

图 1-2　鼠标悬停于浏览器中某一特征时的状态

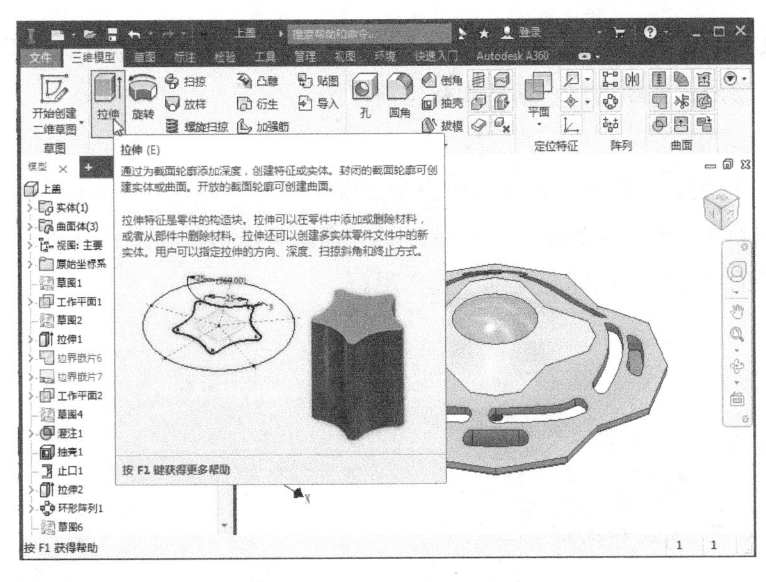

图 1-3　特征说明对话框

（2）单击鼠标

无论是在三维模型上还是在浏览器中，单击特征时，会弹出“编辑”小工具栏，如图 1-4 所示。如果单击工具栏中的按钮，会弹出编辑该特征的对话框，同时三维模型上的特征会蓝色高亮显示并加注特征方向箭头，如图 1-5 所示。在浏览器中双击鼠标可直接用于编辑对象。

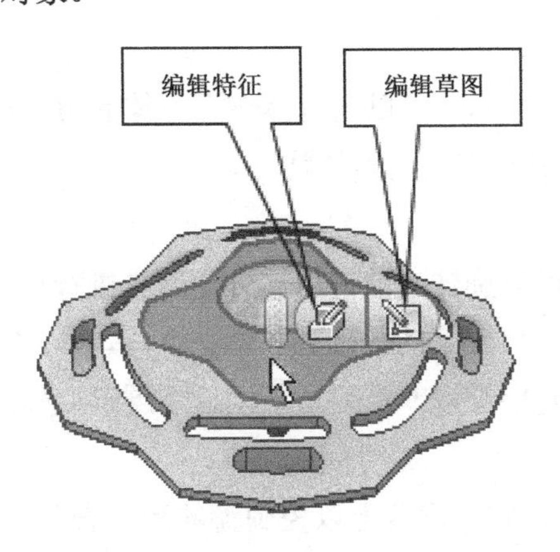

图 1-4　“编辑”小工具栏

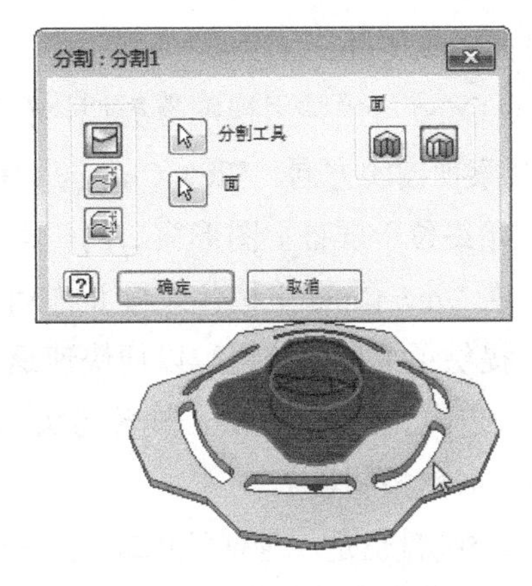

图 1-5　“特征编辑”对话框

（3）单击鼠标右键

用于弹出选择对象的关联菜单，如在三维模型的某一特征上单击右键，会弹出如图 1-6 所示右键菜单。选择选项时，只需要在选择选项的方向上单击，即可选中并执行该选项。

（4）滚轮操作

滚动鼠标滚轮可用于缩放当前视图，向上滚动滚轮为缩小视图，反之为放大视图。按下滚轮会平移用户界面内的三维数据模型，此时鼠标变成小手的形状。如果按下 Shift 键的同时再按下滚轮，拖动鼠标会动态观察当前视图。

（5）拖动左键

保持按下 F4 键，在图形显示区的中央会出现轴心器，如图 1-7 所示。在轴心器内部或者在轴心器外侧靠近轴心器的地方，按住左键并拖动可以动态观察当前视图，在轴心器外侧远离轴心器的地方按住鼠标左键则不起作用。

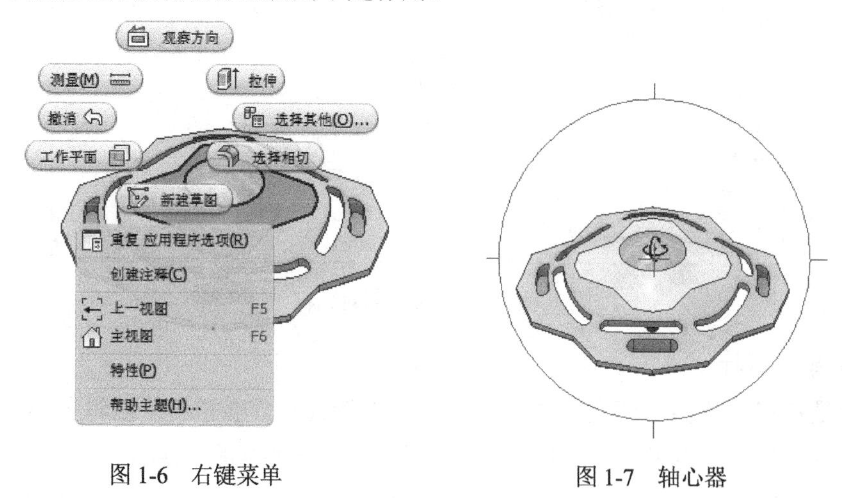

图 1-6　右键菜单　　　　图 1-7　轴心器

4．导航工具

（1）View Cube

View Cube 与“常用视图”类似，如图 1-8 所示。可以通过单击正方体的角、棱、面，来改变观察视图的方向。View Cube 具有如下几个主要的附加特征。

① 始终位于屏幕上图形窗口的一角。

② 在 View Cube 上按住左键并拖动鼠标可以旋转当前模型，方便用户进行动态观察。

③ 提供了主视图按钮，以便快速返回用户自定义的基础视图。

④ 在平行视图中提供了旋转箭头，使用户能够以 90° 为增量垂直于屏幕旋转照相机。

（2）导航控制盘

导航控制盘也是一种便捷的动态观察工具，它在屏幕上以控制盘的形式表现出来，其被激活后会一直跟随光标。像 View Cube 一样，打开导航控制盘的方法有两个：一个是通过导航工具条来打开或关闭导航控制盘，如图 1-9 所示；另一个就是在“视图”选项卡下，通过“导航”面板中的下拉菜单打开和关闭导航控制盘，如图 1-10 所示。

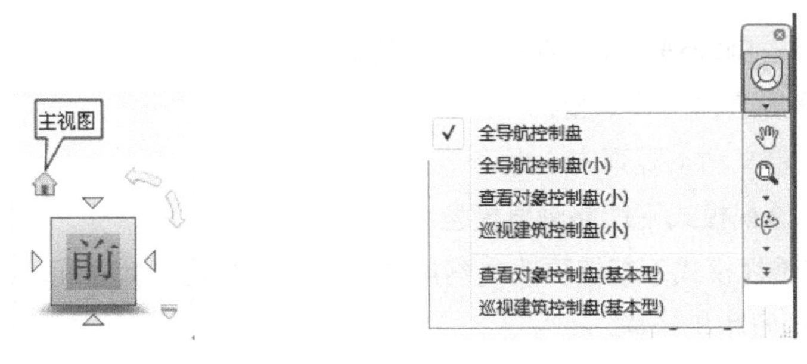

图 1-8　View Cube　　　　图 1-9　导航工具条

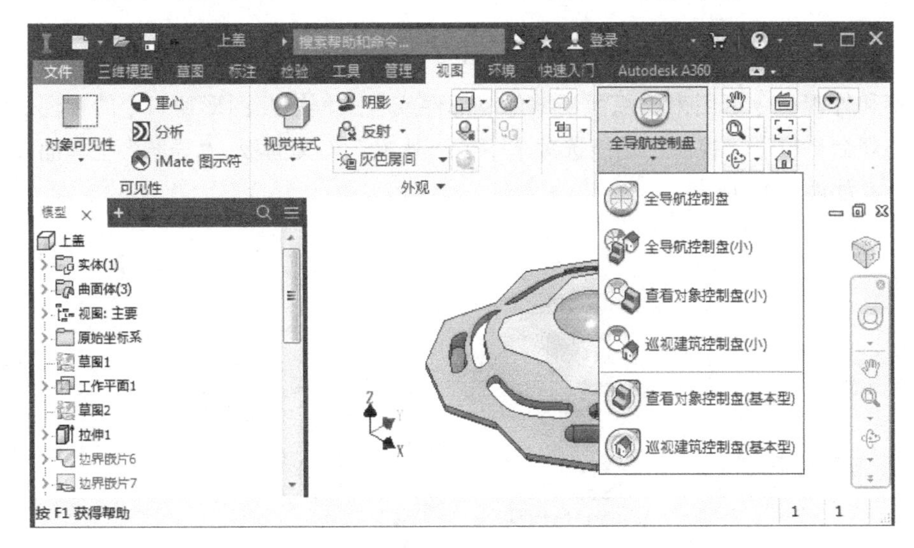

图 1-10　“导航”面板中的下拉菜单

导航控制盘界面有几种表现形式，见表 1-1。

表 1-1　导航控制盘界面的表现形式

表现形式	全程导航控制盘	查看对象控制盘	巡视建筑控制盘
大控制盘	缩放、中心、漫游、回放、向上/向下、环视、动态观察、平移	中心、缩放、回放、动态观察	向前、环视、回放、向上/向下
小控制盘	动态观察	回放	环视

导航控制盘提供了以下几个功能。

① 缩放：用于更改照相机到模型的距离。

② 动态观察：围绕轴心点更改照相机位置。

③ 平移：在屏幕内平移照相机。

④ 中心：重定义动态观察中心点。

⑤ 漫游：在透视模式下能够浏览模型。

⑥ 环视：在透视模式下能够更改观察角度而无需更改照相机位置，如同围绕某一固定点向任意方向转动照相机一样。

⑦ 回放：能够以缩略图的形式快速选择前面的任意视图或者透视模式。

5．观察和外观命令

观察和外观命令可用来操纵激活零件、部件或者工程图在图形窗口中的视图。常用的观察和外观命令位于“视图”功能选项卡下的“外观”工具面板、“导航”工具面板及导航工具条上，如图 1-11 所示。

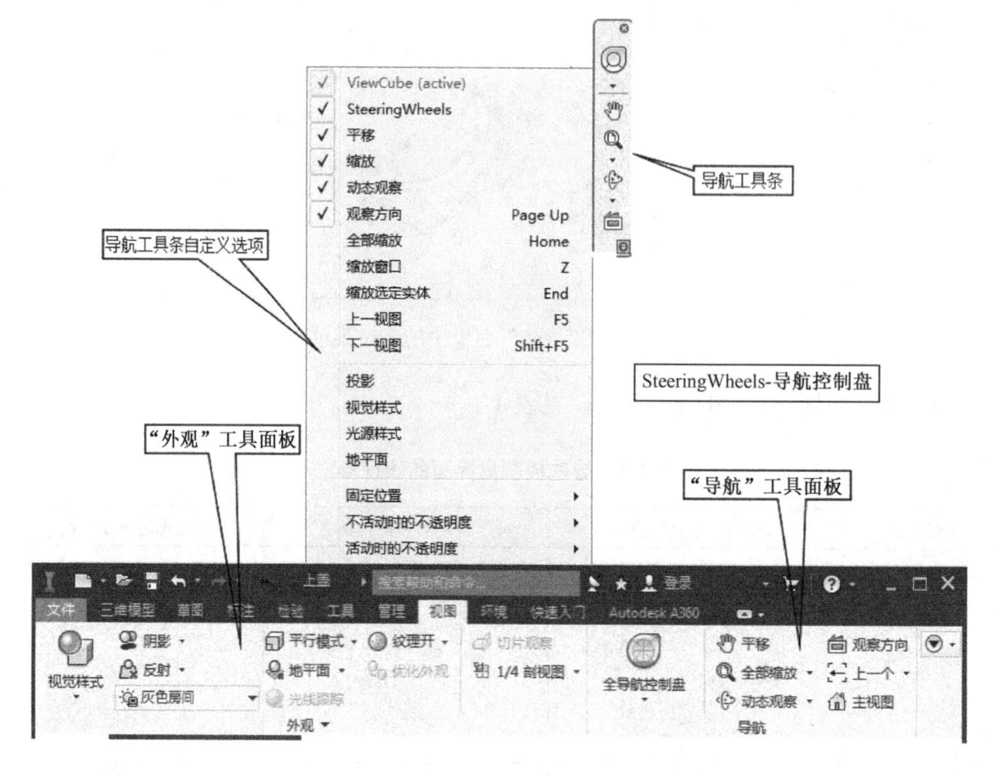

图 1-11 “外观”工具面板、“导航”工具面板及导航工具条

思考与练习 1

打开资料包中“模块二/思考与练习/盖子.ipt”文件，完成下列操作：

1. 使用View Cube工具进行动态观察，观察其主视图、前视图、左视图、轴侧视图，并将左视图顺时针旋转90° 观察。

2. 使用鼠标滚轮动态缩放模型。

3. 使用导航控制盘平移模型，并进行回放。

4. 使用导航工具条将模型以“线框”形式显示，如图1-12所示，以如图1-13所示面为观察方向。

图1-12 线框显示　　图1-13 观察方向

02

模 块 2

零 件 设 计

所谓零件设计是指按照一定的方法，为工业产品零件建立三维实体模型的过程。所有的产品都由一个或多个零件组成，因此在 Inventor 中零件建模是设计的基础，可为以后的装配、表达视图、工程图、渲染等提供重要的数据。

使用 Inventor 创建零件模型可描述为创建草图和添加特征的过程。使用 Inventor 创建三维模型的步骤总的来说可概括为三个，即形体分析、创建草图、添加特征。

在 Inventor 的零件环境下，其自身提供了比较全面的模型特征创建工具、修改工具、自由造型工具、曲面工具、塑料零件工具等。在现实生活中，很多零件的表面都是比较复杂的曲面，再加上近几年在全国职业院校技能大赛“计算机辅助设计（工业产品 CAD）”赛项的比赛题目中，所涉及的建模均为曲面建模，因此本模块所有实例均以曲面建模为例来介绍零件设计的方法。

任务1 草 图 技 术

任务导入

草图实例效果如图 2-1 所示。

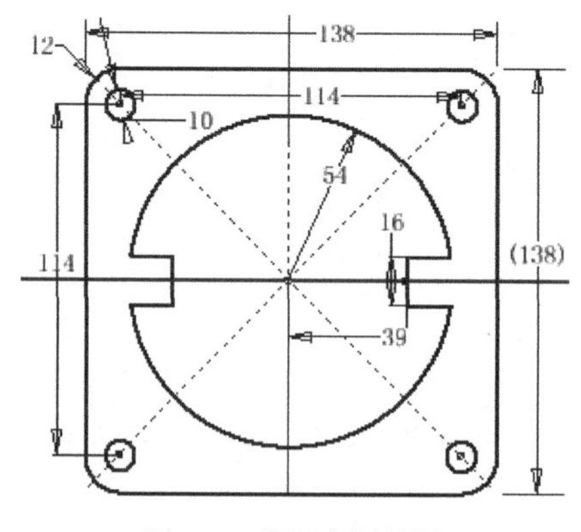

图 2-1 草图实例效果

设计流程

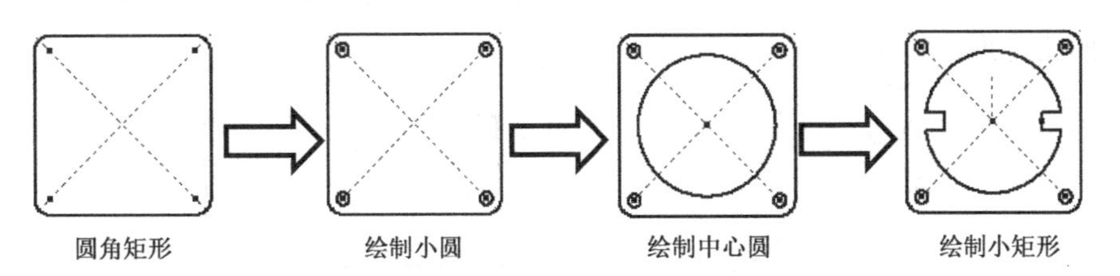

设计步骤

Step 01 新建文件。在快速访问工具条上单击“新建”按钮右侧的下拉箭头，在下拉菜单中选择“零件”工具按钮，如图 2-2 所示。

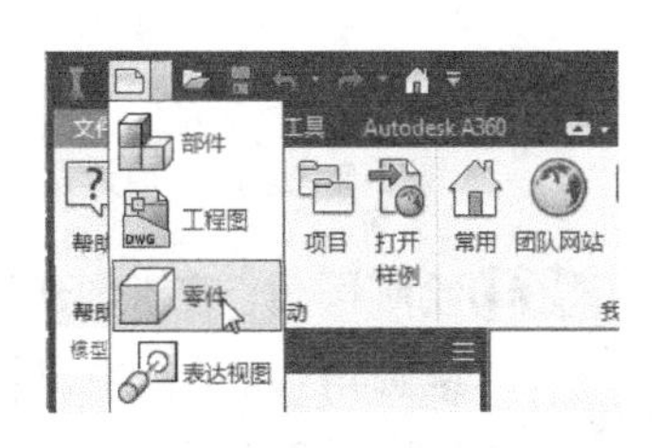

图 2-2　新建零件

Step 02 创建草图。在零件环境下单击“草图”工具面板上的“开始创建二维草图”工具按钮，此时屏幕中央出现三个原始坐标平面，如图 2-3 所示。选择工作面后进入草图环境，如图 2-4 所示，这里选择 *XY* 工作面作为草图依附平面。

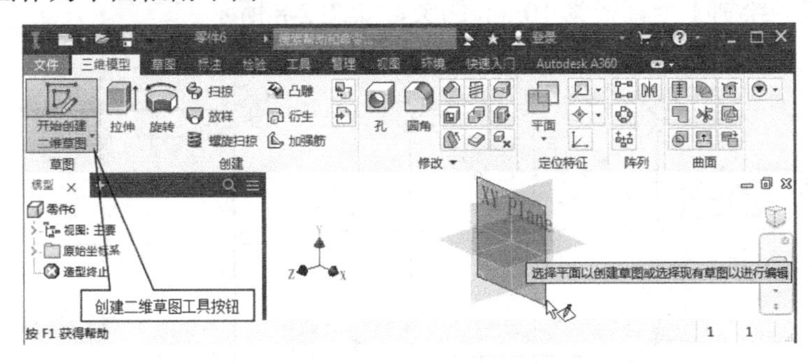

图 2-3　创建二维草图

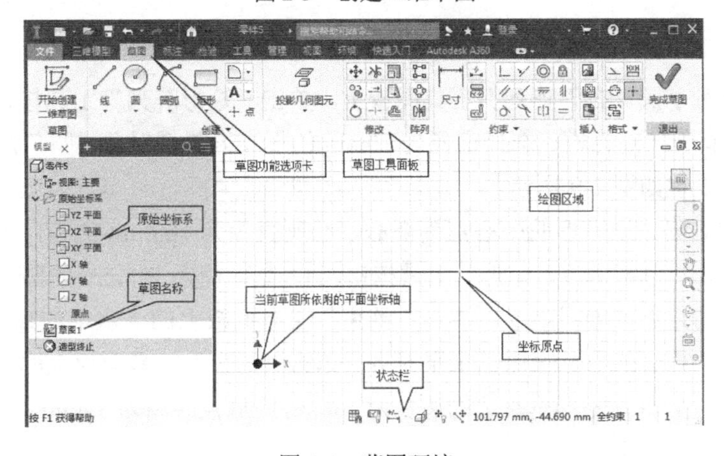

图 2-4　草图环境

Step 03 绘制矩形。在“创建”工具面板上，单击“矩形”工具按钮的下拉箭头，选择“矩形两点中心”工具按钮，如图 2-5 所示。以坐标原点为中心点，绘制边长为 138mm 的正方形，如图 2-6 所示。

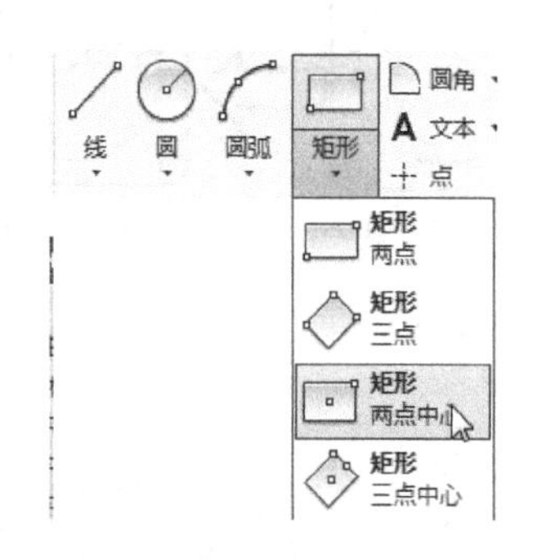

图 2-5 选择“矩形两点中心”工具按钮

图 2-6 绘制矩形

Step 04 绘制圆角。在“创建”工具面板上，单击“圆角”工具按钮圆角，在弹出的“二维圆角”对话框中，输入圆角半径“12mm”，然后依次选择矩形的四条边绘制圆角，如图 2-7 所示。

Step 05 绘制 1 个小圆。在“创建”工具面板上，单击“圆”工具按钮，以圆角的圆心为中心点，绘制 1 个直径为 10mm 的圆，如图 2-8 所示。

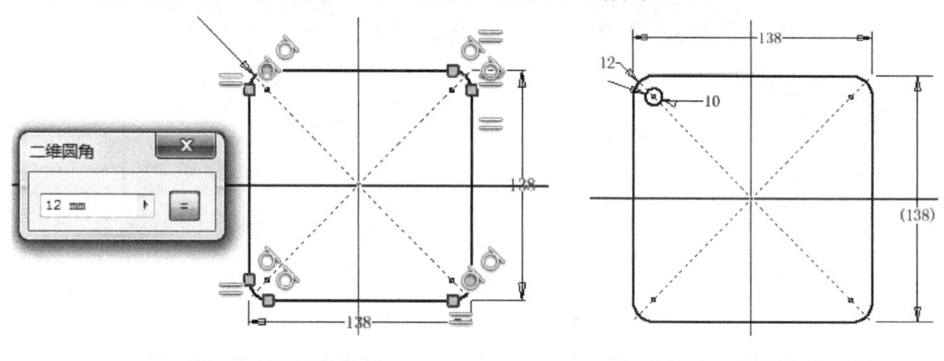

图 2-7 绘制圆角

图 2-8 绘制 1 个小圆

Step 06 绘制阵列小圆。在“阵列”工具面板上，单击“矩形阵列”工具按钮矩形，弹出“矩形阵列”对话框，选择直径为 10mm 的小圆为阵列对象，圆角矩形的边为阵列方向，设置如图 2-9 所示。

Step 07 绘制中心圆。以矩形的中心点为圆心，绘制直径为 108mm 的圆，如图 2-10 所示。

Step 08 绘制矩形。单击“两点矩形”工具按钮，在直径为 108mm 的圆上，捕捉一点作为矩形的角点，绘制矩形。单击“约束”工具面板上的“水平约束”工具按钮，将矩形垂直边的中点跟原点水平对齐，单击“约束”工具面板上的“通用尺寸”工具按钮，标注矩形垂直边的边长为 16mm，距原点距离为 39mm，如图 2-11 所示。

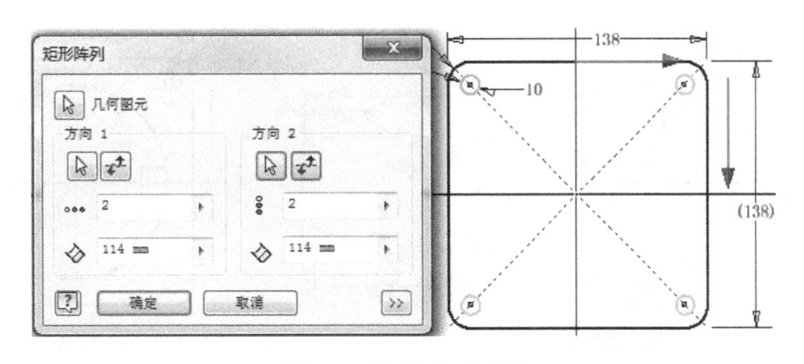

图 2-9　绘制阵列小圆

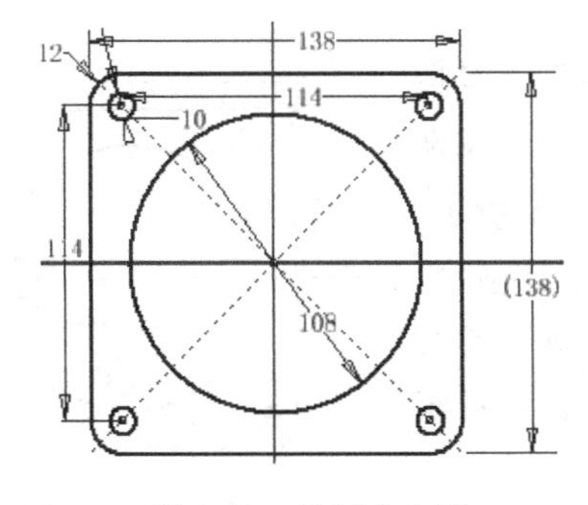

图 2-10　绘制中心圆

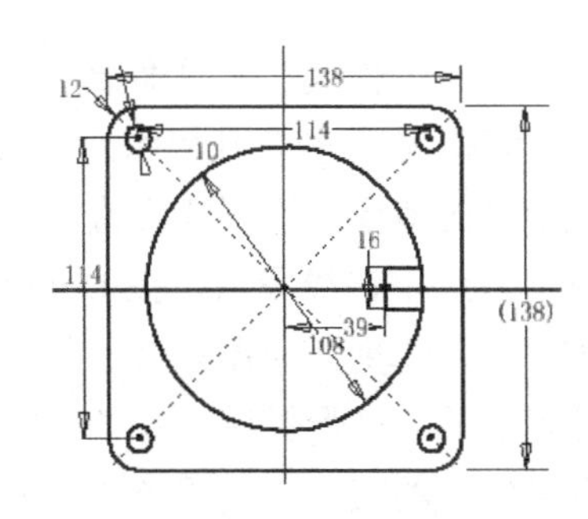

图 2-11　绘制矩形

Step 09 绘制镜像线。利用“直线”命令，以原点为起点，绘制一条垂直向上的直线段，选择该条直线段，单击“格式”工具面板上的“构造线”工具按钮，如图 2-12 所示。将直线段改成构造线，结果如图 2-13 所示。

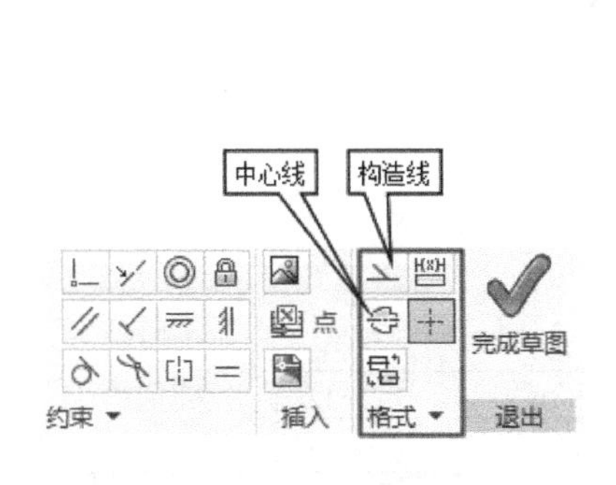

图 2-12　格式工具面板

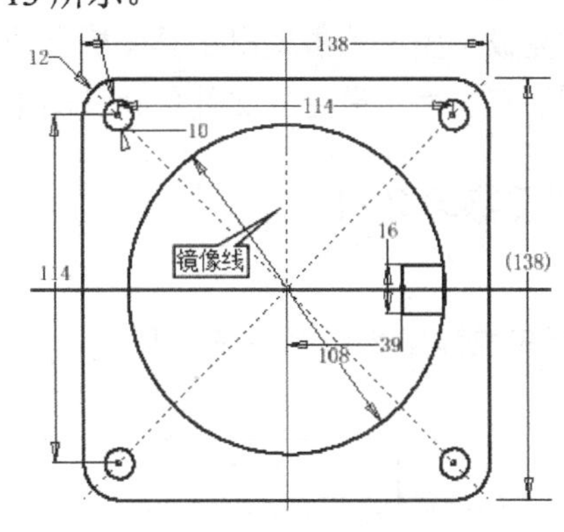

图 2-13　绘制镜像线

说明： 构造线的样式为“点线”，用于定位或参考，而不参与实体造型的草图元素。因此在草图中不参与创建特征的几何图元，尽可能地设置为构造线。

Step 10 镜像矩形。单击“阵列”工具面板上的“镜像”工具按钮 镜像，选择小矩形的三条边为镜像对象，再单击“镜像”对话框中的“镜像线”按钮，选择前面绘制的镜像线，如图 2-14（a）所示。单击“完毕”按钮，完成镜像操作，结果如图 2-14（b）所示。

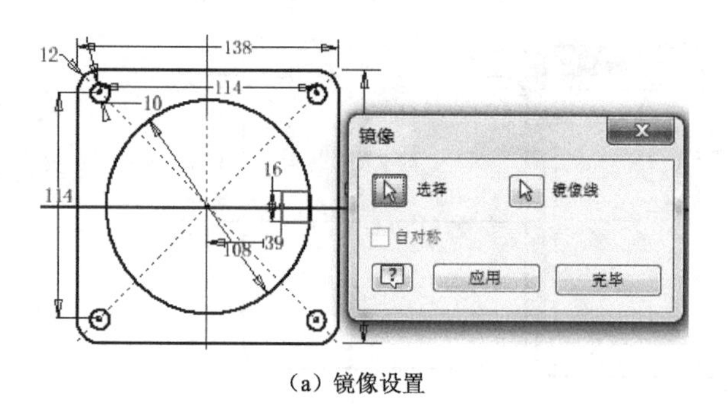

（a）镜像设置

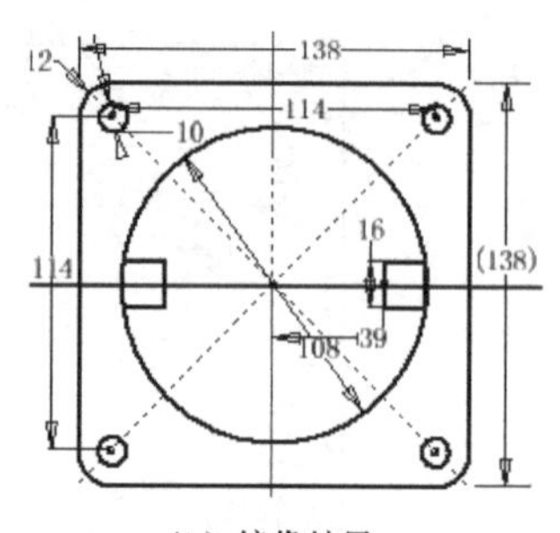

（b）镜像结果

图 2-14　镜像矩形

Step 11 修剪。单击“修改”工具面板的“修剪”工具按钮 修剪，修剪多余几何图元，在修剪时，发现右侧矩形的多余边线不能修剪，如图 2-15 所示。这时可以选中该线段后，按 Delete 键进行删除。

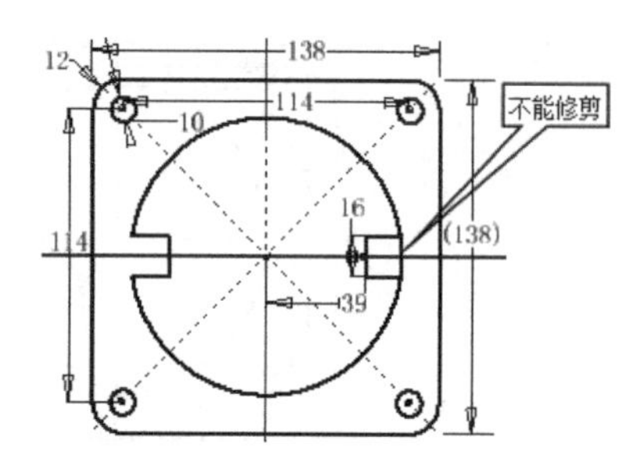

图 2-15　修剪几何图元

Step 12 添加约束。修剪几何图元后，此时会发现中心圆及修剪后的小矩形颜色又有了一些变化，即草图没有被完全约束。这说明经过修剪，原有的一些草图约束丢失了，需要重新加上。利用“尺寸”工具，为上半段圆弧添加半径尺寸。单击“约束”工具面板上的“等长约束”工具按钮＝，再依次单击上、下两段圆弧，使两段圆弧等长，将图形全约束。最后结果如图 2-1 所示。

Step 13 完成草图。单击退出工具面板上的“完成草图”工具按钮✔，退出草图环境。

Step 14 保存文件。最后将文件保存，结果如图 2-1 所示。

拓展练习 2-1

绘制完成如图 2-16 所示的草图。

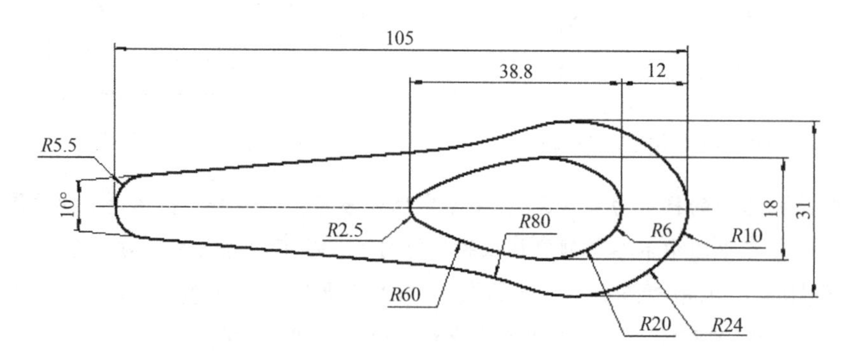

图 2-16　拓展练习 2-1

任务 2　电话机底座设计

任务导入

电话机底座设计实例如图 2-17 所示，其零件图纸见资料包中“模块二/电话机底座.dwfx”文件，模型文件参见资料包中“模块二/电话机底座.ipt”文件。

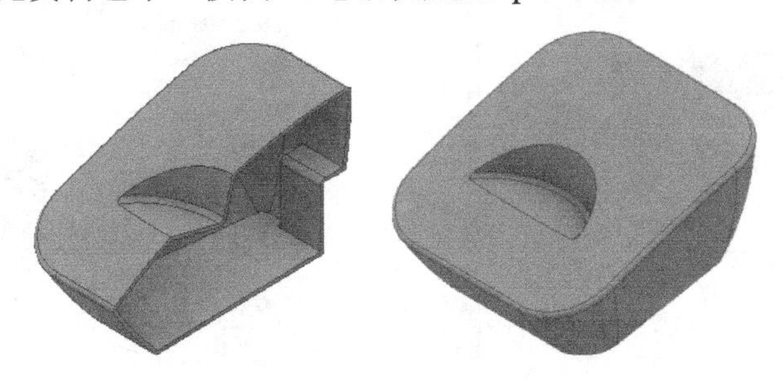

图 2-17　电话机底座设计实例

设计流程

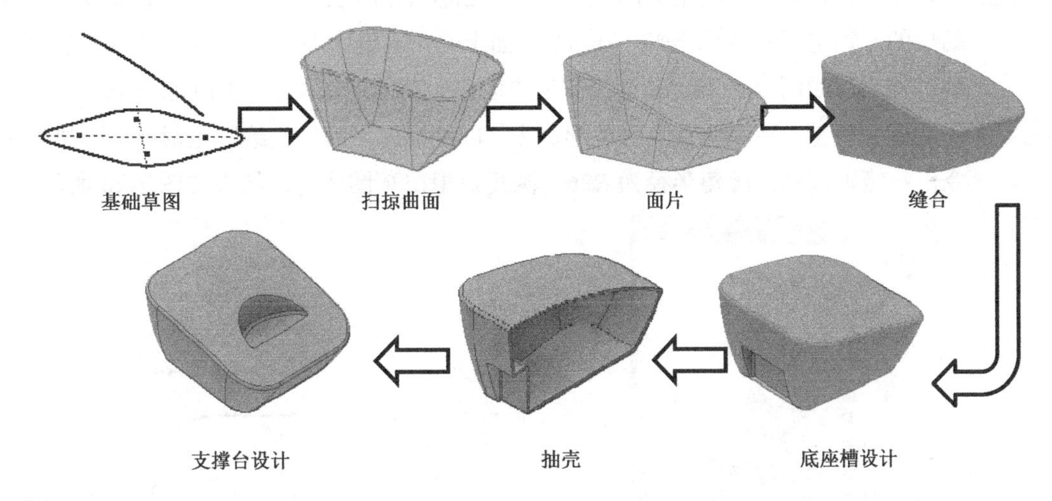

设计步骤

Step 01 新建文件。在“启动”工具面板上单击“新建”按钮下面的下拉箭头，在下拉菜单中选择“新建”命令，如图 2-18（a）所示，弹出“新建文件”窗口，选择“零件”选项里面的“Standard.ipt”选项，如图 2-18（b）所示，最后单击“创建”按钮，完成零件创建并进入特征环境。

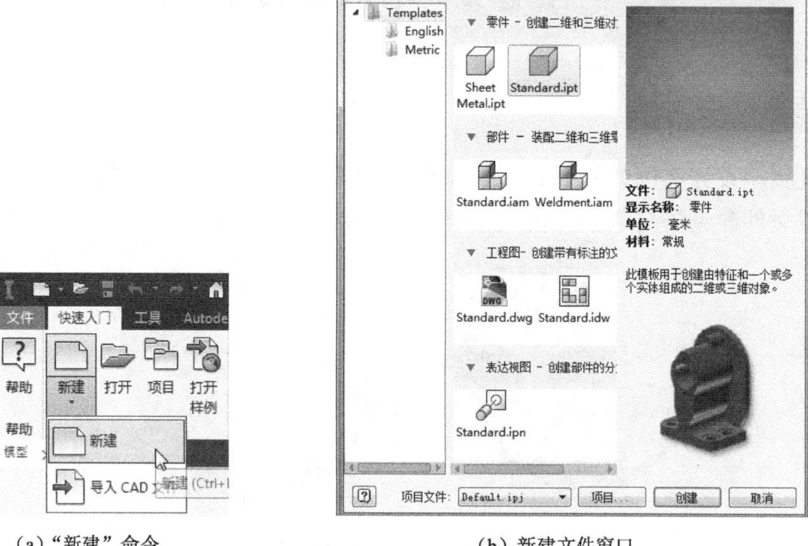

（a）“新建”命令　　　　（b）新建文件窗口

图 2-18　新建零件

Step 02 创建草图。在零件环境下的浏览器中，单击模型树中原始坐标系左边的箭头 >，将隐藏的原始坐标系展现出来。在 *XY* 平面上单击右键，在右键菜单中选择“新建草图”选项，如图 2-19 所示，以 *XY* 工作面作为草图所依附的平面创建草图。

Step 03 绘制圆角矩形。利用两点中心矩形命令，以坐标原点为中心绘制矩形；利用圆角命令，将矩形圆角，圆角半径为 *R*26，圆角后退出草图环境，结果如图 2-20 所示。

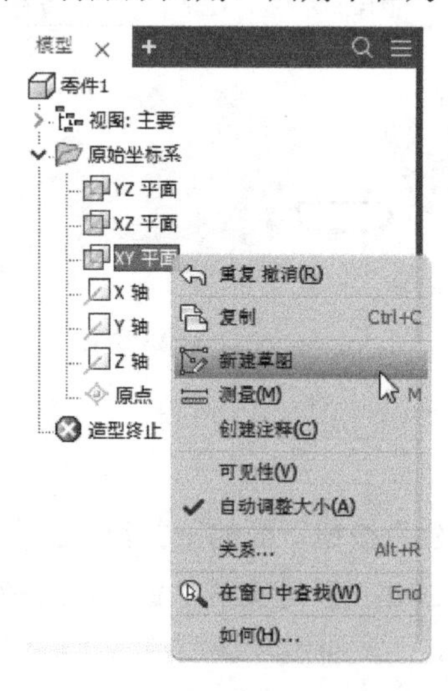

图 2-19　“新建草图”选项

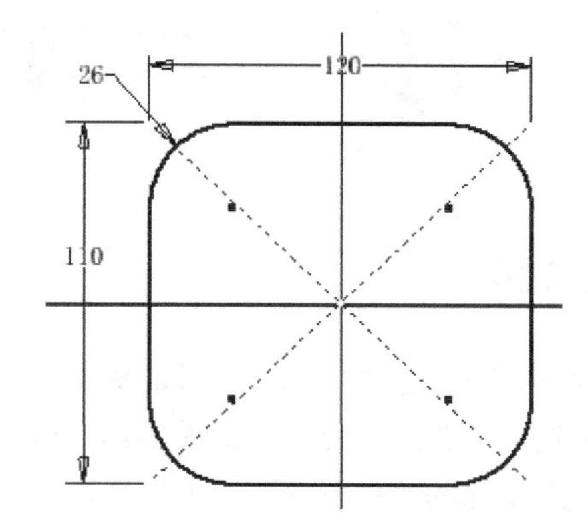

图 2-20　绘制圆角矩形

Step 04 绘制圆弧。在 XZ 工作面上创建草图，在“创建”工具面板上单击“投影几何图元”工具按钮，投影如图 2-20 所示的左、右两条边。单击“创建”工具面板上的“圆弧三点”工具按钮，绘制半径为 R500 的圆弧，单击“约束”工具面板上的“垂直约束”工具按钮，将圆弧端点跟投影的两个点垂直对齐，标注圆弧端点到投影点之间的距离，如图 2-21 所示。

Step 05 绘制三维草图。在“草图”工具面板上，单击“开始创建二维草图”按钮下的下拉箭头，选择“开始创建三维草图”工具按钮，进入三维草图环境，如图 2-22 所示。在“绘制”工具面板上，单击“相交曲线”工具按钮，弹出“三维相交曲线”窗口，然后依次单击圆角矩形、R500 圆弧，如图 2-23（a）所示。单击“确定”按钮，完成相交曲线绘制，并退出三维草图环境，结果如图 2-23（b）所示。

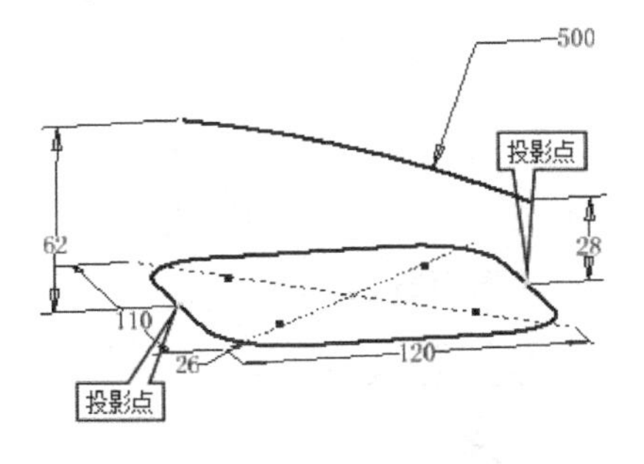

图 2-21　绘制 R500 圆弧

图 2-22　开始创建三维草图

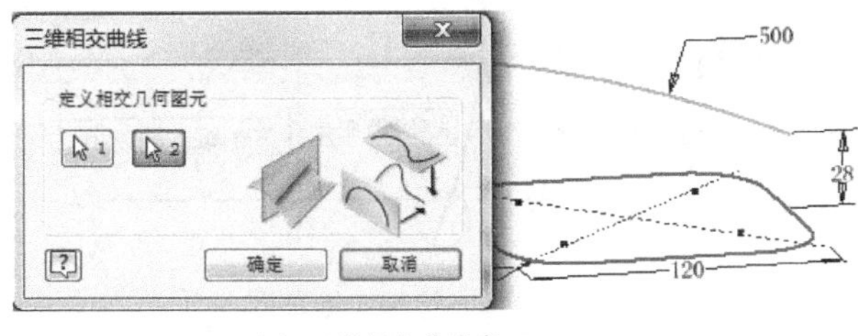

（a）三维相交曲线窗口

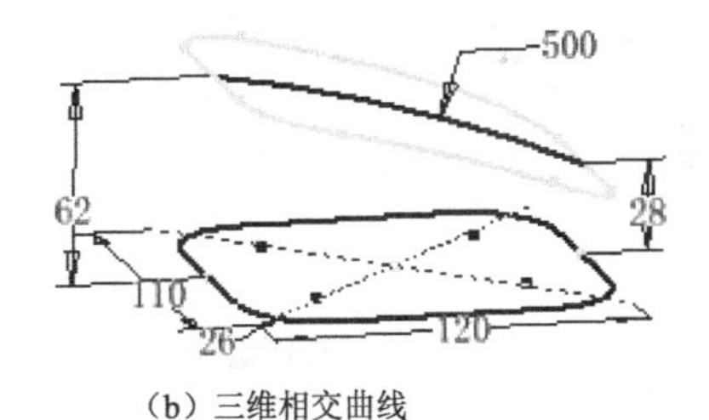

（b）三维相交曲线

图 2-23　三维相交曲线

Step 06 隐藏草图。在浏览器的模型树中，在按下 Shift 键的同时，依次单击“草图 1”、“草图 2”，然后在选择的“草图 1”或者“草图 2”上，单击鼠标右键，在右键菜单中选择“可见性”，如图 2-24（a）所示，将两个草图隐藏后，结果如图 2-24（b）所示。

Step 07 创建草图。在 XZ 工作面上创建草图，拖动 View Cube 动态观察视图窗口，投影如图 2-25（a）所示边，以投影点为端点，分别绘制如图 2-25（b）所示草图。R2、R180 两段圆弧相切于投影点，两段圆弧的圆心均跟投影点水平对齐，完成草图后，退出草图环境。

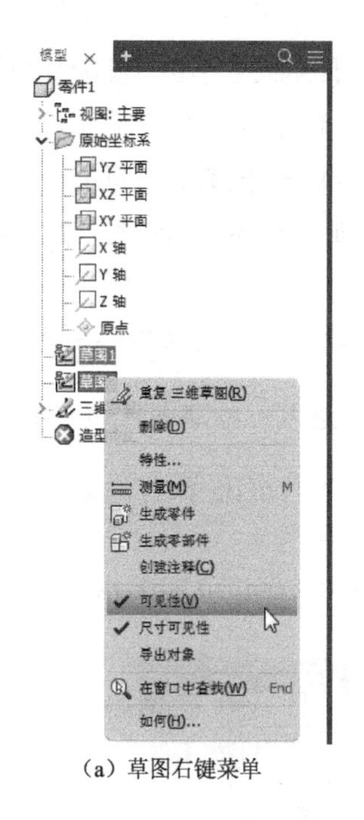

（a）草图右键菜单

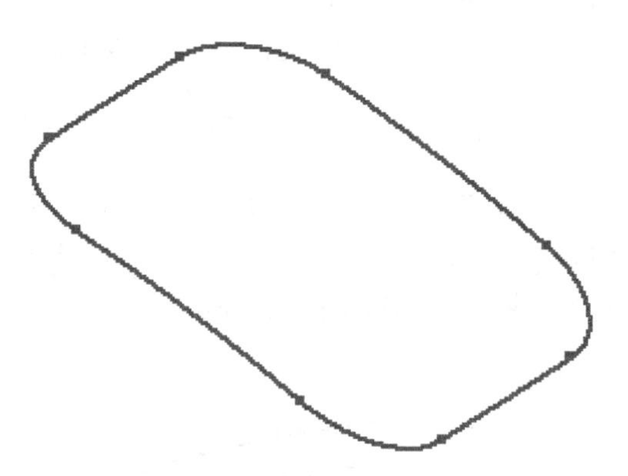

（b）二维草图隐藏后

图 2-24　隐藏草图

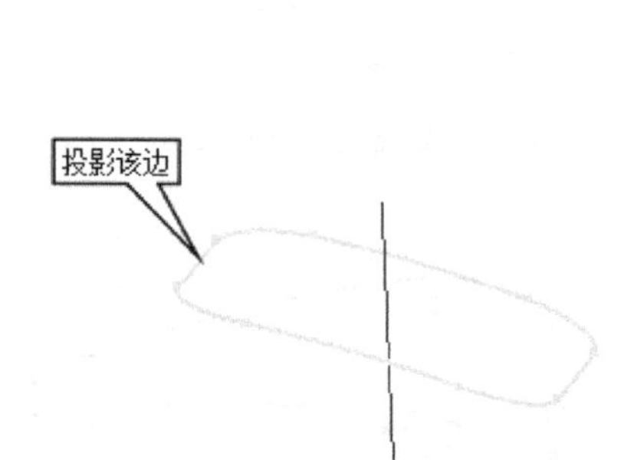

（a）投影边

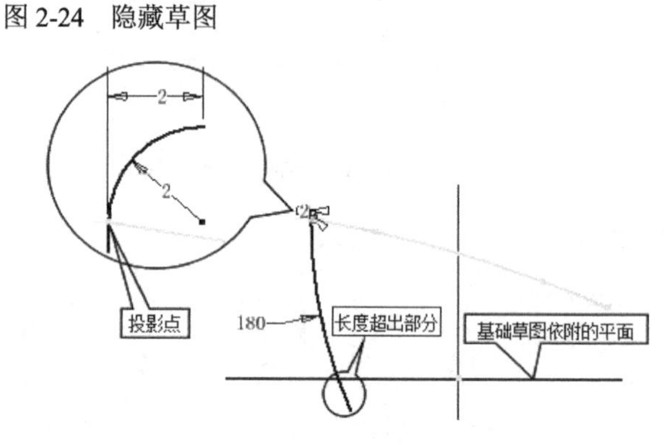

（b）绘制二维草图

图 2-25　绘制草图

说明：由于沿着三维草图扫掠后的曲面底部不是平面，固 *R*180 圆弧底端要超出基础草图所在平面一部分。超出部分长度也不要过长，否则扫掠时，会产生自交。

Step 08 扫掠曲面。单击“创建”工具面板上的“扫掠”工具按钮 扫掠，弹出“扫掠”窗口。先单击 *R*2、*R*180 两段圆弧作为截面轮廓，再单击三维草图作为扫掠路径，在扫掠窗口的“输出”选项中选择输出曲面，结果如图 2-26 所示。

Step 09 修剪。单击“曲面”工具面板上的“修剪”工具按钮 修剪，弹出“修剪曲面”窗口，先单击浏览器中的“*XY* 平面”作为修剪工具，再单击 *XY* 工作面下面的部分作为删除曲面，如图 2-27 所示。单击“确定”按钮，完成修剪操作。

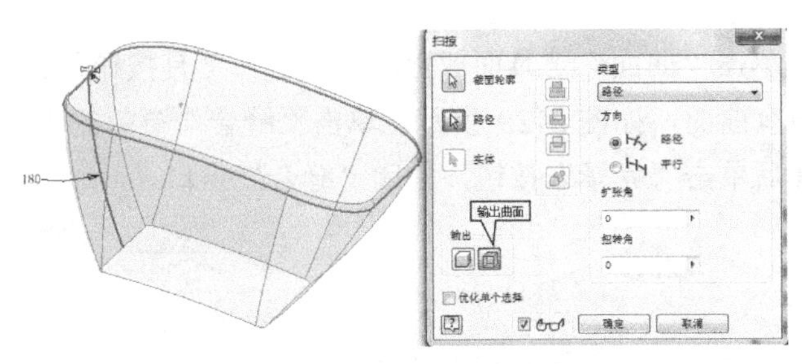

图 2-26 扫掠曲面

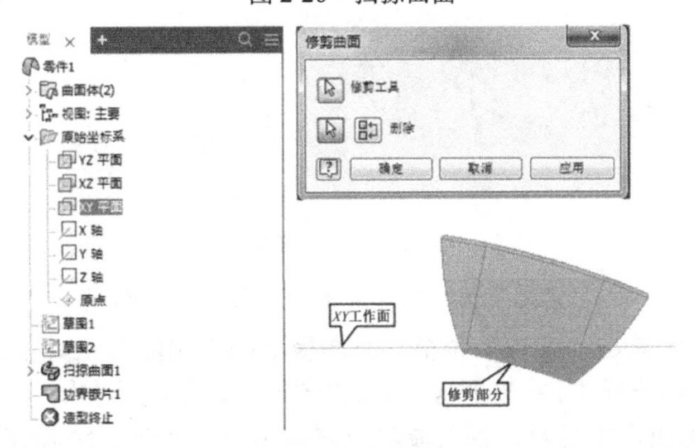

图 2-27 修剪曲面

Step 10 面片。单击“曲面”工具面板上的“面片”工具按钮 面片，弹出“边界嵌片”窗口。选择如图 2-28（a）所示边界作为“嵌片边界 1”，单击“边界嵌片”窗口的“应用”按钮，完成曲面底部嵌片。再选择如图 2-28（b）所示边界作为“嵌片边界 2”，然后在“边界嵌片”窗口的“条件”选项下拉菜单中，选择“相切条件”，如图 2-28（c）所示。最后单击“确定”按钮，完成嵌片操作。

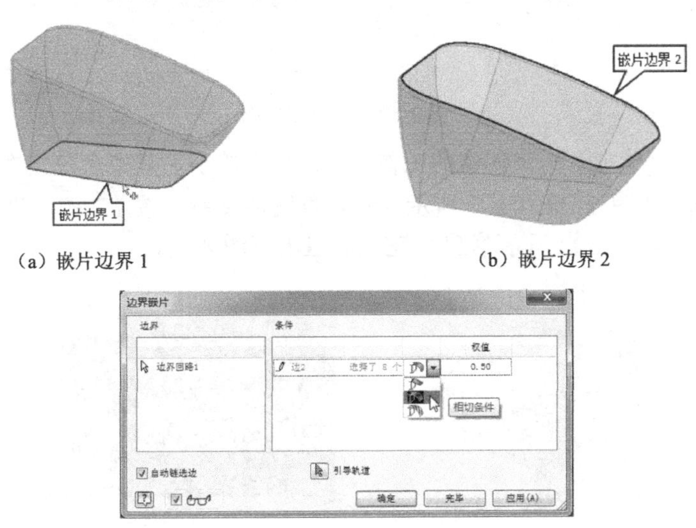

（a）嵌片边界 1　　（b）嵌片边界 2

（c）嵌片条件设置

图 2-28 嵌片操作

Step 11 缝合曲面。单击“曲面”工具面板上的“缝合”工具按钮 缝合，弹出“缝合”窗口，框选所有曲面，如图 2-29 所示。单击“缝合”窗口的“应用”按钮，完成曲面缝合，最后单击“完毕”按钮，关闭“缝合”窗口。

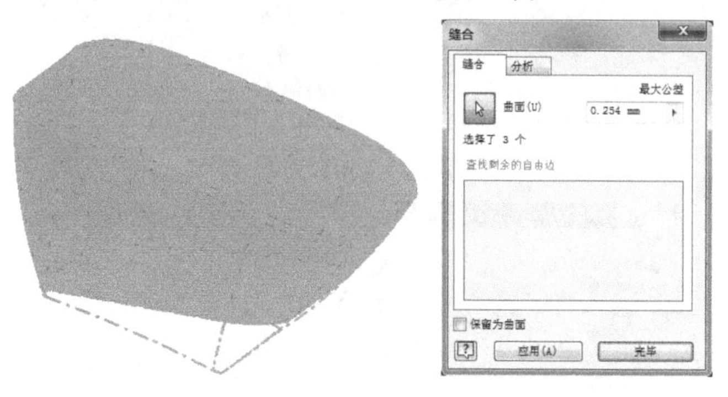

图 2-29　缝合操作

说明：缝合窗口中，“完毕”按钮不能完成缝合操作，只能关闭缝合窗口。

Step 12 创建工作面。单击“定位”特征工具面板上的“平面”工具按钮，在浏览器的“模型”树中选择“*YZ* 平面”，然后在图形区按住鼠标左键，向左拖动“*YZ* 工作面”，此时弹出小工具栏，输入偏移距离-46mm，如图 2-30 所示。最后单击小工具栏的✓按钮，完成工作面创建。

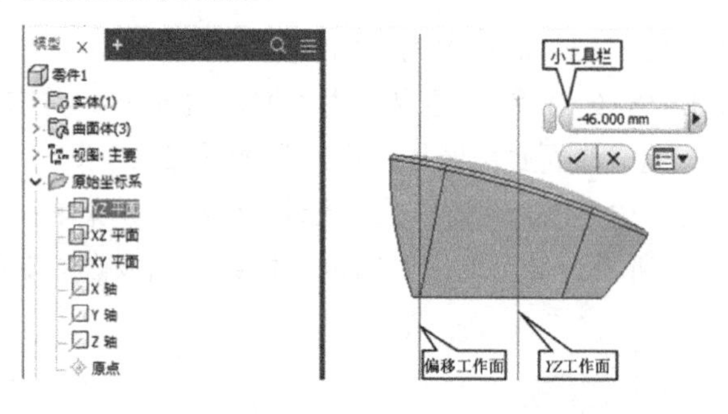

图 2-30　创建工作面

Step 13 创建草图。单击上一步创建的工作面，在弹出的小工具栏上单击“创建草图”工具按钮，如图 2-31（a）所示。进入草图环境后，按 F7 键，进行切片观察，绘制如图 2-31（b）所示草图，完成后退出草图环境。

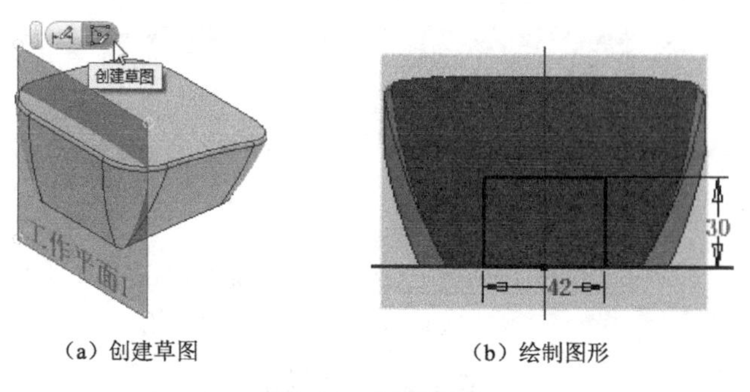

（a）创建草图　（b）绘制图形

图 2-31　创建草图

Step 14 绘制槽部。单击“创建”工具面板上的“拉伸”工具按钮，弹出“拉伸”对话框，调整拉伸方向，选择“求差”工具按钮，如图 2-32 所示。单击“确定”按钮，完成拉伸操作。

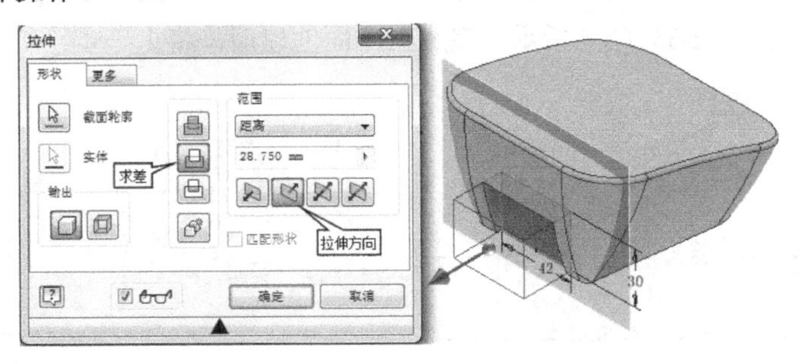

图 2-32　拉伸操作

Step 15 圆角操作。单击“修改”工具面板上的“圆角”工具按钮，弹出“圆角”窗口，将“半径”设置为“1mm”，对槽部进行圆角处理，如图 2-33 所示。最后单击“确定”按钮，完成圆角操作。

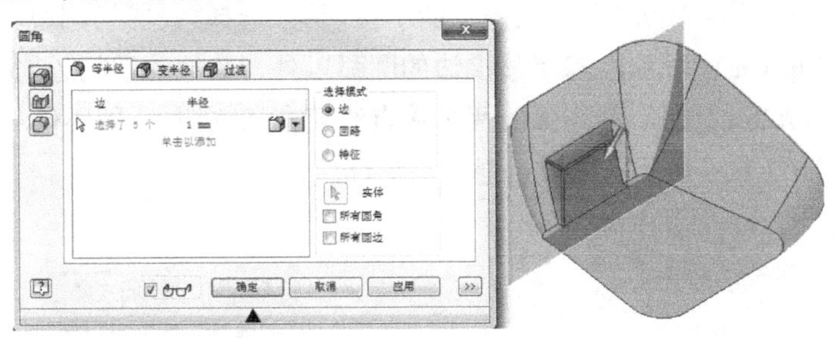

图 2-33　圆角处理

Step 16 抽壳。单击“修改”工具面板上的“抽壳”工具按钮 抽壳，弹出“抽壳”窗口，将“厚度”设为 1.6mm，不选择开口面，则抽成中空件，如图 2-34 所示。单击“确定”按钮，完成抽壳。

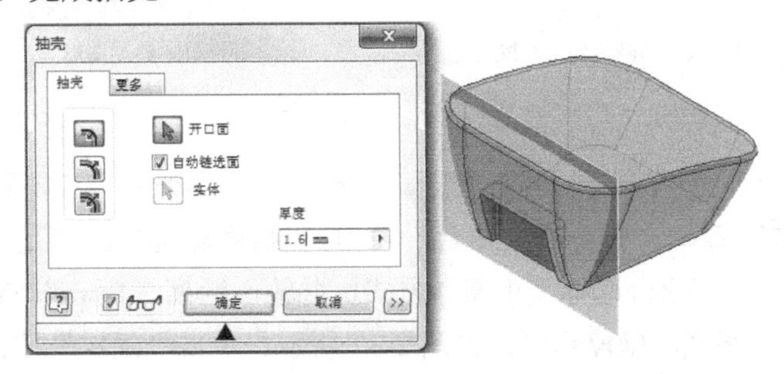

图 2-34　抽壳操作

Step 17 绘制草图。首先将前面已创建的“草图 2”可见，然后再在 *XZ* 平面上创建草图，进入草图后投影 *R*500 圆弧的两个端点，绘制如图 2-35（a）所示直线段，并将其改成构造线。

Step 18 创建工作面。将“草图 2”及“工作平面 1”隐藏，单击“定位特征”工具面板上的“平面”工具按钮，然后再依次单击如图 2-35（a）所示的直线段、端点，创建“工作面 2”，如图 2-35（b）所示。完成工作面创建后，将上一步绘制的草图隐藏。

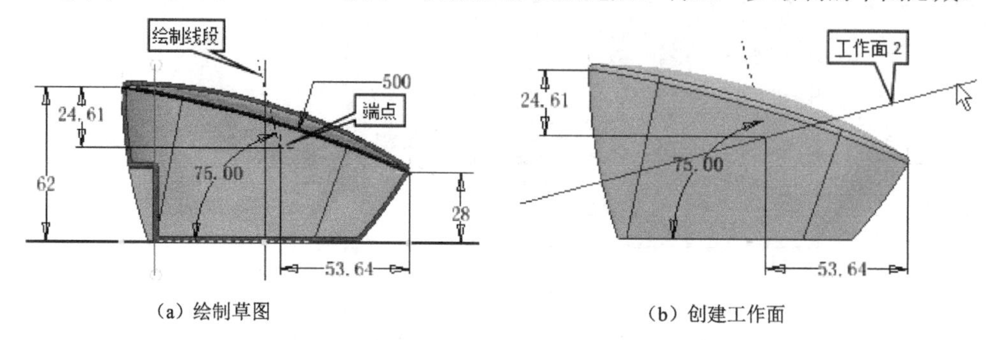

（a）绘制草图　　（b）创建工作面

图 2-35　创建工作面

Step 19 创建草图。在上一步创建的工作面上新建草图，并切片观察，在“创建”工具面板上单击“投影几何图元”工具按钮上的下拉箭头，选择“投影切割边”工具按钮，如图 2-36（a）所示，除了最上边的圆弧以外，其他的切割边均改为构造线，绘制半径为 $R28$ 的圆弧，将圆弧的两个端点约束在切割边上，圆心位于切割边的中点，如图 2-36（b）所示，完成后退出草图环境。

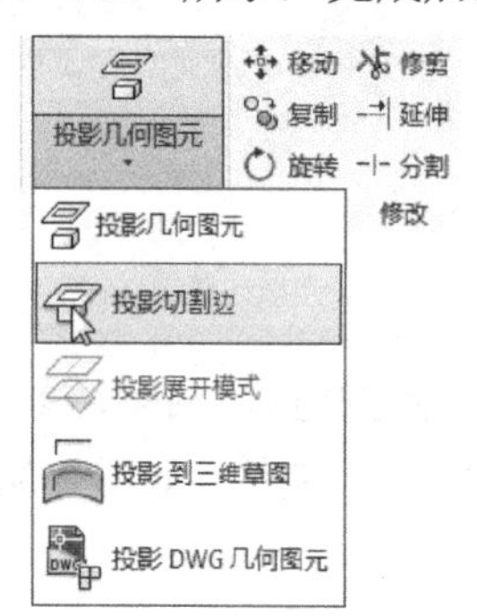

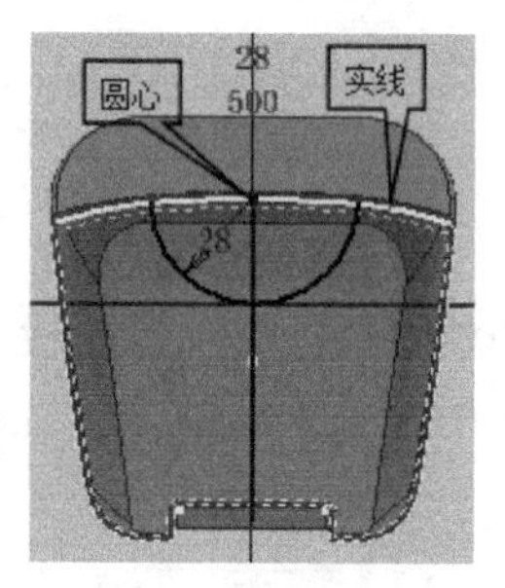

（a）选择“投影切割边”工具按钮　　（b）绘制图形

图 2-36　创建草图

Step 20 创建支撑台。将“工作平面 2”隐藏，单击“塑料零件”工具面板上的“支撑台”工具按钮 支撑台，弹出“支撑台”窗口，“截面轮廓”默认是选中的，在“支撑台”窗口中，支撑台选择“距离”方式，并输入距离“1mm”，支撑台壁厚设置为“1.6mm”，跟底座壁厚相同，如图 2-37 所示。单击“确定”按钮，完成支撑台创建，最后隐藏创建的支撑台的草图。

Step 21 圆角处理。将支撑台处圆角，内部圆角半径为 $R3.6$，外部圆角半径为 $R2$，最终结果如图 2-17 所示。

Step 22 保存文件。最后将文件保存，结果如图 2-17 所示。

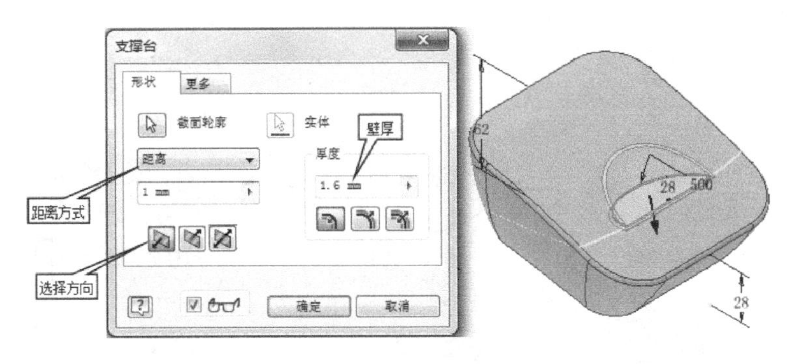

图 2-37　创建支撑台

拓展练习 2-2

完成以下模型的绘制，其零件图纸见资料包中“光盘/模块二/任务二练习.dwfx”文件，模型文件参见资料包中“模块二/任务二练习.ipt”文件。

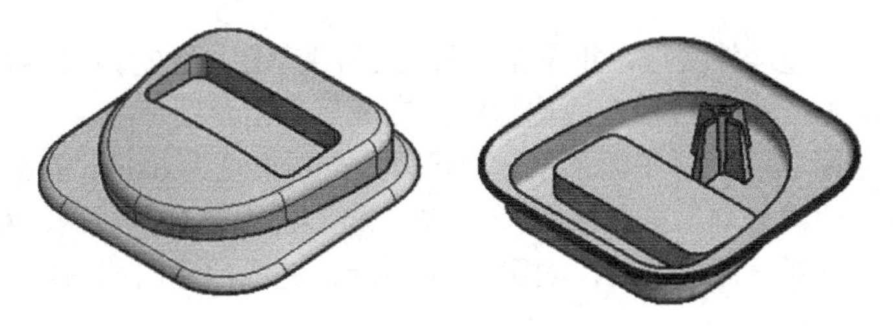

图 2-38　拓展练习 2-2

任务 3　台灯灯罩设计

任务导入

台灯灯罩设计实例如图 2-39 所示，其零件图纸见资料包中“光盘/模块二/台灯灯罩.dwfx”文件，模型文件参见资料包中“模块二/台灯灯罩.ipt”文件。

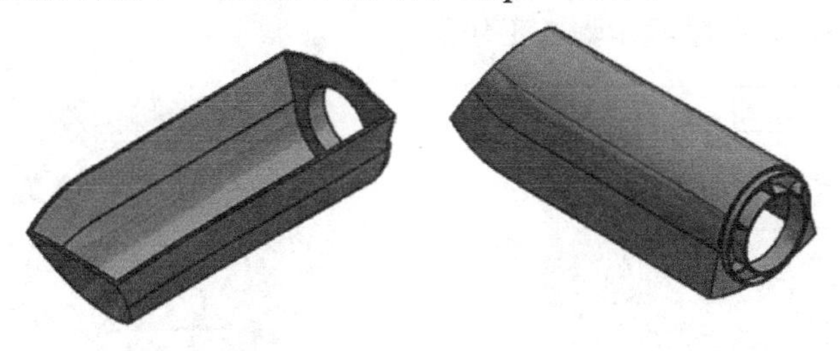

图 2-39　台灯灯罩设计实例

设计流程

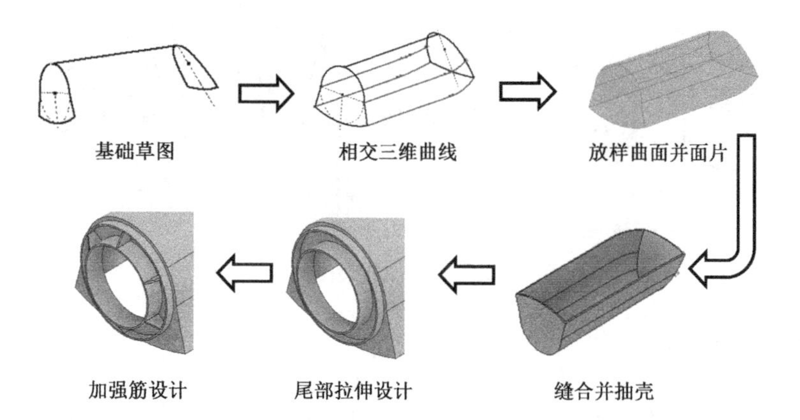

设计步骤

Step 01 新建文件。新建零件文件，并在 *XY* 平面上创建草图，绘制如图 2-40 所示草图，将与水平线成 60° 的斜线段改成构造线。完成后退出草图环境。

Step 02 创建截面草图 2。在 *YZ* 平面上创建草图，先绘制直径为 68mm 的圆，单击“修改”工具面板上的“分割”工具按钮 -|- 分割，将圆的上下分割成两段相等的半圆弧，将下面一段圆弧改为构造线，如图 2-41 所示，完成后退出草图环境。

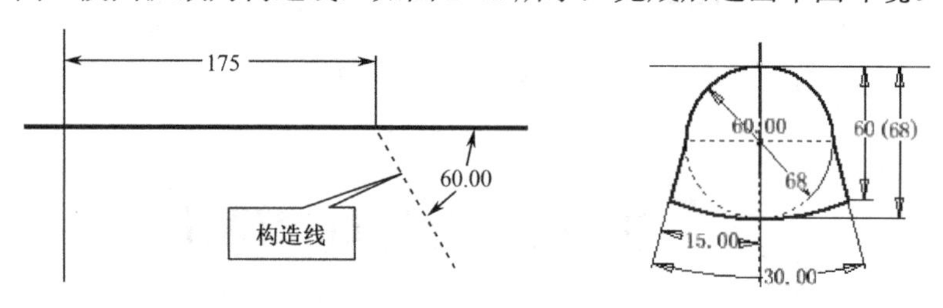

图 2-40　绘制草图　　图 2-41　绘制截面草图 2

Step 03 新建工作面。利用“平面”工具，先单击“*XY* 工作面”，再单击图 2-40 中所示的构造线，创建如图 2-42 所示的工作面。

Step 04 创建截面草图 3。在上一步新创建的工作面上，绘制如图 2-43 所示草图，完成后退出草图环境，并隐藏步骤 3 工作面。

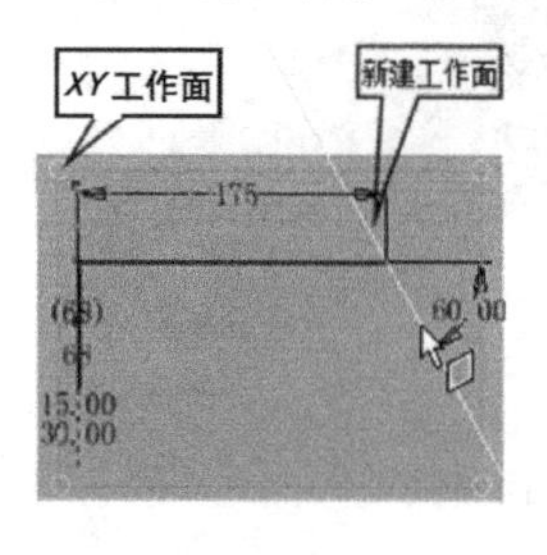

图 2-42　创建工作面

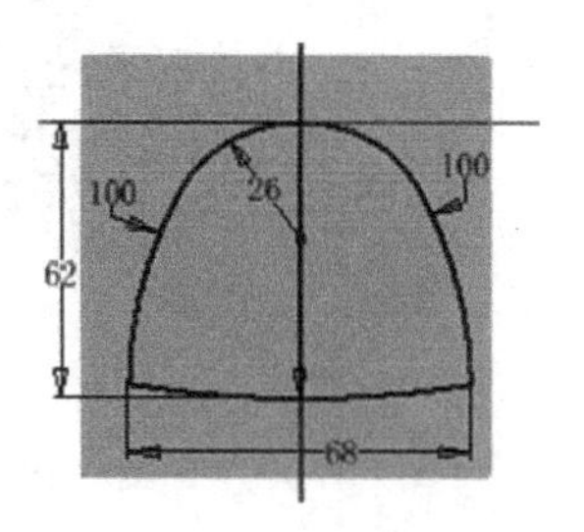

图 2-43　绘制截面草图 3

Step 05 绘制草图 4。在 *XY* 平面上创建草图，首先投影如图 2-44 所示的点 1、点 2、点 3 及线段 1，然后以点 1 的投影点为起点，绘制几何图元 1，几何图元 1 的圆弧末端定位在线段 1 的投影线上；再以点 2 的投影点为起点，以点 3 的投影点为终点，绘制几何图元 2，结果如图 2-44 所示。完成后退出草图环境。

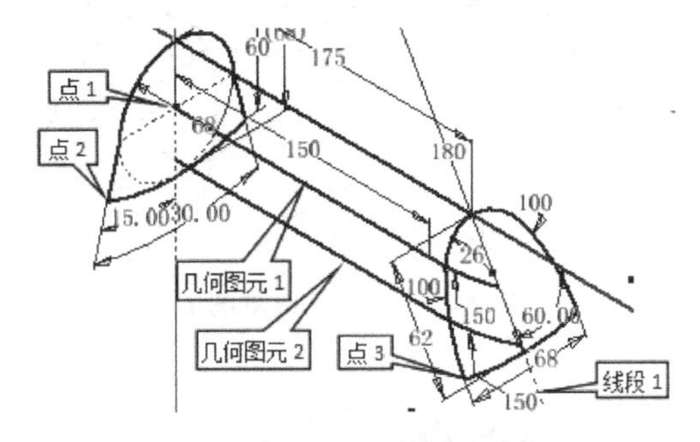

图 2-44　绘制草图 4

Step 06 绘制草图 5。在 *XZ* 平面上创建草图，首先投影如图 2-45 所示的点 1、点 2、点 3 及点 4，然后以点 1 的投影点为起点，以点 3 的投影点为终点，绘制几何图元 2；以点 2 的投影点为起点，以点 4 的投影点为终点，绘制几何图元 1，结果如图 2-45 所示，完成后退出草图环境。

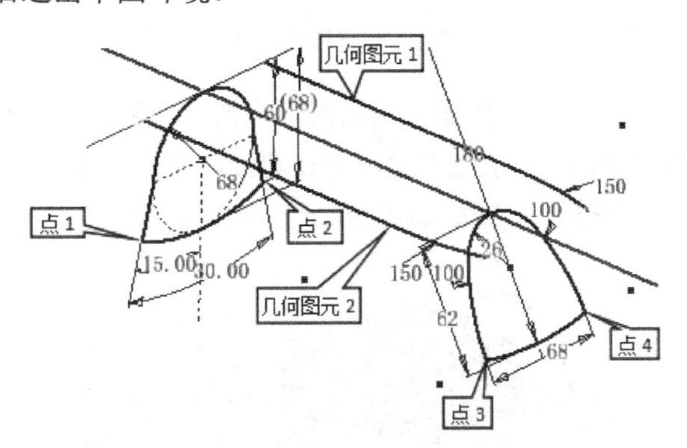

图 2-45　绘制草图 5

说明：这里为了便于看图，将草图 1、草图 4 进行了隐藏。

Step 07 绘制三维草图 1。进入三维草图，利用相交曲线命令，将草图 4 的几何图元 2 与草图 5 的几何图元 1、几何图元 2 分别相交，得到两条三维曲线，完成后退出三维草图环境，将草图 5 隐藏，结果如图 2-46 所示。

Step 08 创建工作面。以 *XZ* 工作面为基础，过图 2-47 中所示点创建工作面，如图 2-47 所示。

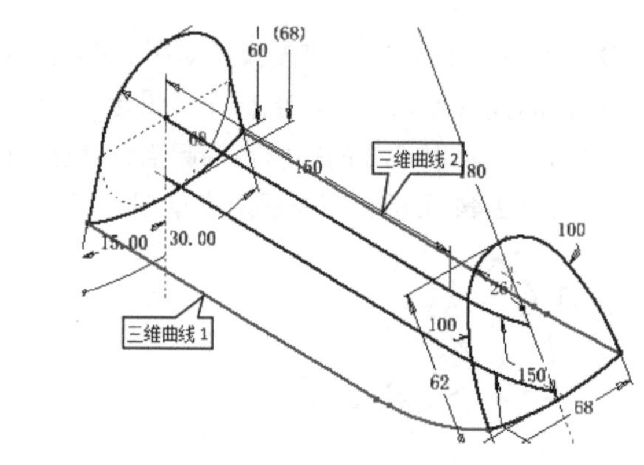

图 2-46　绘制三维草图 1

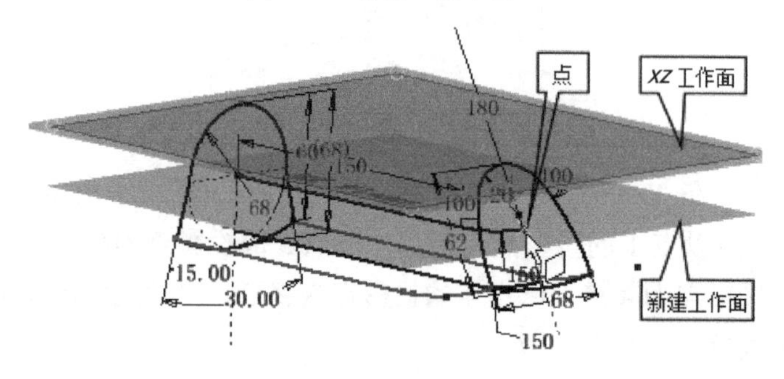

图 2-47　创建工作面

Step 09 创建工作点。单击“定位特征”工具面板上的“点”工具按钮 点，再依次单击上一步新建的工作面、草图 2 中的 $R100$ 圆弧，完成工作点 1 的创建，同样操作，完成工作点 2 的创建，如图 2-48 所示。

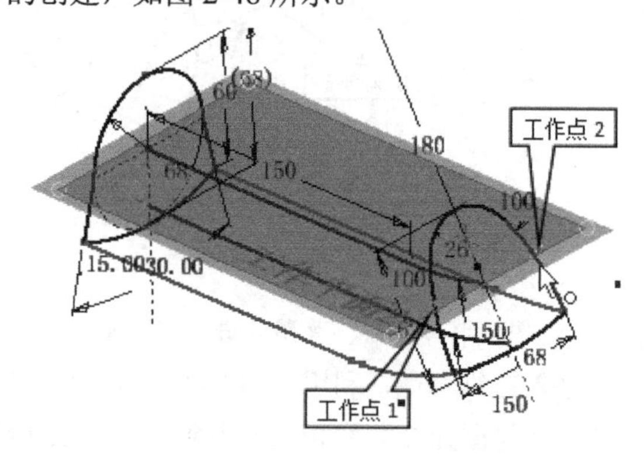

图 2-48　创建工作点

Step 10 创建草图 6。在步骤 8 创建的工作面上创建草图，分别投影图 2-49 中的点 1、点 2、点 3、点 4，然后以点 3 的投影点为起点，以点 2 的投影点为终点，绘制几何图元 1；以点 4 的投影点为起点，以点 1 的投影点为终点，绘制几何图元 2，结果如图 2-49（a）所示，完成后退出草图环境，并隐藏工作面。

Step 11 绘制三维草图 2。进入三维草图，利用相交曲线命令，将草图 4 的几何图元 1 与草

图 6 的几何图元 1、几何图元 2 分别相交，得到三维曲线，完成后退出三维草图环境，将草图 4、草图 6 隐藏，结果如图 2-49（b）所示。

Step 12 放样曲面。首先将草图 1、截面草图 2、截面草图 3、三维草图 1、三维草图 2 均可见。单击“创建”工具面板上的“放样”工具按钮 放样，弹出“放样”窗口，在“截面选项中分别选择“草图 2”、“草图 3”；在“轨道”选项中分别选择“草图 1”、“三维草图 1”的两条几何图元、“三维草图 2”的两条几何图元，在“输出”选项中选择“曲面输出”选项，结果如图 2-50 所示。

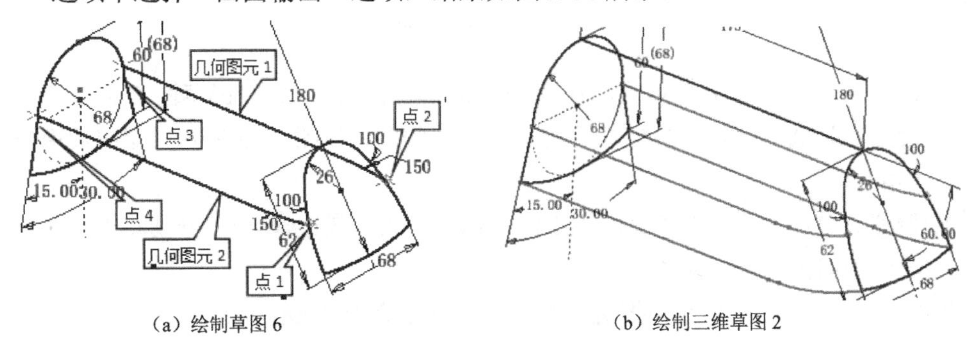

（a）绘制草图 6　　（b）绘制三维草图 2

图 2-49　绘制三维草图

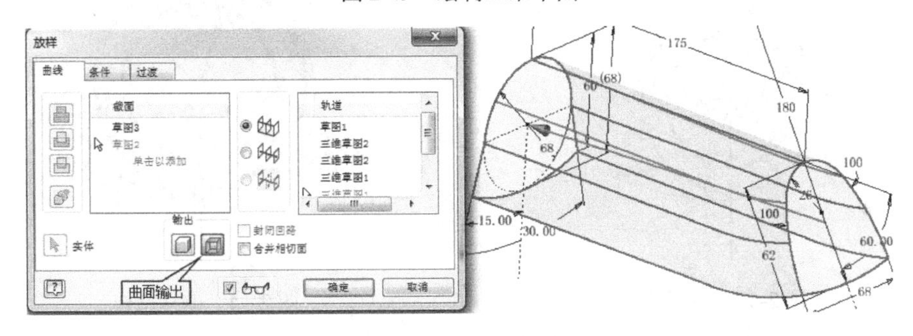

图 2-50　放样曲面

Step 13 面片。利用“面片”工具，将放样后的曲面两端进行嵌片操作，如图 2-51 所示。

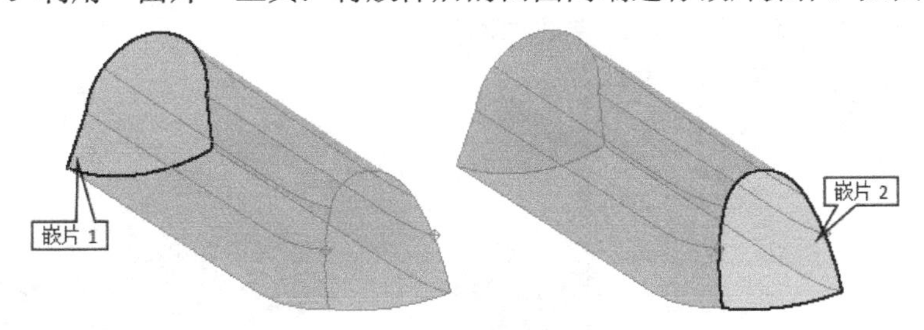

图 2-51　嵌片操作

Step 14 缝合。利用曲面“缝合”工具将所有曲面缝合成实体。

Step 15 抽壳。利用“抽壳”工具，将缝合的实体进行抽壳处理，壁厚为 2mm，结果如图 2-52 所示。

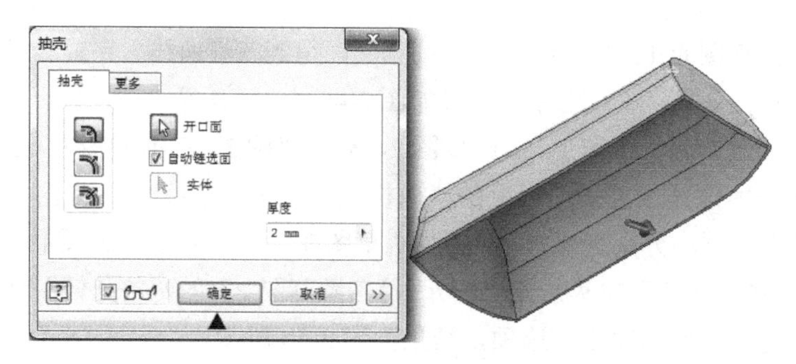

图 2-52　抽壳处理

Step 16 创建草图。将草图 2 可见，在 *YZ* 平面上创建草图，并投影草图 2 的圆心点。以投影点为圆心，分别绘制直径为 62 和 45 的圆，如图 2-53 所示，完成后退出草图环境。

Step 17 偏移。单击“修改”工具面板上的“偏移”工具按钮 偏移，分别将上一步绘制的圆向外偏移 1mm，如图 2-54 所示。

Step 18 拉伸。将图 2-54 所示草图进行拉伸，拉伸距离为 5mm。

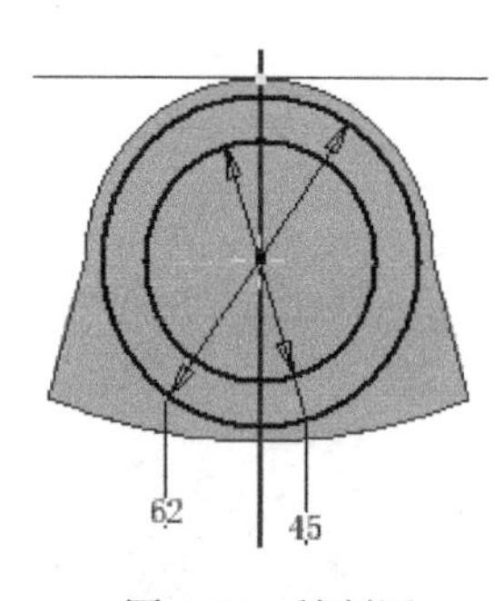

图 2-53　绘制圆

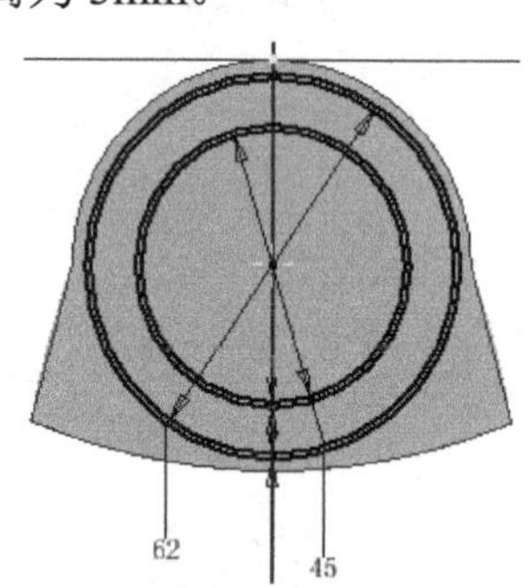

图 2-54　偏移操作

Step 19 加厚。单击“修改”工具面板上的“加厚/偏移”工具按钮 加厚/偏移，弹出“加厚/偏移”窗口，选择如图 2-55（a）所示的端面，向外加厚 5mm，结果如图 2-55（b）所示，单击“确定”按钮，完成加厚操作。

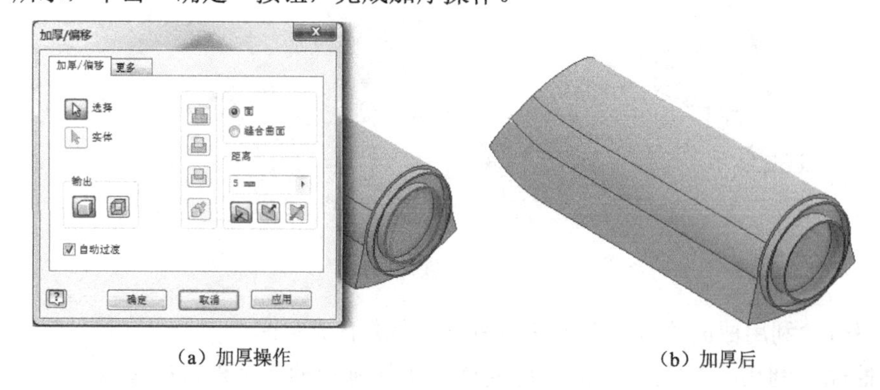

（a）加厚操作　（b）加厚后

图 2-55　加厚处理

Step 20 打孔。单击“修改”工具面板上的“孔”工具按钮，弹出“孔”窗口，“放置”方式选择“同心”，孔径选择“45mm”，“终止方式”选择“距离”，如图 2-56 所示，单击“确定”按钮，完成打孔操作。

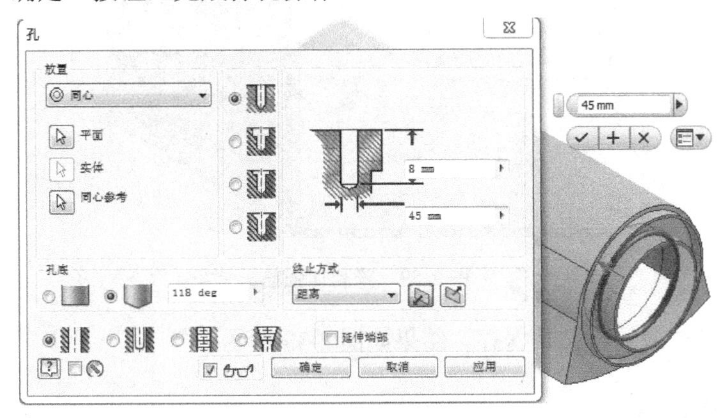

图 2-56　打孔操作

Step 21 绘制草图。在 *XY* 平面上创建草图，绘制如图 2-57 所示草图，将投影线改成构造线，完成后退出草图环境。

Step 22 创建加强筋。单击“创建”工具面板上的“加强筋”工具按钮 加强筋，弹出“加强筋”窗口，选择上一步绘制的草图为截面轮廓，创建加强筋，参数设置如图 2-58 所示。完成后单击“确定”按钮，完成加强筋的创建。

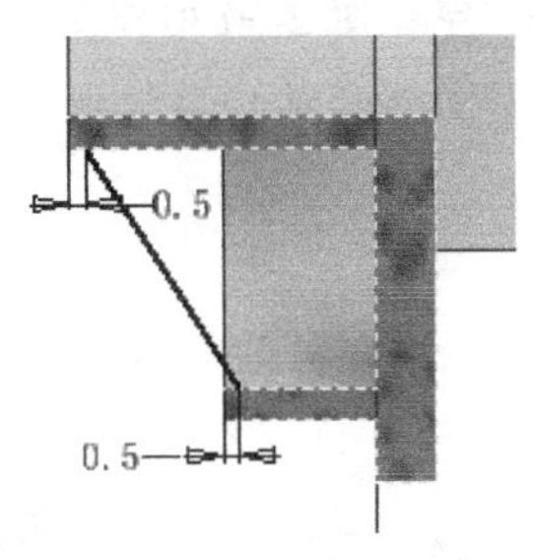

图 2-57　绘制加强筋截面

图 2-58　创建加强筋

Step 23 阵列加强筋。单击“阵列”工具面板上的“环形阵列”工具按钮，弹出“环形阵列”窗口，将上一步创建的加强筋进行环形阵列，如图 2-59 所示。单击“确定”按钮，完成阵列操作。

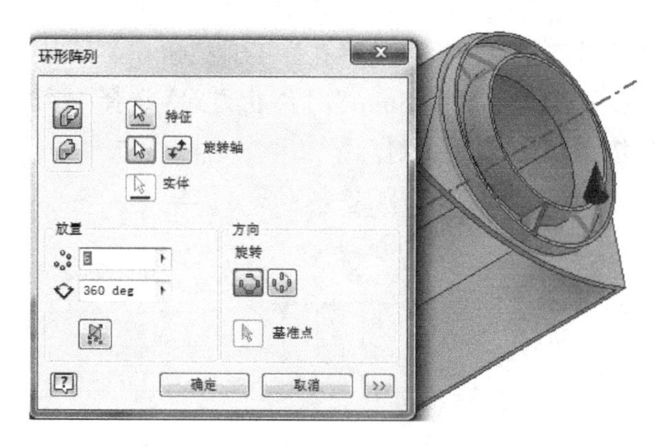

图 2-59　阵列加强筋

Step 24 保存文件。最后将文件保存，结果如图 2-39 所示。

拓展练习 2-3

完成图 2-60 中模型的绘制。其零件图纸见资料包中“模块二/任务三练习.dwfx”文件，模型文件参见资料包中“模块二/任务三练习.ipt”文件。

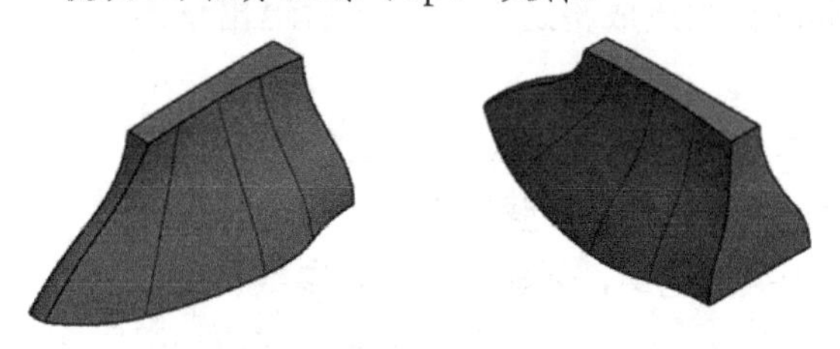

图 2-60　拓展练习 2-3

任务 4　订书机手柄设计

任务导入

订书机手柄设计实例如图 2-61 所示，其零件图纸见资料包中“模块二/订书机手柄.dwfx”文件，模型文件参见资料包中“模块二/订书机手柄.ipt”文件。

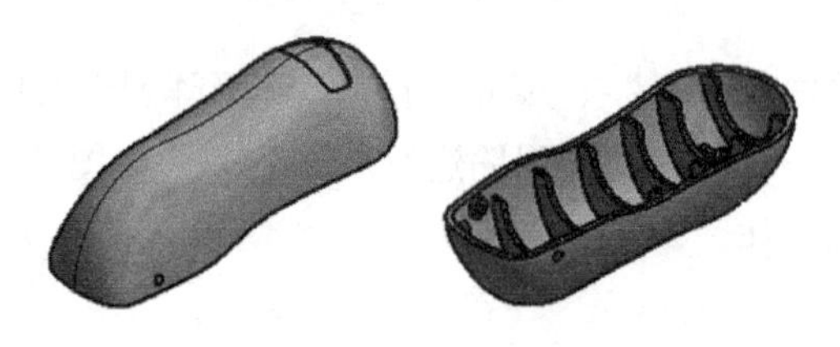

图 2-61　订书机手柄设计实例

设计流程

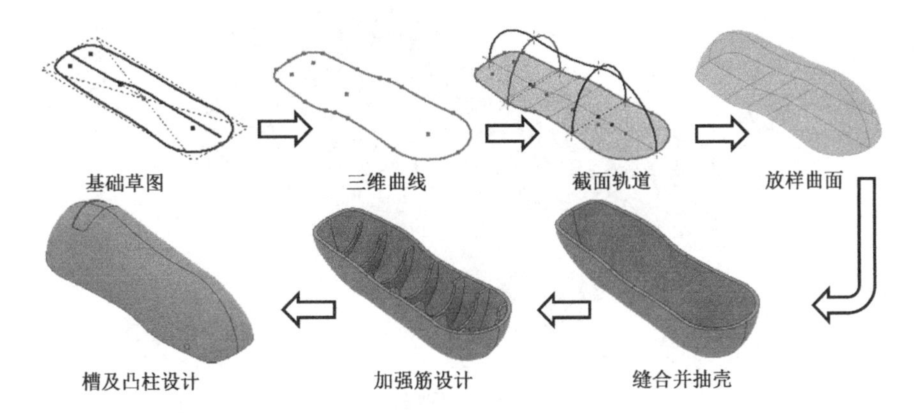

设计步骤

Step 01 新建文件。新建零件文件，并在 *XZ* 工作面创建草图，绘制如图 2-62 所示草图 1。完成草图后，退出草图环境。

说明： 在这里基础草图的绘制需要一些技巧，可以先绘制 122×43.5 的矩形来约束几何图元，从两端开始绘起，绘制完成后利用镜像命令进行镜像。

Step 02 创建草图 2。在 *XY* 工作面创建草图，绘制如图 2-63 所示草图，完成后退出草图环境。

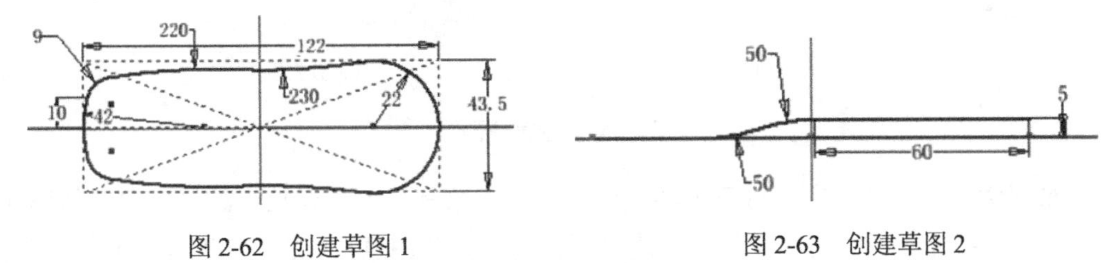

图 2-62　创建草图 1　　图 2-63　创建草图 2

Step 03 拉伸曲面。将上一步创建的草图 2 拉伸为曲面，拉伸方向选择双向拉伸，拉伸距离选择 80mm，结果如图 2-64 所示。

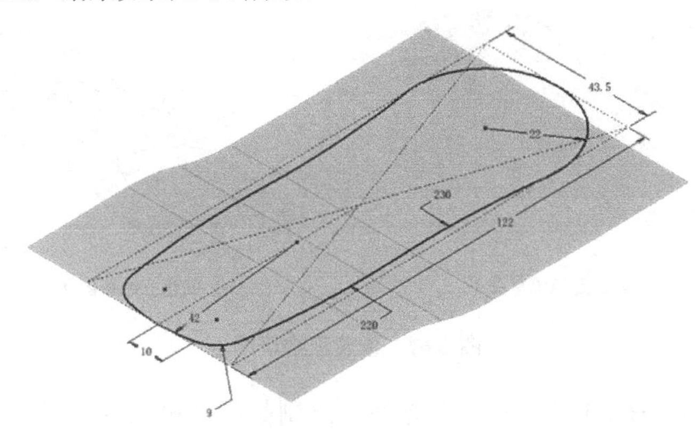

图 2-64　拉伸曲面

Step 04 修剪曲面。利用草图 1 作为修剪工具对拉伸曲面进行修剪，结果如图 2-65 所示。

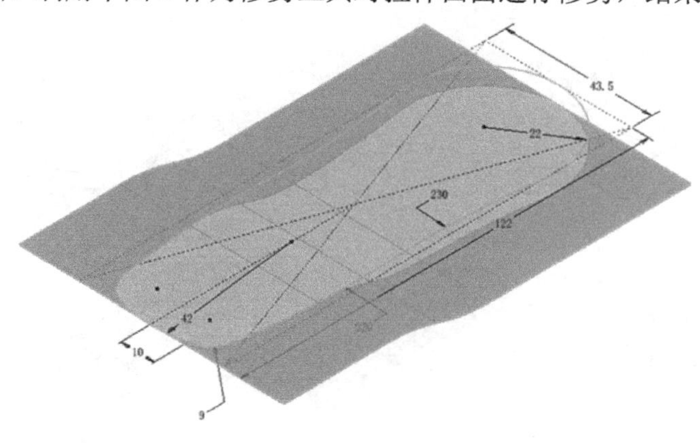

图 2-65　修剪曲面

Step 05 分割曲面。利用 *XY* 工作面将修剪后的曲面从中间分割成两部分，如图 2-66 所示。

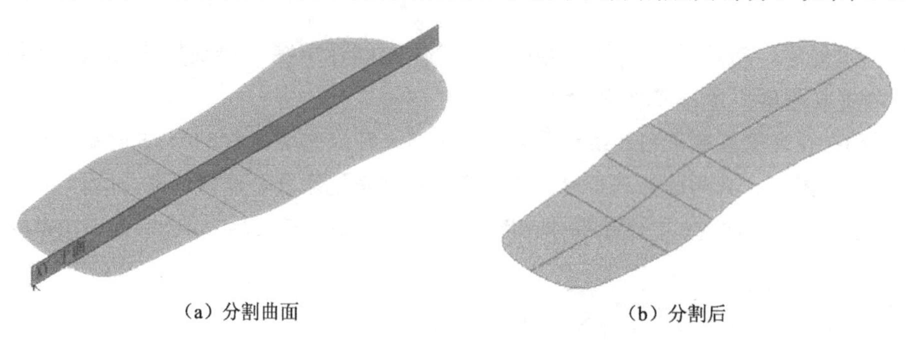

（a）分割曲面　　（b）分割后

图 2-66　分割曲面

Step 06 创建三维草图。在三维草图环境中，单击“绘制”工具面板上的“包含几何图元”工具按钮，将曲面的一半边界创建为三维草图 1，如图 2-67（a）所示，完成后退出三维草图环境，重复命令，再将曲面的另一半边界创建为三维草图 2，如图 2-67（b）所示。完成后，退出三维草图环境。

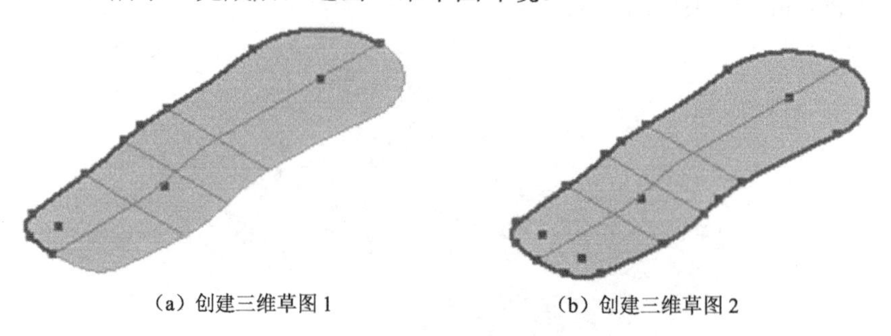

（a）创建三维草图 1　　（b）创建三维草图 2

图 2-67　创建三维草图

Step 07 创建草图 3。在 *XY* 工作面创建草图，绘制如图 2-68 所示草图，完成后，退出草图环境。

Step 08 创建工作面。在草图 3 的圆弧交点处，创建平行于 *YZ* 平面的工作面，如图 2-69 所示。

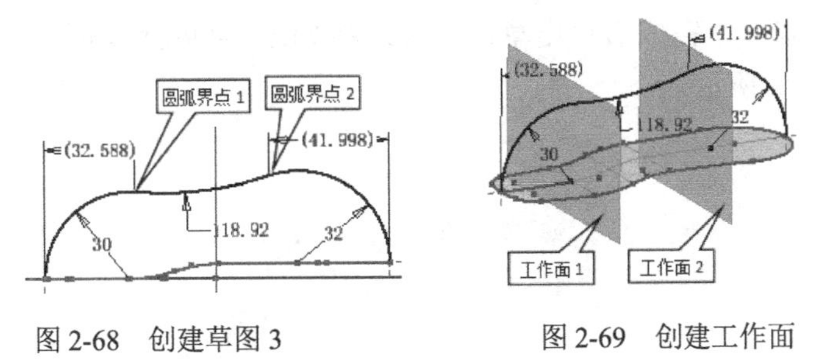

图 2-68　创建草图 3　　　　图 2-69　创建工作面

Step 09 创建工作点。在上一步创建的工作面与三维草图的交点处创建工作点，如图 2-70 所示。

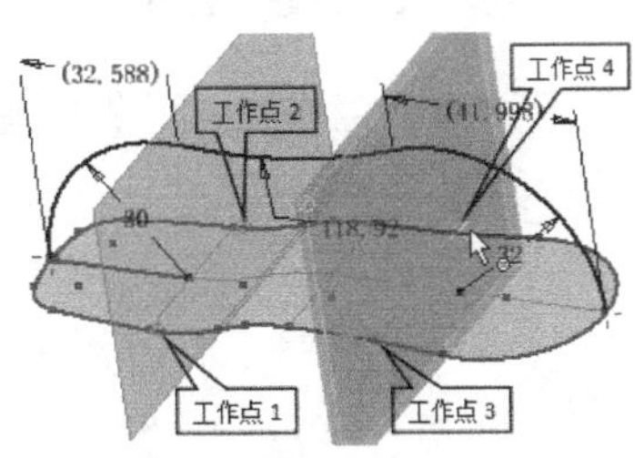

图 2-70　创建工作点

Step 10 创建草图 4。在如图 2-69 所示的工作面 1 上创建草图，投影如图 2-70 所示的工作点 1、工作点 2 及如图 2-68 所示的圆弧界点 1。利用直线工具将工作点 1、工作点 2 的投影点之间直线段连接，并将连接直线段改为构造线。单击“创建”工具面板上的“椭圆”工具按钮，以连接线中点为椭圆中心，三个投影点为长、短半轴端点，创建椭圆，并将椭圆下部修剪，结果如图 2-71 所示，完成后退出草图环境。

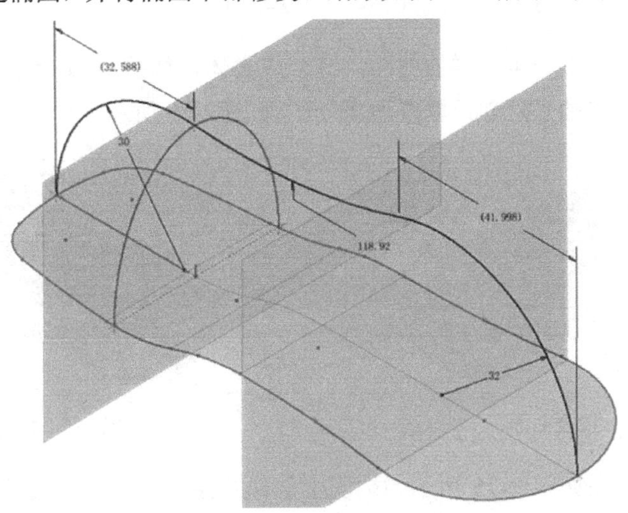

图 2-71　创建草图 4

Step 11 创建草图 5。在如图 2-69 所示的工作面 2 上创建草图，投影如图 2-70 所示的工作点 3、工作点 4 及如图 2-68 所示的圆弧界点 2。利用上一步的方法绘制椭圆，并将椭圆下部修剪。完成后退出草图环境。将如图 2-69 所示的两个工作面隐藏，结果如图 2-72 所示。

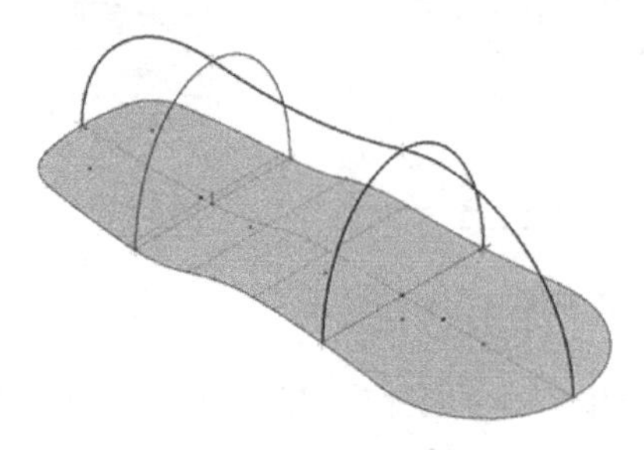

图 2-72 创建草图 5

Step 12 放样曲面。以如图 2-73 所示的两个工作点、两个半椭圆为截面，以两个三维草图、草图 3 为轨道，放样曲面，如图 2-73 所示。

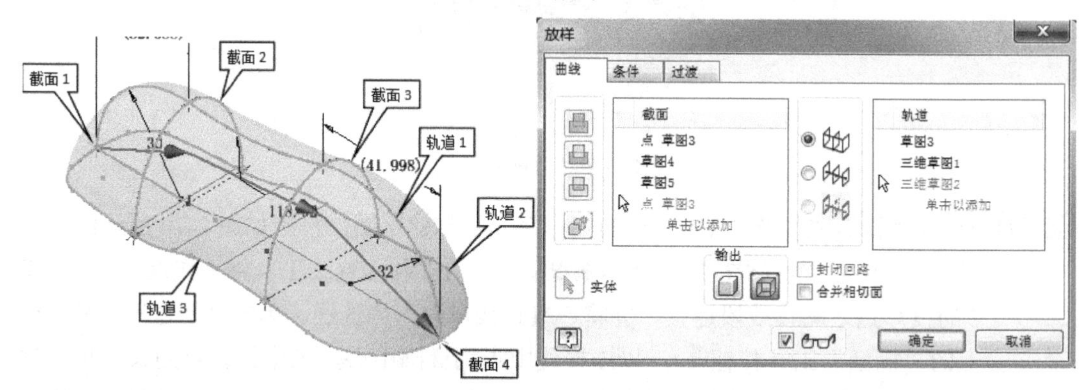

图 2-73 放样曲面

Step 13 缝合曲面。将上一步放样的曲面，缝合成实体，如图 2-74 所示。

Step 14 抽壳。将实体抽壳处理，壁厚为 2mm，如图 2-75 所示。

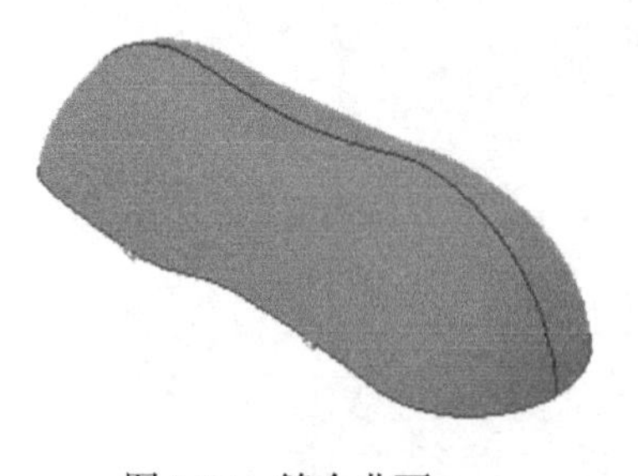

图 2-74 缝合曲面

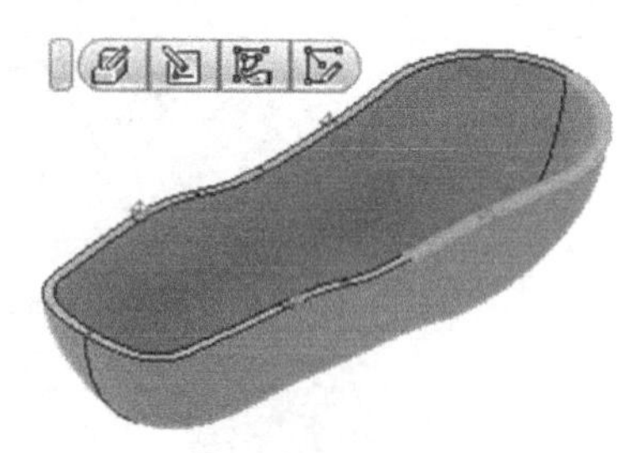

图 2-75 抽壳处理

Step 15 创建草图。在如图 2-75 所示的端面上创建草图，完成草图后退出草图环境，结果如图 2-76 所示。

Step 16 创建加强筋。将如图 2-76 所示的几何图元创建加强筋，如图 2-77 所示。

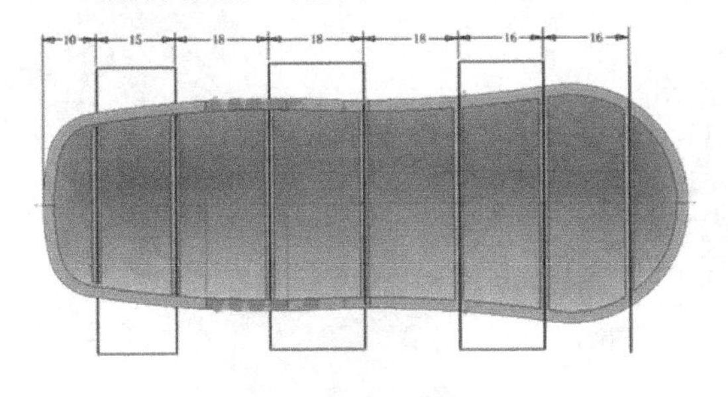

图 2-76　创建草图

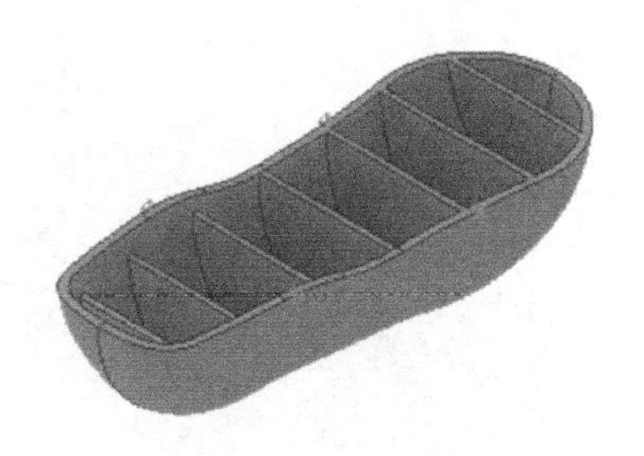

图 2-77　创建加强筋

Step 17 创建草图。在如图 2-78（a）所示的两个平面上分别创建草图，绘制如图 2-78（b）所示的几何图元，完成后退出草图环境。

Step 18 拉伸。将平面 1 上创建的草图进行拉伸，拖动距离动态调整箭头至合适位置，如图 2-79（a）所示。完成后重复操作，再将平面 2 上创建的草图进行拉伸，最终结果如图 2-79（b）所示。

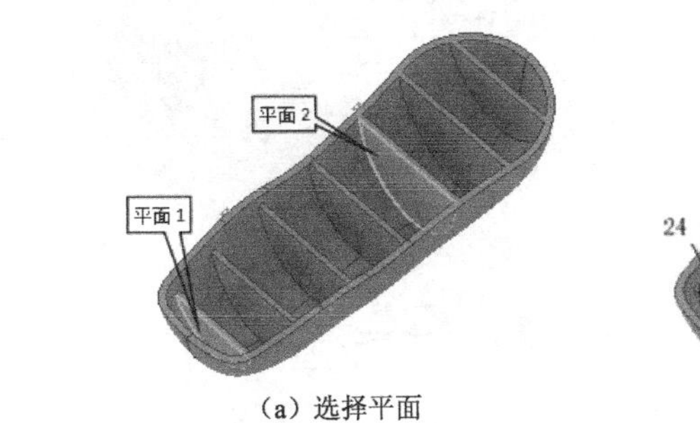

（a）选择平面

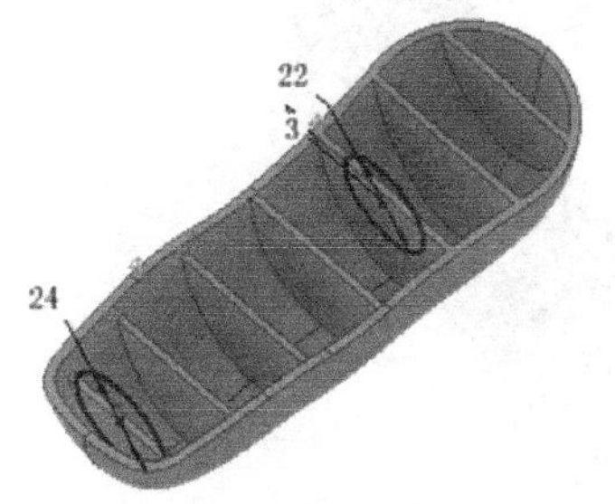

（b）创建草图

图 2-78　创建草图

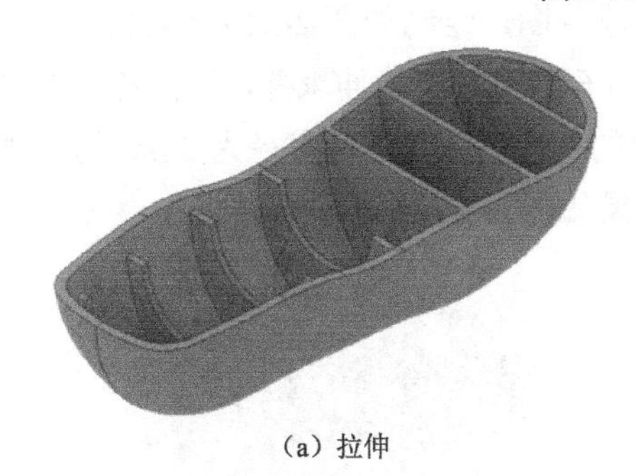

（a）拉伸

（b）拉伸后

图 2-79　修剪加强筋

Step 19 圆角处理。将修剪后的加强筋进行圆角处理，圆角半径为 2mm。

Step 20 新建工作面。将 *XZ* 工作面向下偏移 21mm，创建如图 2-80 所示工作面。

Step 21 创建草图点。在上一步创建的工作面上新建草图，并创建草图点，如图 2-81 所示。完成后退出草图环境，并隐藏工作面。

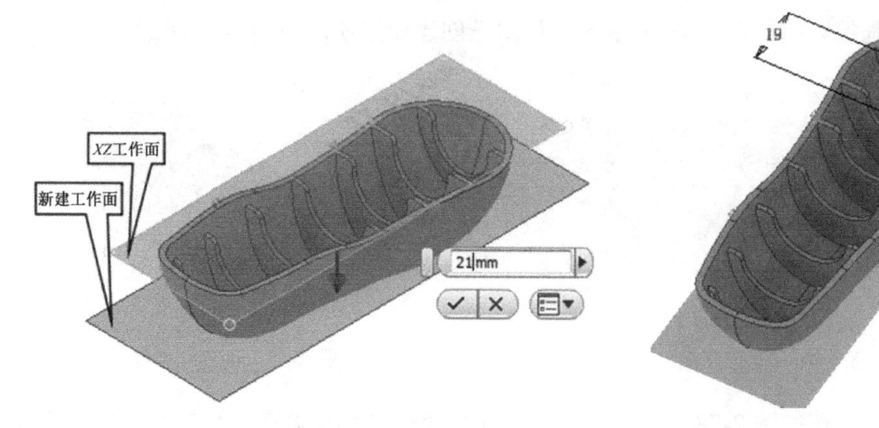

图 2-80 创建工作面　　　　图 2-81 创建草图点

Step 22 创建凸柱。利用上一步创建的草图点创建凸柱，如图 2-82 所示。

Step 23 新建工作面。将 *XY* 工作面偏移 14mm，创建工作面，如图 2-83 所示。

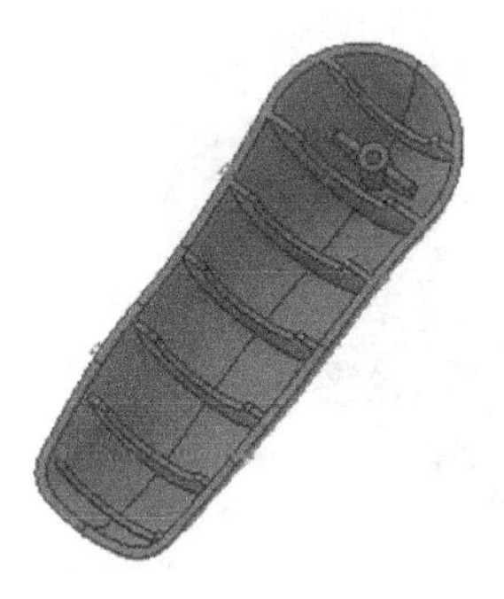

图 2-82 创建凸柱

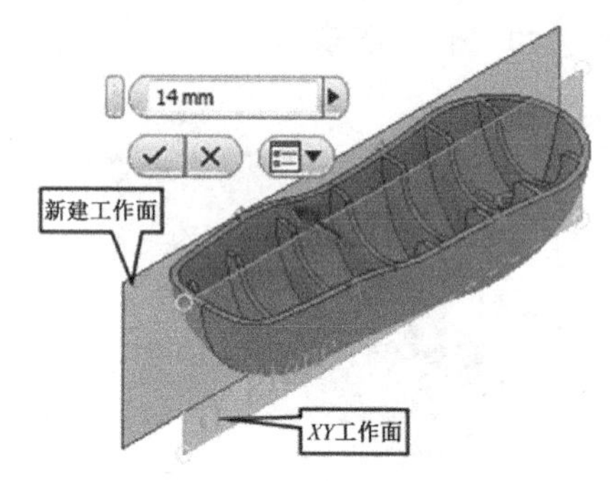

图 2-83 创建工作面

Step 24 创建草图。在上一步创建的工作面上新建草图，绘制如图 2-84 所示几何图元。

Step 25 拉伸。在上一步创建的草图中，将直径为 6 的圆进行拉伸求并，拉伸范围选择到表面或平面，拉伸完成后，将步骤 24 创建的草图可见，再将直径为 3mm 的圆进行拉伸求差，拉伸完成后，将草图隐藏，结果如图 2-85 所示。

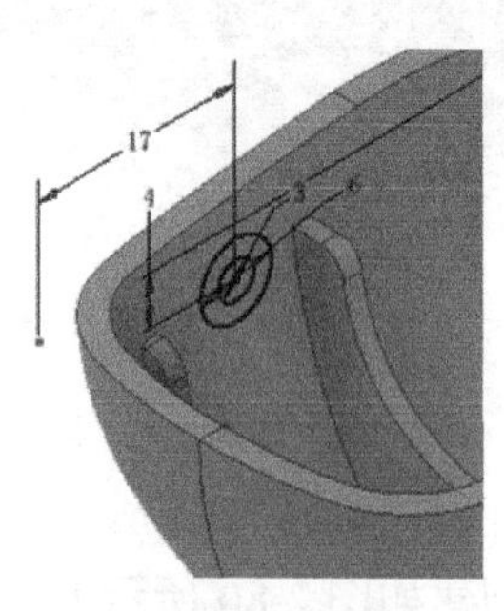

图 2-84 创建草图

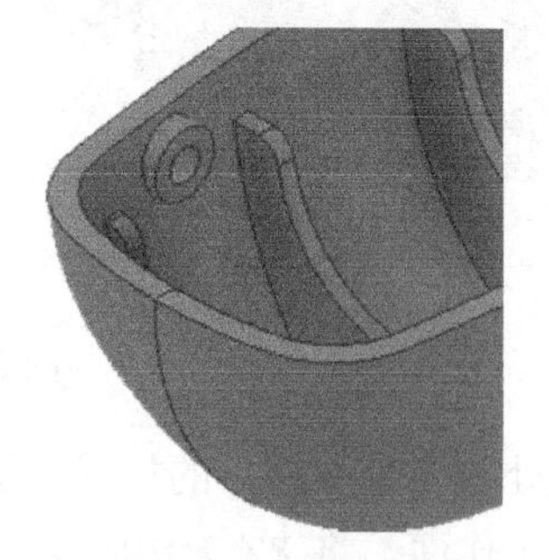

图 2-85 拉伸操作

Step 26 镜像。将上一步创建的拉伸，以 *XY* 平面为镜像平面进行镜像。

Step 27 新建工作面。将 *XZ* 工作面向上偏移 50mm，创建工作面，如图 2-86 所示。

Step 28 创建草图。在步骤 27 创建的工作面上新建草图，如图 2-87 所示，完成后退出草图环境，并将工作面隐藏。

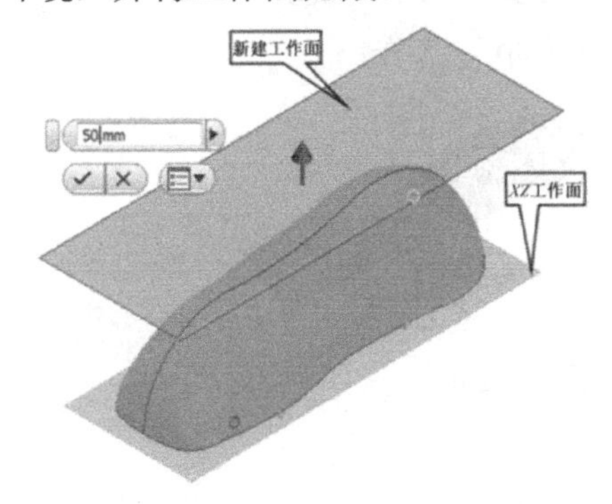

图 2-86 创建工作面

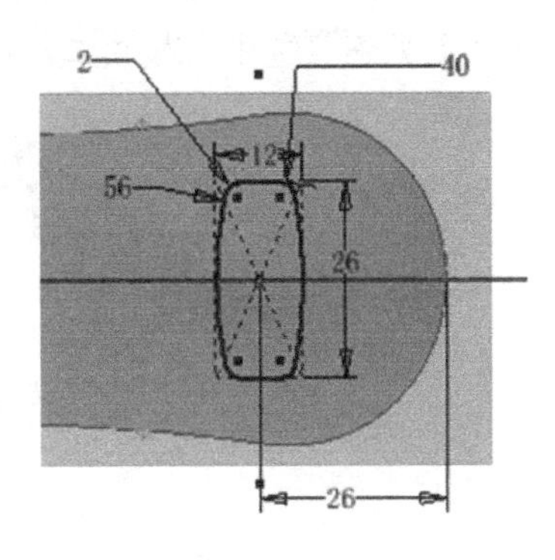

图 2-87 创建草图

Step 29 分割面。以上一步创建的草图为分割工具，将手柄表面进行面分割，如图 2-88 所示。

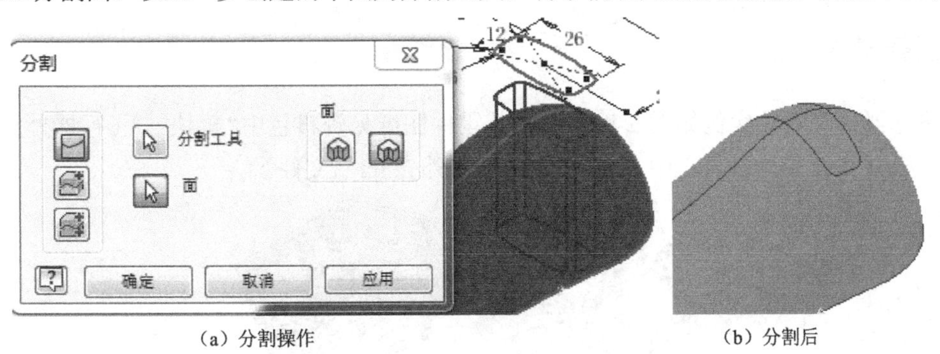

（a）分割操作 （b）分割后

图 2-88 分割面

Step 30 加厚。将上一步分割的面加厚 0.6mm，加厚方式选择“求差”，如图 2-89 所示。

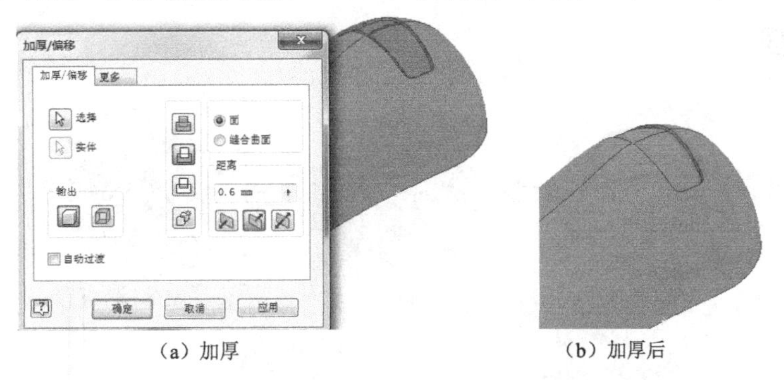

（a）加厚 （b）加厚后

图 2-89 加厚

Step 31 保存文件。最后将文件保存，结果如图 2-61 所示。

拓展练习 2-4

完成图 2-90 所示模型的绘制。其零件图纸见资料包中“模块二/任务四练习.dwfx”文件，模型文件参见资料包中“模块二/任务四练习.ipt”文件。

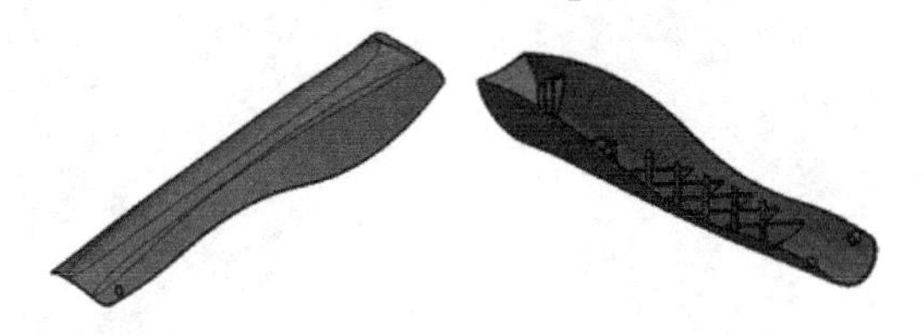

图 2-90 拓展练习 2-4

任务 5 飞行器外壳设计

任务导入

飞行器外壳设计实例如图 2-91 所示，其零件图纸见资料包中“模块二/飞行器外壳.dwfx”文件，模型文件参见资料包中“模块二/飞行器外壳.ipt”文件。

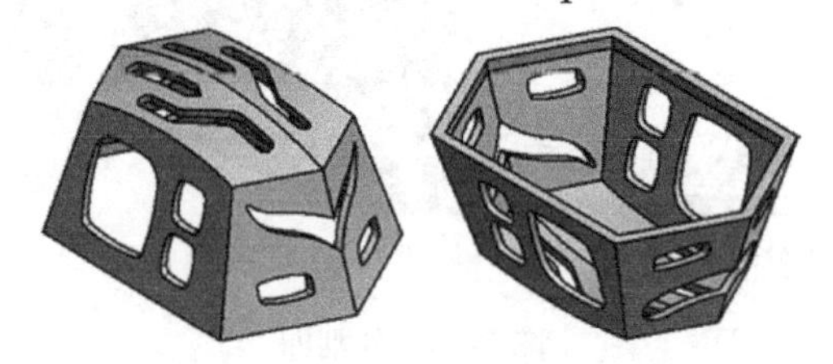

图 2-91 飞行器外壳设计实例

设计流程

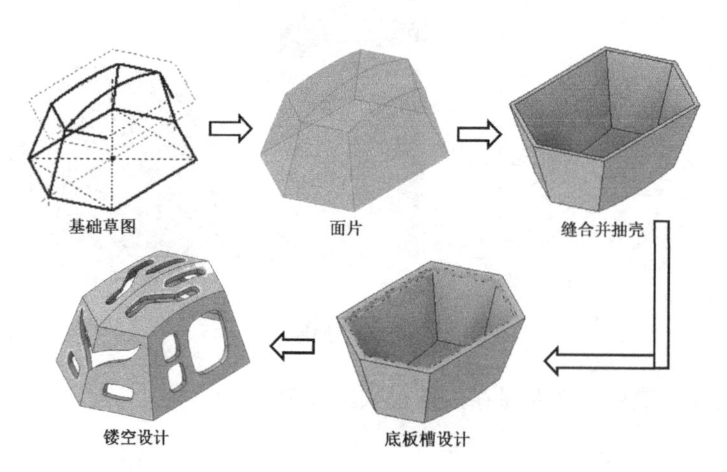

设计步骤

Step 01 新建文件。新建零件文件，并在 *XZ* 平面上创建草图，绘制如图 2-92 所示草图 1。完成后退出草图环境。

Step 02 创建草图 2。在 *YZ* 平面上创建草图，绘制如图 2-93 所示草图 2。完成后退出草图环境。

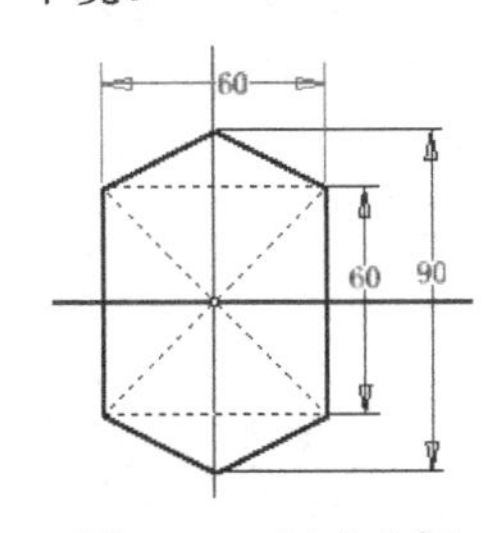

图 2-92　创建草图 1

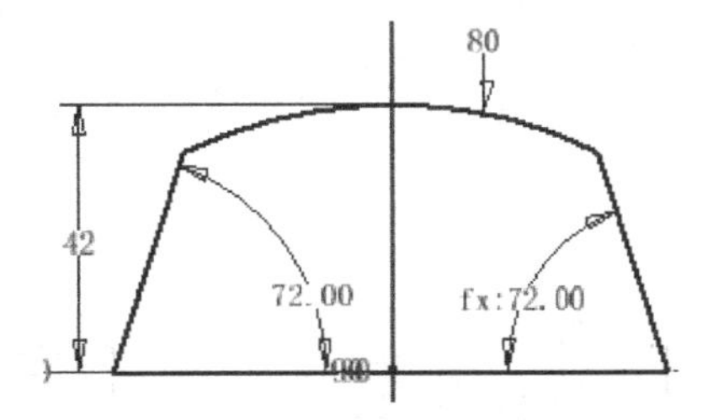

图 2-93　创建草图 2

Step 03 创建工作面。过图 2-94 中所示点创建工作面，如图 2-94 所示。

Step 04 创建草图 3。在上一步创建的工作面上新建草图，投影如图 2-94 所示的点及图 2-92 所示的几何图元。将投影的几何图元向内侧偏移，并将投影的点定位在偏移后的几何图元上。将投影的几何图元改为构造线，创建如图 2-95 所示草图 3。完成后退出草图环境，并将工作面隐藏。

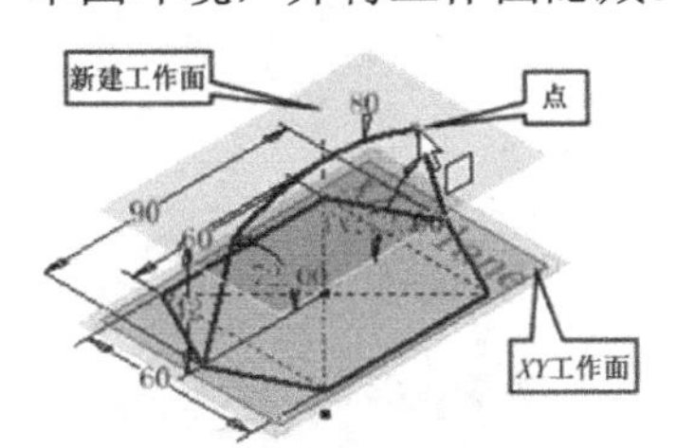

图 2-94　创建工作面

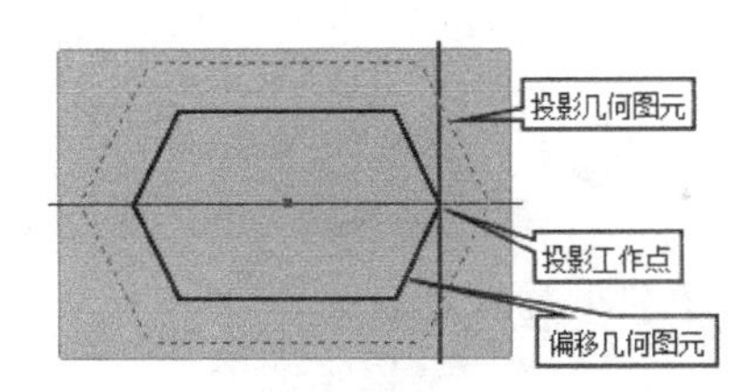

图 2-95　创建草图 3

Step 05 创建工作面。过图 2-96 所示的两条边创建工作面，如图 2-96 所示。

Step 06 创建草图 4。在上一步创建的工作面上新建草图，投影如图 2-96 所示的两条边，并将其改为构造线，绘制如图 2-97 所示的几何图元。完成后退出草图环境，隐藏工作面。

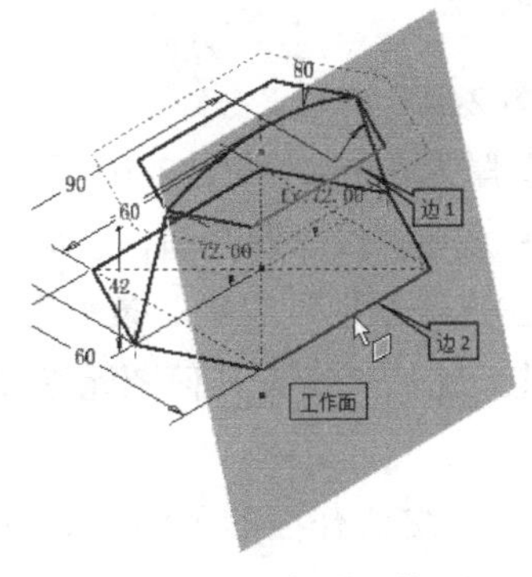

图 2-96　创建工作面

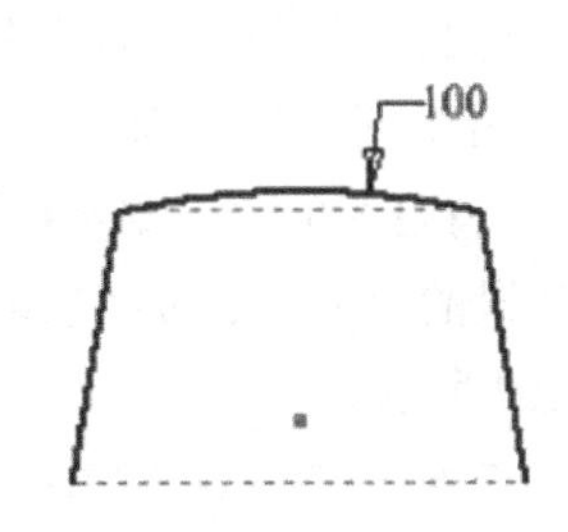

图 2-97　创建草图 4

Step 07 面片。按照如图 2-98 所示进行面片，面片后隐藏草图。

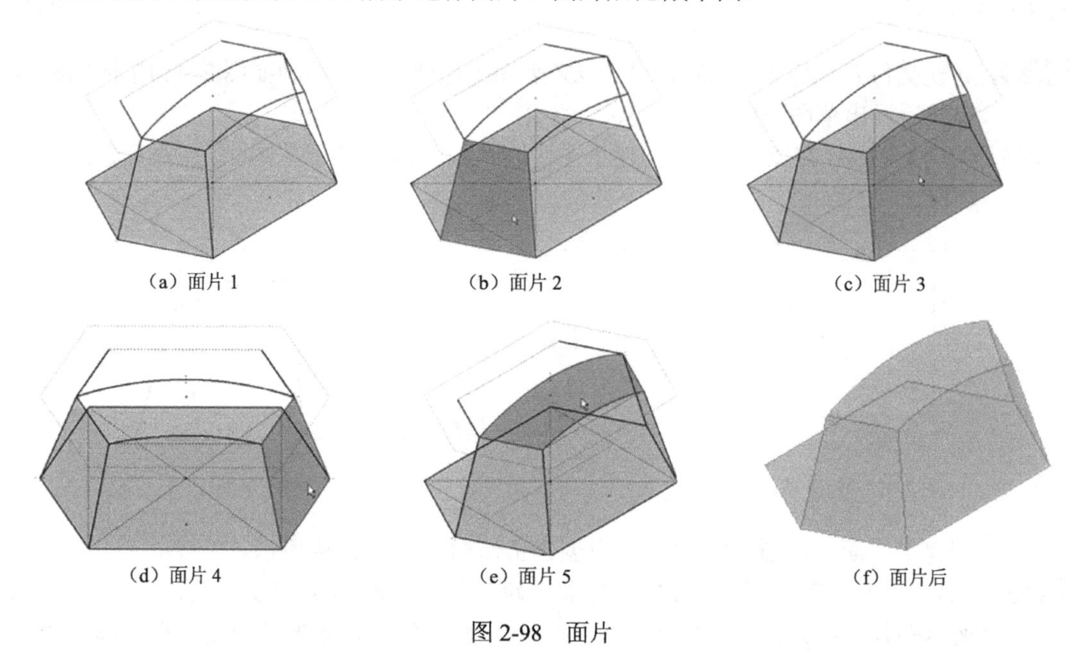
（a）面片 1　（b）面片 2　（c）面片 3
（d）面片 4　（e）面片 5　（f）面片后

图 2-98　面片

Step 08 镜像。将上一步中的面片 2、面片 3、面片 4、面片 5 曲面以 *YZ* 平面为镜像平面进行镜像，如图 2-99 所示。

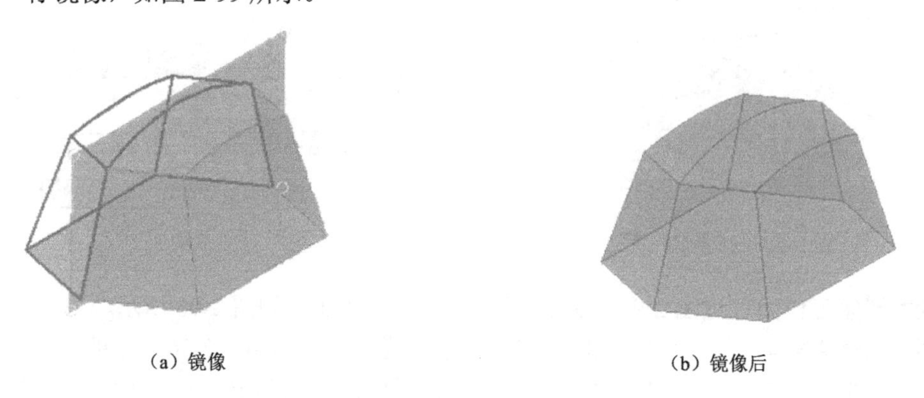
（a）镜像　（b）镜像后

图 2-99　镜像曲面

Step 09 缝合曲面。将所有曲面缝合成实体，如图 2-100 所示。

Step 10 抽壳。将上一步缝合的实体进行抽壳，壁厚为 2mm，如图 2-101 所示。

Step 11 创建草图 5。在 *XY* 平面上创建草图，切片观察，投影切割边，绘制一条长为 54mm 的直线，将直线的中点跟坐标原点重合，在直线右端点绘制一条垂直向上的直线段，将直线段的上端点定位在投影的切割边上，然后将所有几何图元修改为构造线，如图 2-102 所示。

Step 12 创建工作面。过图 2-102 中的点创建平行于 *XZ* 工作面的平面，如图 2-103 所示。

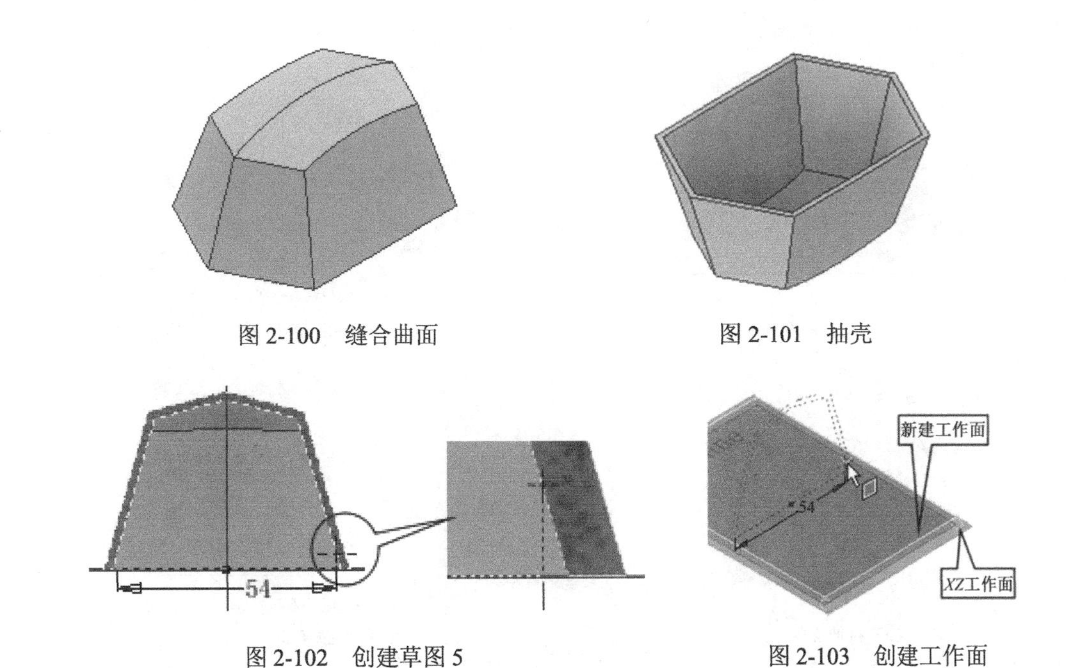

图 2-100　缝合曲面　　图 2-101　抽壳

图 2-102　创建草图 5　　图 2-103　创建工作面

Step 13 创建草图 6。在上一步创建的工作面上新建草图，切片观察，投影切割边，如图 2-104 所示。完成草图后退出草图环境，并将工作面隐藏。

Step 14 拉伸。将上一步投影的切割边进行拉伸。拉伸范围选择到外壳底面，拉伸方式选择"求并"，如图 2-105 所示。

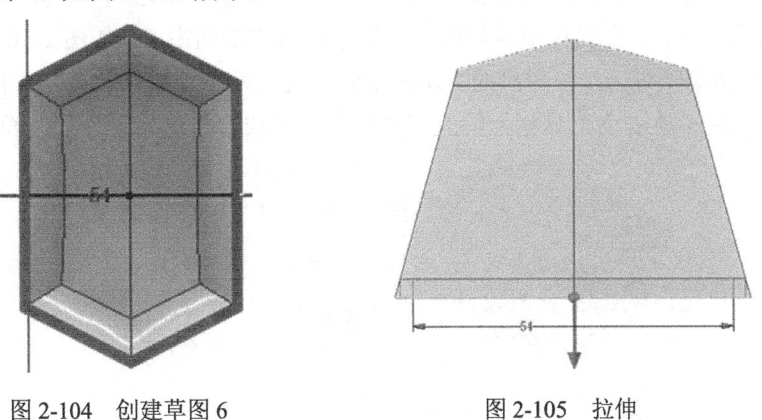

图 2-104　创建草图 6　　图 2-105　拉伸

Step 15 创建草图。在 *XY* 平面上创建草图，切片观察，绘制如图 2-106（a）所示草图，完成草图后退出草图环境。

Step 16 拉伸。将上一步绘制的部分几何图元进行拉伸，拉伸方式选择"求差"，如图 2-106（b）所示，完成后将上一步创建的草图再次可见。重复拉伸命令，将剩余几何图元进行拉伸，拉伸方式与前相同，如图 2-106（c）所示。继续执行拉伸命令，将前面拉伸的几何图元，再次反向拉伸，并输出新建实体，如图 2-106（d）所示。

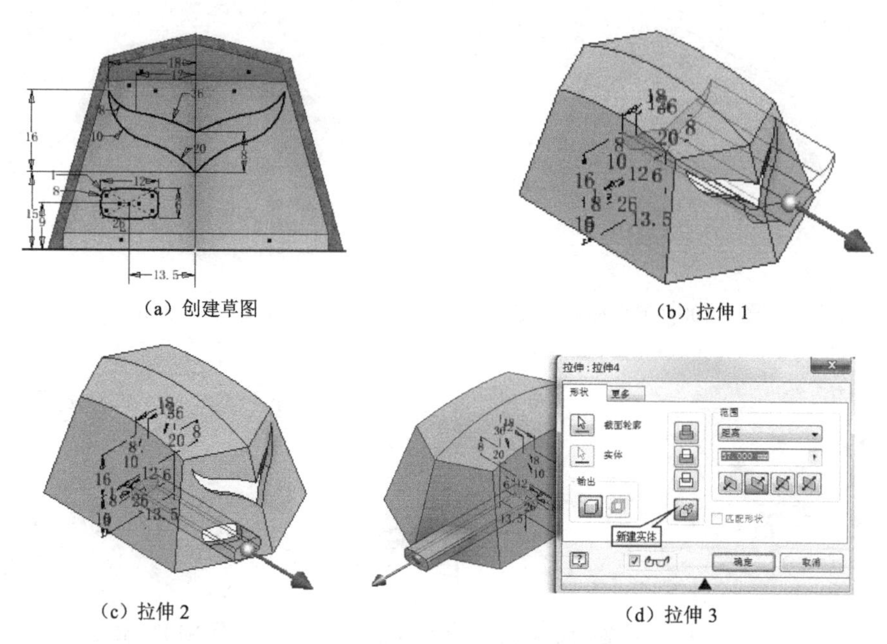

（a）创建草图　（b）拉伸 1　（c）拉伸 2　（d）拉伸 3

图 2-106　拉伸

Step 17 旋转实体。单击“修改”工具面板上的“直接”工具按钮 直接，弹出直接编辑小工具栏。这里操作方式选择“旋转”，操作对象选择“实体”，单击上一步创建的新建实体后，弹出直接操纵器空间坐标轴，即旋转空间坐标轴，如图 2-107（a）所示。先单击小工具栏的“定位”按钮，这时旋转坐标轴变为浮动状态，捕捉草图几何图元的中心，将旋转坐标轴固定在新建实体的端面中心，如图 2-107（b）所示。选择旋转轴并拖动，在弹出的文本框中输入旋转角度“-10.00deg”，如图 2-107（c）所示。最后单击小工具栏上的应用按钮+，完成直接编辑操作后将草图隐藏。

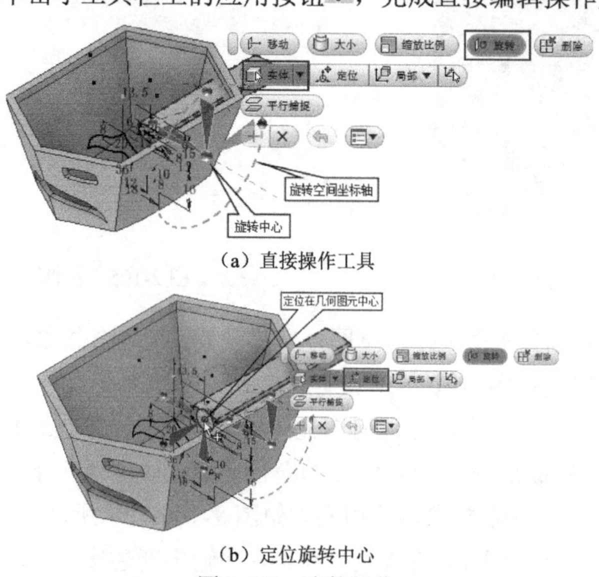

（a）直接操作工具

（b）定位旋转中心

图 2-107　直接操作

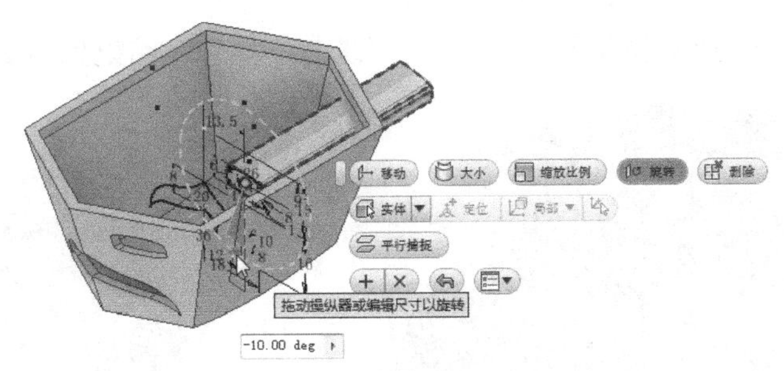

（c）拖动旋转轴

图 2-107　直接操作（续）

Step 18 合并实体。单击“修改”工具面板上的“合并”工具按钮 合并，弹出“合并”窗口，“基础视图”选择“外壳”，“工具体”选择“新建实体”，“合并方式”选择“求差”，如图 2-108 所示。

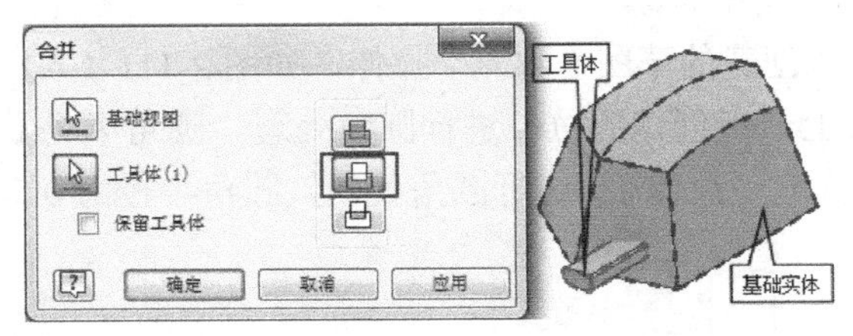

图 2-108　合并实体

Step 19 镜像特征。将如图 2-106 所示的拉伸 2 及上一步的合并操作，以 *YZ* 平面为镜像面进行镜像。

Step 20 创建草图。在 *XY* 平面上创建草图，切片观察，单击“创建”工具面板上“圆心圆弧槽”工具按钮，绘制如图 2-109（a）所示草图，完成后退出草图环境。

Step 21 拉伸。将上一步绘制的几何图元进行拉伸，拉伸方式选择“求差”，如图 2-109（b）所示。

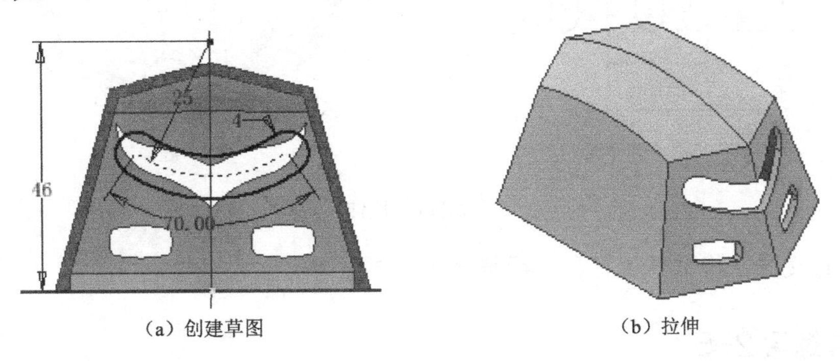

（a）创建草图　　（b）拉伸

图 2-109　拉伸

Step 22 创建草图。在 *YZ* 平面上创建草图，切片观察，绘制如图 2-110（a）所示几何图元，完成后退出草图环境。

Step 23 拉伸。将上一步创建的草图“双向”、“求差”拉伸，结果如图 2-110（b）所示。

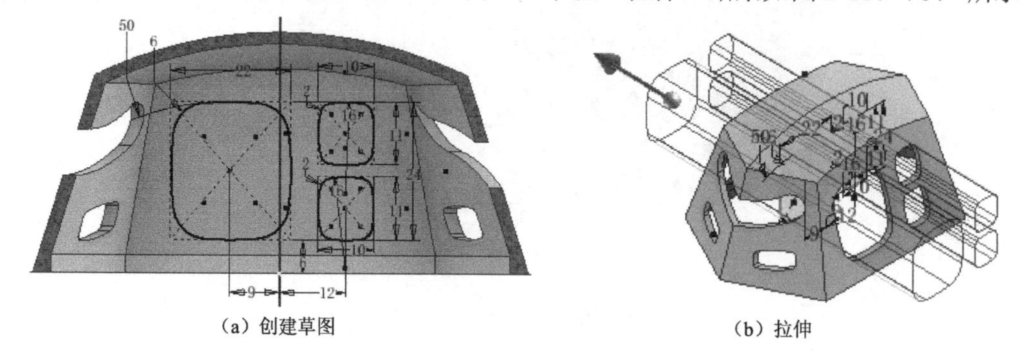
(a) 创建草图　　(b) 拉伸

图 2-110　拉伸

Step 24 创建草图。在 *XZ* 平面上创建草图，切片观察，绘制如图 2-111（a）所示几何图元，完成后退出草图环境。

Step 25 拉伸。将上一步创建的草图“求差”拉伸，如图 2-111（b）所示。

Step 26 圆角处理。将上一步创建的拉伸进行圆角处理，圆角半径 0.2mm，重复命令，对如图 2-106 所示的“拉伸 1”进行圆角处理，圆角半径为 0.5mm。

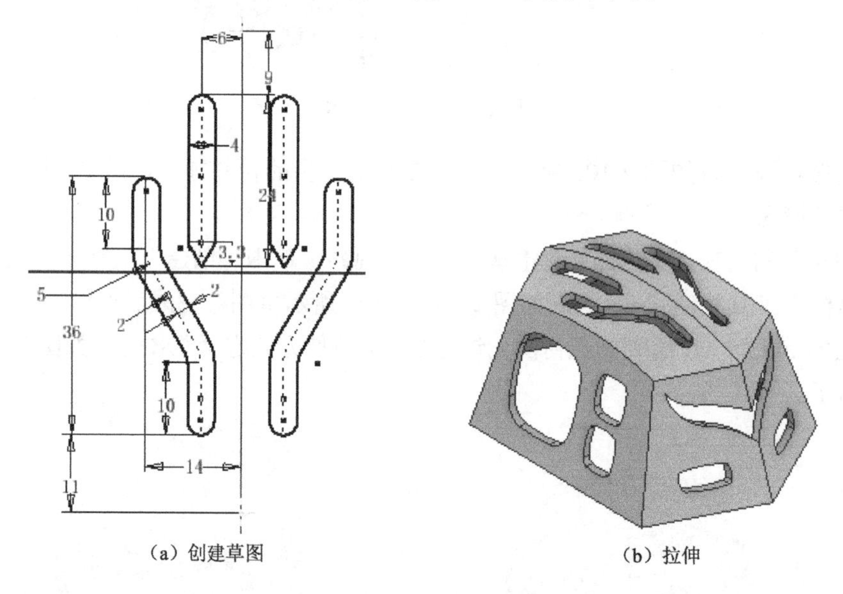
(a) 创建草图　　(b) 拉伸

图 2-111　拉伸

Step 27 保存文件。将文件保存，最后结果如图 2-91 所示。

拓展练习 2-5

完成如图 2-112 所示模型的绘制。其零件图纸见资料包中“模块二/任务五练习.dwfx”文件，模型文件参见资料包中“模块二/任务五练习.ipt”文件。

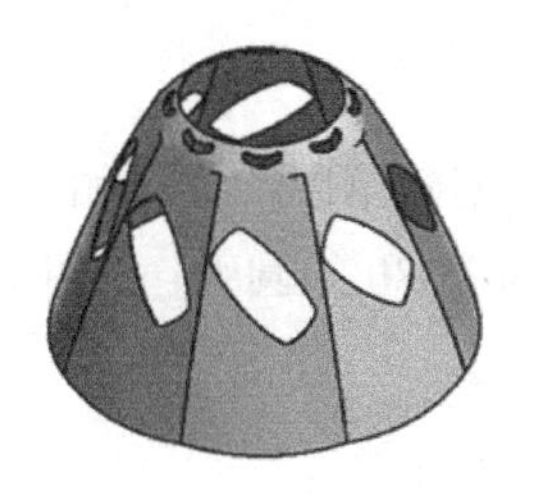

图 2-112　拓展练习 2-5

任务 6　床头灯灯罩设计

任务导入

床头灯灯罩设计实例如图 2-113 所示，其零件图纸见资料包中“模块二/床头灯灯罩.dwfx”文件，模型文件参见资料包中“模块二/床头灯灯罩.ipt”文件。

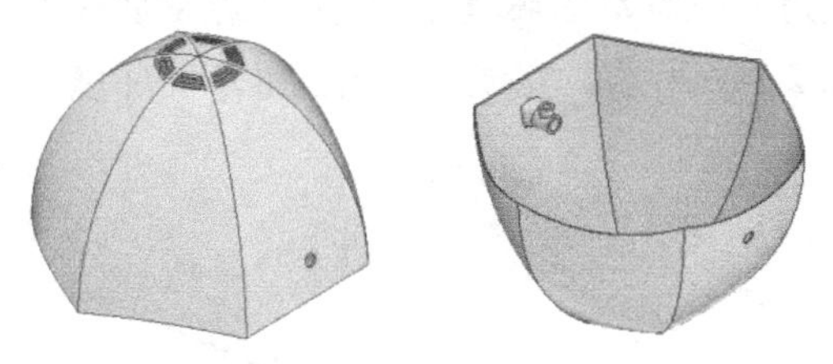

图 2-113　床头灯灯罩设计实例

设计流程

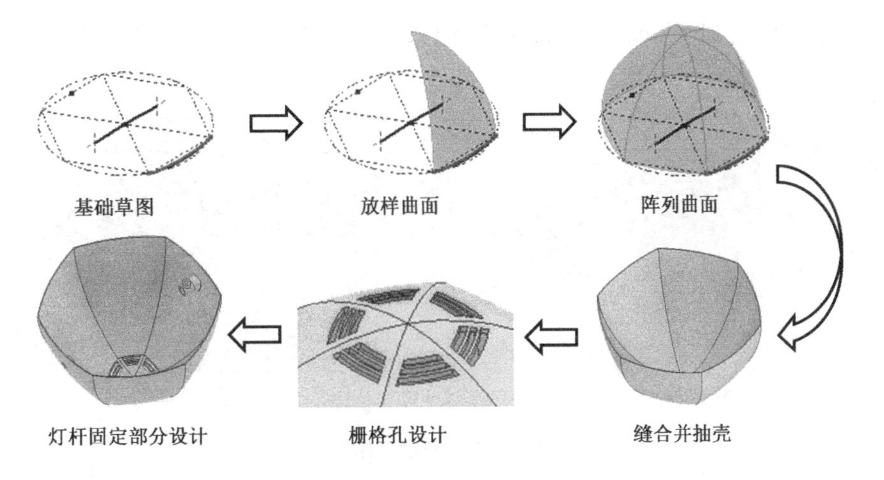

设计步骤

Step 01 新建文件。新建零件文件，并在 *XZ* 平面上创建草图，绘制如图 2-114 所示草图 1。

完成草图后退出草图环境。

Step 02 创建草图 2。在 *XY* 平面上创建草图，投影如图 2-114 所示 *R*180 圆弧的两个端点，过两个投影点，绘制半径为 *R*680 的圆弧，如图 2-115 所示。完成后退出草图环境。

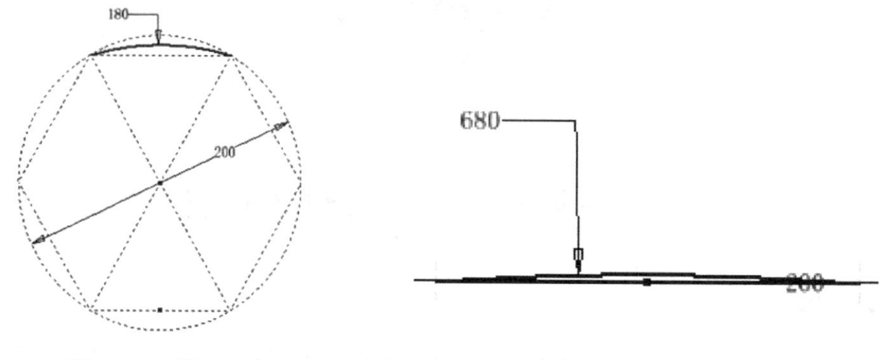

图 2-114　草图 1　　　　图 2-115　草图 2

Step 03 创建三维草图。进入三维草图环境后，利用“相交曲线”工具，将两段圆弧相交出三维草图，如图 2-116 所示。完成后退出三维草图环境。

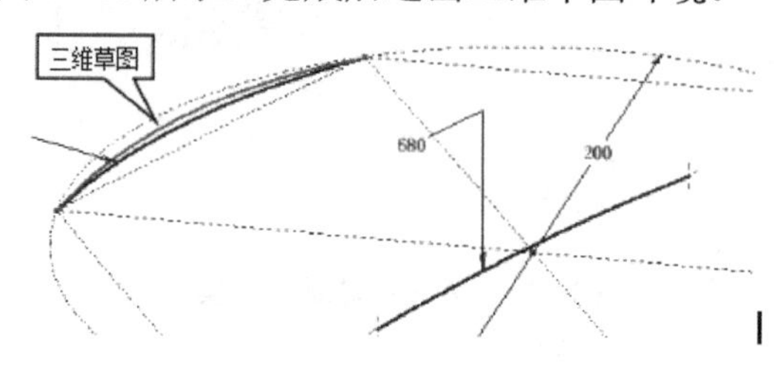

图 2-116　三维草图

Step 04 创建工作面。以 *XZ* 面为参考，过图 2-114 中所示两条对角线创建工作面，如图 2-117 所示。

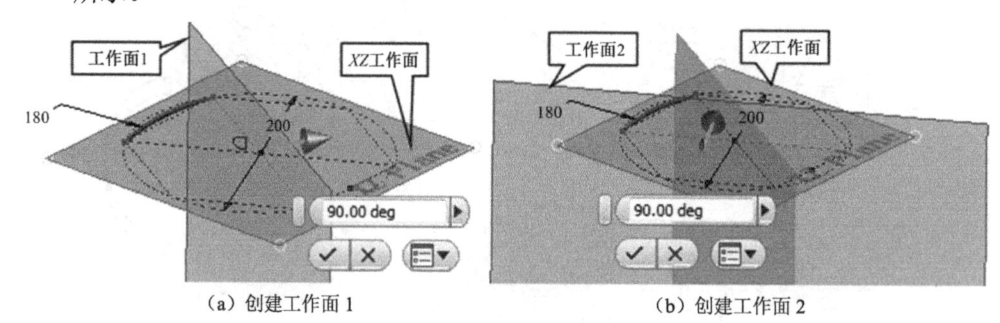

（a）创建工作面 1　　（b）创建工作面 2

图 2-117　创建工作面

Step 05 创建草图。在上一步创建的工作面 1 上创建草图，绘制如图 2-118（a）所示的几何图元。完成后退出草图环境。重复命令，在图 2-117 所示的工作面 2 上创建草图，绘制相同的几何图元。完成后退出草图环境，并将草图 1、草图 2、工作面 1、工作面 2 隐藏，结果如图 2-118（b）所示。

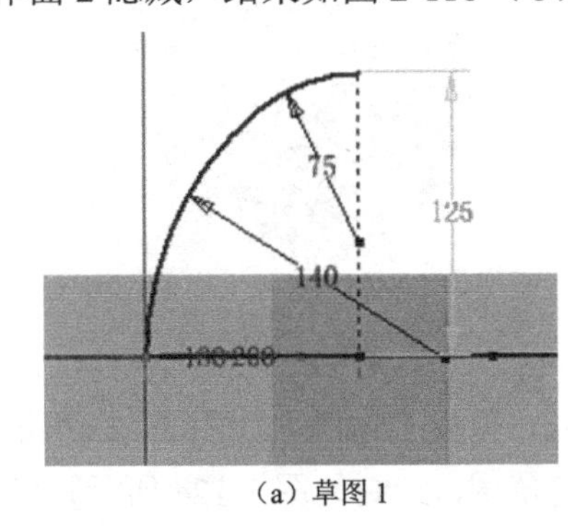

（a）草图 1

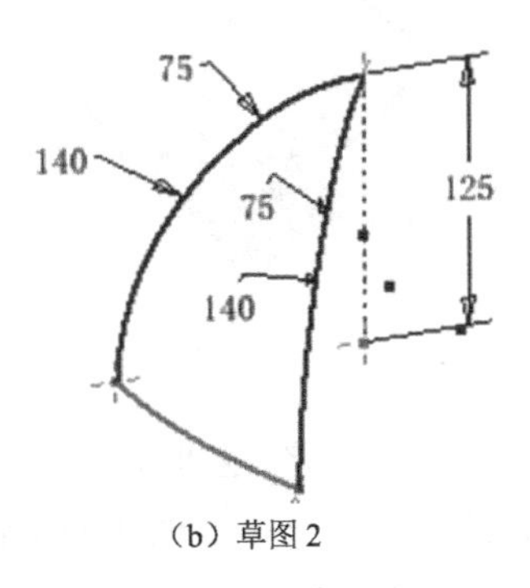

（b）草图 2

图 2-118　绘制草图

Step 06 放样曲面。按照如图 2-119 所示方式放样曲面。

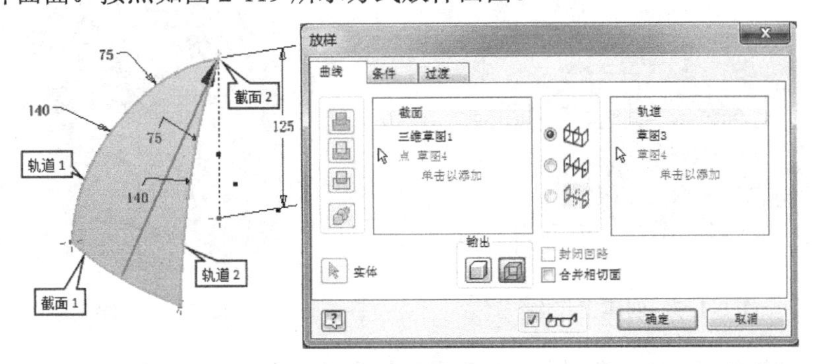

图 2-119　放样曲面

Step 07 环形阵列曲面。将如图 2-119 所示的放样曲面，以 *Y* 轴为中心做环形阵列，如图 2-120 所示。

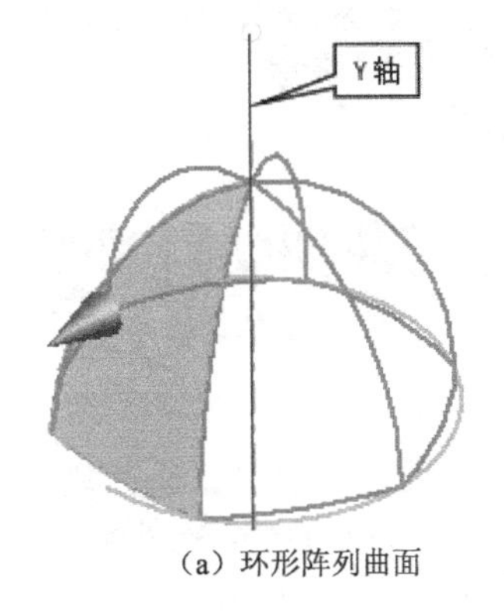

（a）环形阵列曲面

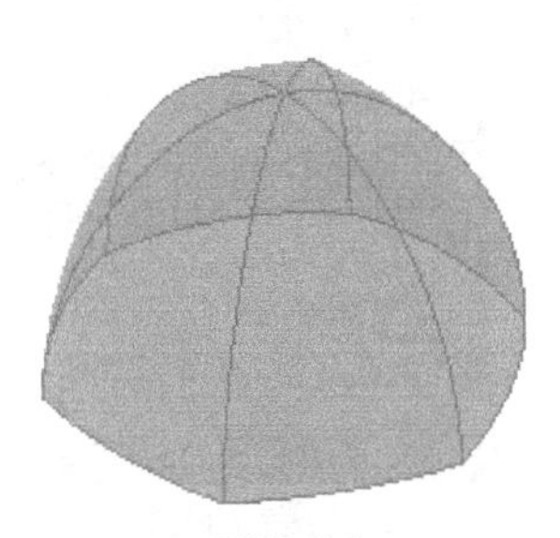
（b）环形阵列后

图 2-120　环形阵列曲面

Step 08 面片。将阵列后的曲面底部进行面片，如图 2-121 所示。

Step 09 缝合。将所有曲面缝合成实体。

Step 10 抽壳。将缝合后的实体进行抽壳，抽壳厚度为 1mm，如图 2-122 所示。

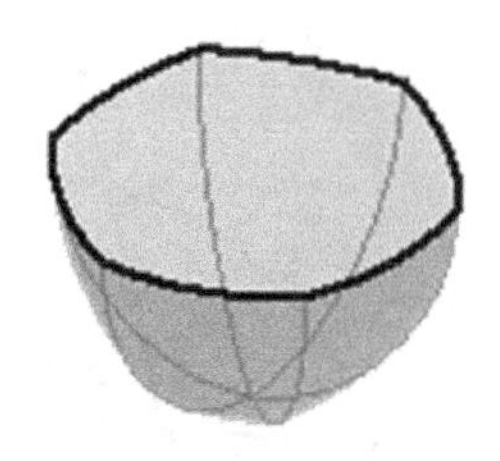

图 2-121　面片

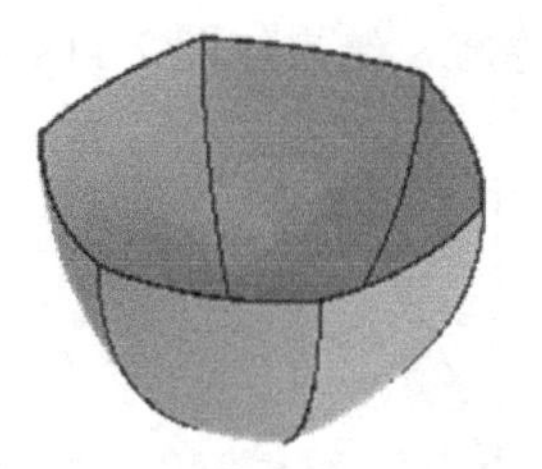

图 2-122　抽壳

Step 11 新建工作面。将 *XZ* 平面向上偏移 150mm，创建工作面，如图 2-123 所示。

Step 12 新建草图。在上一步创建的工作面中新建草图，绘制如图 2-124 所示几何图元，完成后退出草图环境，将工作面隐藏。

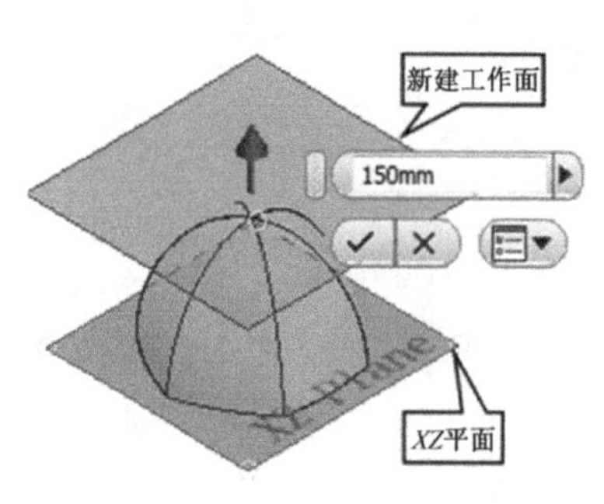

图 2-123　创建工作面

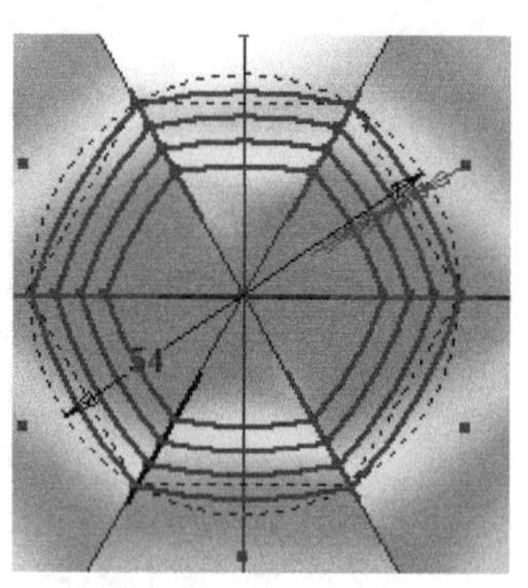

图 2-124　绘制草图

Step 13 创建栅格孔。单击“塑料零件”工具面板上的“栅格孔”工具按钮 栅格孔，弹出“栅格孔”窗口，各项设置如图 2-125（a）～（d）所示，完成后的栅格孔如图 2-125（f）所示。

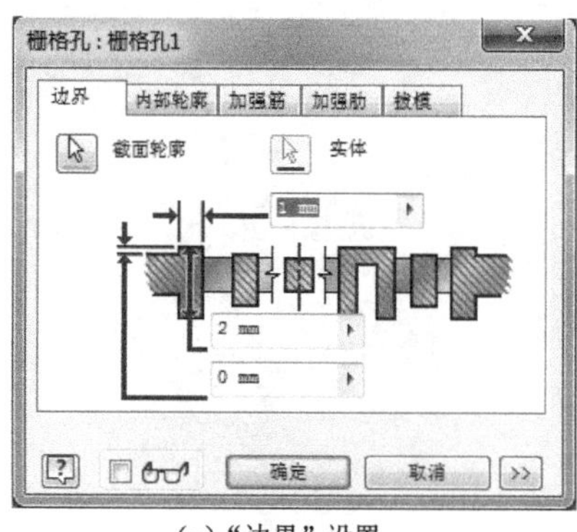

（a）“边界”设置

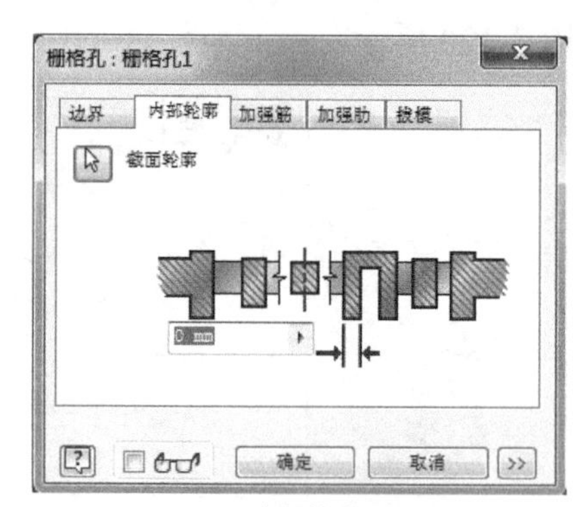

（b）“内部轮廓”设置

图 2-125　创建栅格孔

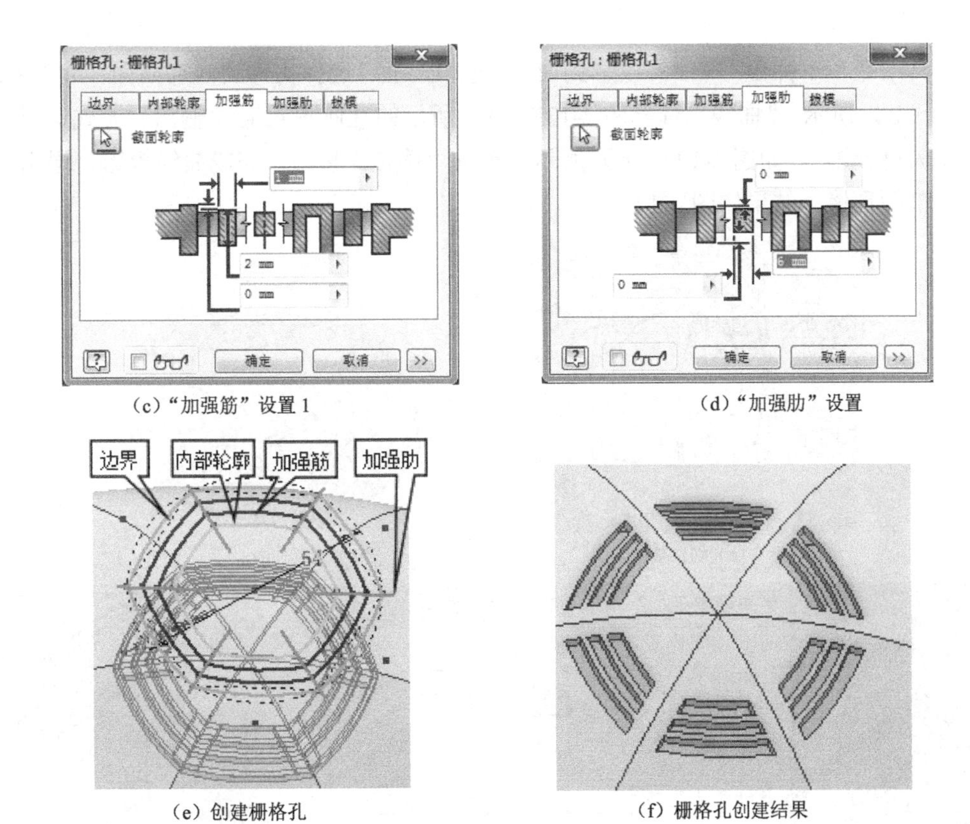

（c）“加强筋”设置 1　　（d）“加强肋”设置

（e）创建栅格孔　　（f）栅格孔创建结果

图 2-125　创建栅格孔（续）

说明： 绘制草图时，加强肋要超出边界及内部轮廓，否则在选择边界、内部轮廓时，会选择不上几何图元。

Step 14 创建工作面。将 *XY* 平面进行偏移，创建工作面，如图 2-126 所示。

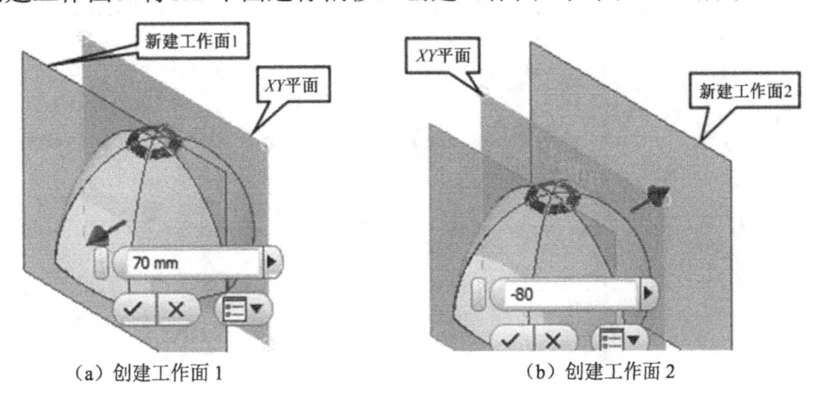

（a）创建工作面 1　　（b）创建工作面 2

图 2-126　创建工作面

Step 15 创建草图。在图 2-126（a）所示的新建工作面 1 上创建草图，切片观察，绘制如图 2-127（a）所示几何图元，完成后退出草图环境，并将工作面隐藏。

Step 16 创建三维草图。进入三维草图环境，单击“绘制”工具面板上的“投影到曲面”工具按钮，弹出“将曲线投影到曲面”窗口，“面”选择实体的内部曲面，如图 2-127（b）所示。“曲线”选择图 2-127（a）所示的几何图元 1，“输出”方式选择“沿矢量投影”，如图 2-127（c）所示。单击“确定”按钮，完成曲线投影，退出三维草图环境，结果如图 2-127（d）所示。

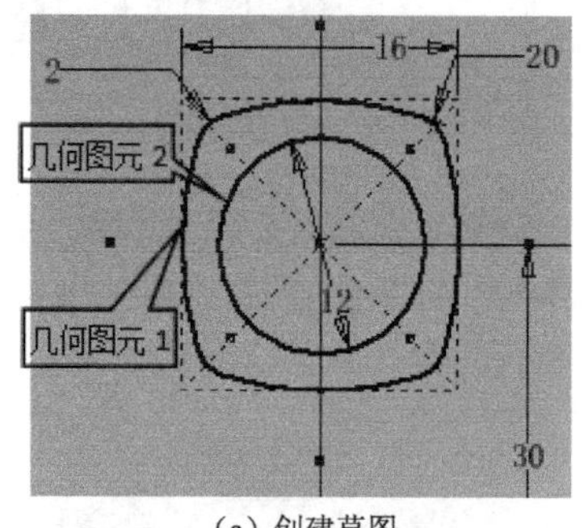

（a）创建草图

（b）选择曲面

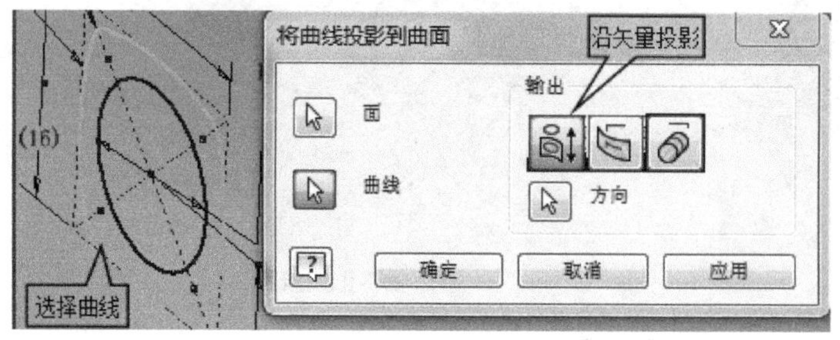

（c）参数设置

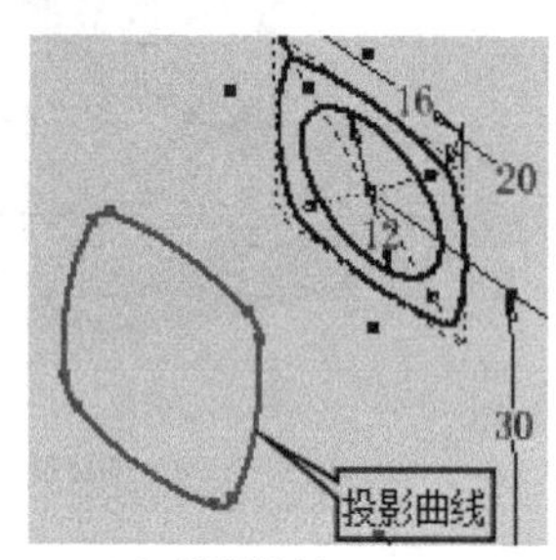

（d）投影结果

图 2-127　将曲线投影到曲面

Step 17 拉伸。将如图 2-127（a）所示几何图元 2 进行拉伸，拉伸距离为“12mm”，在“拉伸”窗口的“更多”选项卡中将拉伸“锥度”设置为“2”，如图 2-128 所示。

图 2-128　拉伸

Step 18 放样。以上一步拉伸的圆柱段的大头端面为截面 1，以步骤 16 中投影的三维曲线为截面 2 进行放样，如图 2-129（a）所示。在放样窗口的“条件”选项卡中，将边界 1 的放样条件选择为“相切条件”，如图 2-129（b）所示。单击“确定”按钮，完成放样。

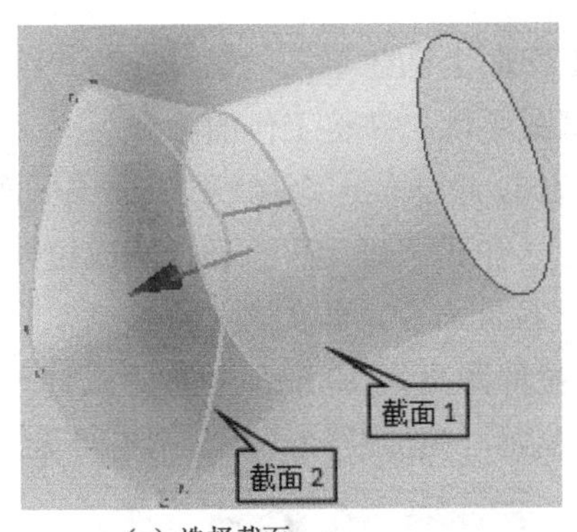

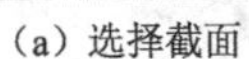
（a）选择截面

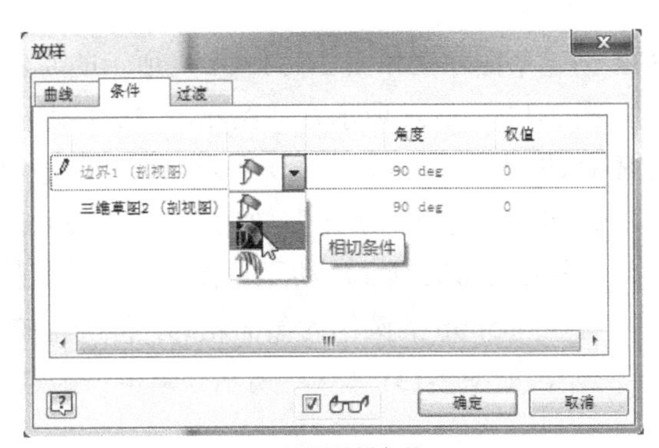

（b）设置放样条件

图 2-129　放样

Step 19 创建草图。在图 2-126（b）所示的新建工作面 2 上创建草图，切片观察，绘制如图 2-130（a）所示几何图元，完成后退出草图环境，并将工作面隐藏。

Step 20 拉伸。将如图 2-130（a）所示的几何图元进行拉伸，拉伸范围选择“到表面或平面”，如图 2-130（b）所示。单击“确定”按钮，完成拉伸。将如图 2-130（a）所示的草图再次可见，重复拉伸命令，将如图 2-130（a）所示的直径为 8mm 的圆为截面轮廓，再次拉伸，拉伸范围选择“贯通”，拉伸方向选择“双向”，拉伸方式选择“求差”，如图 2-130（c）所示。完成后，将草图不可见。

Step 21 创建工作面。将 *XZ* 平面向上偏移 20mm，创建工作面，如图 2-131（a）所示。

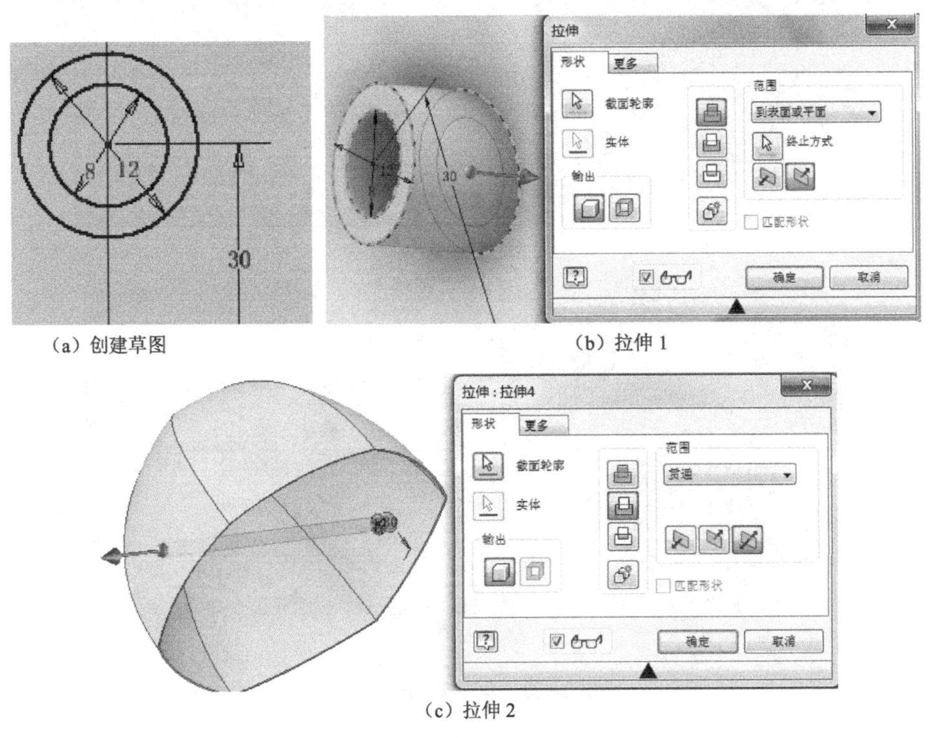

（a）创建草图　（b）拉伸 1

（c）拉伸 2

图 2-130　拉伸

Step 22 创建草图。在如图 2-131（a）所示的新建工作面上创建草图，切片观察，绘制如图 2-131（b）所示几何图元，完成后退出草图环境，并将工作面隐藏。

Step 23 拉伸。将如图 2-131（b）所示几何图元进行拉伸，拉伸范围选择“到表面或平面”，拉伸方式选择“求并”，如图 2-131（c）所示。单击“确定”按钮，完成拉伸。再次将图 2-131（a）所示草图可见，重复执行拉伸命令，将如图 2-131（a）所示直径为 5mm 的圆作为截面轮廓，再次拉伸，拉伸距离为 10mm，拉伸方式选择“求差”，如图 2-131（d）所示。单击“确定”按钮，完成拉伸，将草图不可见。

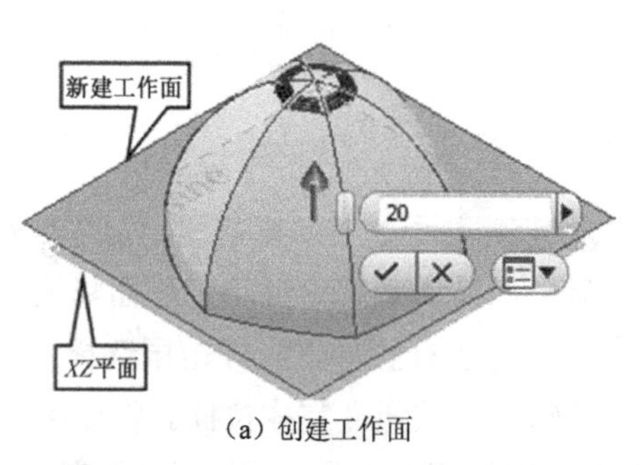

（a）创建工作面

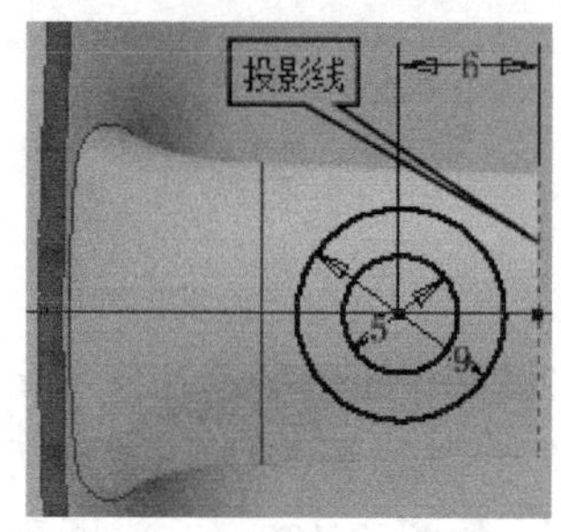

（b）创建草图

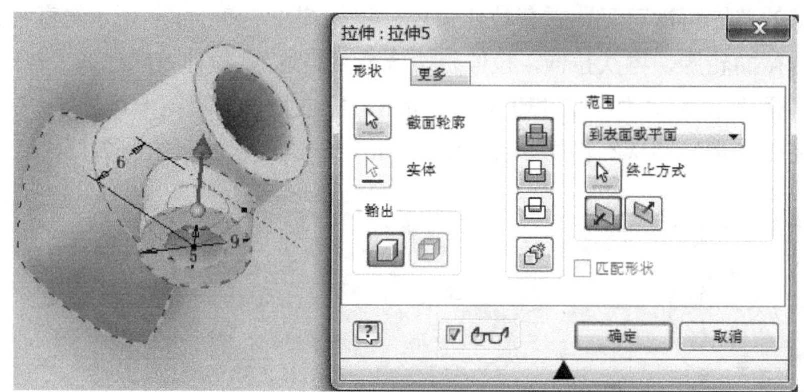

（c）拉伸设置

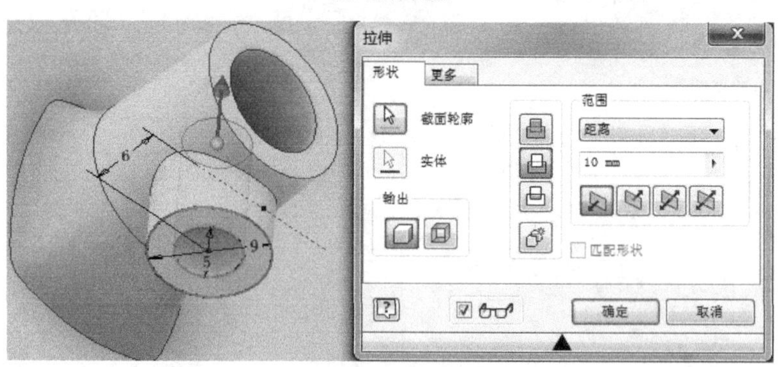

（d）拉伸 2

图 2-131　创建灯杆固定柱

Step 24 保存文件。将文件保存，最终结果如图 2-113 所示。

拓展练习 2-6

完成图 2-132 所示模型的绘制。其零件图纸见资料包中“模块二/任务六练习.dwfx”文件，模型文件参见资料包中“模块二/任务六练习.ipt”文件。

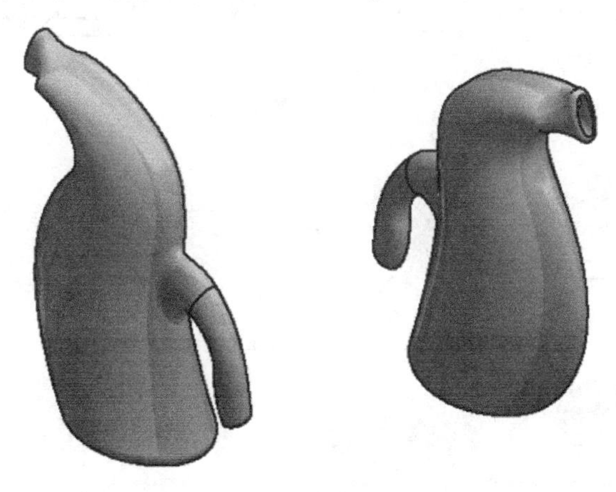

图 2-132　拓展练习 2-6

任务 7　机器人脚部设计

任务导入

机器人脚部设计实例如图 2-133 所示，其零件图纸见资料包中“模块二/机器人脚掌.dwfx”文件，模型文件参见资料包中“模块二/机器人脚掌.ipt”文件。

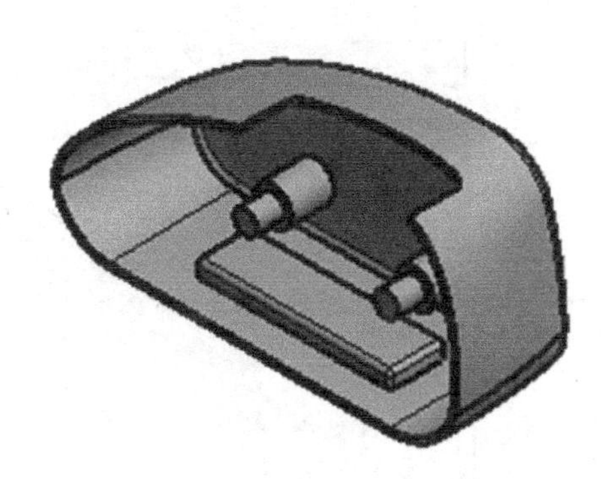

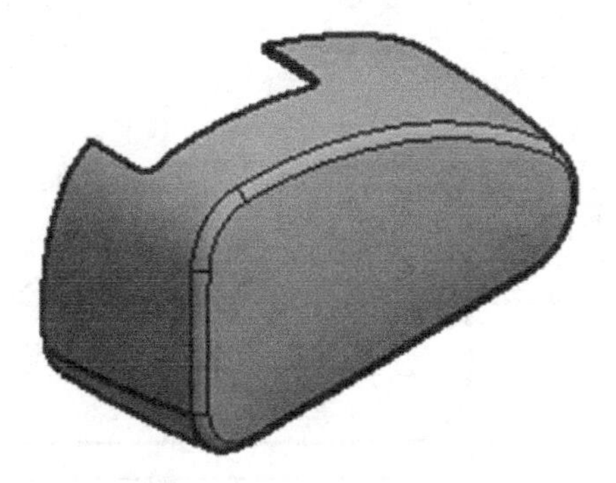

图 2-133　机器人脚部设计实例

设计流程

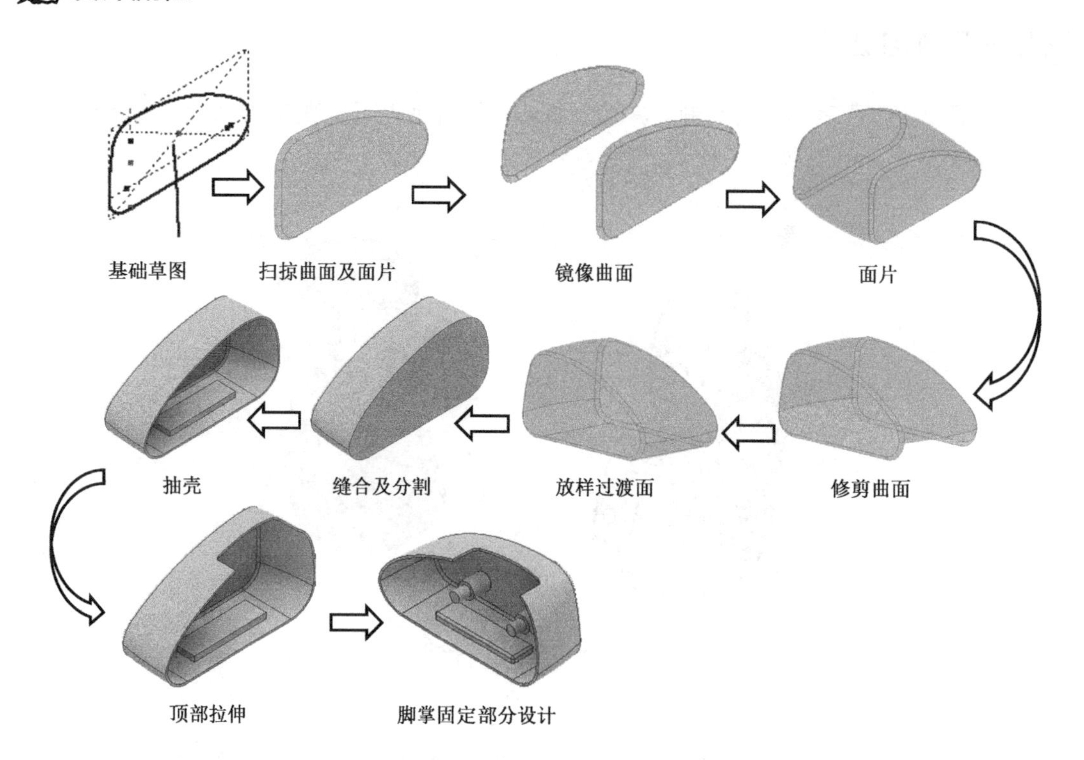

设计步骤

Step 01 新建文件。新建零件文件，并在 *XY* 平面上创建草图，绘制如图 2-134 所示草图。完成后退出草图环境。

Step 02 创建工作面。平行于 *YZ* 工作面，过图 2-135 中所示点，创建工作面，如图 2-135 所示。

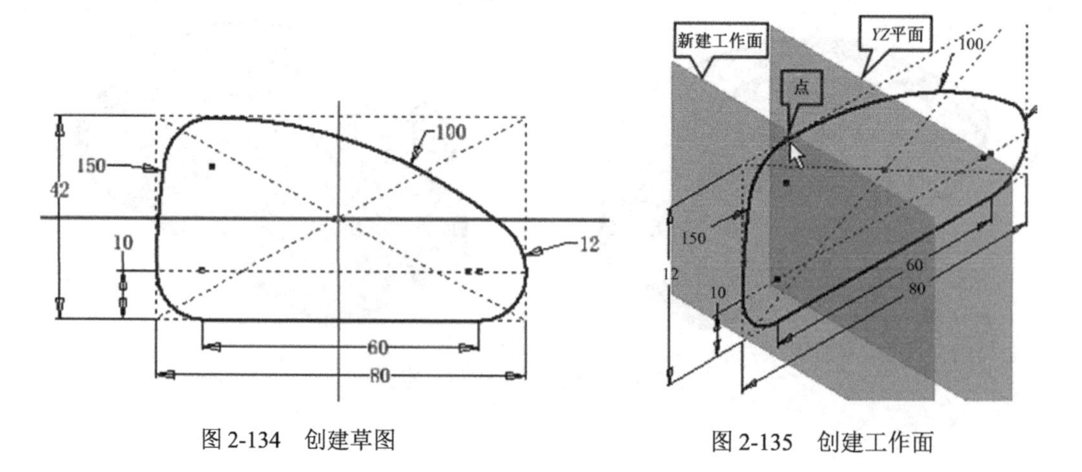

图 2-134 创建草图　　图 2-135 创建工作面

Step 03 创建草图。在图 2-135 所示的新建工作面上创建草图，并投影图 2-135 所示的点，绘制 R300 圆弧。圆弧上端点跟投影点水平对齐，圆弧圆心跟圆弧下端点水平对齐，如图 2-136 所示，完成后退出草图环境。

Step 04 创建三维草图。进入三维草图环境，将草图 1 与草图 2 相交，创建三维曲线，如图 2-137 所示。完成后退出三维草图环境，并隐藏草图 1、草图 2。

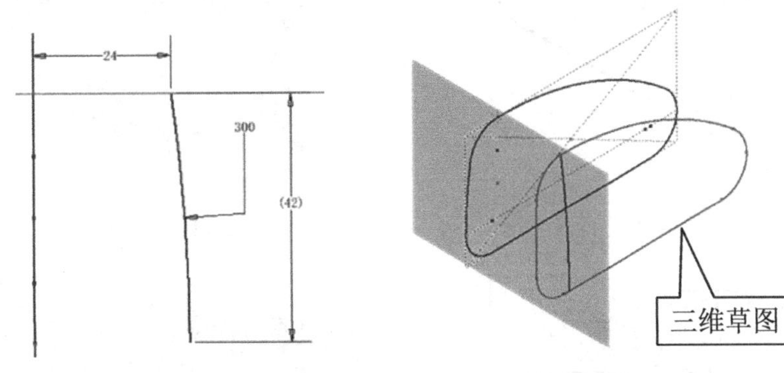

图 2-136 创建草图　　图 2-137 创建三维草图

Step 05 创建草图。在图 2-135 所示的新建工作面上再次创建草图，并投影图 2-136 所示圆弧的上端点，绘制如图 2-138 所示几何图元。完成后退出草图环境，并隐藏工作面。

Step 06 扫掠曲面。以如图 2-138 所示的几何图元为截面，以如图 2-137 所示的三维草图为路径，扫掠曲面，如图 2-139 所示。

Step 07 面片。在上一步创建的扫掠曲面边界上面片，面片条件选择“相切”方式，如图 2-140 所示。

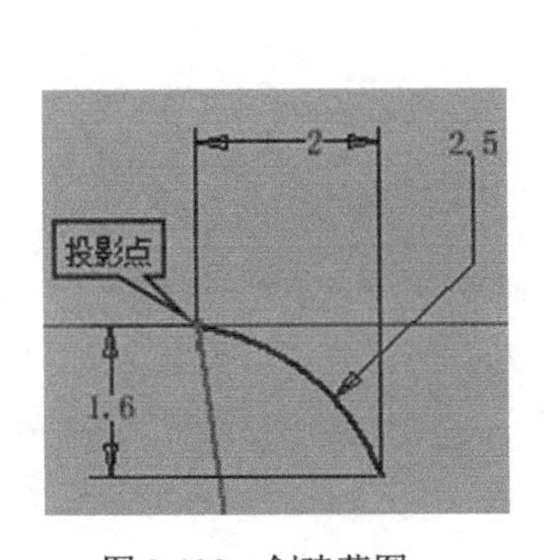

图 2-138 创建草图

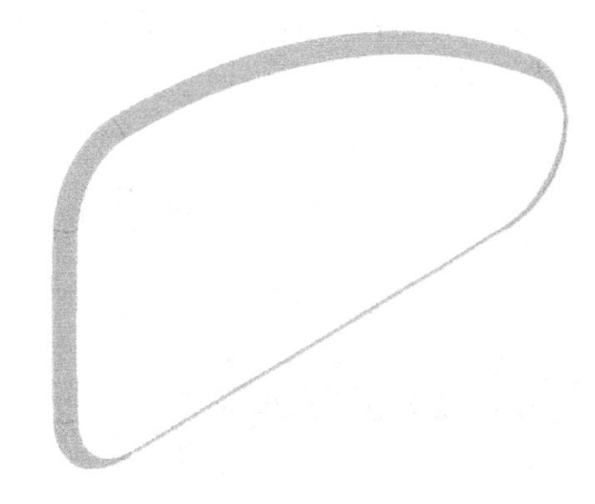

图 2-139 扫掠曲面

Step 08 镜像曲面。以 XY 平面为镜像平面，将扫掠曲面及面片曲面进行镜像，如图 2-141 所示。

Step 09 面片。在图 2-142 所示的边界之间进行面片，两个边界的面片条件均为“相切”，如图 2-142 所示。

Step 10 创建工作面。将 XZ 平面向下偏移−11mm，创建新的工作面，如图 2-143 所示。

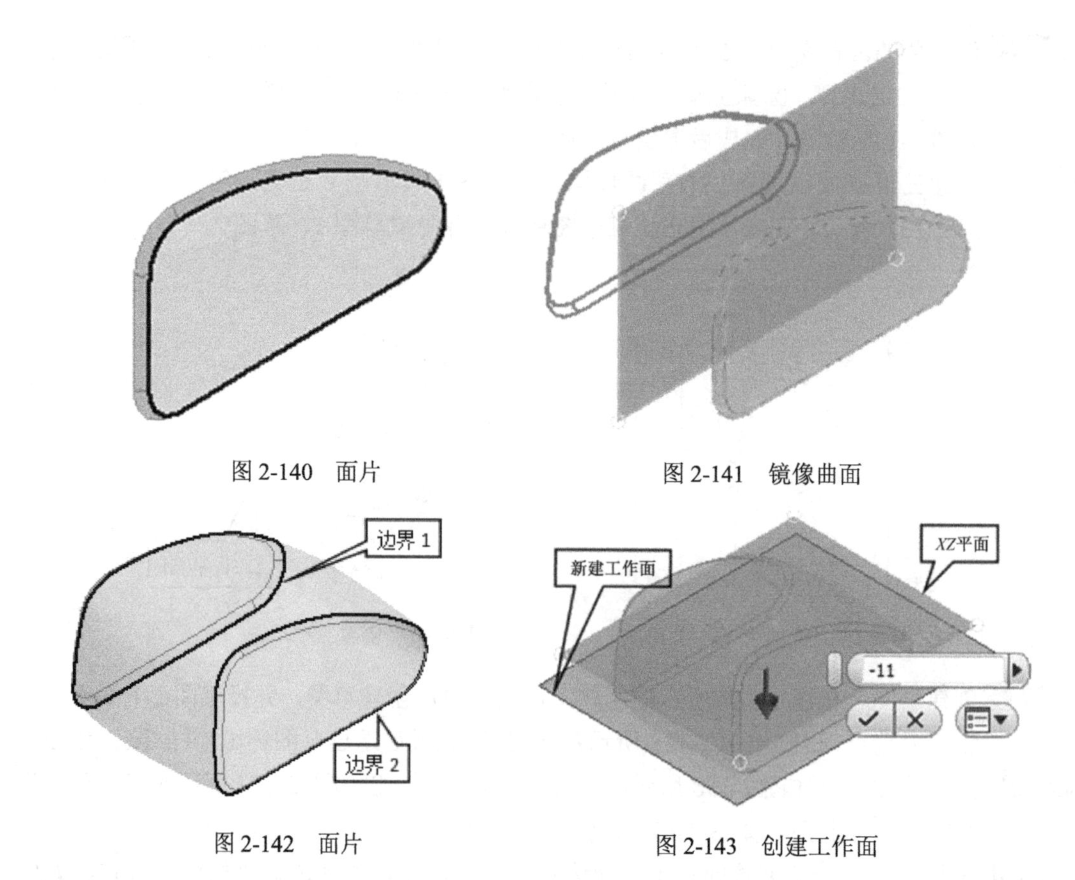

图 2-140　面片

图 2-141　镜像曲面

图 2-142　面片

图 2-143　创建工作面

Step 11 修剪曲面。以如图 2-143 所示工作面为修剪工具，对如图 2-142 所示的面片曲面进行修剪，如图 2-144（a）所示。修剪后的结果如图 2-144（b）所示，完成后将工作面不可见。

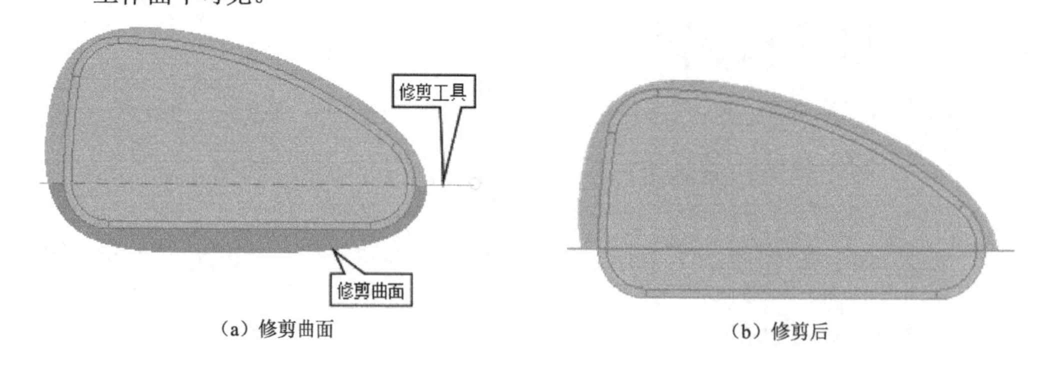

（a）修剪曲面

（b）修剪后

图 2-144　修剪曲面

Step 12 放样曲面。选择如图 2-145（a）所示的边界 1、边界 2 为截面进行放样。完成后重复执行放样命令，选择如图 2-145（b）所示的边界为截面 1、截面 2、轨道 1、轨道 2 再次进行放样。同样的方法，将如图 2-145（c）所示位置放样为曲面。

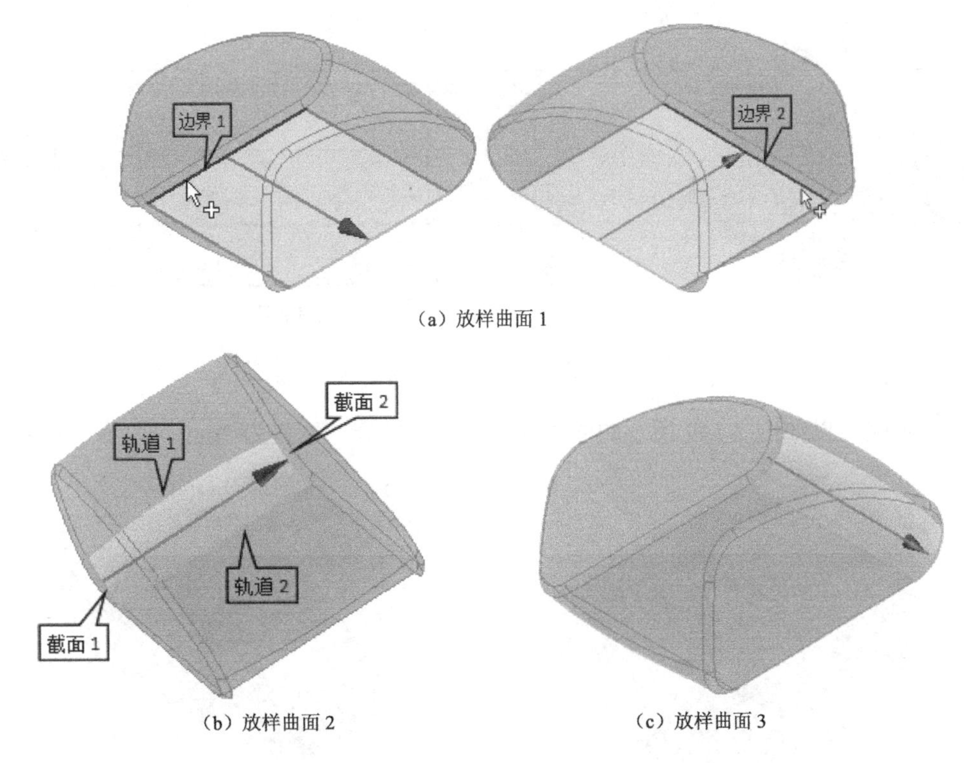

（a）放样曲面 1

（b）放样曲面 2 （c）放样曲面 3

图 2-145 创建曲面

Step 13 缝合曲面。将所有曲面缝合成实体。

Step 14 分割实体。以 *XY* 平面为分割工具，将实体修剪，如图 2-146（a）所示，修剪后如图 2-146（b）所示。

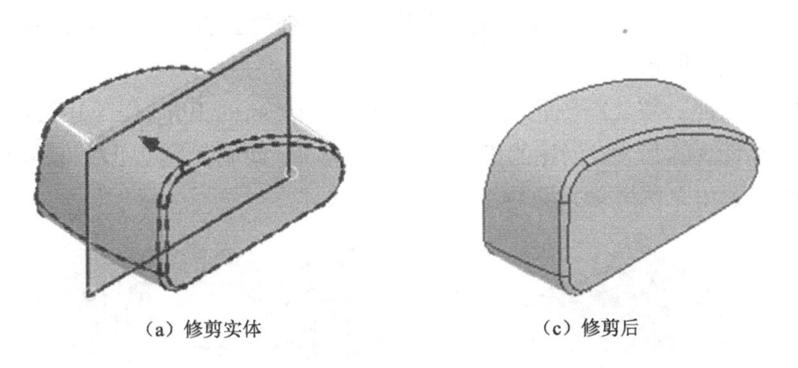

（a）修剪实体 （c）修剪后

图 2-146 分割实体

Step 15 创建草图。在如图 2-147（a）所示的平面上创建草图，绘制如图 2-147（b）所示的几何图元。完成后退出草图环境。

Step 16 拉伸。将如图 2-147（b）所示的几何图元进行拉伸，拉伸距离为“3mm”，拉伸方式为“求差”，如图 2-148 所示。

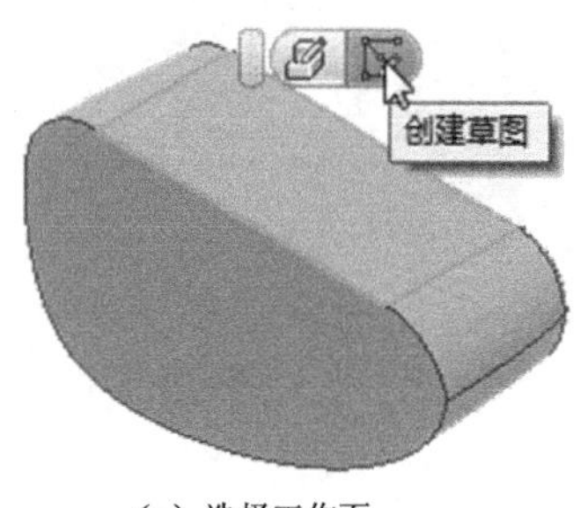

（a）选择工作面

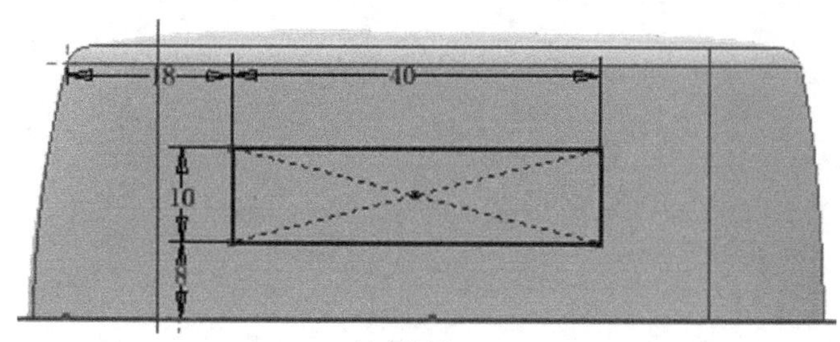

（b）创建草图

图 2-147　创建草图

Step 17 抽壳。以如图 2-149 所示的面为开口面进行抽壳，壁厚为 1mm，如图 2-149 所示。

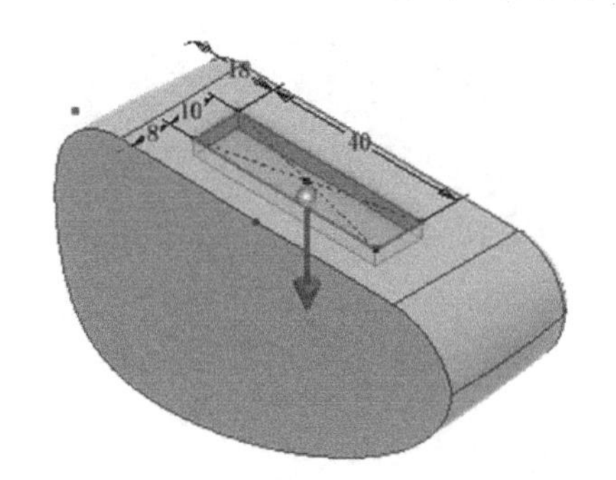

图 2-148　拉伸

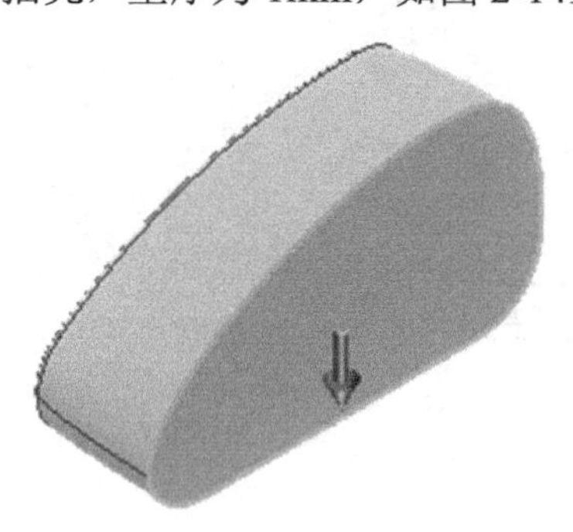
图 2-149　抽壳

Step 18 创建草图。在 *XZ* 工作面上创建草图，如图 2-150（a）所示，绘制如图 2-150（b）所示的几何图元。完成后退出草图环境。

Step 19 拉伸。将如图 2-150（b）所示的几何图元进行拉伸，拉伸方式选择“求差”，如图 2-151 所示。

Step 20 创建工作面。将 *XY* 平面向左偏移 20mm，创建新的工作面，如图 2-152 所示。

Step 21 创建草图。在上一步创建的工作面上创建草图，绘制如图 2-153 所示的几何图元。完成后退出草图环境，并将工作面不可见。

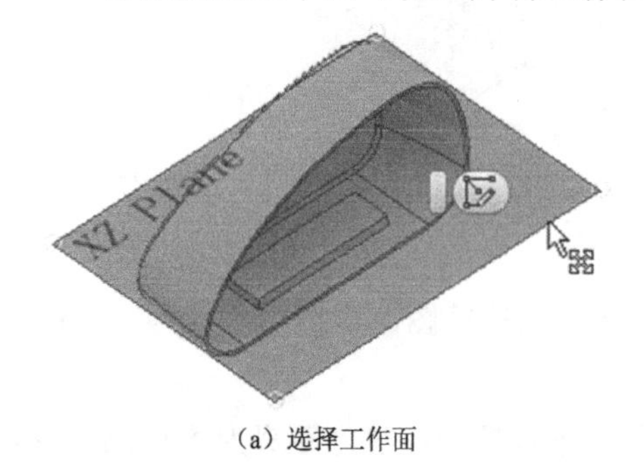

（a）选择工作面

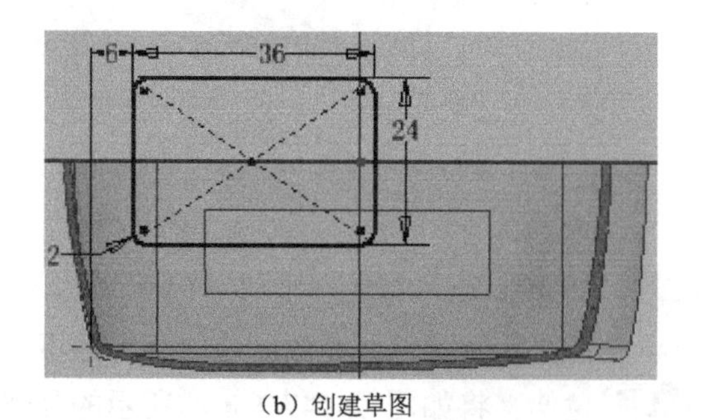

（b）创建草图

图 2-150　创建草图

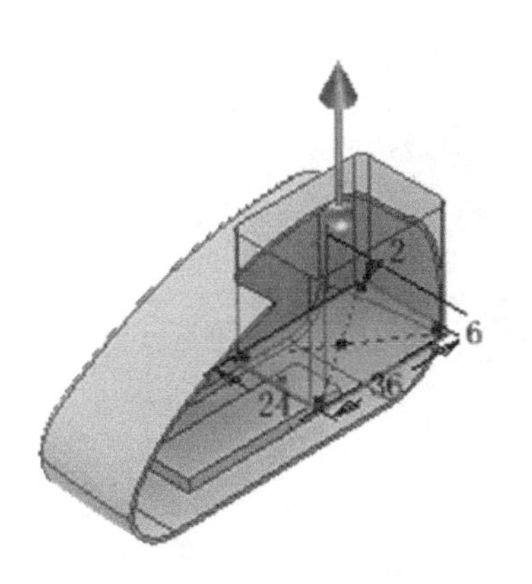

图 2-151　拉伸

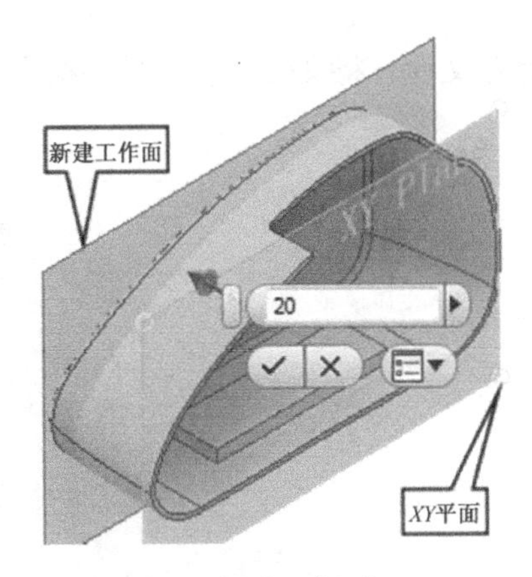

图 2-152　创建工作面

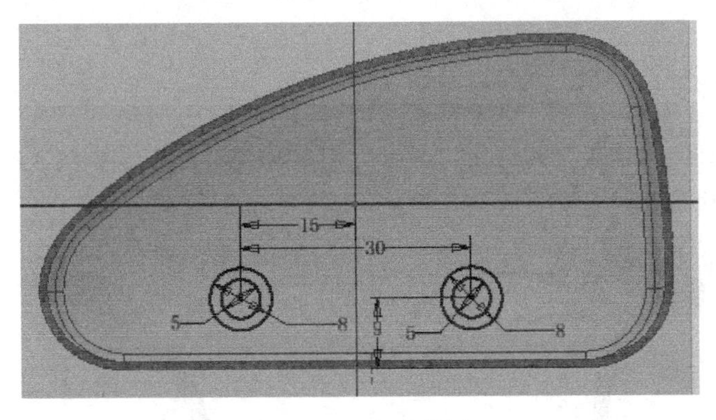

图 2-153　创建草图

Step 22 拉伸。将上一步创建的草图中直径为 8 的圆进行拉伸，拉伸范围选择“到表面或平面”，如图 2-154（a）所示。完成后将草图再次可见，重复执行拉伸命令，选择直径为 5mm 的圆进行拉伸，如图 2-154（b）所示，完成拉伸后将草图不可见。

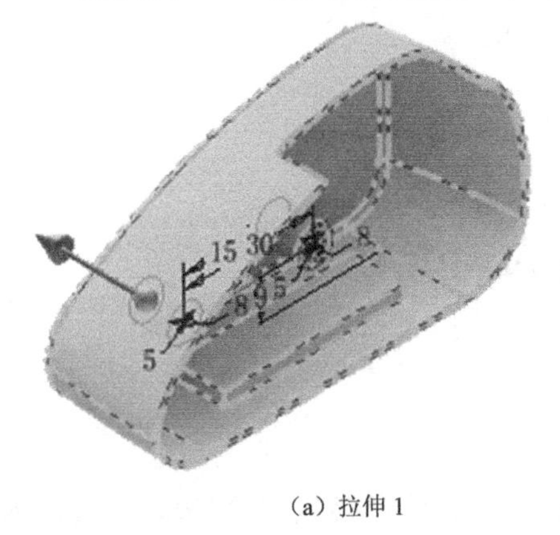

（a）拉伸 1

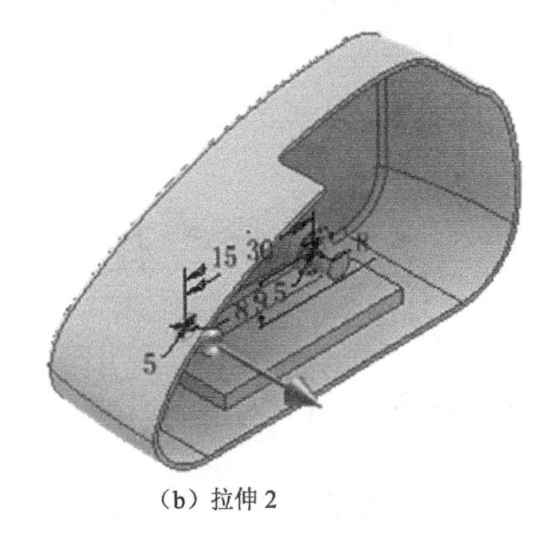

（b）拉伸 2

图 2-154　拉伸

Step 23 圆角。将如图 2-155 所示的边进行圆角，圆角半径为“1mm”。

Step 24 保存文件。将文件保存，最终结果如图 2-133 所示。

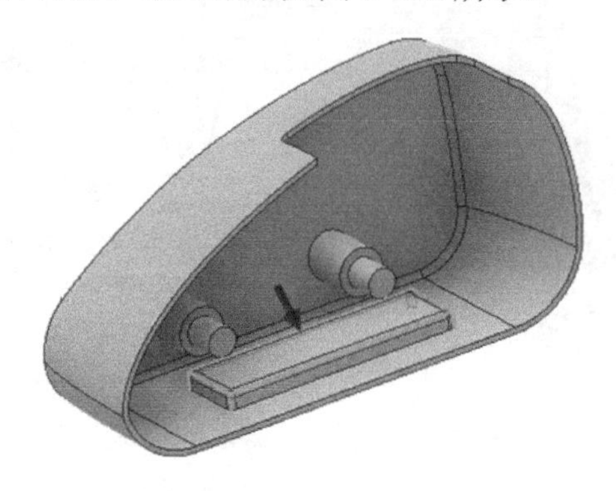

图 2-155　圆角

拓展练习 2-7

完成如图 2-156 所示模型的绘制。其零件图纸见资料包中“模块二/任务七练习.dwfx”文件，模型文件参见资料包中“模块二/任务七练习.ipt”文件。

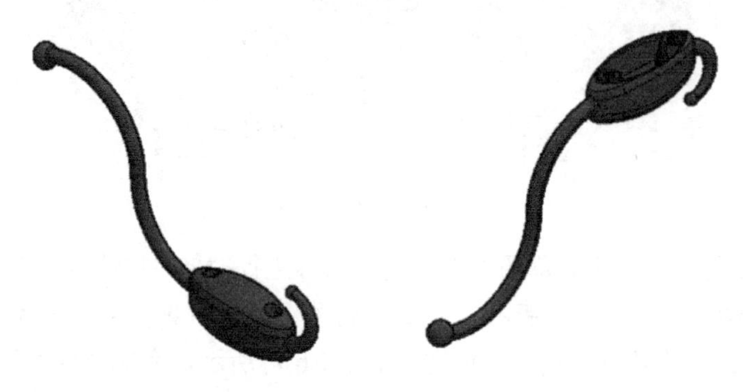

图 2-156　拓展练习 2-7

任务 8　机器人前壳设计

任务导入

机器人前壳设计实例如图 2-157 所示。其零件图纸见资料包中“模块二/机器人前壳.dwfx”文件，模型文件参见资料包中“模块二/机器人前壳.ipt”文件。

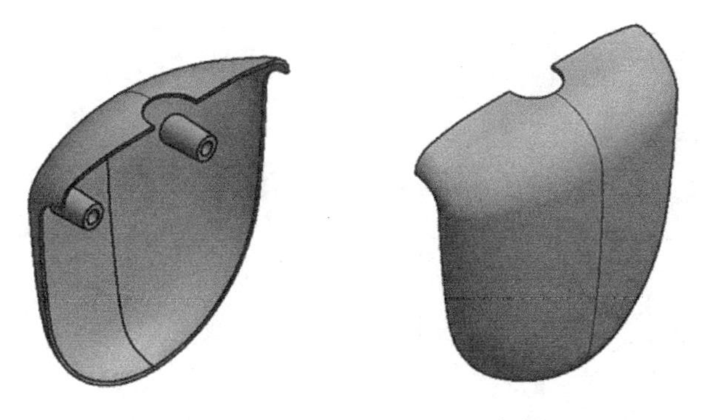

图 2-157　机器人前壳设计实例

设计流程

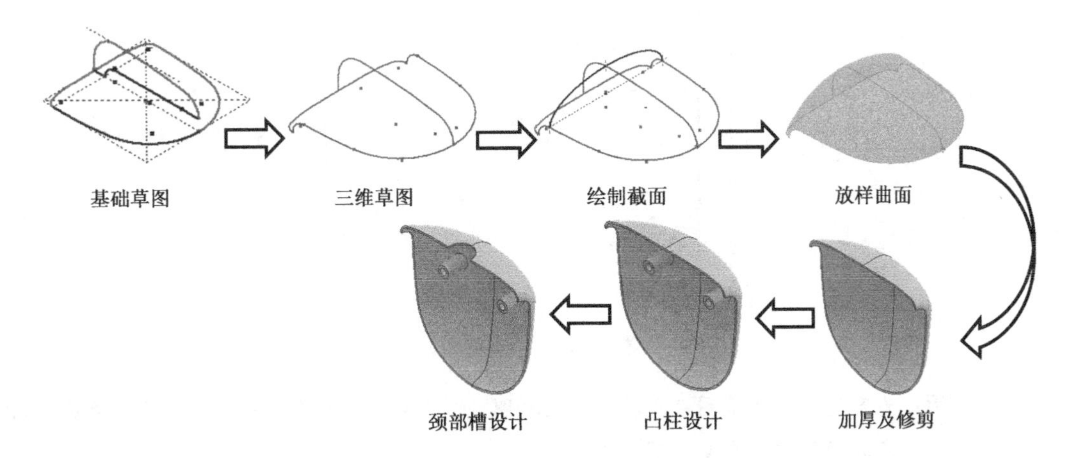

设计步骤

Step 01 新建文件。新建零件文件，并在 *XY* 平面上创建草图，绘制如图 2-158（a）所示草图。完成后退出草图环境。

Step 02 创建草图。先后两次在 *XY* 平面上创建草图，分别投影如图 2-158（b）、2-158（c）所示几何图元，并将投影的几何图元改为实线，完成后退出草图环境。在 *YZ* 平面上创建草图，绘制如图 2-158（d）所示草图 4，完成草图后退出草图环境。重复创建草图操作，再次在 *YZ* 平面上创建草图，投影如图 2-158（e）所示几何图元，并将投影的几何图元改为实线，完成后退出草图环境。

Step 03 创建三维草图。进入三维草图环境，将草图 4 分别跟草图 1、草图 2 相交，得到两条三维相交曲线，如图 2-159 所示。完成后退出三维草图环境，将草图 1、草图 2 及草图 4 不可见。

Step 04 创建工作面。平行于 *XZ* 工作面，过如图 2-160 所示的点 1，创建新的工作面。

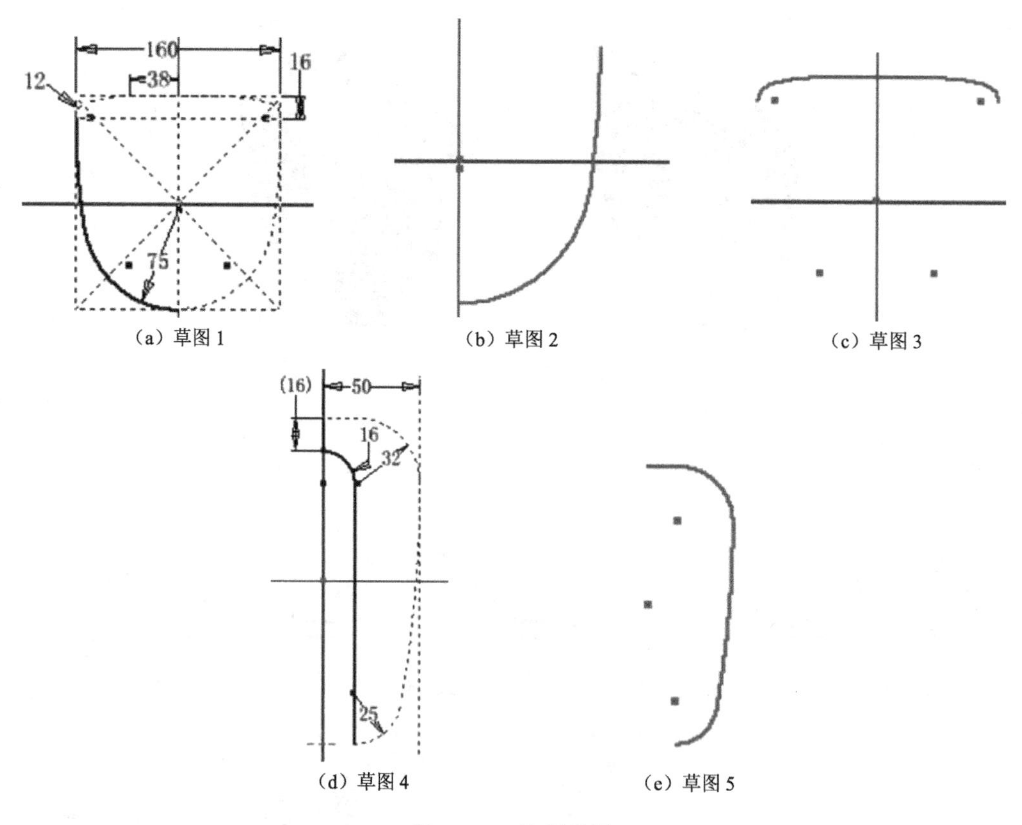

（a）草图 1　（b）草图 2　（c）草图 3
（d）草图 4　（e）草图 5

图 2-158　绘制草图

说明： 为了便于观察草图 2、草图 3 及草图 5，这里将草图 1、草图 4 进行了隐藏，在实际操作中不需要隐藏。

Step 05 新建草图。在上一步创建的工作面上新建草图，投影如图 2-160 所示的点 1、点 2、点 3，直线连接点 2、点 3 的投影，并将其改为构造线。以连接线的中点为中心，过三个投影点绘制椭圆，并将椭圆下部修剪，如图 2-161 所示。完成后退出草图环境，将工作面隐藏。

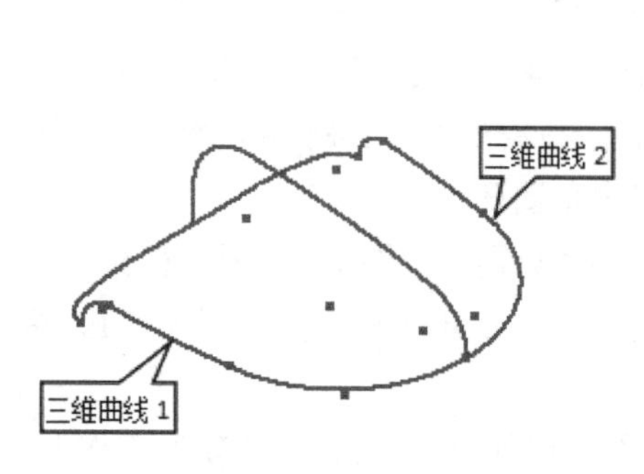

图 2-159　相交三维曲线

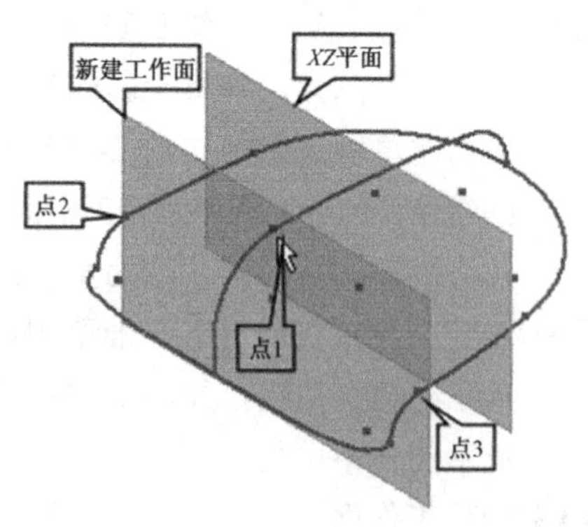

图 2-160　创建工作面

Step 06 放置工作点。单击“定位特征”工具面板上的“点”工具按钮 ◈ 点 ，在如图 2-162 所示的位置放置一个工作点。

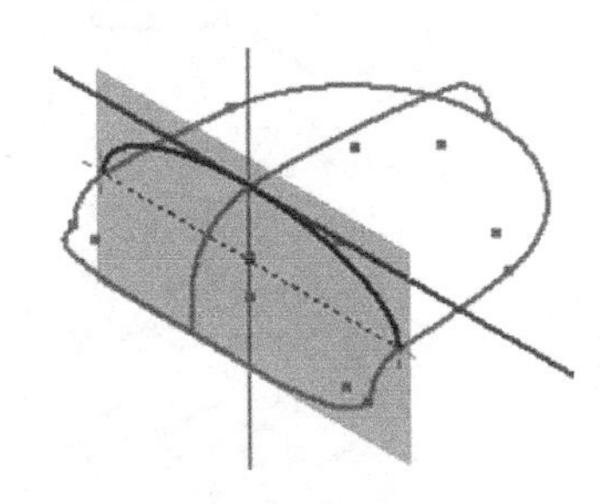

图 2-161　绘制椭圆

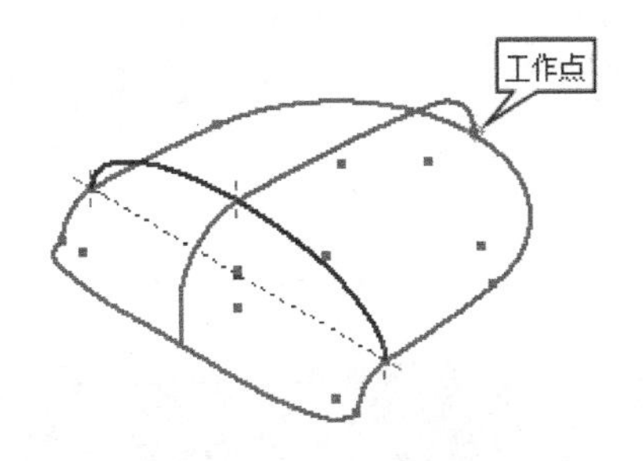

图 2-162　放置工作点

Step 07 放样曲面。选择如图 2-163 所示几何图元为截面、轨道进行放样，在放样窗口曲线选项卡中选择“合并相切面”，如图 2-163 所示。单击“确定”按钮，完成放样，将草图、工作点不可见。

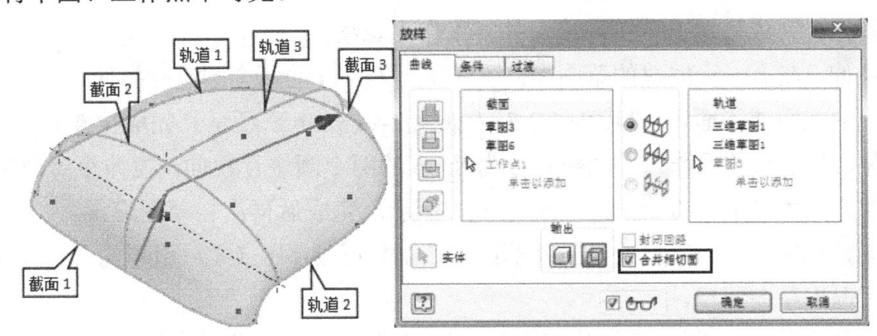

图 2-163　放样

Step 08 加厚曲面。选择所有曲面，向内侧加厚 2mm，生成实体，再单击“确定”按钮，弹出“创建加厚特征”提示窗口，如图 2-164（a）所示。单击“接受”按钮，完成曲面加厚操作。将上一步放样的曲面不可见，结果如图 2-164（b）所示。

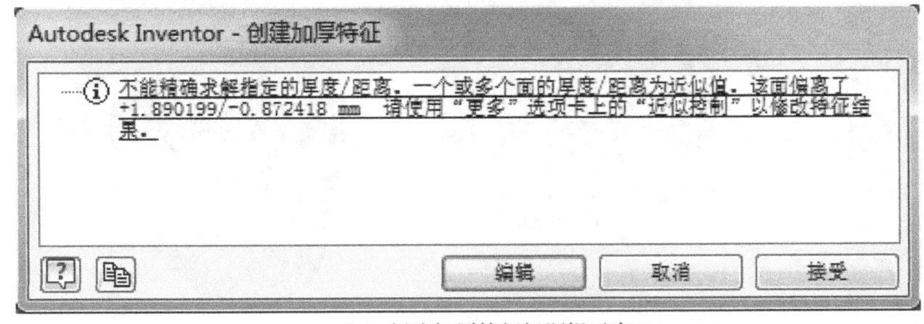

（a）创建加厚特征问题提示窗口

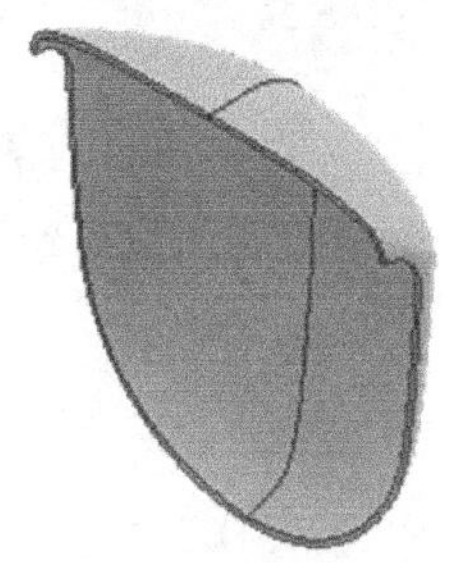

（b）加厚为实体

图 2-164　曲面加厚

Step 09 修剪实体。将如图 2-158 所示的草图 4 可见，以草图 4 为工具，将实体进行修剪处理，如图 2-165 所示。完成后再将草图 4 不可见。

Step 10 创建工作面。将 *XY* 平面正方向偏移 18mm，创建新的工作面，如图 2-166 所示。

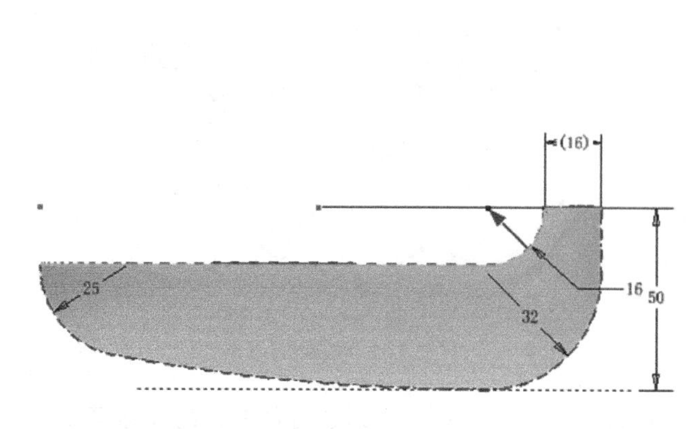

图 2-165　修剪实体

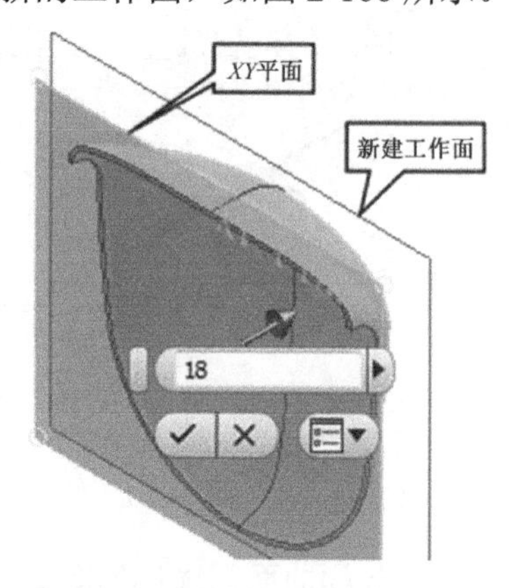

图 2-166　创建工作面

Step 11 创建草图。在上一步创建的工作面上新建草图，绘制如图 2-167（a）所示的几何图元。完成后退出草图环境，并将工作面隐藏。

Step 12 拉伸。在上一步创建的草图中，经直径为 14mm 的两个圆进行拉伸，拉伸范围选择“到表面或平面”，锥度为“2.5”，如图 2-167（b）所示。完成拉伸后，将草图可见，重复拉伸操作，再次将直径为 8mm 的两个圆进行拉伸，拉伸距离为 8mm，拉伸方式为“求差”，如图 2-167（c）所示。完成后再次将草图隐藏。

Step 13 创建草图。在 *XZ* 平面上新建草图，绘制如图 2-168（a）所示的几何图元。完成后退出草图环境。

Step 14 拉伸。将上一步创建的几何图元，以“求差”方式进行拉伸，如图 2-168（b）所示。

Step 15 保存文件。最后将文件保存，最终结果如图 2-157 所示。

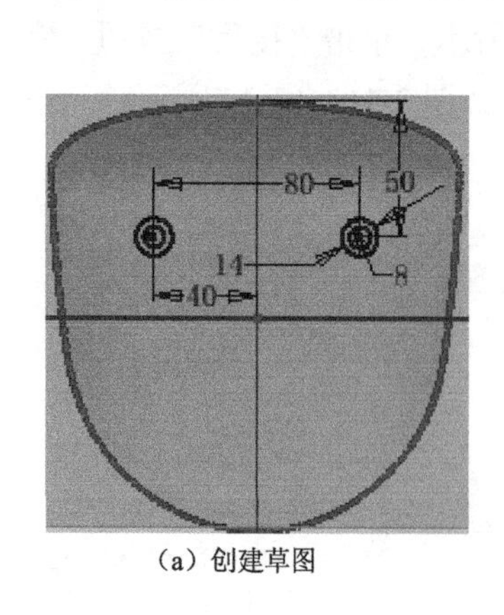

（a）创建草图

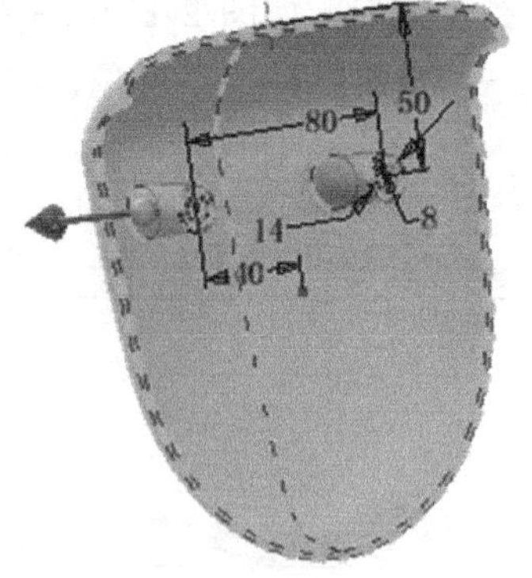

（b）拉伸 1

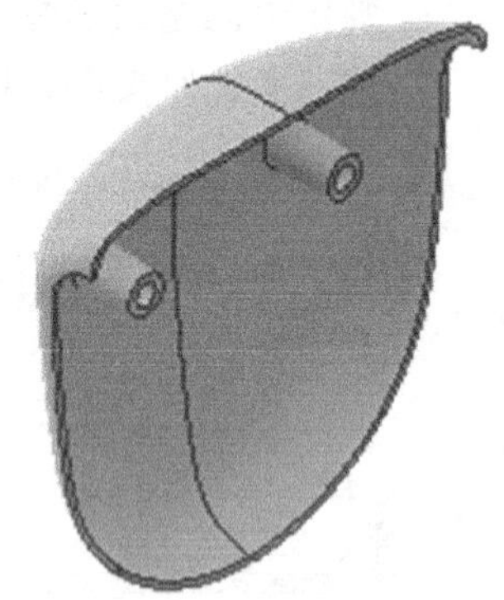

（c）拉伸 2

图 2-167　绘制凸柱

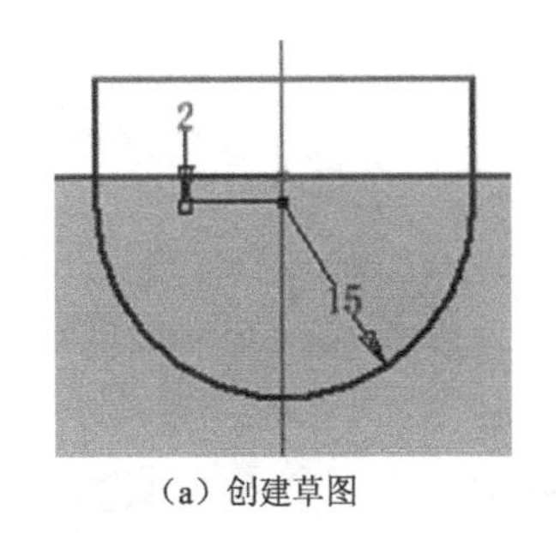

（a）创建草图

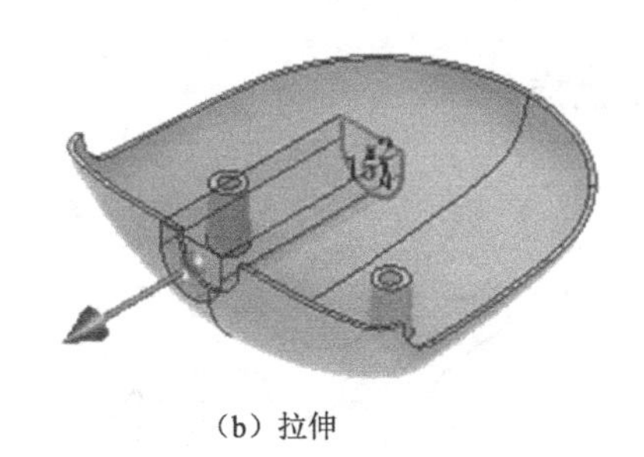

（b）拉伸

图 2-168　绘制颈部槽

拓展练习 2-8

完成如图 2-169 所示模型的绘制。其零件图纸见资料包中“模块二/任务八练习.dwfx”文件，模型文件参见资料包中“模块二/任务八练习.ipt”文件。

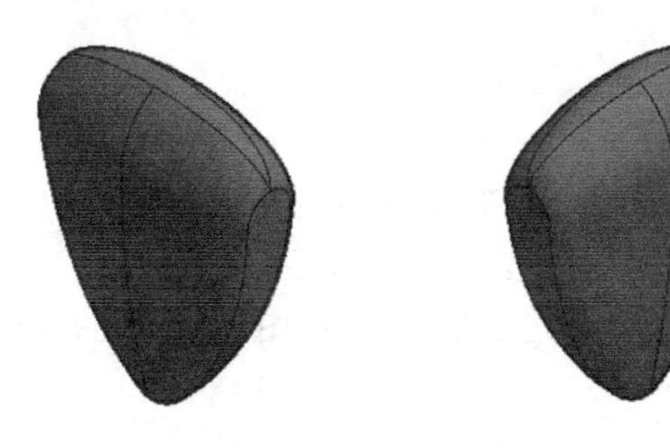

图 2-169　拓展练习 2-8

任务 9　自行车车座设计

任务导入

自行车车座设计实例如图 2-170 所示。其零件图纸见资料包中“模块二/自行车车座.dwfx”文件。模型文件参见资料包中“模块二/自行车车座.ipt”文件。

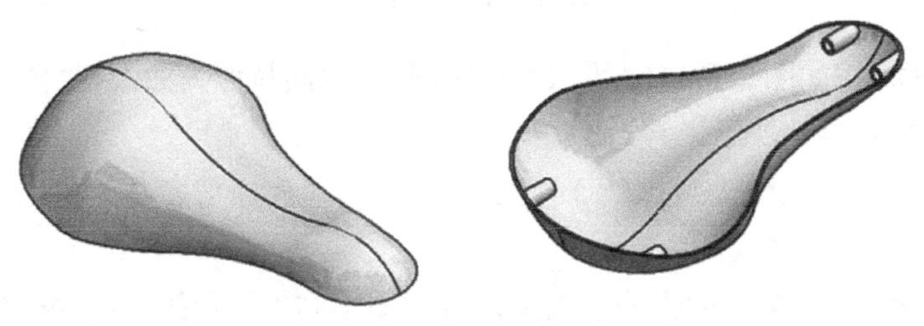

图 2-170　自行车车座设计实例

设计流程

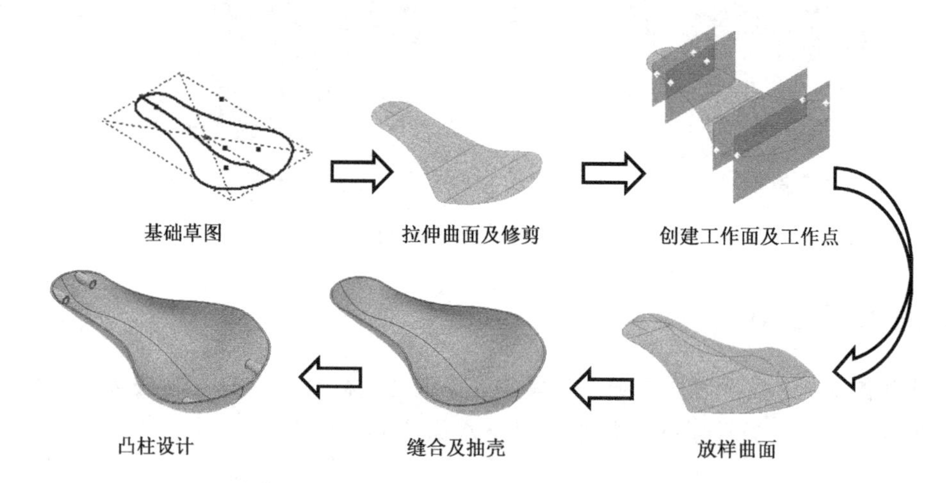

设计步骤

Step 01 新建文件。新建零件文件，并在 *XY* 平面上创建草图，绘制如图 2-171（a）所示草图 1。完成后退出草图环境。

Step 02 创建草图。在 *XZ* 平面上新建草图，绘制如图 2-171（b）所示草图 2。完成后退出草图环境。

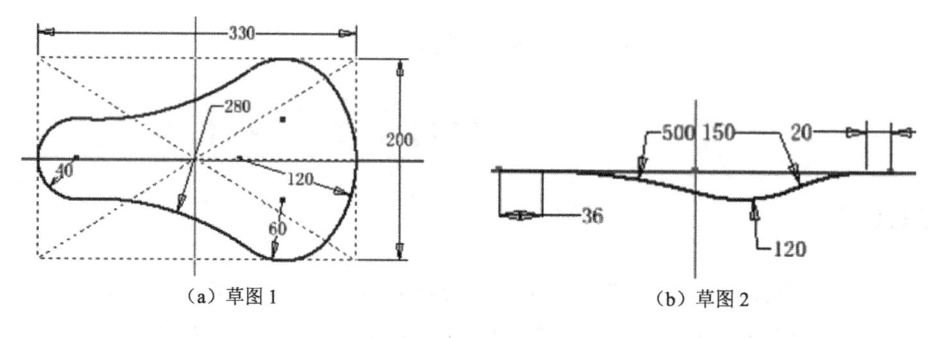

（a）草图 1　　（b）草图 2

图 2-171　新建草图

Step 03 拉伸曲面。将如图 2-171（b）所示的几何图元，双向拉伸为曲面，拉伸距离为 200mm，如图 2-172（a）所示。

Step 04 修剪曲面。以如图 2-171（a）所示的几何图元为修剪工具，将上一步拉伸的曲面修剪，如图 2-172（b）所示。

Step 05 分割曲面。以 *XZ* 平面为分割工具，将如图 2-173 所示的曲面进行分割。

Step 06 新建草图。在 *XZ* 平面上创建草图，绘制如图 2-174 所示的几何图元，完成后退出草图环境。

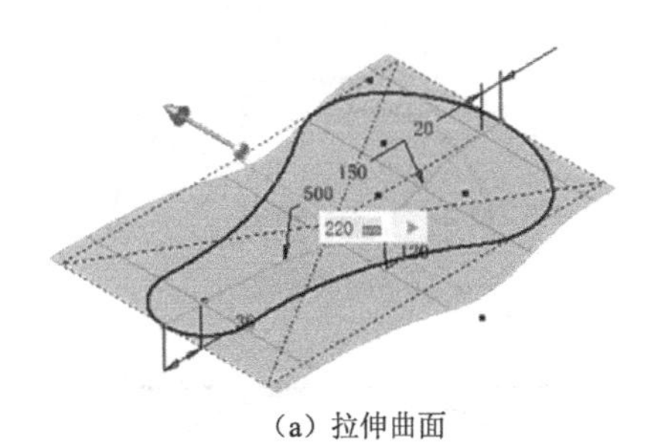

（a）拉伸曲面

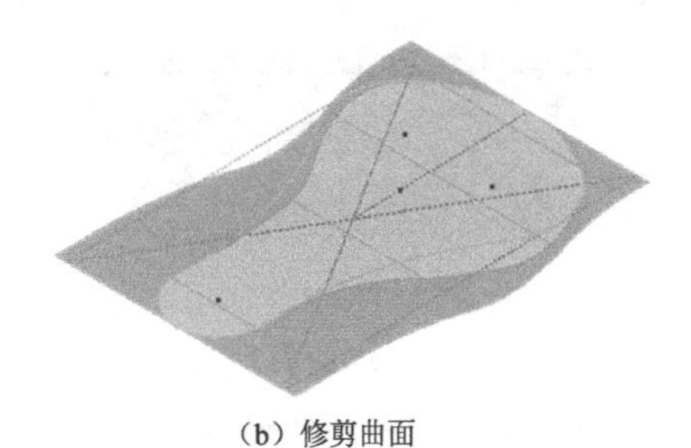
（b）修剪曲面

图 2-172 绘制底部曲面

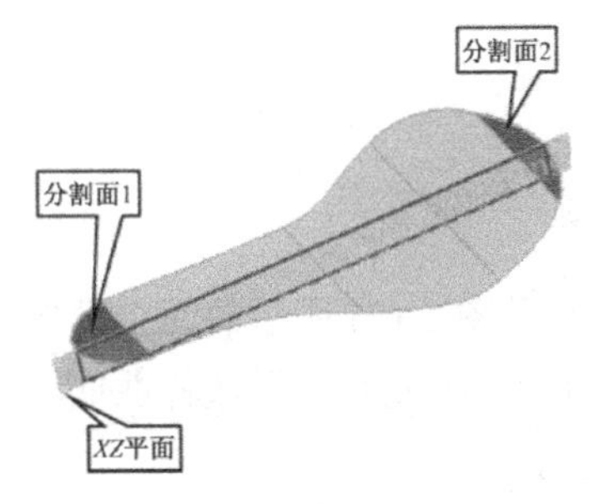

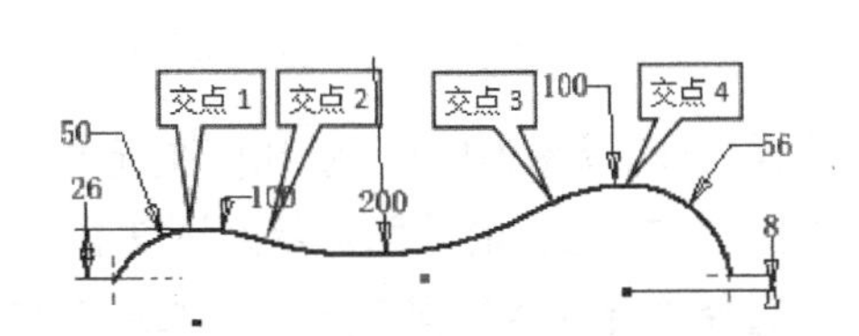

图 2-173 分割曲面

图 2-174 新建草图

Step 07 创建工作面。以 *YZ* 平面为参考，分别过图 2-171 所示几何图元中圆弧的交点创建 4 个工作面，如图 2-175 所示。

Step 08 创建工作点。利用“定为特征”工具面板上的“点”工具，在 4 个新建工作面与步骤 4 中得到的修剪曲面的交点处分别创建工作点，如图 2-176 所示。

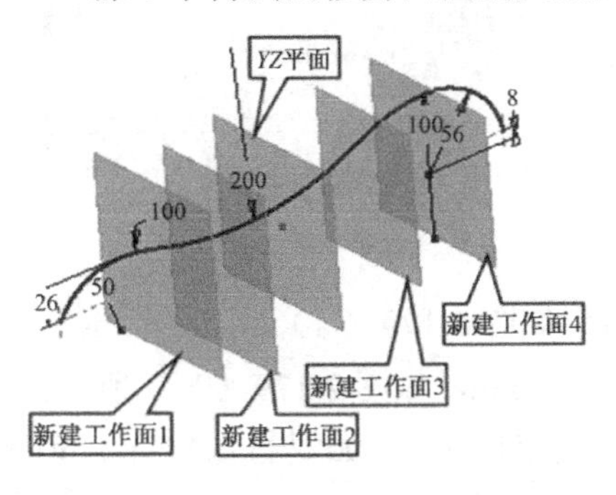

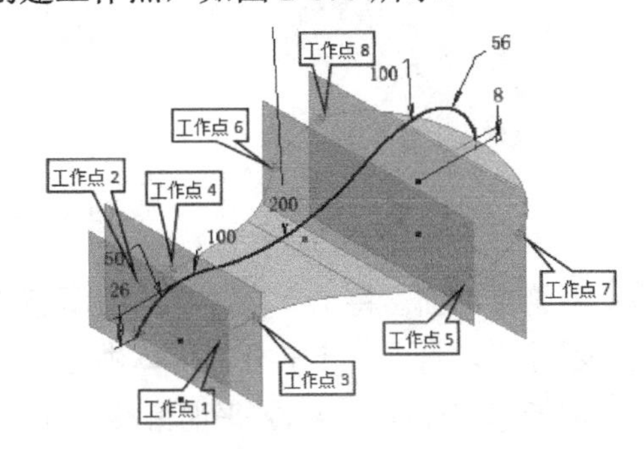

图 2-175 创建工作面

图 2-176 创建工作点

Step 09 新建草图。在步骤 7 创建的工作面 1 上新建草图，投影图 2-176 中所示的工作点 1、工作点 2 及图 2-174 中所示的交点 1，绘制如图 2-177（a）所示的几何图元，完成后退出草图环境。重复新建草图操作，在步骤 7 中创建的工作面 2、工作面 3、工作面 4 上分别创建草图，绘制如图 2-177（b）～（d）所示的几何图元。完成后退出草图环境，并将新建的工作面、工作点隐藏。

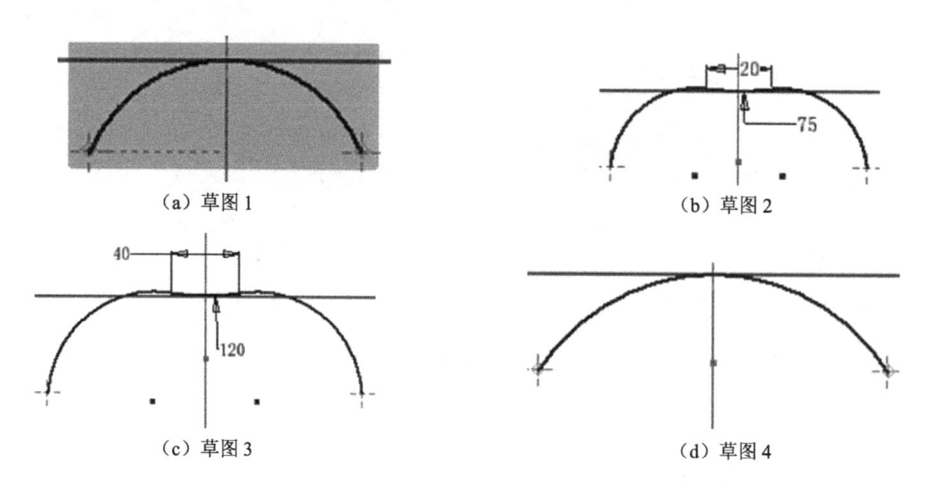

（a）草图 1　（b）草图 2
（c）草图 3　（d）草图 4

图 2-177　新建草图

Step 10 放样曲面。以图 2-174 所示几何图元的两个端点及图 2-177 所示的四个草图为截面，以图 2-172 修剪的曲面边界及图 2-174 所示的几何图元为轨道放样曲面，在放样窗口选择“合并相切面”选项，如图 2-178 所示。

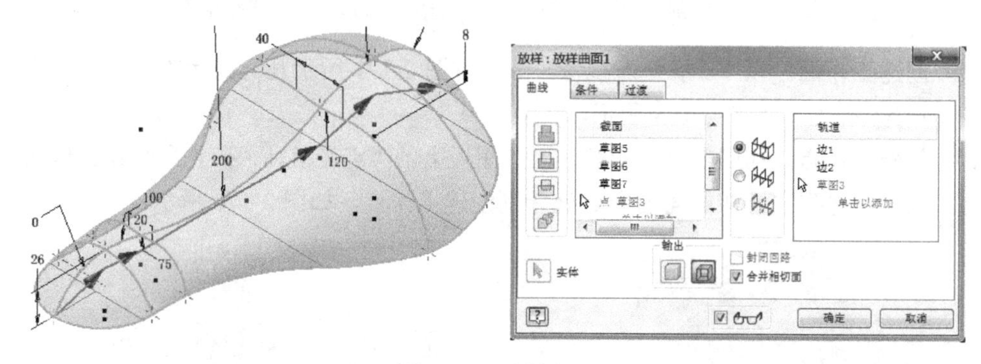

图 2-178　放样曲面

Step 11 缝合曲面。将上一步放样的曲面缝合成实体，如图 2-179（a）所示。

Step 12 抽壳。将上一步缝合的实体进行抽壳，壁厚为 2mm，如图 2-179（b）所示。

Step 13 新建工作面。将 *YZ* 平面偏移−130mm，创建新工作面 1，如图 2-180（a）所示。重复操作，再将 *YZ* 平面偏移 118.25mm，创建新工作面 2，如图 2-180（b）所示。

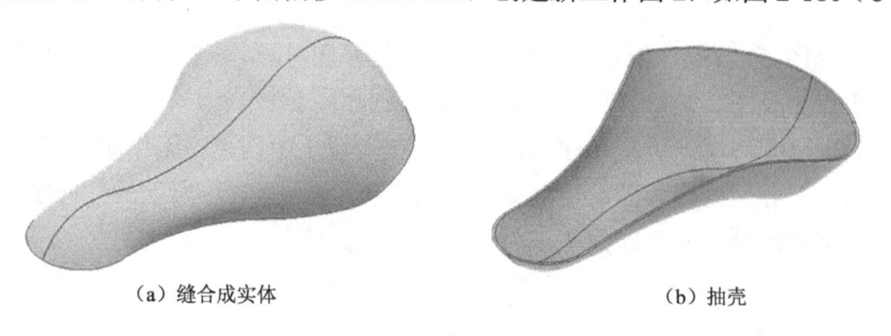
（a）缝合成实体　（b）抽壳

图 2-179　缝合及抽壳处理

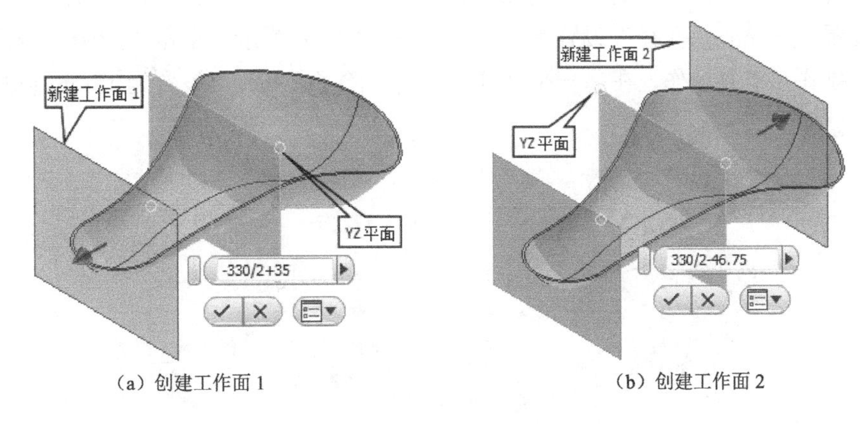

（a）创建工作面 1　　　　（b）创建工作面 2

图 2-180　创建工作面

Step 14 新建草图。在图 2-180（a）所示的新建工作面 1 上新建草图 1，切片观察，绘制如图 2-181（a）所示的几何图元，完成后退出草图环境。重复操作，再在图 2-180（b）所示的新建工作面 2 上新建草图 2，绘制如图 2-181（b）所示的几何图元，完成后退出草图环境。

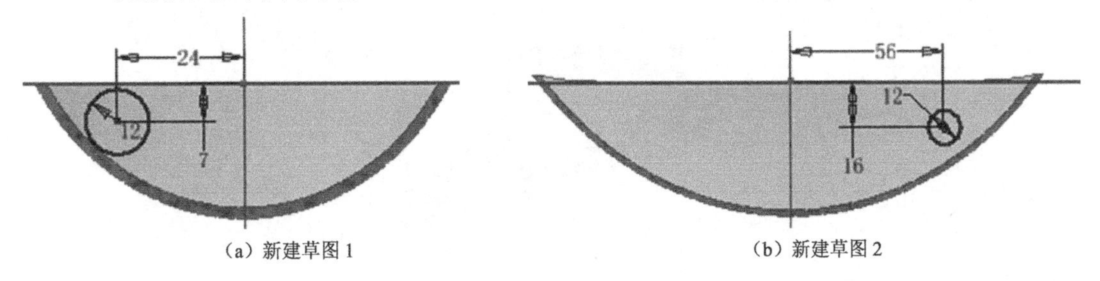

（a）新建草图 1　　　　（b）新建草图 2

图 2-181　新建草图

Step 15 拉伸。将如图 2-181（a）所示的几何图元拉伸，拉伸范围选择“到表面或平面”，拉伸“锥度”设置为“2”，如图 2-182（a）所示。重复操作，再将如图 2-181（b）所示的几何图元拉伸，设置同前，如图 2-182（b）所示。

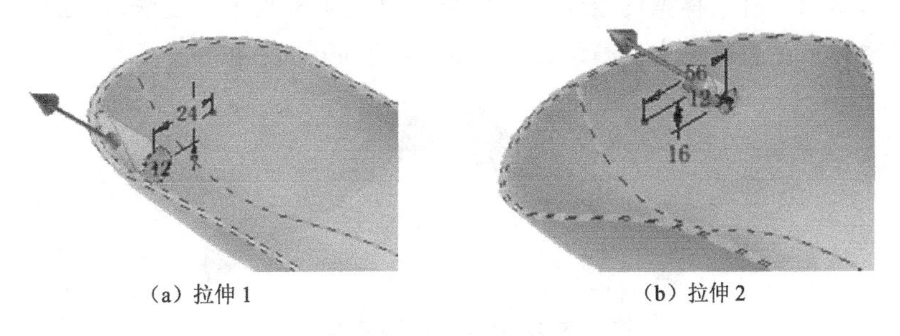

（a）拉伸 1　　　　（b）拉伸 2

图 2-182　拉伸操作

Step 16 打孔。在上一步拉伸的凸柱端面上打同心孔，“孔底”选项选择“平底孔”，“孔深”设置为 5mm，“孔径”设置为 8mm，如图 2-183 所示，单击“应用”按钮完成打孔操作。重复操作，在另一个凸柱上打孔，除了“孔深”设置为 12mm 以外，其他设置同前。

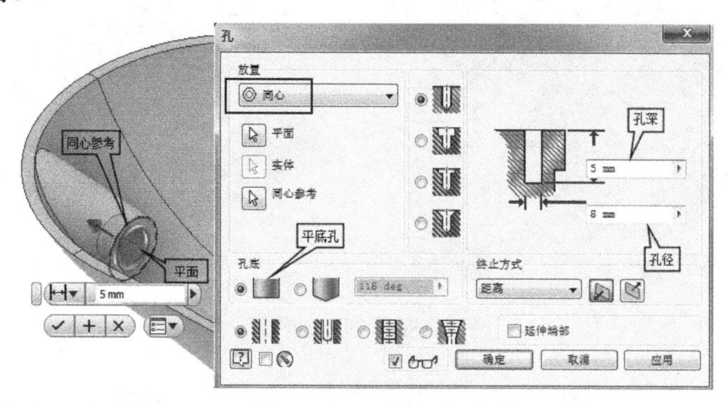

图 2-183 打孔操作

Step 17 镜像。将步骤 15 创建的拉伸及步骤 16 创建的孔，以 *XZ* 工作面为镜像平面进行镜像，如图 2-184 所示。

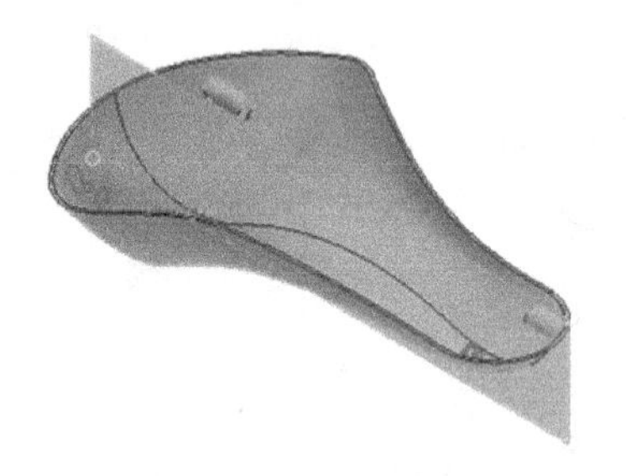

图 2-184 镜像操作

Step 18 保存文件。将文件保存，最后结果如图 2-170 所示。

拓展练习 2-9

完成如图 2-185 所示模型的绘制。其零件图纸见资料包中“模块二/任务九练习.dwfx”文件，模型文件参见资料包中“模块二/任务九练习.ipt”文件。

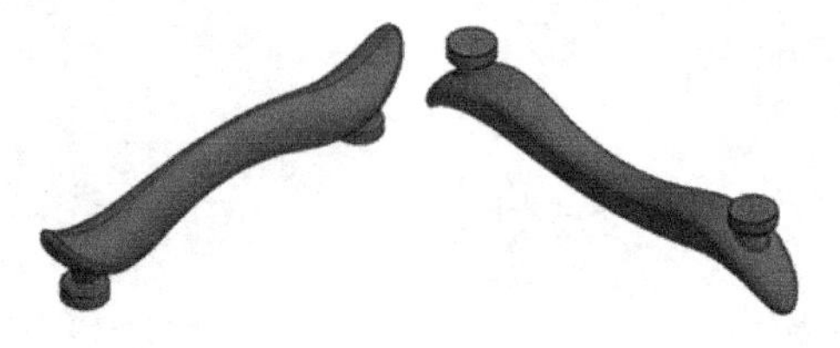

图 2-185 拓展练习 2-9

任务 10 自行车车架设计

任务导入

自行车车架设计实例如图 2-186 所示，其零件图纸见资料包中“模块二/自行车车架.dwfx”文件，模型文件参见资料包中“模块二/自行车车架.ipt”文件。

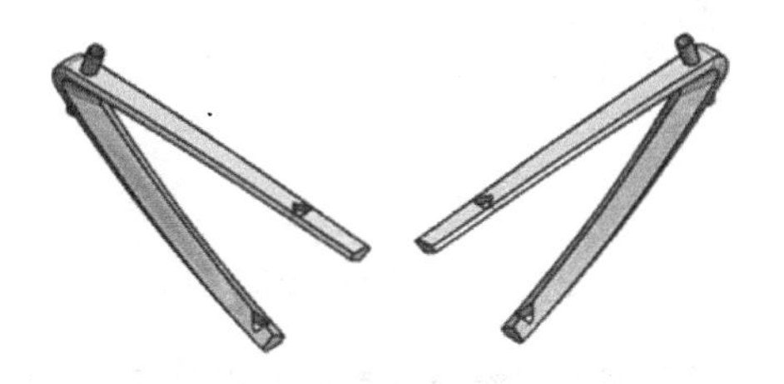

图 2-186 自行车车架设计实例

设计流程

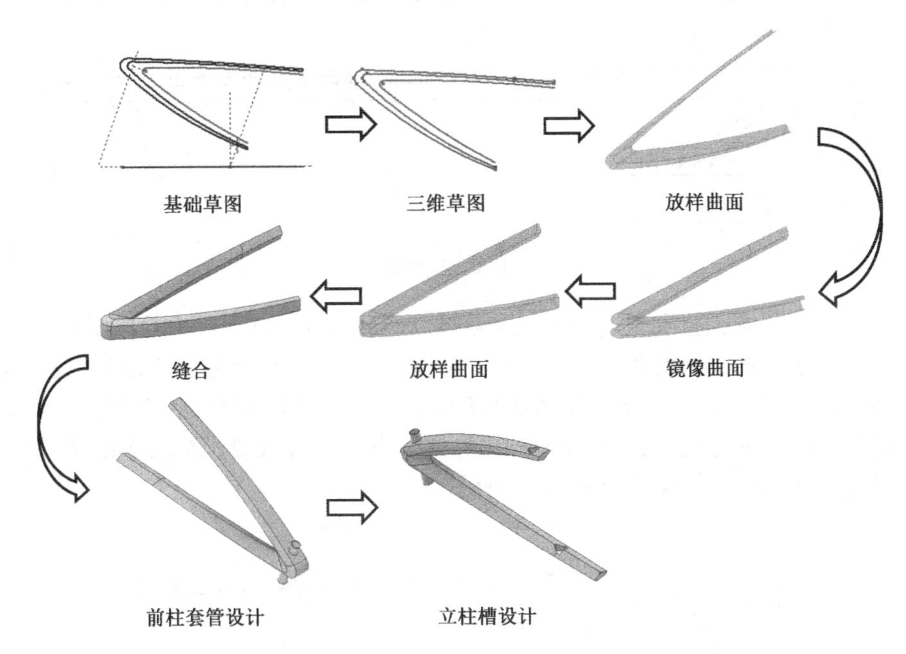

设计步骤

Step 01 新建文件。新建零件文件，并在 *XY* 平面上创建草图，绘制如图 2-187（a）所示基础草图。完成后退出草图环境。重复操作，再次在 *XY* 平面上创建草图，投影图 2-187（a）内侧构造线几何图元，并将构造线改为实线，完成后退出草图环境。

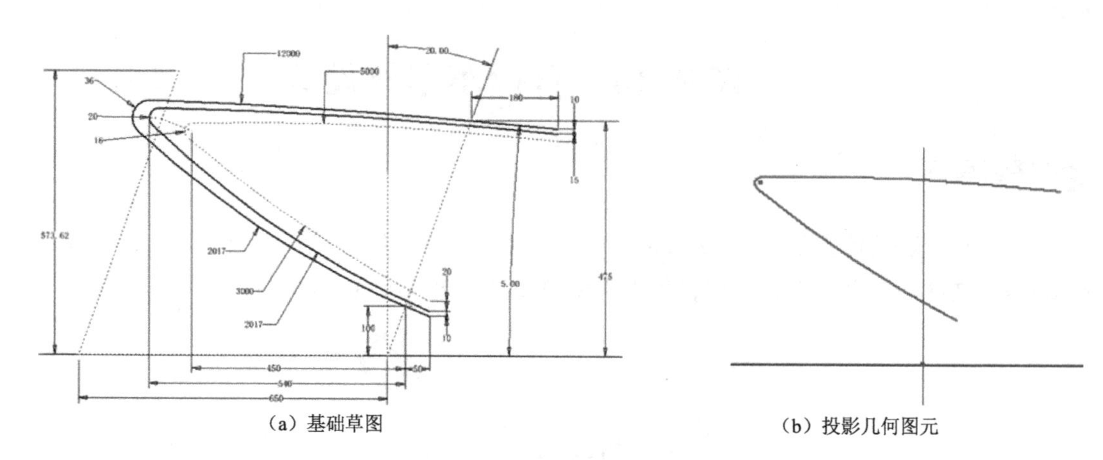

图 2-187　绘制基础草图

说明：该草图定位不是很容易，绘制时可从左侧长度为 180mm 的直线开始绘起，先绘制最外侧几何图元，全约束后再依次绘制里面的几何图元。

Step 02 新建草图。在 *XZ* 平面上创建草图，并投影图 2-187（a）中长度为 180mm 的直线的端点、*R*36 圆弧及圆心。绘制如图 2-188 所示几何图元，将几何图元的端点跟投影点对齐。

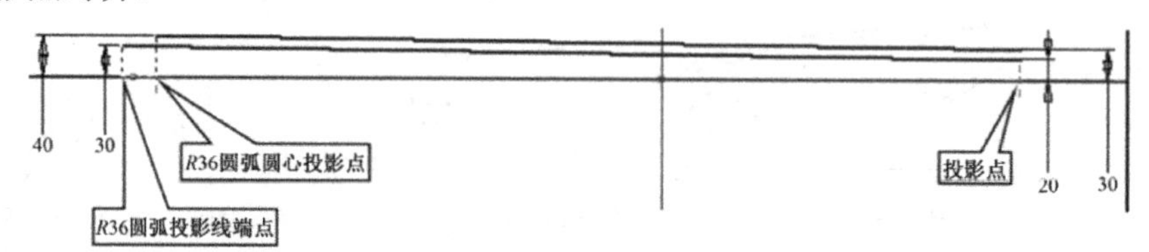

图 2-188　新建草图

Step 03 绘制三维草图。分别创建两个三维草图，将图 2-187（a）中几何图元与图 2-188 中几何图元相交得到两条三维曲线，如图 2-189（a）所示。完成后退出三维草图环境，隐藏图 2-187（a）及图 2-188 所示草图，结果如图 2-189（b）所示。再次进入三维草图环境，在图 2-189（b）中，将三维草图 2、草图 2 的圆弧交点、端点用直线连接，如图 2-189（c）所示。

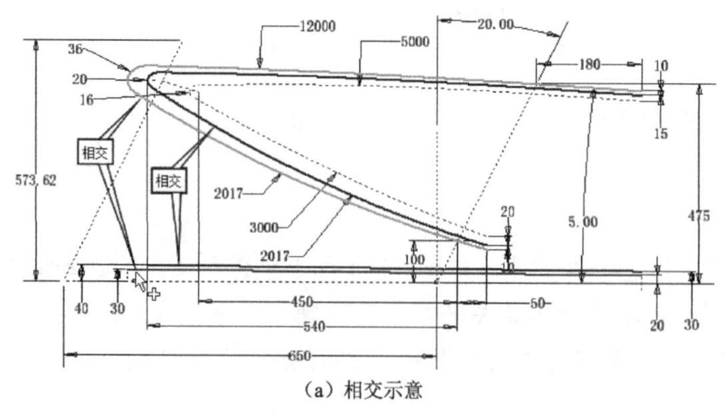

图 2-189　绘制三维草图

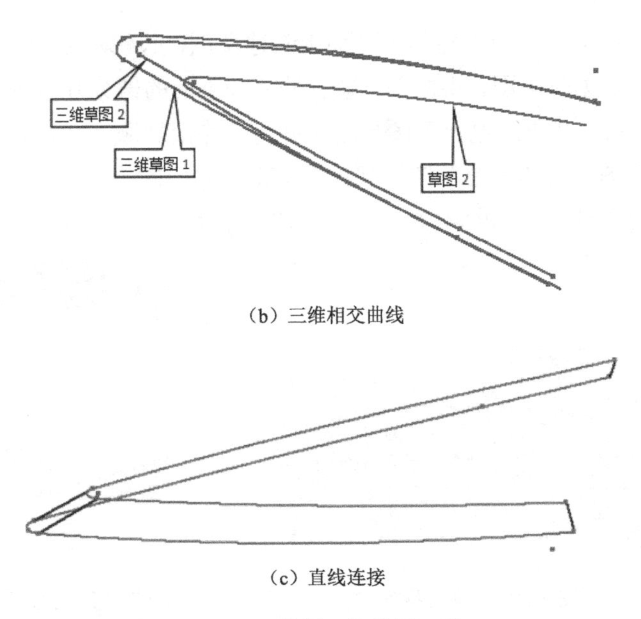

（b）三维相交曲线

（c）直线连接

图 2-189　绘制三维草图（续）

Step 04 放样曲面。以图 2-189（b）中三维草图 2、草图 2 为截面，以图 2-189（c）中直线为轨道进行放样，如图 2-190 所示。完成放样后，将三维草图 2 可见。

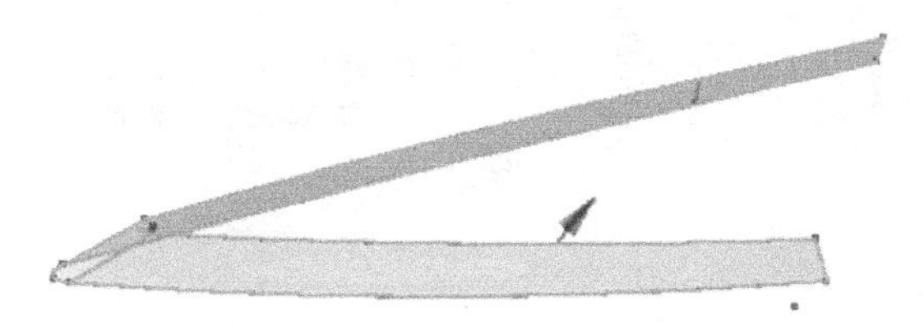

图 2-190　放样曲面

Step 05 新建工作面。将草图 1 可见，过图 2-187（a）中 *R*36 圆弧的圆心点，创建平行于 *XZ* 工作面的平面，如图 2-191 所示。完成后再次将草图 1 隐藏。

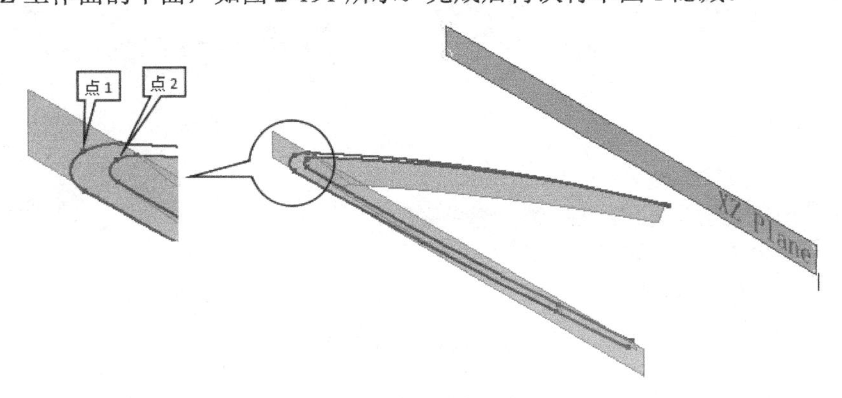

图 2-191　创建工作面

Step 06 新建草图。在上一步中创建的工作面上新建草图，投影如图 2-191 所示的两个点，过两个投影点创建椭圆，将椭圆分割，并将分割后的部分几何图元改为构造线，如图 2-192 所示。完成后退出草图环境，并将工作面隐藏。

Step 07 创建三维草图。新建三维草图，将图 2-189（b）中两个三维草图的端点用直线连接，完成后退出三维草图环境，如图 2-193 所示。

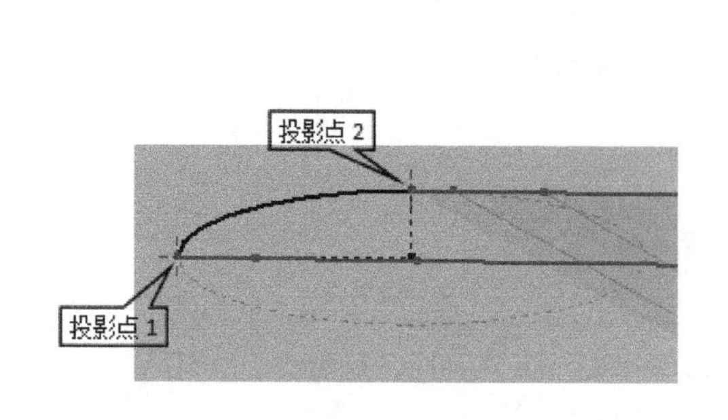

图 2-192　新建草图

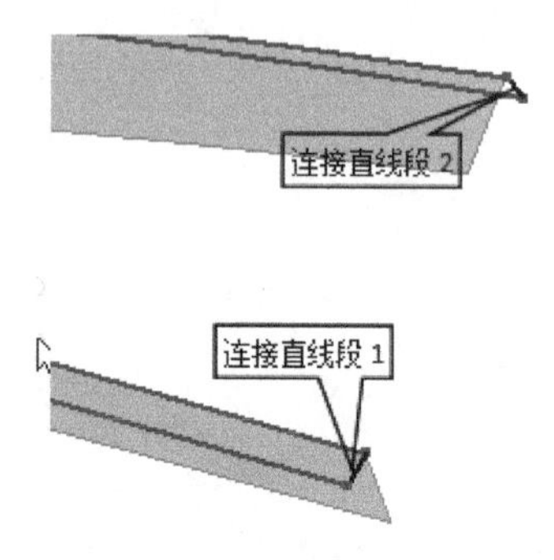

图 2-193　新建三维草图

Step 08 放样曲面。以图 2-189（b）中三维草图 2、三维草图 1 为截面，以图 2-192 中椭圆弧及图 2-193 中直线段为轨道进行放样，如图 2-194 所示。

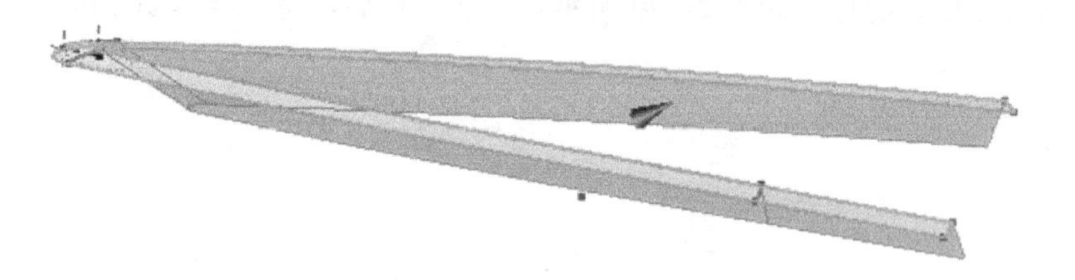

图 2-194　放样曲面

Step 09 镜像曲面。以 *XY* 工作面为镜像平面，将步骤 4、步骤 8 中放样的曲面进行镜像，如图 2-195（a）所示。镜像后结果如图 2-195（b）所示。

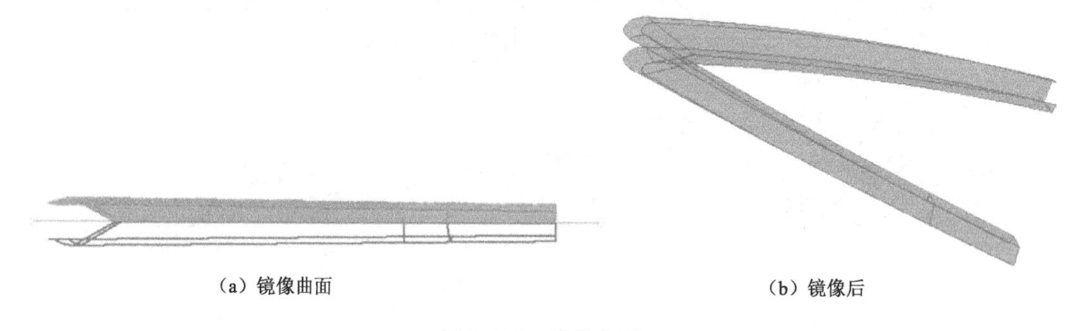

（a）镜像曲面　　（b）镜像后

图 2-195　镜像曲面

Step 10 创建工作点。将步骤 5 中创建的工作面可见，在工作面跟曲面的交点处创建工作点，如图 2-196 所示。

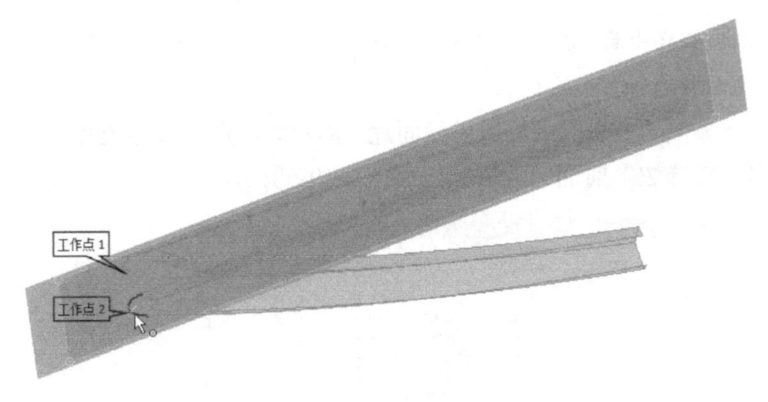

图 2-196　创建工作点

Step 11 创建草图。在步骤 5 中创建的工作面上新建草图，并投影上一步创建的两个工作点，绘制如图 2-197（a）所示几何图元。完成后退出草图环境，并将工作面不可见。

Step 12 创建三维草图。进入三维草图环境，将曲面的端点处用直线段连接，如图 2-197（b）所示，完成后退出三维草图环境。

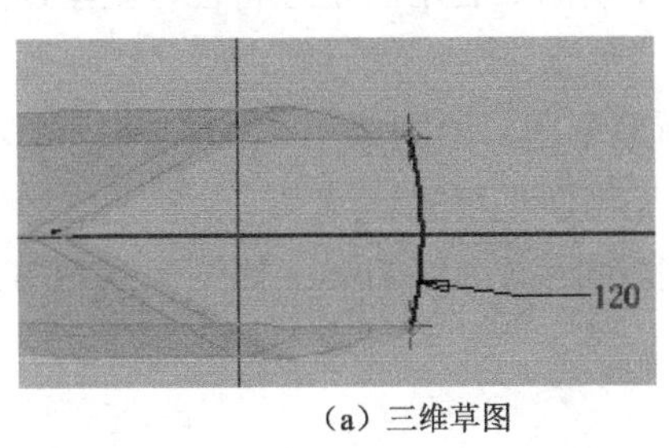

（a）三维草图

（b）直线连接端点

图 2-197　绘制草图

Step 13 放样曲面。以镜像前后的曲面边界为截面，以图 2-197 中绘制的几何图元为轨道，放样曲面，如图 2-198 所示。

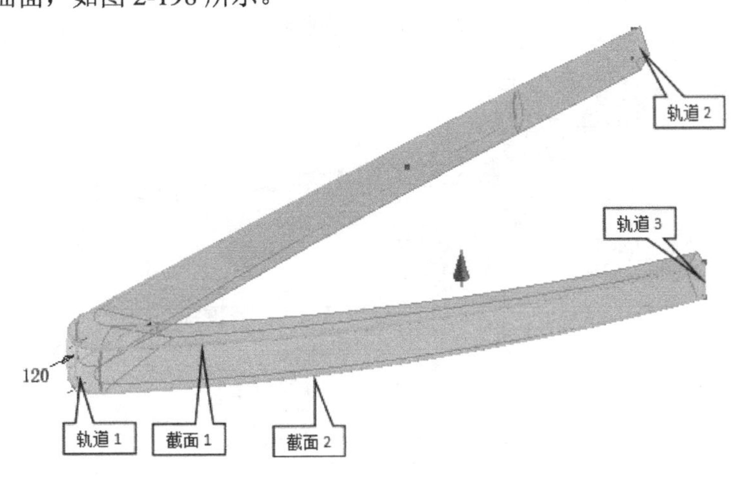

图 2-198　放样曲面

说明： 本次放样曲面，在选择边界作为截面时，需要从边界一端顺次选择，否则不能完成放样。

Step 14 面片。在如图 2-199 所示位置进行面片。面片时，在“边界嵌片”工具窗口中需要将“自动链选边”前面的勾去掉，如图 2-199 所示。

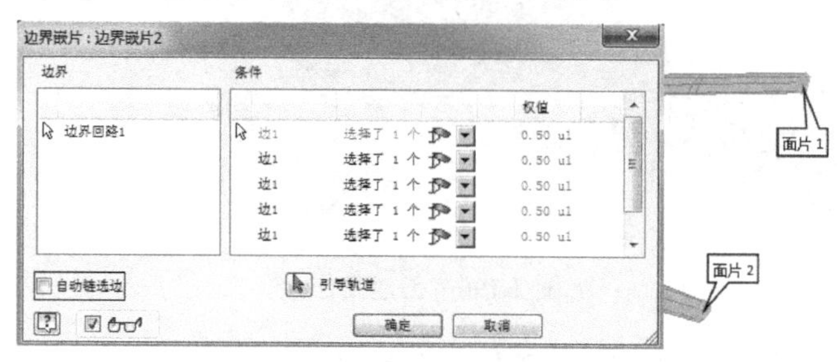

图 2-199 面片

Step 15 缝合。将所有曲面缝合成实体，如图 2-200 所示。

Step 16 创建工作面。将草图 1 可见，如图 2-201 所示，利用面定位特征，创建过点跟直线 1 垂直的工作面，如图 2-201 所示。

Step 17 新建草图。在上一步创建的工作面上新建草图，绘制如图 2-202（a）所示几何图元。完成后退出草图环境，将草图 1、工作面不可见。

Step 18 拉伸。将上一步创建的几何图元拉伸，拉伸距离为 195mm，如图 2-202（b）所示。

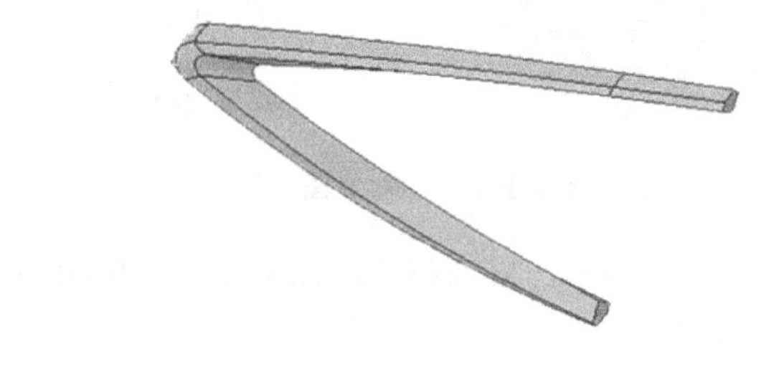

图 2-200 缝合曲面

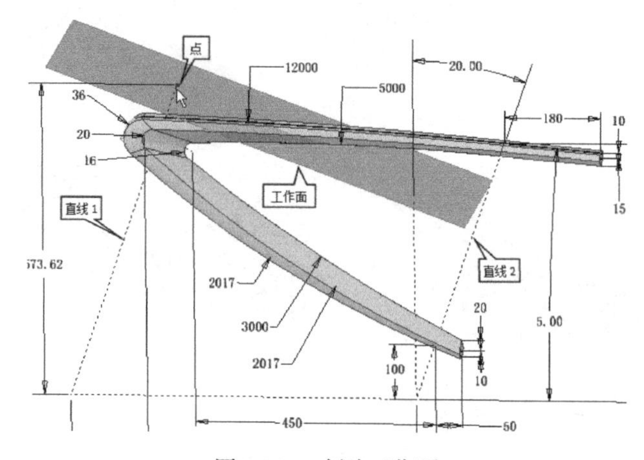

图 2-201 创建工作面

Step 19 打孔。在上一步拉伸的圆柱上打同心孔，孔径为 30mm，“终止方式”选择“贯通”，如图 2-202（c）所示。

Step 20 新建草图。将图 2-201 所示的工作面及草图 1 可见，并在工作面上新建草图，投影图 2-201 所示的直线 2，绘制如图 2-203（a）所示几何图元。完成后退出草图环境，将工作面、草图 1 隐藏。

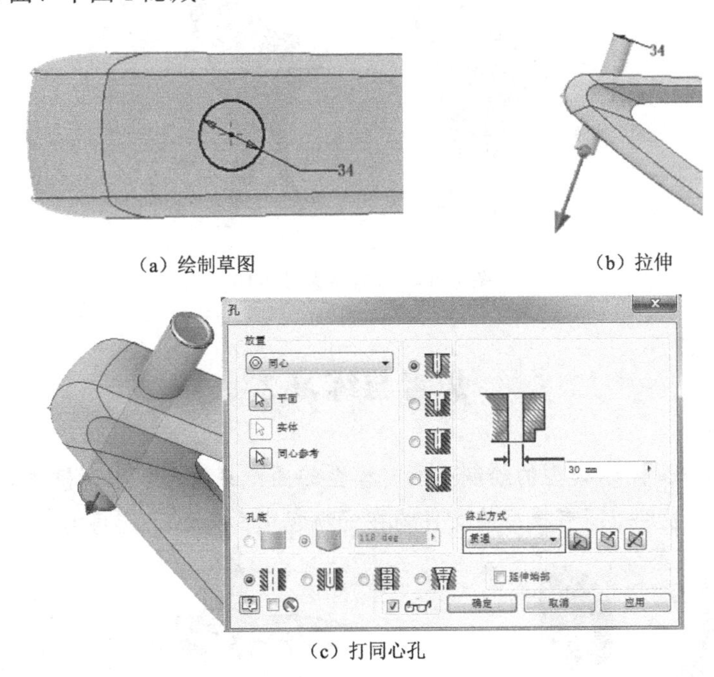

（a）绘制草图　（b）拉伸

（c）打同心孔

图 2-202　绘制前柱套管

Step 21 拉伸。将上一步创建的几何图元拉伸，“拉伸方式”选择“求差”，“拉伸范围”选择“贯通”，如图 2-203（b）所示。

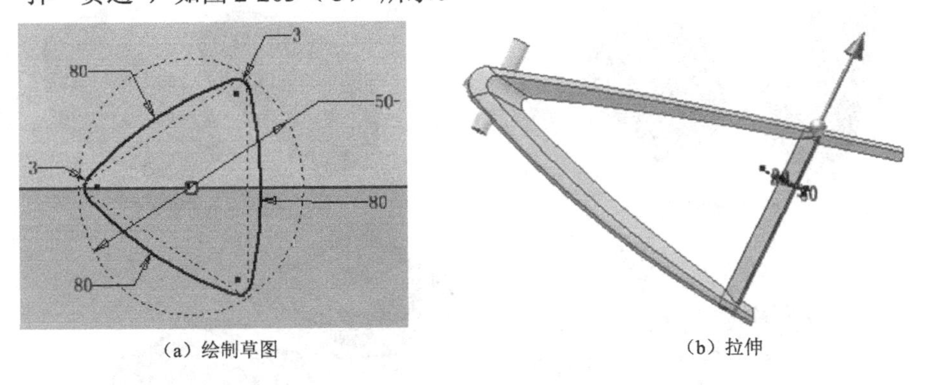

（a）绘制草图　（b）拉伸

图 2-203　绘制立柱槽

Step 22 保存文件。完成后将文件保存，最终结果如图 2-186 所示。

拓展练习 2-10

完成如图 2-204 所示模型的绘制。其零件图纸见资料包中“模块二/任务十练习.dwfx”文件。模型文件参见资料包中“模块二/任务十练习.ipt”文件。

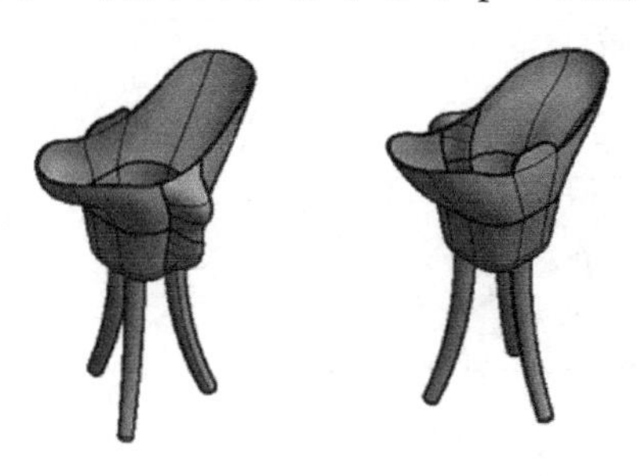

图 2-204　拓展练习 2-10

思考与练习 2

完成如图 2-205 所示模型的绘制，所有模型的图纸见资料包中“模块二/思考与练习/思考与练习.dwfx”文件，所有模型的文件均在资料包中“模块二/思考与练习/”文件夹中。

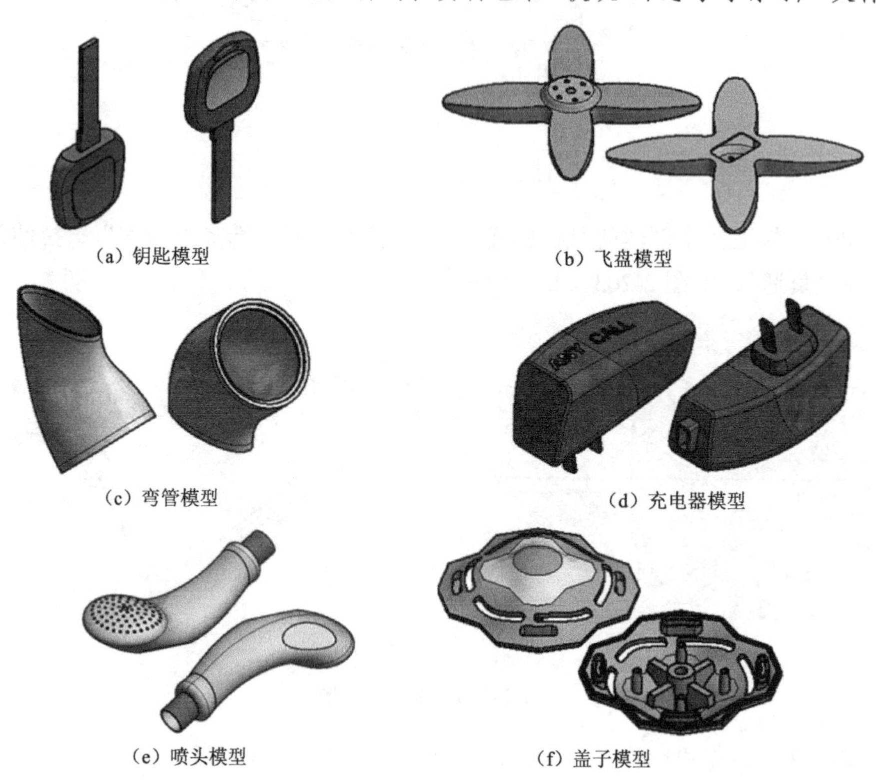

（a）钥匙模型　（b）飞盘模型

（c）弯管模型　（d）充电器模型

（e）喷头模型　（f）盖子模型

图 2-205　模型绘制

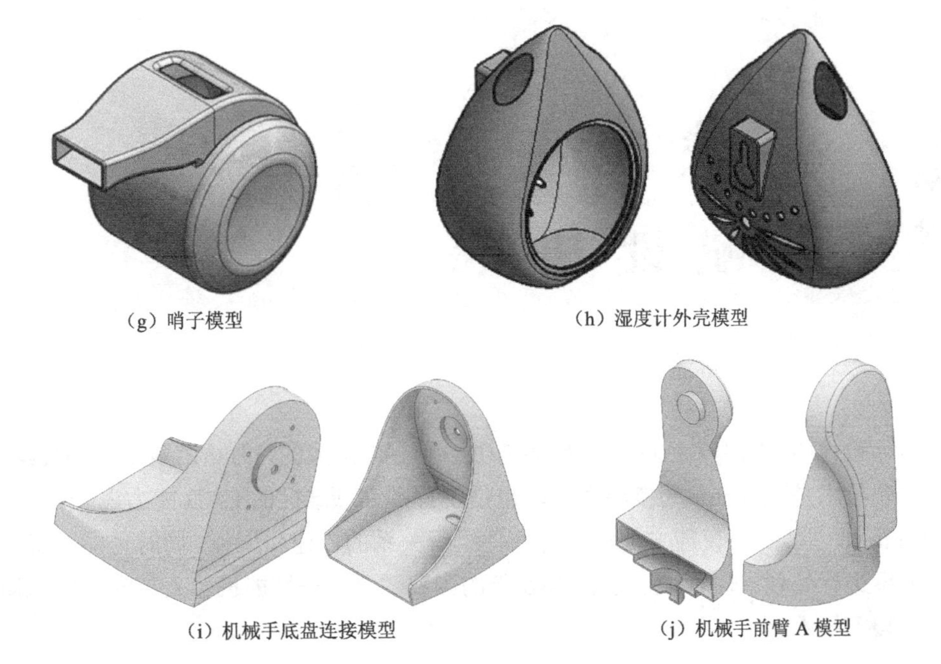

（g）哨子模型

（h）湿度计外壳模型

（i）机械手底盘连接模型

（j）机械手前臂 A 模型

图 2-205　模型绘制（续）

03

模块 3 装配设计

在实际设计中，绝大多数的产品都不是由一个零件组成的，而是由多个零件装配而成。因此，装配技术是 Inventor 的核心之一，也是工程师必须掌握的 CAD 能力之一。

Inventor 的装配，不仅能方便实现对部件组织关系的创建和调整，同时也能对部件之间的参数关系进行处理。本模块将通过 2016 年的国赛题目——智能机器人装配实例来简单介绍基本的装配技术。

任务 智能机器人装配技术

任务导入

智能机器人装配实例如图 3-1 所示。所有零部件模型见资料包中“模块三/智能机器人（装配前）/”文件夹中的文件，装配后的零部件模型参见资料包中“模块三/智能机器人/”文件夹中的文件。

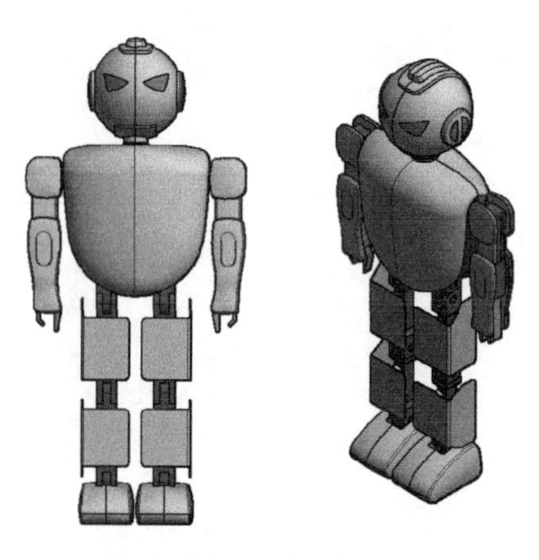

图 3-1 智能机器人装配实例

设计流程

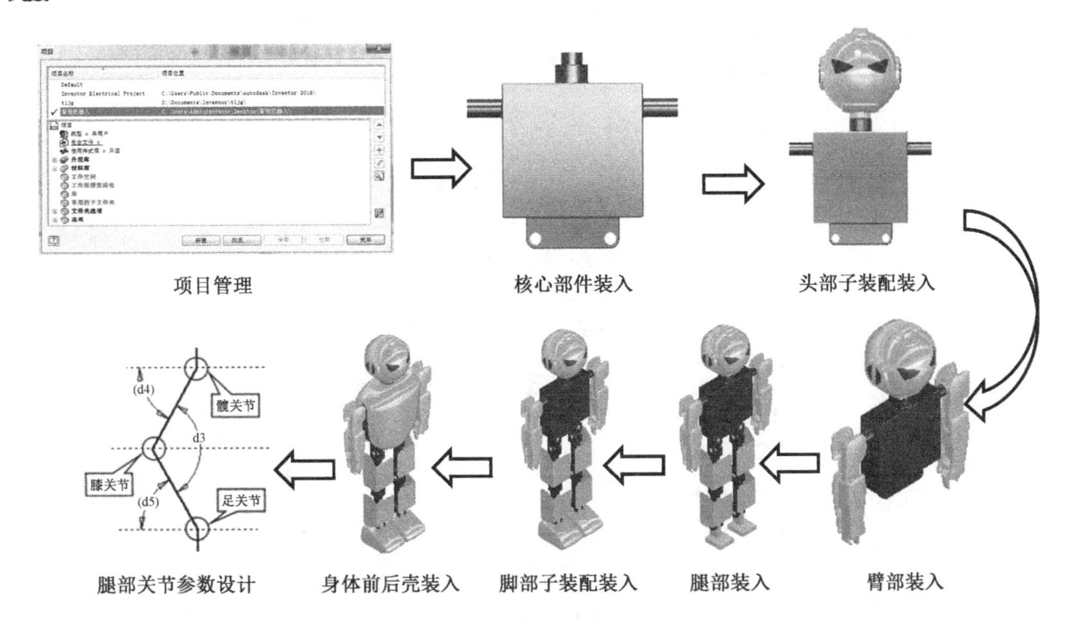

设计步骤

Step 01 激活项目文件。在尚未建立任何文件的 Inventor 中，单击“启动”工具面板上的“项目”工具按钮，如图 3-2（a）所示。弹出“项目”窗口，如图 3-2（b）所示。单击窗口中“浏览…”按钮，弹出“选择项目文件”窗口，找到欲装配的零件所在的文件夹，选择“智能机器人”项目文件，如图 3-2（c）所示。单击“打开”按钮，返回到“项目”窗口，这时发现窗口中的“项目名称”列已经显示出“智能机器人”项目文件，且项目名称前面有符号✓，表示该项目已经处于激活状态，如图 3-2（d）所示。

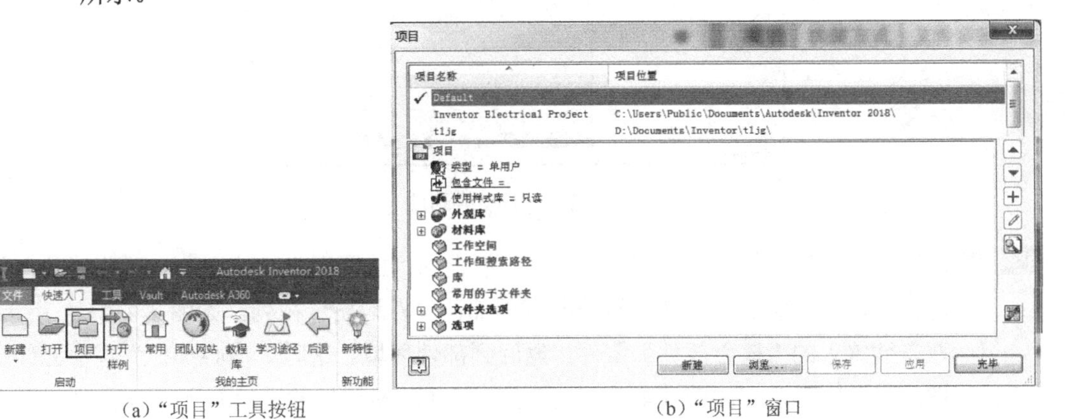

（a）“项目”工具按钮　　（b）“项目”窗口

图 3-2　激活项目

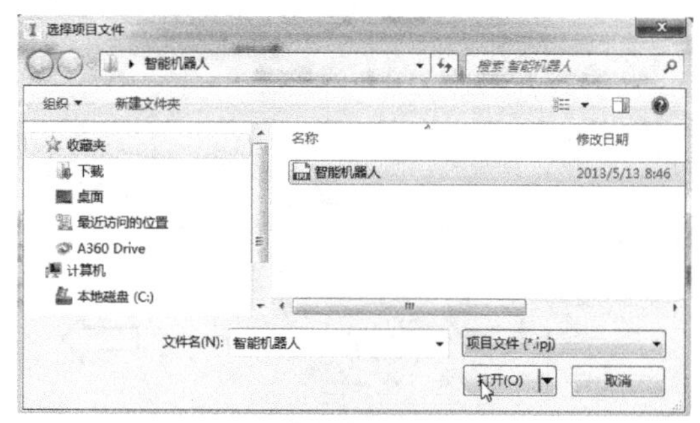

（c）选择项目文件窗口

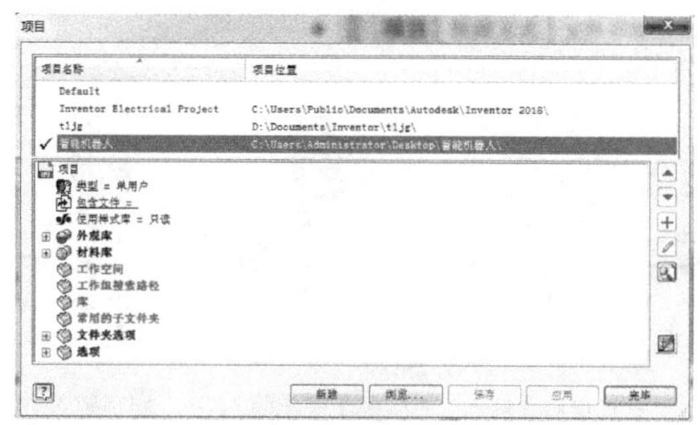

（d）项目被激活

图 3-2　激活项目（续）

说明：若需要激活的项目文件，已经位列项目窗口的项目名称列里面，只需要双击项目名称即可将其激活。另外，激活项目的简洁方法是：在装配文件所在文件夹中，直接打开项目文件即可。

Step 02 新建文件。打开新建文件窗口，双击“部件”选项的“Standard.iam”，即可创建部件文件，部件文件环境如图 3-3 所示。

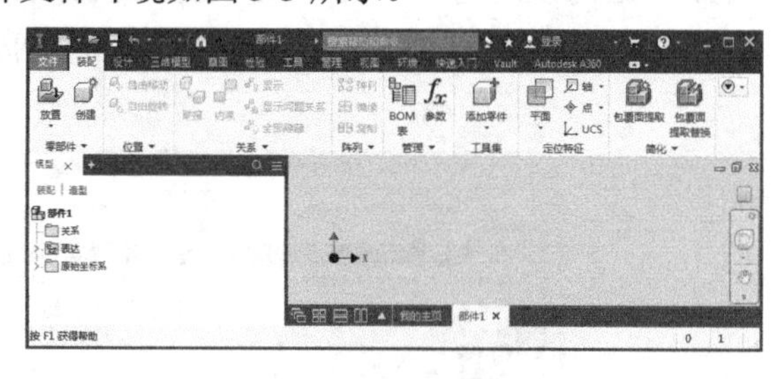

图 3-3　部件文件环境

Step 03 放置核心部件。单击“零部件”工具面板上的“放置”工具按钮，弹出“装入零部件”窗口，项目文件夹里面的所有零部件文件均显示在列，如图 3-4（a）所示。双击欲置入的“核心部件”零件，返回到部件环境。这时“核心部件”零件已经在图形显示区显示，如图 3-4（b）所示。但此时零部件并没有置入，而是处于预览状态，需要单击鼠标才能将零部件置入，每单击一次，就置入一次零部件。这里只需要置入一次，因此置入一次后，单击鼠标右键，在右键菜单中选择“确定”命令，完成零部件的置入，如图 3-4（c）所示。要结束零部件的置入，也可以在完成零部件置入后，按 Esc 键来完成。

（a）“装入零部件”窗口

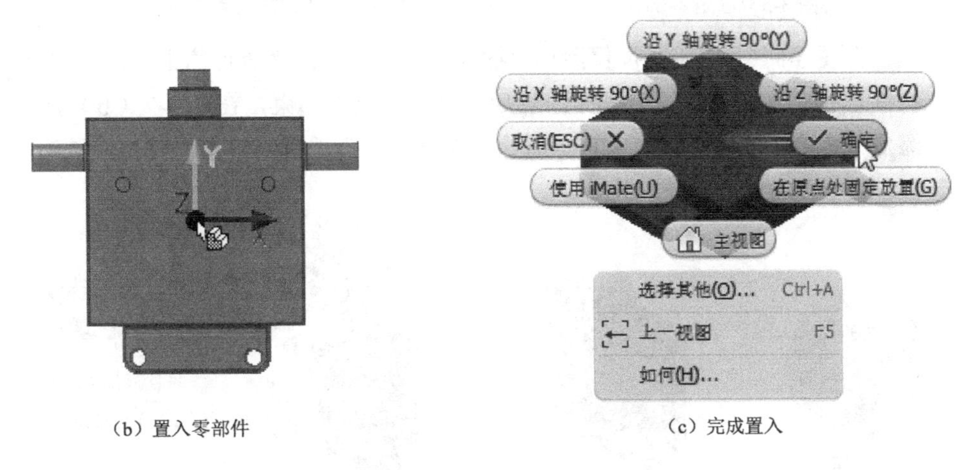

（b）置入零部件　　（c）完成置入

图 3-4　置入核心部件

在 Inventor 的早期版本中，第一个置入的零部件默认是固定的，而在新的版本中则不再固定第一个置入的零部件。这里为了便于零部件间的约束，需要将核心部件固定。固定方法是在图形区的零部件上或者在浏览器的零部件名称上单击右键，在右键菜单中选择“固定”命令即可，如图 3-5 所示。同样道理，解除固定也是如此操作。

Step 04 头部子装配置入。在展示动画中，由于头部是作为一个整体转动的，因此可以把整个头部作为子装配置入部件文件环境。

说明： *在这里之所以把头部作为一个子装配置入，除了在展示动画中，头部作为一个*

整体转动以外，另一个原因就是，头部的各个零件之间关系紧密，适合多实体创建，最后生成零部件的时候，会直接生成一个头部装配文件。关于多实体的创建在以后的模块中会学习到，这里不作介绍。

Step 05 添加头部约束。单击"关系"工具面板上的"约束"工具按钮，弹出"放置约束"窗口，这里选择"插入"约束，如图 3-6 所示。

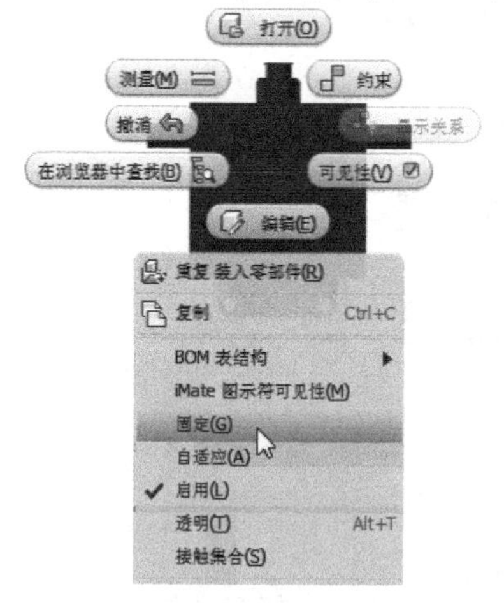

图 3-5 固定零部件

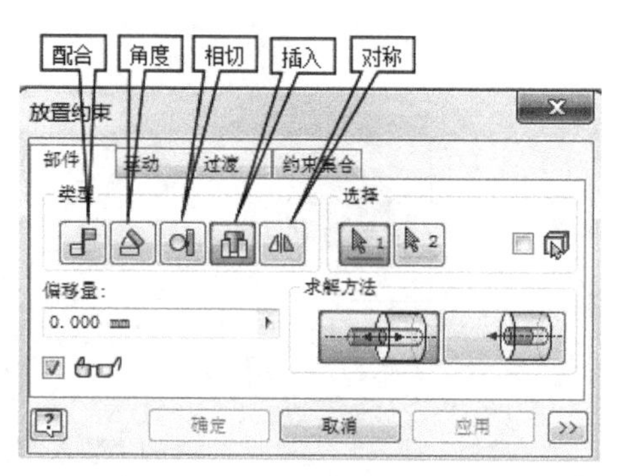

图 3-6 "放置约束"窗口

在图 3-7（a）所示位置添加"插入"约束，单击"放置约束"窗口中"应用"按钮，完成"插入"约束操作；然后选择"角度"约束，在图 3-7（b）所示面上添加"角度"约束，并在窗口中选择"定向角度"选项，单击"确定"按钮，完成头部的装配。

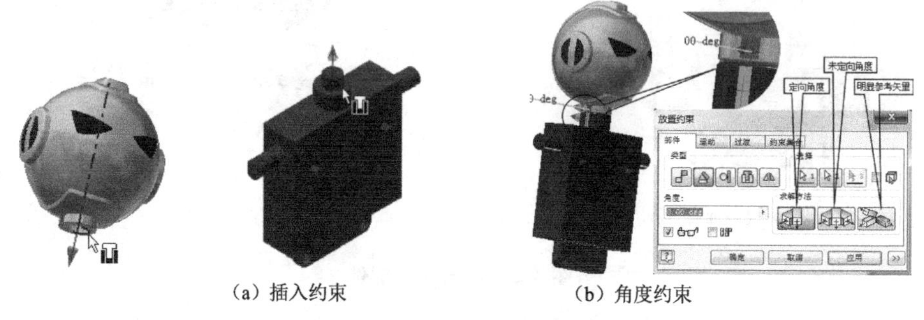

（a）插入约束　（b）角度约束

图 3-7 头部添加约束

Step 06 右臂部分零部件置入。这里一次性置入肩关节、上臂、肘关节、下臂、手爪 5 个零部件，如图 3-8（a）所示。置入后，拖动置入的零部件，并根据装配顺序调整零部件的位置，如图 3-8（b）所示。

说明： 在置入零部件时，既不要一次性置入过少，也不要一次性置入过多。过少，则由于重复置入会浪费时间；过多，则在装配时，零件之间在视觉上会相互造成干扰。

Step 07 肩关节装配。添加"肩关节"与"核心部件"之间的"插入"约束、"角度"约束，如图 3-9 所示。

（a）置入 5 个零部件

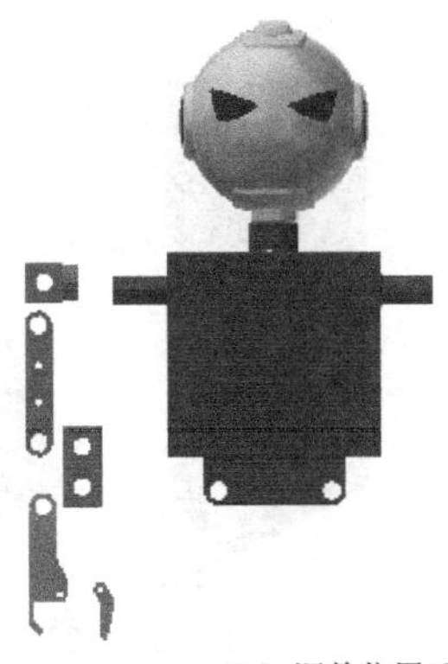

（b）调整位置后

图 3-8　置入并调整零部件

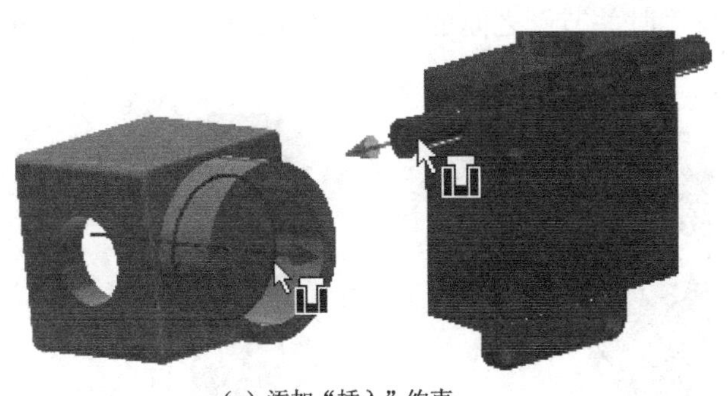

（a）添加“插入”约束

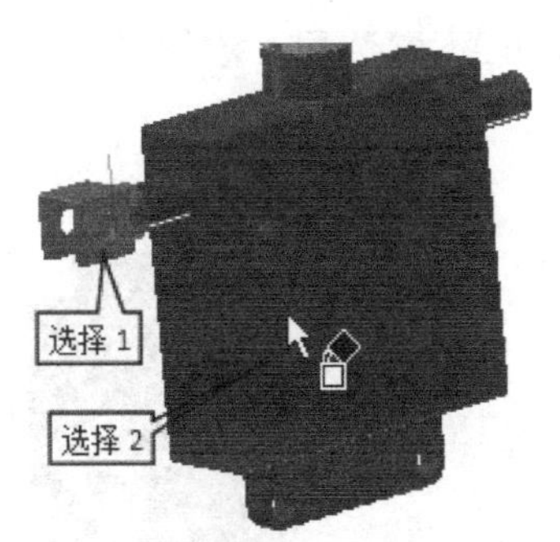

（b）添加“角度”约束

图 3-9　肩关节装配

Step 08 上臂装配。添加“上臂”与“肩关节”之间的“插入”约束、“角度”约束，如图 3-10 所示。

Step 09 肘关节装配。添加“肘关节”与“上臂”之间的“插入”约束、“角度”约束，如图 3-11 所示。

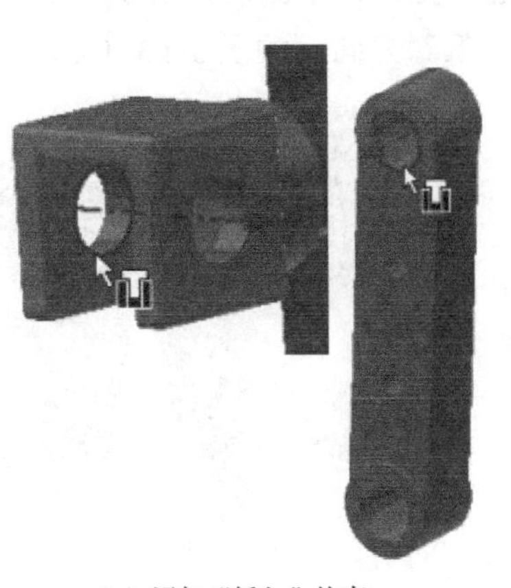

（a）添加“插入”约束

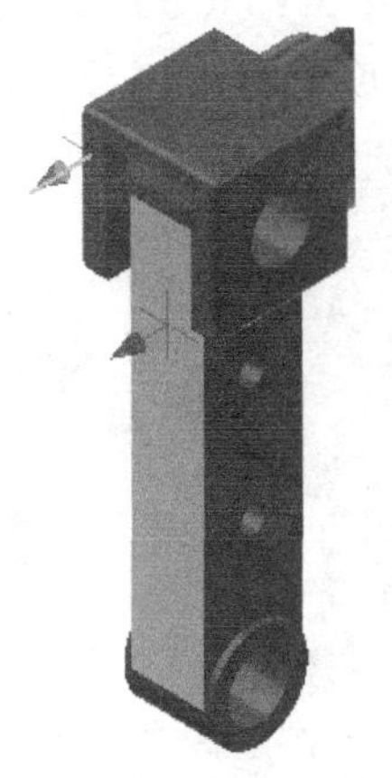

（b）添加“角度”约束

图 3-10　上臂装配

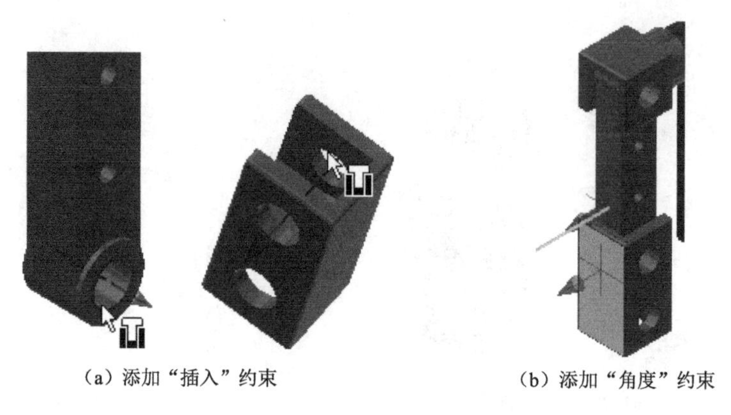

（a）添加“插入”约束　　（b）添加“角度”约束

图 3-11　肘关节装配

Step 10 下臂装配。添加“下臂”与“肘关节”之间的“插入”约束、“角度”约束，如图 3-12 所示。

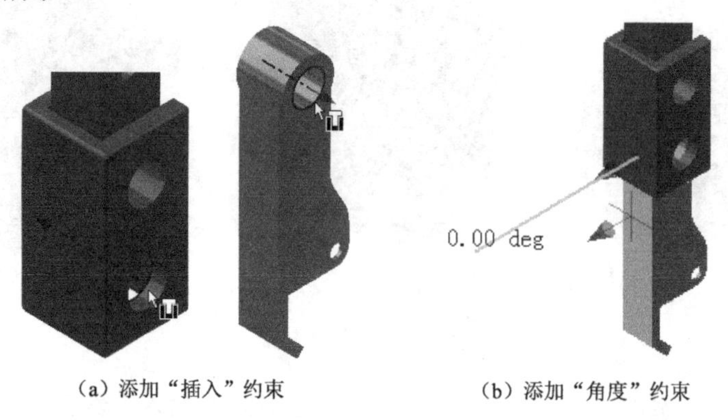

（a）添加“插入”约束　　（b）添加“角度”约束

图 3-12　下臂装配

Step 11 手爪装配。添加“手爪”与“下臂”之间的“插入”约束、“角度”约束，如图 3-13（a）、图 3-13（b）所示。当选择完第二个面后，发现“手爪”位置朝上了。这时可将角度设为 180°，调整“手爪”方向，如图 3-13（c）所示。

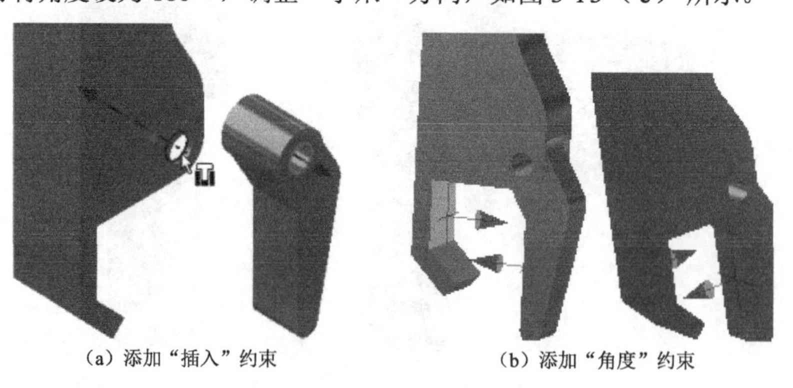

（a）添加“插入”约束　　（b）添加“角度”约束

图 3-13　手爪装配

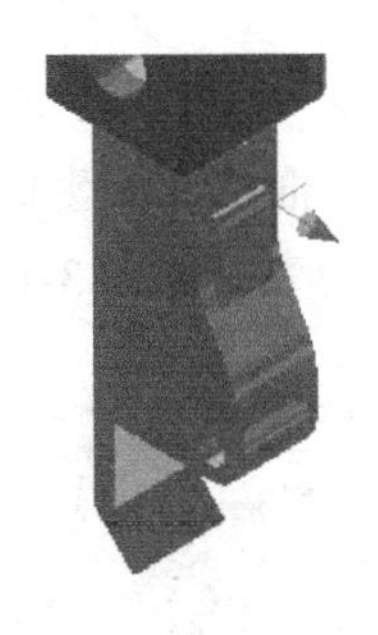

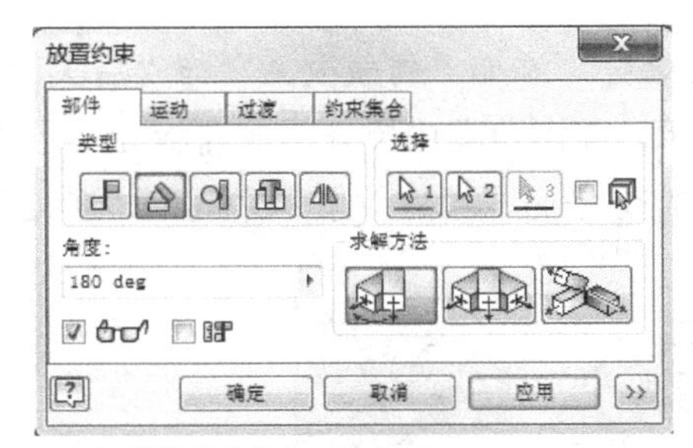

（c）调整手爪方向

图 3-13　手爪装配（续）

说明： 由于以上 5 个零件的装配均由“插入”约束和“角度”约束组成，因此在装配时，可以先将 5 个零件统一完成“插入”约束，再统一完成“角度”约束，这样装配比逐个零件装配要节省时间。

Step 12 置入并安装右臂轴。首先将“空心轴”零件一次置入 3 个，再将“实心轴”零件置入 1 个，如图 3-14（a）所示。然后在如图 3-14（b）所示的“轴 1 处”、“轴 2 处”、“轴 3 处”3 个位置插入 3 个空心轴。在“轴 4 处”位置插入实心轴。

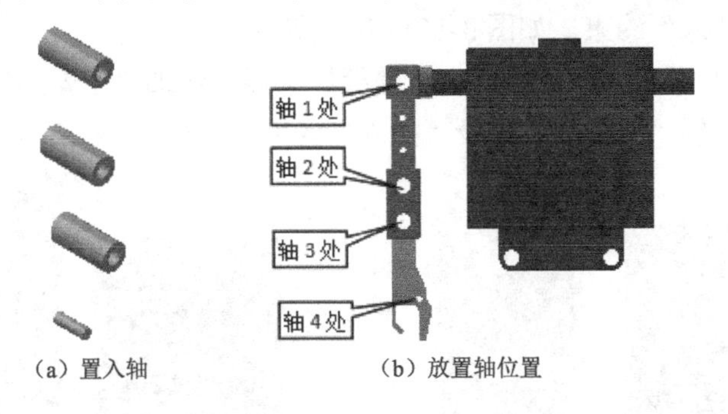

（a）置入轴　（b）放置轴位置

图 3-14　右臂轴装配

Step 13 置入并安装右臂盖板类部件。一次性置入“肩盖板 A”、“下臂盖板 A”、“上臂盖板”3 个零部件，如图 3-15（a）所示。置入后，拖动置入的零部件，并根据装配顺序调整零部件的位置，如图 3-15（b）所示。

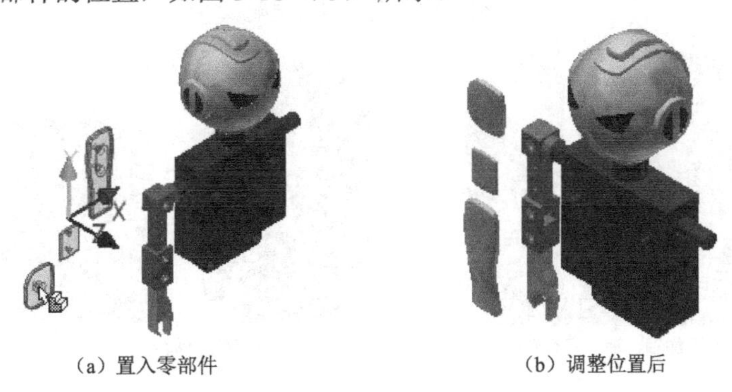

（a）置入零部件　（b）调整位置后

图 3-15　置入并调整零部件位置

Step 14 肩盖板 A 装配。添加“肩盖板 A”与“肩关节”之间的“插入”约束，如图 3-16（a）所示。在浏览器中展开“肩盖板 A”及其下面的原始坐标系，选择“*YZ* 平面”，添加 *YZ* 平面与“肩关节”之间的“角度”约束，如图 3-16（b）所示。

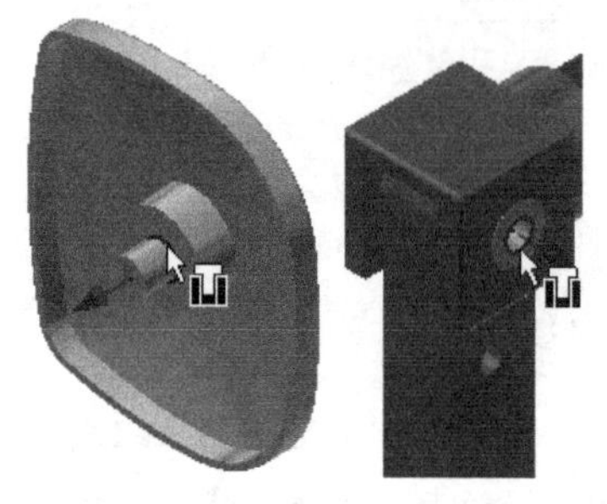

（a）添加“插入”约束

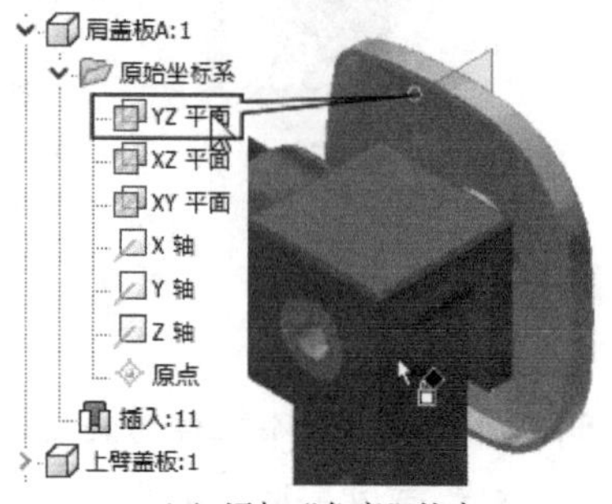

（b）添加“角度”约束

图 3-16　安装肩盖板 A

Step 15 上臂盖板装配。添加“上臂盖板”与“上臂”之间的轴、轴“配合”约束，如图 3-17（a）所示。调整“上臂盖板”至合适位置，再添加“上臂盖板”与“上臂”之间的“插入”约束，如图 3-17（b）所示。

Step 16 下臂盖板 A 装配。像安装“上臂盖板”一样，添加“下臂盖板 A”与“肘关节”之间的轴、轴“配合”约束及“插入”约束，如图 3-18 所示。

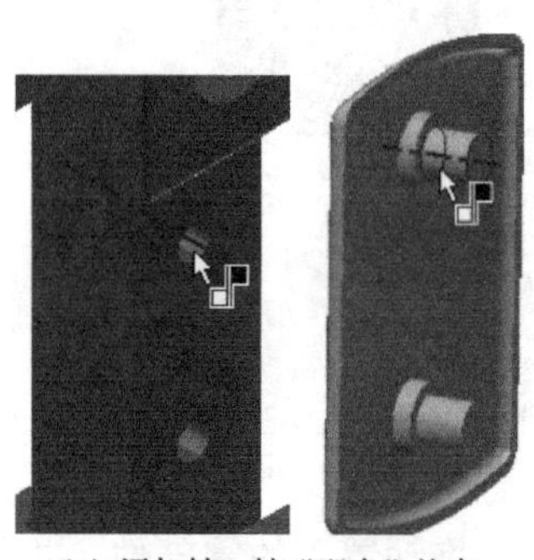

（a）添加轴、轴“配合”约束

（b）添加“插入”约束

图 3-17　上臂盖板装配

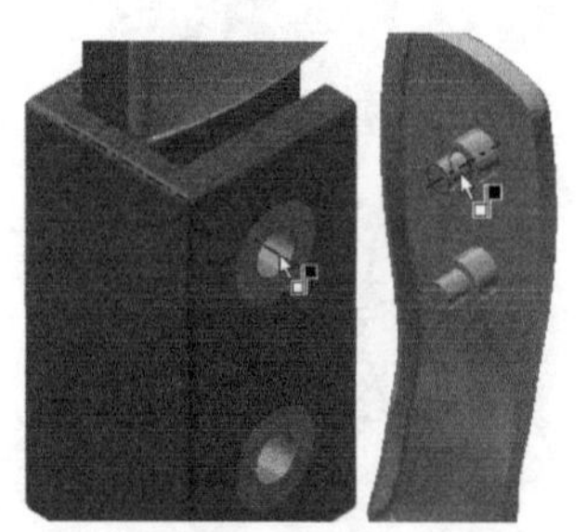

（a）添加轴、轴“配合”约束

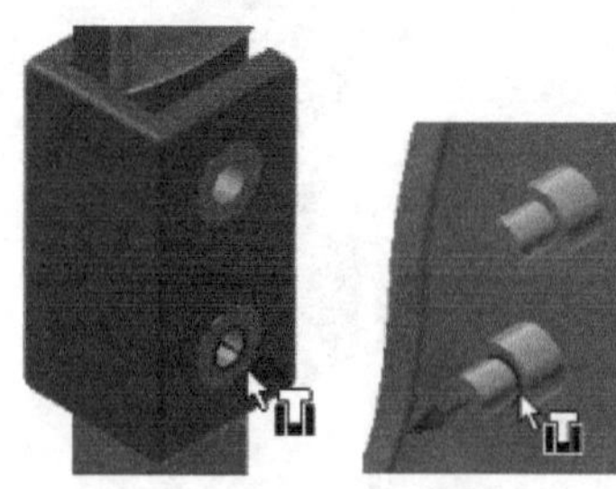

（b）添加“插入”约束

图 3-18　下臂盖板 A 装配

Step 17 镜像零部件。按下 Ctrl 键的同时依次单击“肩盖板 A”、“上臂盖板”、“下臂盖板 A”，同时选中这 3 个零部件。单击“阵列”工具面板上的“镜像”工具按钮 镜像，弹出“镜像零部件：状态”工具窗口。单击窗口中的“镜像平面”选项，再选择浏览器中“核心部件”的 *XY* 原始坐标平面。这里由于“肩盖板”零部件是重复使用，不是镜像生成新的零部件，因此需要在窗口的“状态”选项，将“上臂盖板”由“镜像选定的对象” 改成“重用选定的对象” ，方法是：单击“上臂盖板”名称前面的绿色符号 ，让其变成黄色符号 ，如图 3-19（a）所示。单击“下一步”按钮，弹出“镜像零部件：文件名”窗口，在“新名称”列中，将镜像的新零部件改成“肩盖板 B”、“下臂盖板 B”，如图 3-19（b）所示。单击“确定”按钮，完成对零部件的镜像。

Step 18 给镜像零部件添加约束。在 Inventor 中，零部件镜像后，其约束关系一并跟着镜像。由于这里跟“肩盖板 A”、“上臂盖板”、“下臂盖板 A”具有约束关系的“肩关节”、“上臂”、“肘关节”等零部件并没有镜像，因此还需要给镜像后的“肩盖板 B”、“上臂盖板”、“下臂盖板 B”等零部件添加约束，约束关系及方式与“肩盖板 A”、“上臂盖板”、“下臂盖板 A”一样，这里不再赘述。

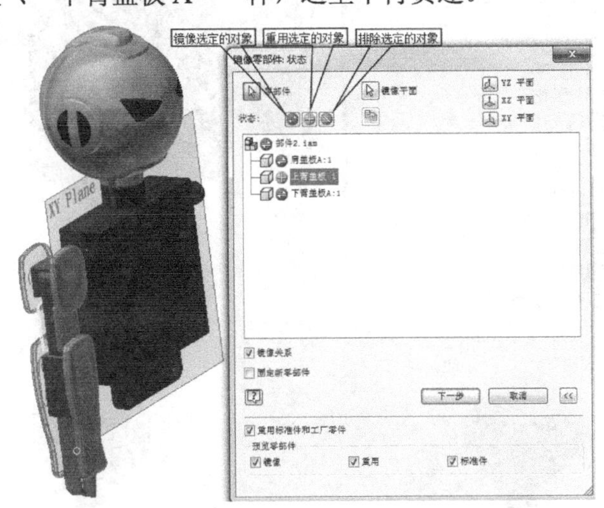

（a）“镜像零部件：状态”窗口

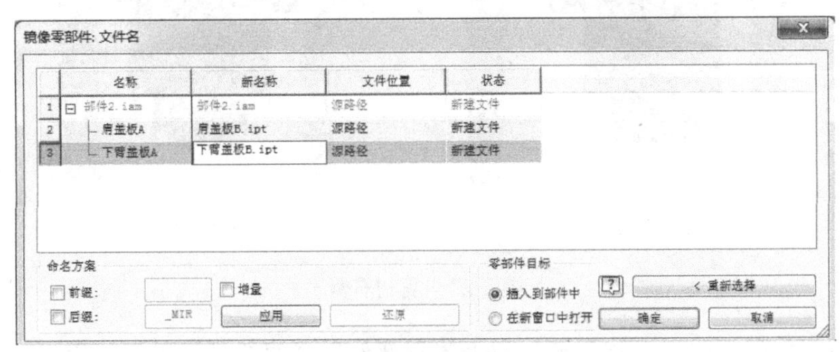

（b）镜像零部件命名

图 3-19　镜像零部件

Step 19 复制并安装右臂零部件。在浏览器中，选择除“头部”、“核心部件”以外的所有零部件，如图3-20（a）所示。利用组合键Ctrl+C进行复制，利用组合键Ctrl+V进行粘贴，复制一套右臂，如图3-20（b）所示。与镜像一样，复制后的零部件之间的约束关系跟零部件一并进行复制，由于核心部件没有进行复制，因此需要添加复制后的“肩关节”与“核心部件”之间的约束关系，约束方式跟前面一样，这里不再赘述。

Step 20 右腿部分零部件置入。这里一次性置入“髋关节”、“大腿”、“小腿”、“脚掌”、“脚部”子装配5个零部件，如图3-21（a）所示。置入后，拖动置入的零部件，并根据装配顺序调整零部件的位置，如图3-21（b）所示。

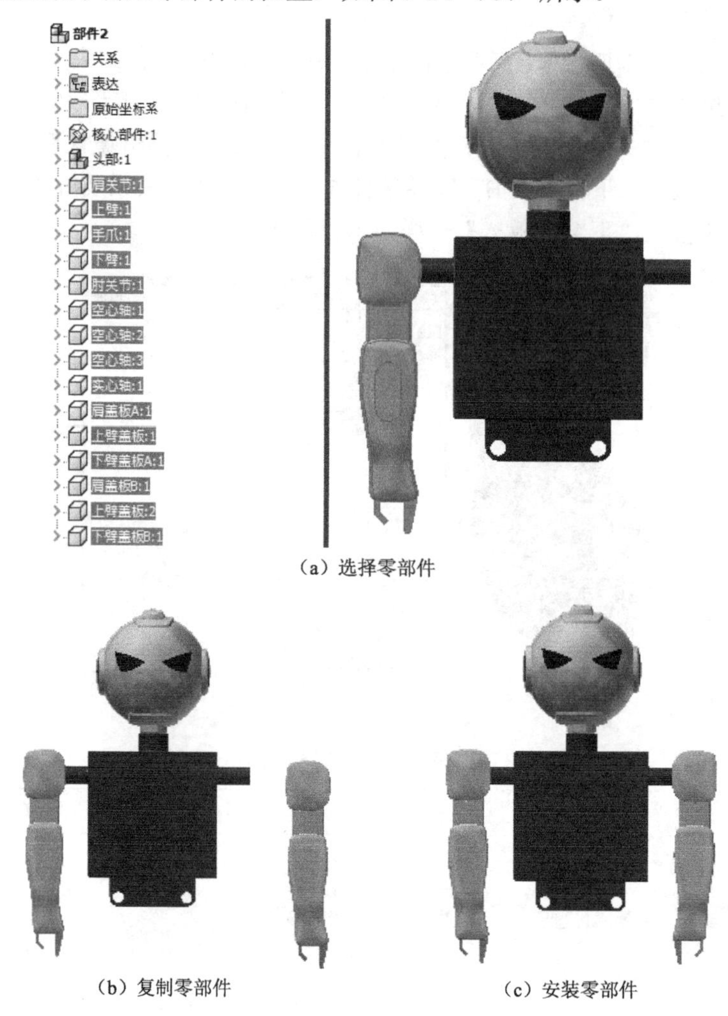

（a）选择零部件

（b）复制零部件　　（c）安装零部件

图3-20　复制右臂

Step 21 髋关节装配。添加“髋关节”与“核心部件”之间的“插入”约束、“角度”约束，如图3-22所示。

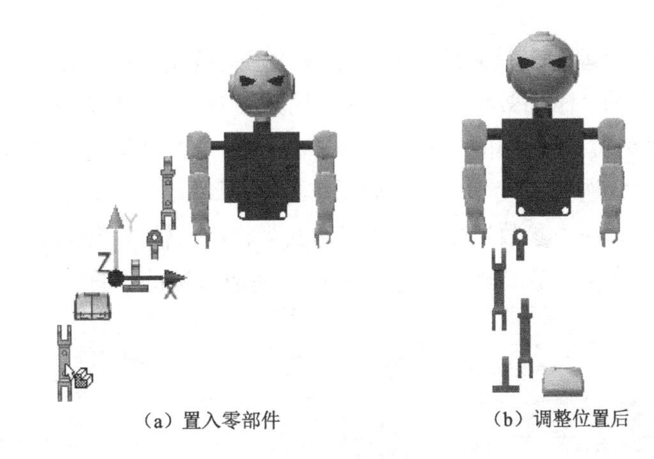

(a) 置入零部件　　(b) 调整位置后

图 3-21　置入并调整零部件位置

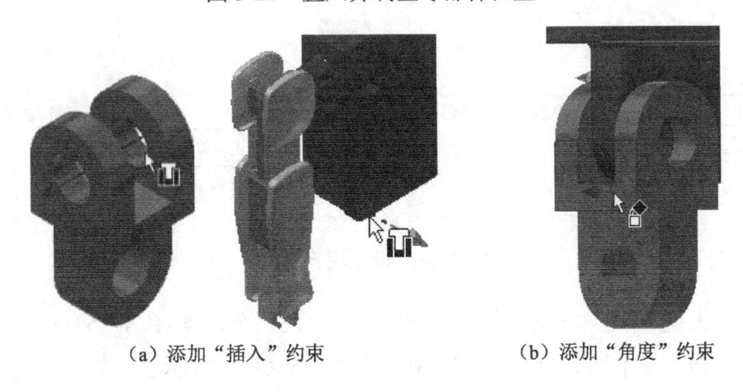

(a) 添加“插入”约束　　(b) 添加“角度”约束

图 3-22　髋关节装配

Step 22 添加大腿、小腿、脚掌的“插入”约束。这里先只添加“大腿”、“小腿”、“脚掌”的“插入”约束，也就是先不将这 3 个零部件完全约束，如图 3-23 所示。

Step 23 添加大腿、小腿、脚掌的“角度”约束。根据比赛题目中提供的参考展示动画可发现，机器人在动作的时候，髋关节、膝关节、足关节之间是成一定角度关系的，如图 3-23 所示。从图中发现 d4=d5=d3÷2，因此在这里可通过参数设置一个角度，利用参数来约束这几个关节之间的角度。

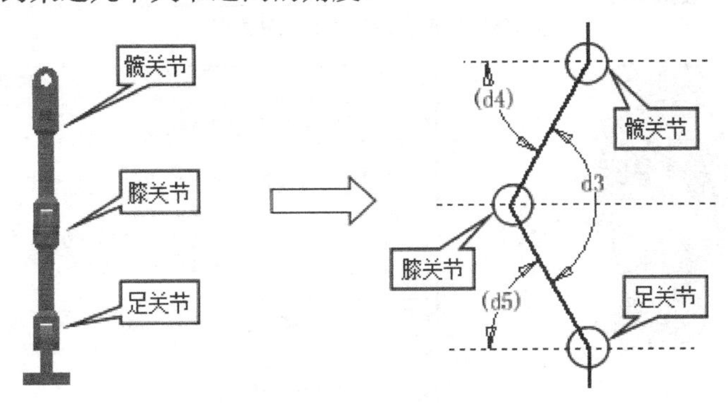

图 3-23　各关节间角度关系

单击“管理”工具面板上的“参数”工具按钮 f_x ，弹出“参数”窗口，单击窗口下方的“添加数字”按钮，在“用户参数”的“参数名称”栏中，输入“角度”，在“单位/类”列的文本框中单击，弹出“单位类型”窗口，在窗口的“角度”选项中，选择“度（度）”，如图 3-24 所示。单击“确定”按钮，关闭“单位类型”窗口。在“参数”窗口的“表达式”栏中，输入“0 deg”，如图 3-24 所示。最后单击“参数”窗口的“完毕”按钮，完成参数的设置。

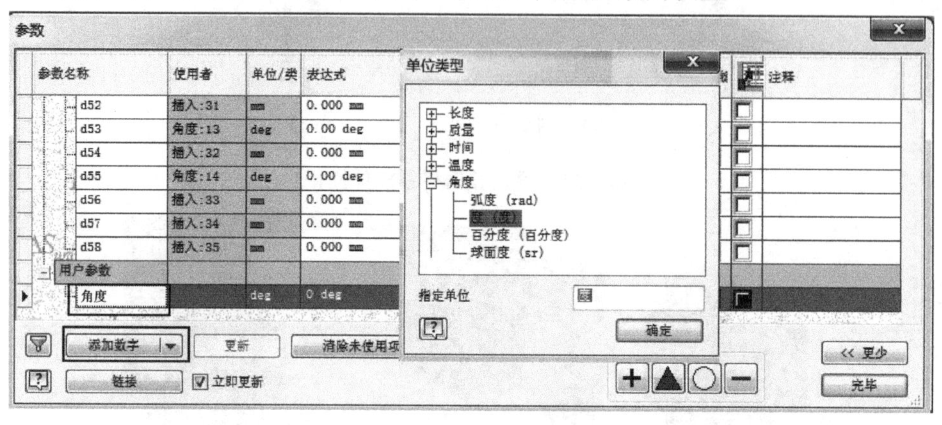

图 3-24　设置用户参数

“大腿”与“髋关节”之间的“角度”约束如图 3-25（a）所示。“小腿”与“大腿”之间的“角度”约束如图 3-25（b）所示。“脚掌”与“小腿”之间的“角度”约束如图 3-25（c）所示。

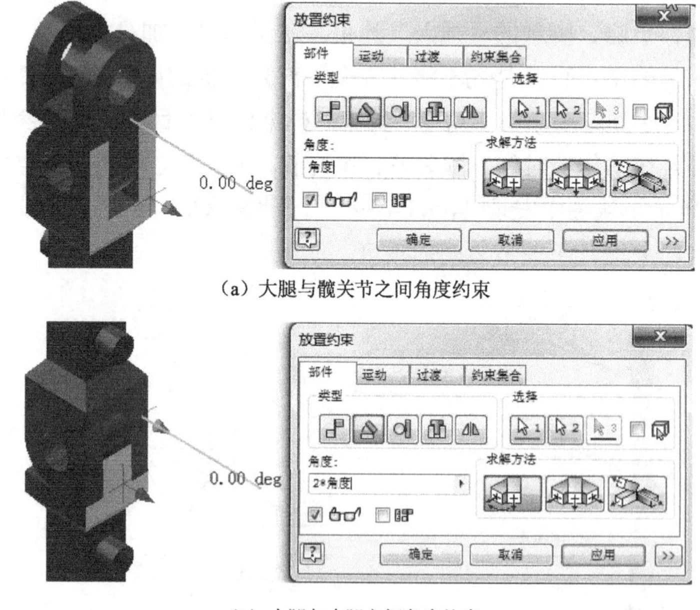

（a）大腿与髋关节之间角度约束

（b）小腿与大腿之间角度约束

图 3-25　右腿部各关节间角度约束

Step 24 右腿空心轴的置入与安装。一次置入 4 个“空心轴”零部件，如图 3-26（a）所示。在如图 3-26（b）所示的“轴 1 处”、“轴 2 处”、“轴 3 处”、“轴 4 处”4 个位置，插入 4 个“空心轴”。

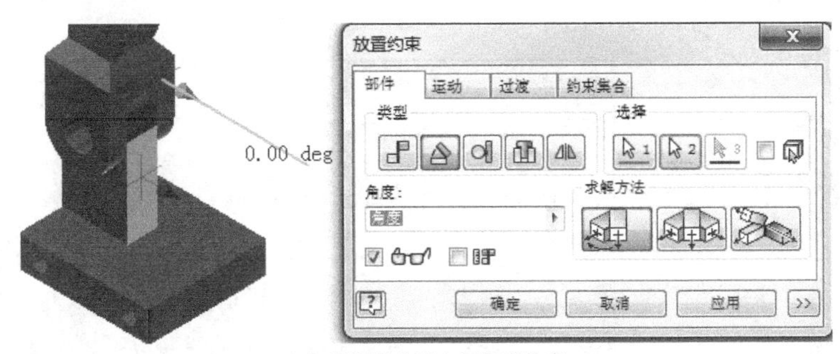

（c）脚掌跟小腿之间角度约束

图 3-25　右腿部各关节间角度约束（续）

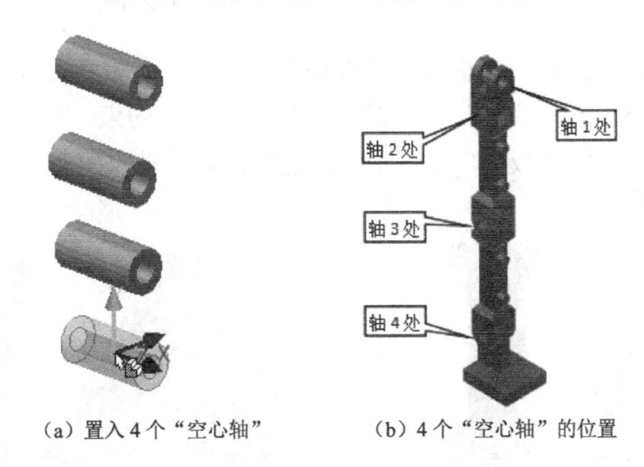

（a）置入 4 个“空心轴”　　（b）4 个“空心轴”的位置

图 3-26　右腿轴装配

Step 25 脚部装配。添加“脚部”与“脚掌”之间的轴、轴“配合”约束，如图 3-27（a）所示。调整“脚部”零部件至合适位置，再添加“脚部”与“脚掌”之间的“插入”约束，如图 3-27（b）所示。

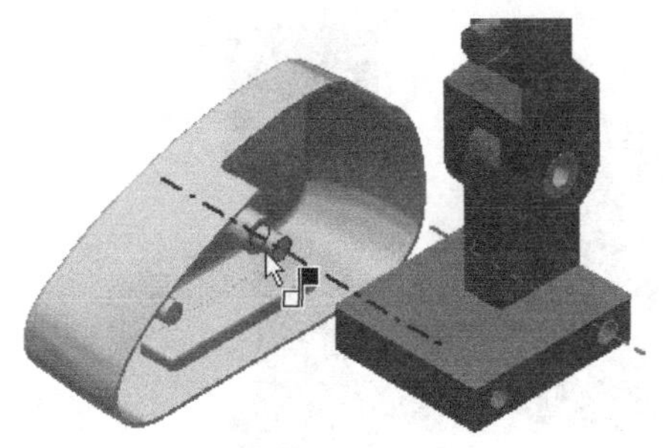

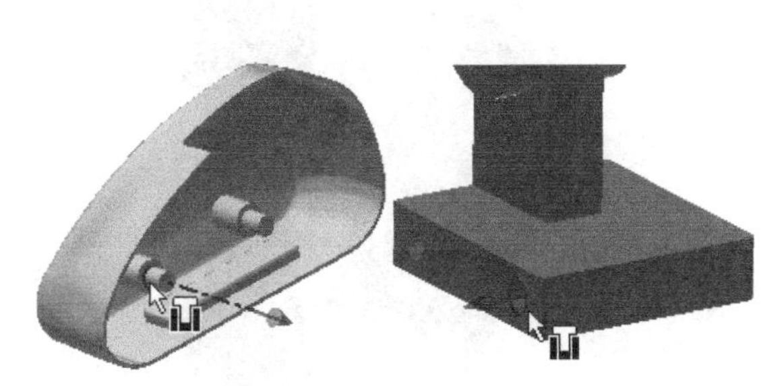

（a）添加轴、轴“配合”约束　　（b）添加“插入”约束

图 3-27　脚部装配

Step 26 复制并安装右腿部件。选中右腿所有零部件，复制并粘贴，添加复制后的“髋关节”与“核心部件”之间的“插入”约束、“角度”约束，完成后如图 3-28 所示。

Step 27 脚掌之间添加约束。在两个左脚掌之间添加“表面平齐”约束，如图 3-29 所示。

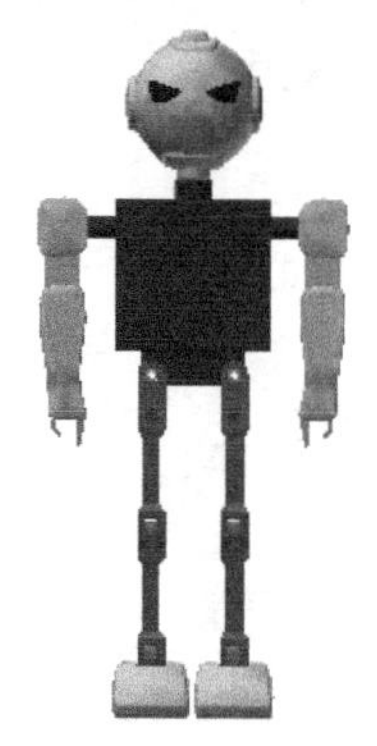

图 3-28　复制右腿

图 3-29　脚掌之间添加约束

Step 28 置入并安装腿部盖板。一次置入“大腿盖板 A”、“小腿盖板 A”两个零部件。添加“大腿盖板 A”与“大腿”之间的轴、轴“配合”约束、“插入”约束，如图 3-30 所示；添加“小腿盖板 A”与“小腿”之间的轴、轴“配合”约束、“插入”约束，如图 3-31 所示。

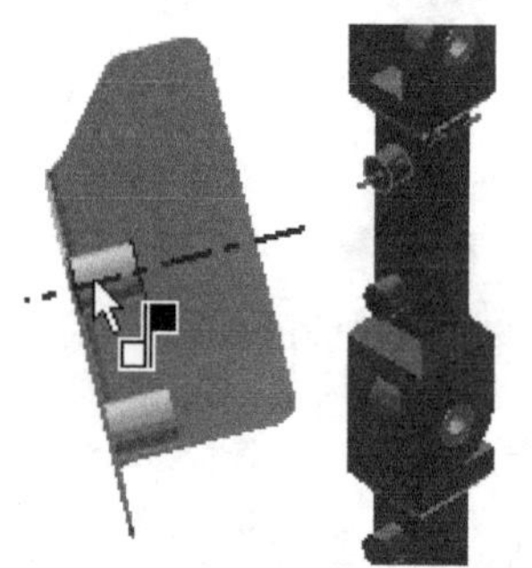

（a）添加轴、轴“配合”约束

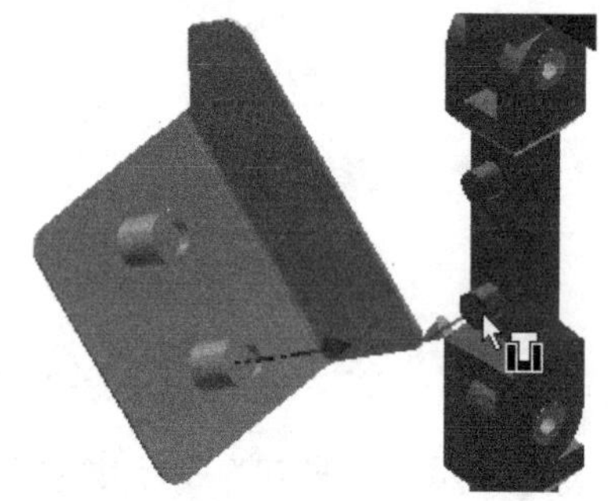

（b）添加“插入”约束

图 3-30　大腿盖板 A 与大腿之间约束

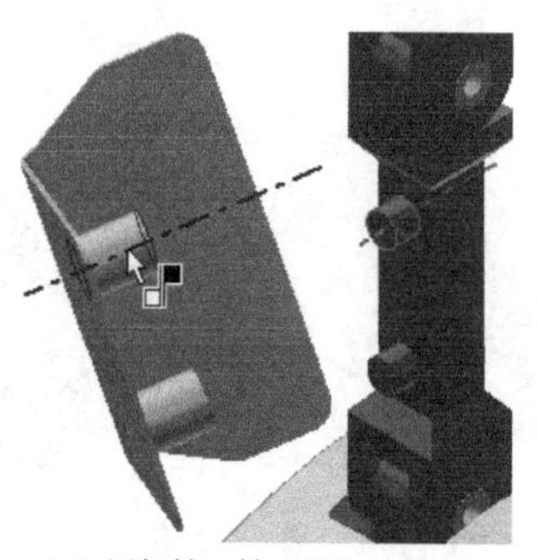

（a）添加轴、轴“配合”约束

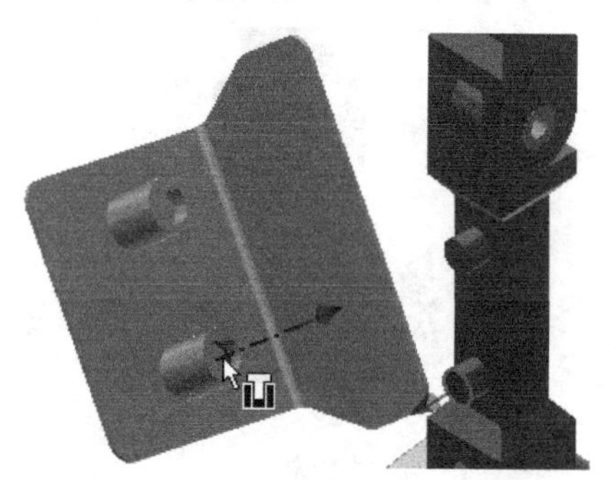

（b）添加“插入”约束

图 3-31　小腿盖板 A 与小腿之间约束

Step 29 镜像腿部盖板。以“核心部件”的 *YZ* 平面为镜像平面，将“大腿盖板 A”、“小腿盖板 A”进行镜像，镜像后的零部件分别命名为“大腿盖板 B”、“小腿盖板 B”，如图 3-32 所示。

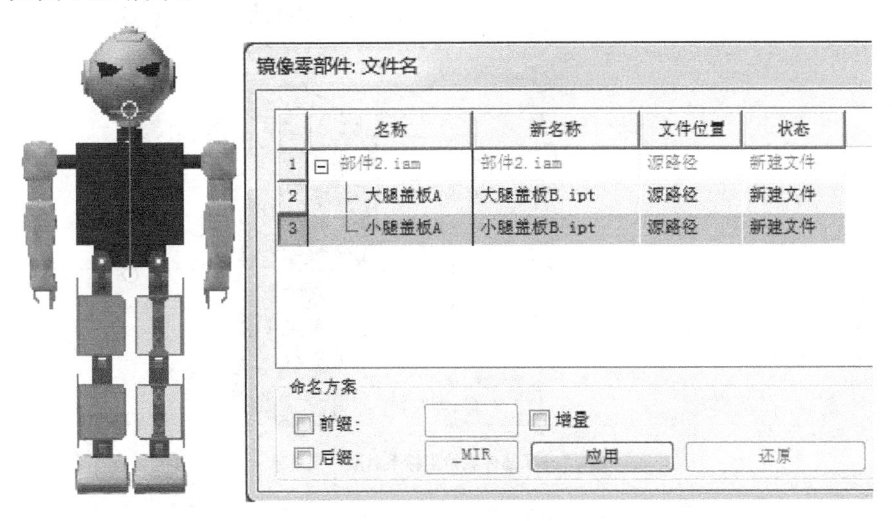

图 3-32　镜像腿部盖板

Step 30 镜像后零部件添加约束。添加“大腿盖板 B”与“大腿”之间的轴、轴“配合”约束、“插入”约束；添加“小腿盖板 B”与“小腿”之间的轴、轴“配合”约束、“插入”约束。

Step 31 身体前壳装配。置入“身体前壳”零部件，并添加“身体前壳”与“核心部件”之间的轴、轴“配合”约束、“插入”约束，添加完成后如图 3-33 所示。

Step 32 身体后壳装配。“身体后壳”与“身体前壳”在设计时是在一个实体零件里面制作的，且在展示动画中，身体前后壳之间没有运动关系。因此在装入“身体后壳”零部件时，可采用与“身体前壳”零部件坐标系对准的方式进行装配。

在“工具集”工具面板上的下拉菜单中，选择“与零部件原始坐标系对准”选项，如图 3-33（a）所示。然后单击图形区的“身体前壳”零部件，此时弹出“打开”文件窗口，选择“身体后壳”零部件，如图 3-33（b）所示。单击“打开”按钮后，返回到 Inventor 装配环境，这时可发现“身体后壳”零部件已经自动的安装到需要的位置，如图 3-33（c）所示。此时展开浏览器中的“身体后壳”零部件，会发现其自动添加了跟“身体前壳”零部件的 3 个“表面平齐”约束，如图 3-33（d）所示。

Step 33 添加解除固定。在展示动画中，智能机器人的右脚是固定不动的，因此需要解除“核心部件”的固定，添加右脚部的固定。完成智能机器人装配后，结果如图 3-1 所示。

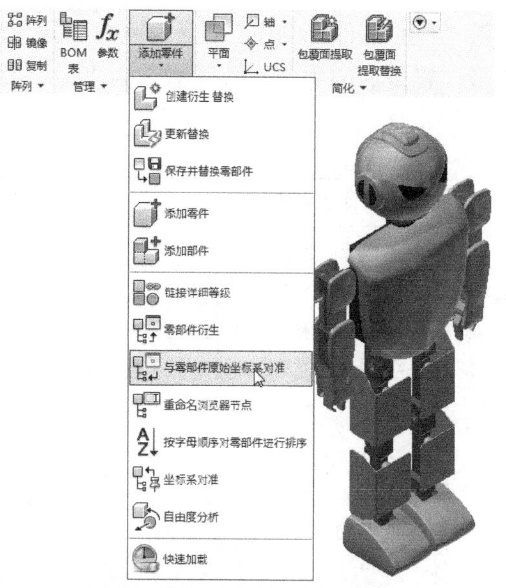

（a）“与零部件原始坐标系对准”工具

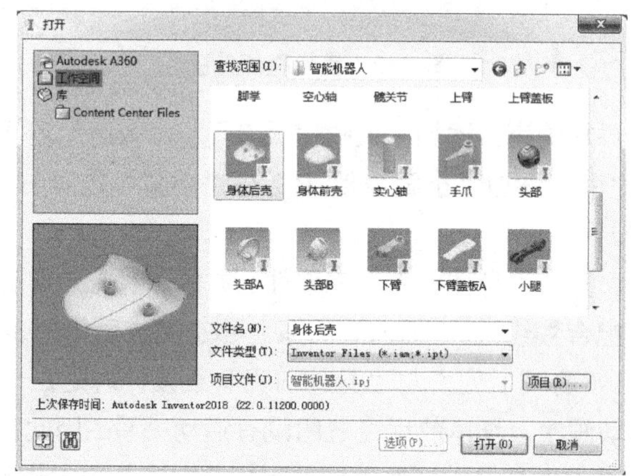

（b）“打开”窗口

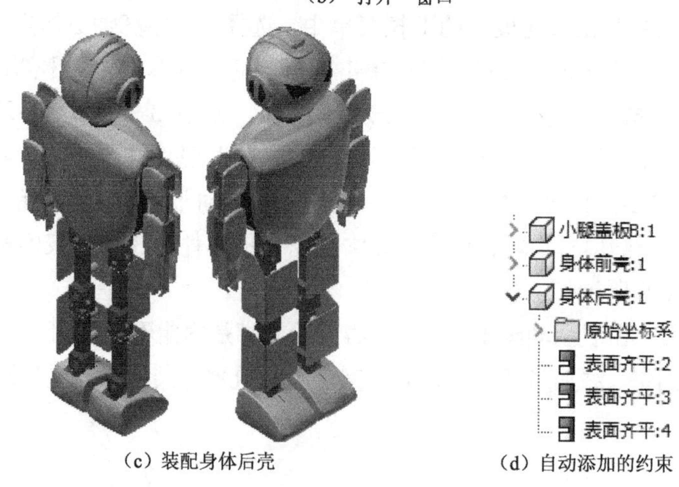

（c）装配身体后壳　　（d）自动添加的约束

图 3-33　身体后壳装配

Step 34 编辑约束。右腿的 3 个关节在添加"角度"约束的时候用的是参数，但是在复制后，左腿三个关节的角度约束更改了参数名称。如在浏览器中展开"髋关节 2"零部件，在"角度:18"约束上单击右键，在右键菜单中选择"编辑"命令，如图 3-34（a）所示。打开"编辑约束"窗口，在"角度"选项中，参数名称变成了"d88_角度"，如图 3-34（b）所示。将其改为"角度"。单击"确定"按钮，完成驱动约束的编辑。同样方法，将"小腿"与"大腿"之间的"角度"约束值改为"2*角度"、"小腿"与"脚掌"之间的"角度"约束值改为"角度"。

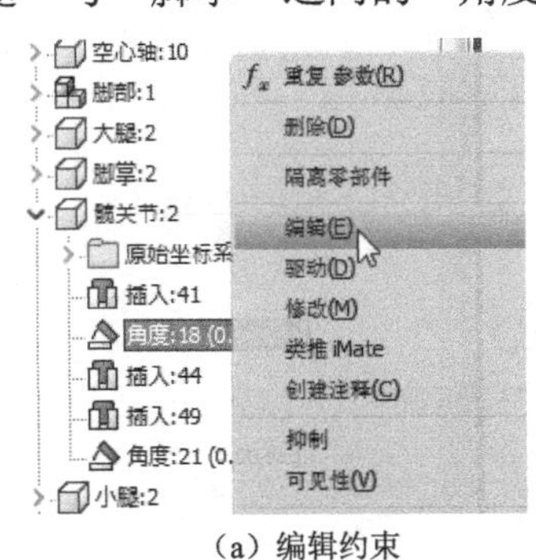

（a）编辑约束

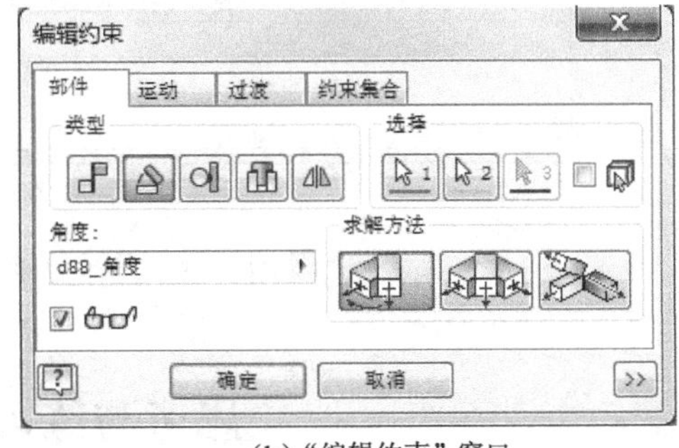

（b）"编辑约束"窗口

图 3-34　编辑约束

Step 35 保存文件。所有零部件装配完成后将文件保存。在弹出的"另存为"窗口中，保存路径默认是项目文件所在文件夹，以"智能机器人"的文件名进行保存，如图 3-35（a）所示。单击"保存"按钮后，弹出"保存"窗口。由于在装配时，镜像并生成了新零部件，因此"保存"窗口会提示是否将从属文件保存，这里先单击"所有均是"按钮，然后单击"确定"按钮完成文件保存。

（a）"另存为"窗口

图 3-35　保存文件

保存

是否要将更改保存到“智能机器人.iam”及其从属文件？

确定　取消

文件需要保存	保存	状态
部件2	是	初始保存
C:\Users\Administrator\Desktop\智能机器人\核心部件.ipt	是	
C:\Users\Administrator\Desktop\智能机器人\头部.iam	是	
C:\Users\Administrator\Desktop\智能机器人\肩盖板B.ipt	是	初始保存
C:\Users\Administrator\Desktop\智能机器人\肩盖板A.ipt	是	
C:\Users\Administrator\Desktop\智能机器人\上臂盖板.ipt	是	

所有均是　所有均否

（b）“保存”窗口

图 3-35　保存文件（续）

思考与练习 3

完成下列模型的装配，所有模型的零部件见资料包中“模块三/思考与练习/”文件夹中的文件。

（a）智能单车

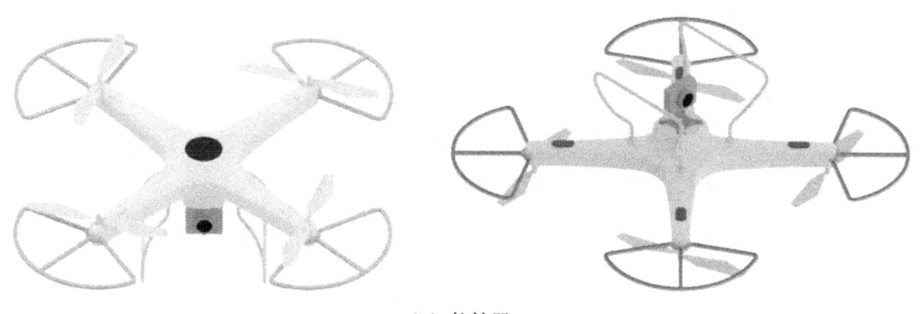

（b）航拍器

图 3-36　思考与练习 3

模 块 4

基于多实体的零件设计

在产品设计过程中，一种是由零件开始，然后根据需要将零件进行逐级装配，最后完成整个产品的设计，这种设计方法称之为自下而上的设计方式。而在工业产品设计过程中，还有另一种不同的设计方法，这种方法是由完整的产品概念开始，逐步将设计细化到最终的零件，这种设计方法称之为自上而下的设计。这种设计方法广泛应用于消费类产品的设计中。

在 Inventor 中，自上而下的设计方式有 4 种，分别是基于概念草图的设计、基于模型的设计、基于布局的设计和基于多实体的设计。本模块将以机器人头部的设计为例，来简单介绍基于多实体的设计方式，其他 3 种设计方式，读者可参考相关资料自行学习。

任务　智能机器人头部设计

任务导入

智能机器人头部实例如图 4-1 所示。图纸见资料包中“光盘/模块四/智能机器人头部.dwfx”文件，模型文件参见资料包中“模块四/智能机器人头部/”文件夹中的文件。

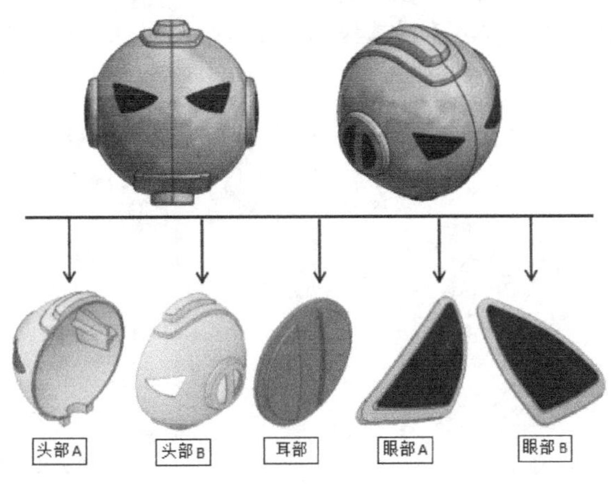

图 4-1　智能机器人头部实例

设计流程

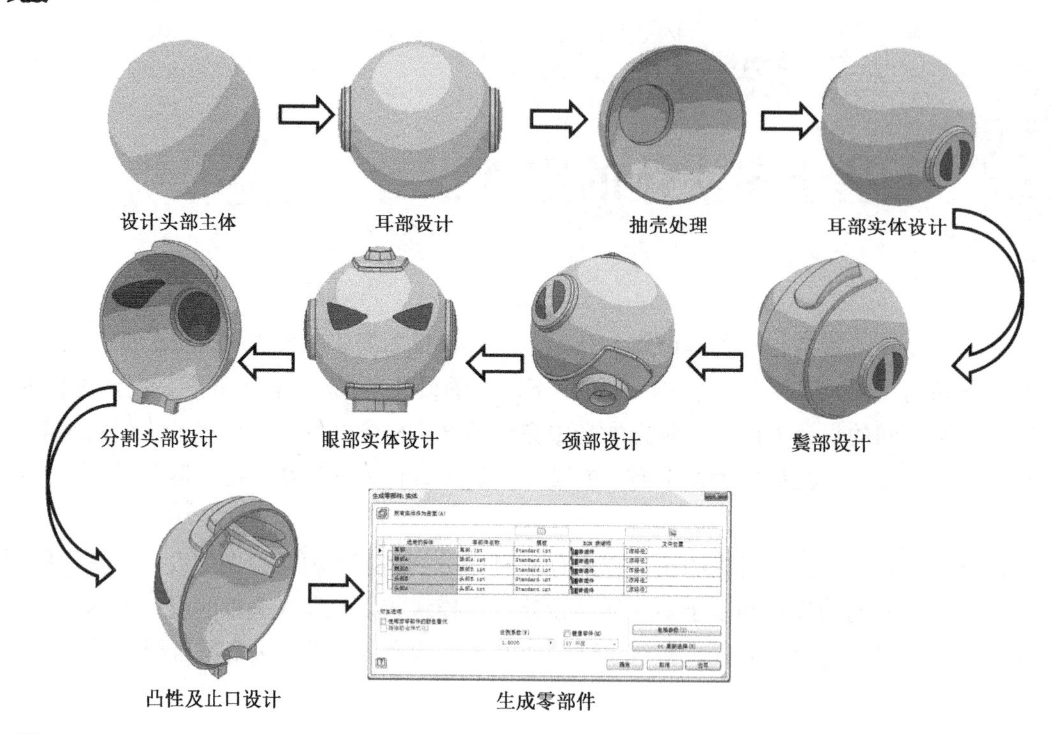

设计步骤

Step 01 新建文件。新建零件文件，并在 *XY* 平面上创建草图，绘制如图 4-2（a）所示草图。在草图中将旋转轴设置成中心线格式，完成草图后退出草图环境。

Step 02 旋转。单击“创建”工具面板上的“旋转”工具按钮 ，草图会以中心线为轴线将截面自动进行旋转成实体，如图 4-2（b）所示。

说明： 若草图中没有将轴线设置为中心线格式，则在执行“旋转”工具后，会弹出“旋转”工具窗口，需要手动选择旋转轴，如图 4-2（c）所示。

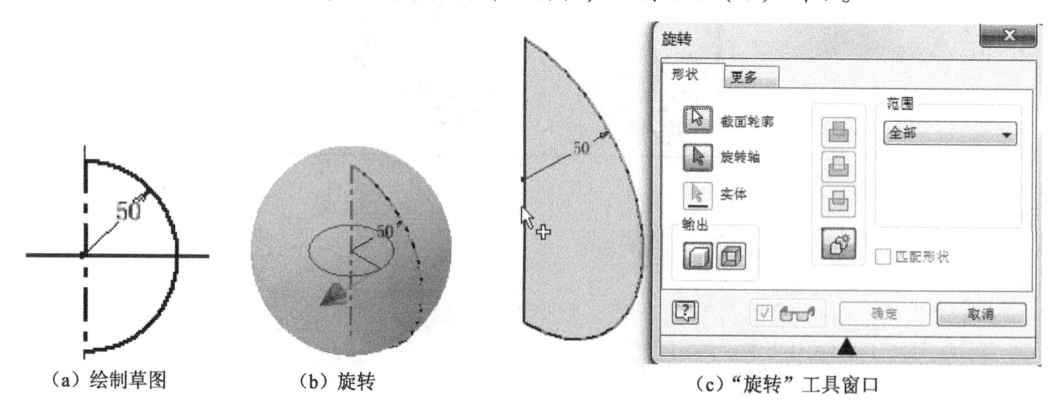

（a）绘制草图　（b）旋转　（c）“旋转”工具窗口

图 4-2　头部主体绘制

Step 03 新建草图。在 *XY* 平面上创建草图，绘制如图 4-3（a）所示草图。完成草图后退出草图环境。

Step 04 旋转。以中心线为轴线，将几何图元旋转为曲面，如图 4-3（b）所示。

Step 05 面片。采用“面片”工具，以相切方式进行面片，如图 4-3（c）所示。

Step 06 灌注。选择旋转曲面、面片曲面，将其跟球体灌注为一个实体，如图 4-3（d）所示。

Step 07 镜像。以 *YZ* 平面为镜像平面，将灌注后的特征进行镜像，如图 4-3(e)所示。

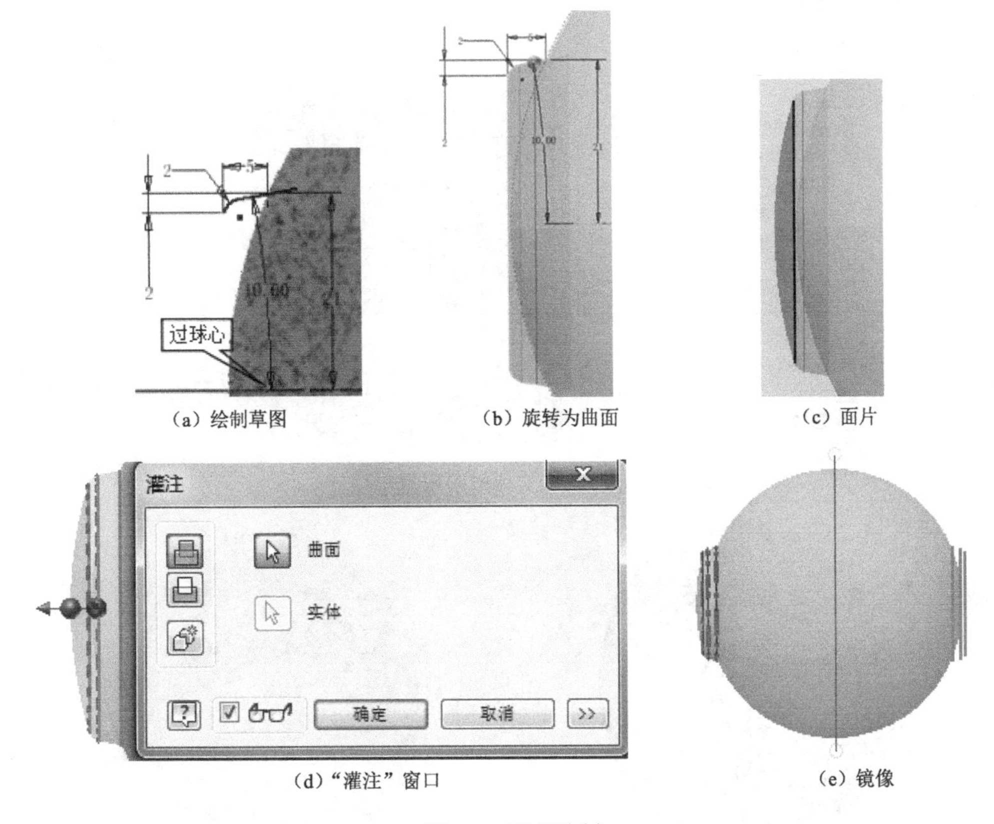

（a）绘制草图　（b）旋转为曲面　（c）面片

（d）“灌注”窗口　（e）镜像

图 4-3　耳部绘制

Step 08 抽壳。将实体抽壳为中空件，壁厚为 2mm。

Step 09 新建草图。在 *YZ* 平面新建草图，切片观察，绘制如图 4-4 所示几何图元。完成草图后退出草图环境。

Step 10 剖面观察。这里为了便于制作耳部零件而采用剖面观察方式。进入“视图”菜单，单击“外观”工具面板上的“半剖视图”工具按钮 半剖视图，如图 4-5 所示。在浏览器中的“原始坐标系”选项中，单击 *YZ* 平面，如图 4-6 所示，实体半剖预览。单击小工具栏的确定按钮 ✓，完成剖面观察。

Step 11 分割面。以图 4-4 中直径为 32mm 的圆作为分割工具，将图 4-7（a）中所示曲面进行分割，结果如图 4-7（b）所示。

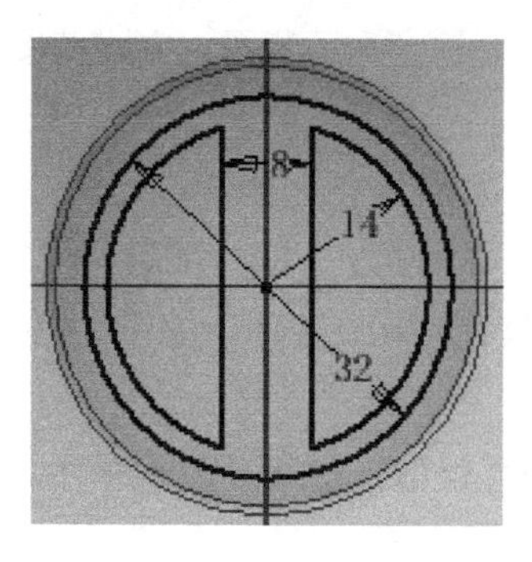

图 4-4　新建草图

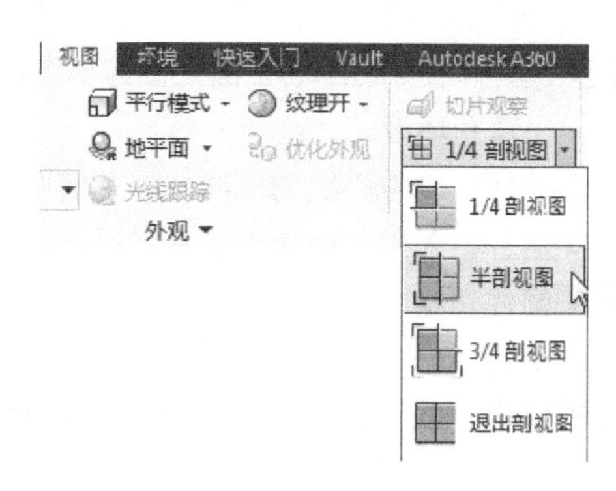

图 4-5　“半剖视图”工具按钮

图 4-6　实体半剖预览

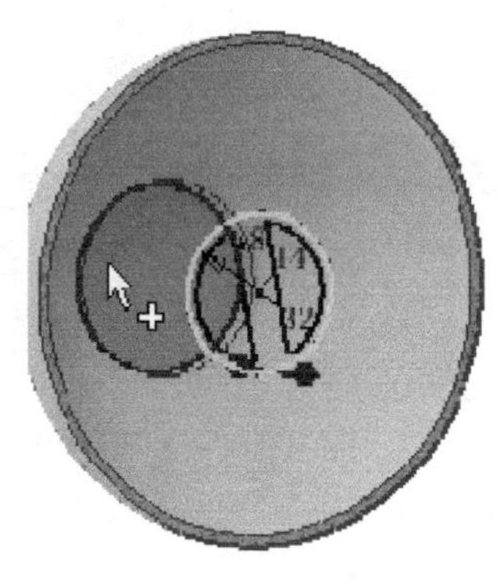

（a）分割前

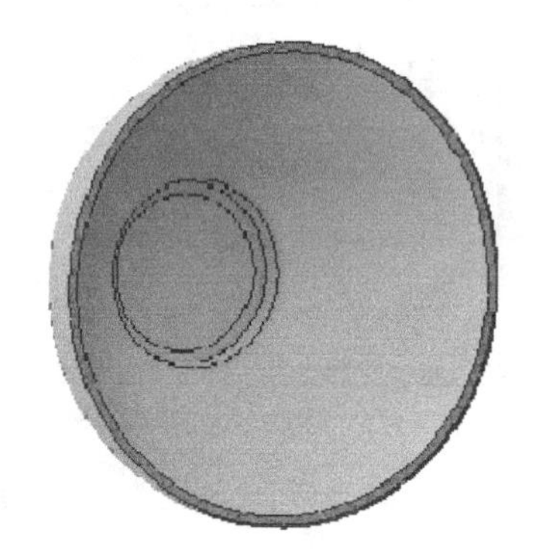

（b）分割后

图 4-7　分割面

Step 12 曲面加厚。将分割后的曲面加厚成新实体，厚度为 1mm。“加厚/偏移”窗口中的“自动过渡”单选项默认是勾选的，此时新建实体等选项灰色显示，这时需要将“自动过渡”单选项前面的勾选去掉，才能生成新实体，如图 4-8（a）所示。完成后展开浏览器中“实体”选项，发现实体已经增加到两个，如图 4-8（b）所示。一个是原来的头部基础实体，第二个就是刚刚加厚的新建实体。

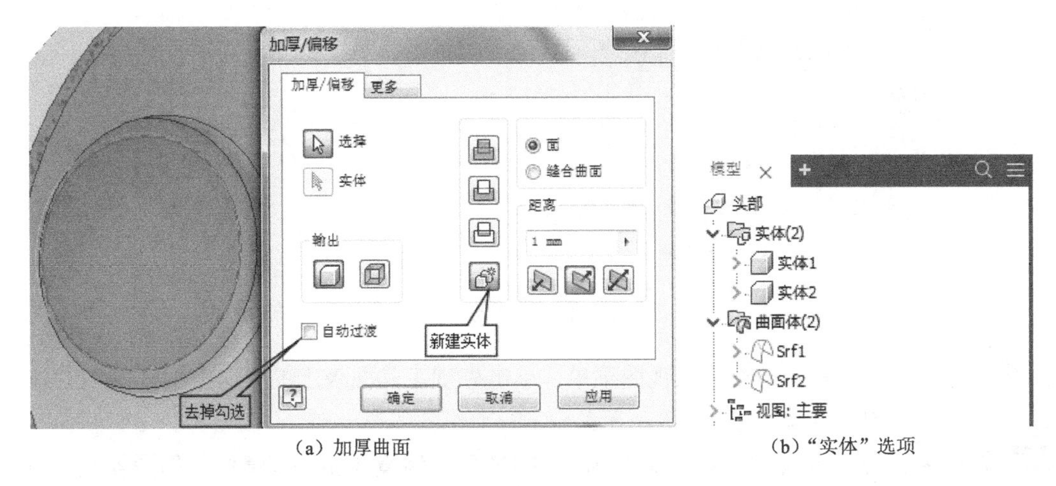

（a）加厚曲面　　（b）“实体”选项

图 4-8　曲面加厚成新实体

Step 13 曲面可见。在浏览器中展开“曲面体”选项，将 Srf2 曲面可见，如图 4-9 所示。Srf2 曲面即为图 4-3（c）所示的面片曲面。

Step 14 拉伸。将如图 4-4 所示的部分几何图元进行拉伸，拉伸范围选择“介于两面之间”，分别选择 Srf2 曲面与新建实体的外表面，如图 4-10 所示。完成拉伸后再将 Srf2 曲面、图 4-4 所示草图隐藏。

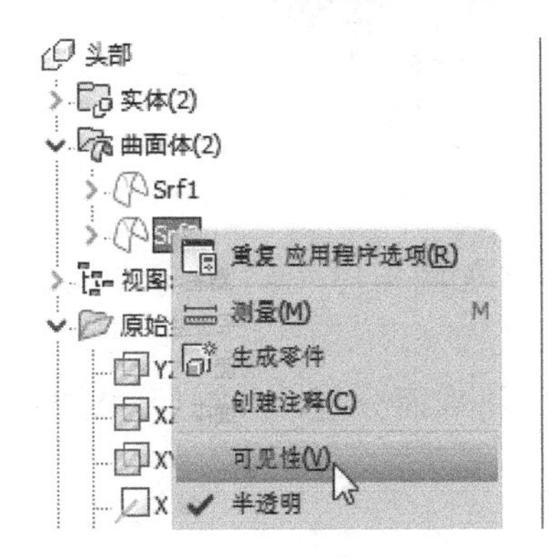

图 4-9　曲面可见

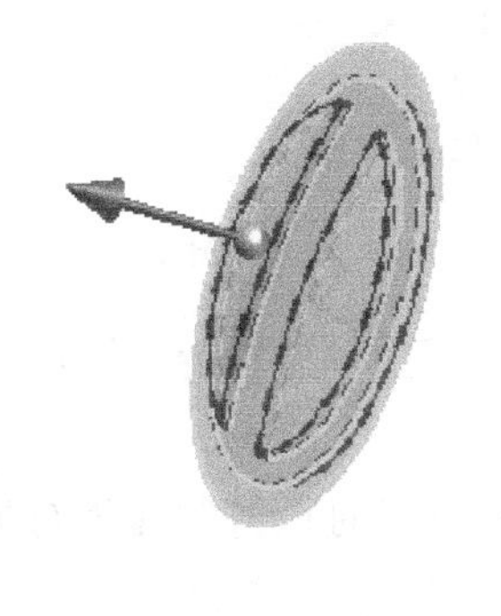

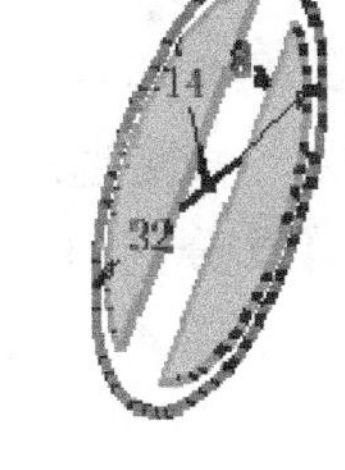

图 4-10　拉伸

说明： 这里的拉伸也可以采用前面分割、加厚的方式来完成，由于这次草图包括两个封闭的几何图元，分割、加厚的时候都需要分两次操作才能完成。因此从节约时间的角度考虑，本次采用拉伸方式来完成更合适一些。由此可看出，在比赛的时候，选手应合理地选择创建方式，以便节约时间。

Step 15 合并实体。以头部为基础实体，以新建的耳部实体为工具体进行合并求差，并勾选“保留工具体”选项，如图 4-11（a）所示。完成后工具体自动隐藏，基础实体如图 4-11（b）所示。

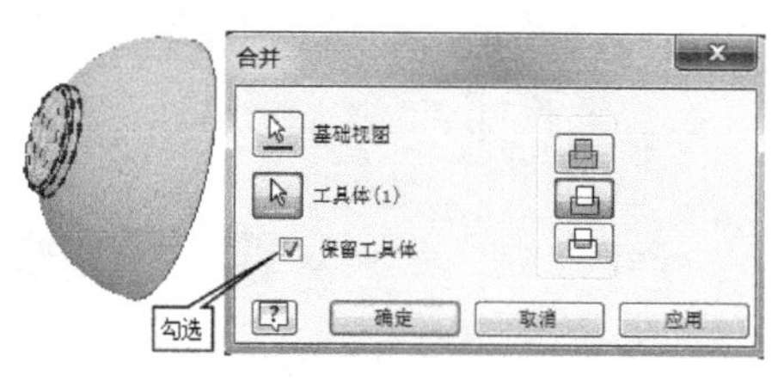

（a）合并选项

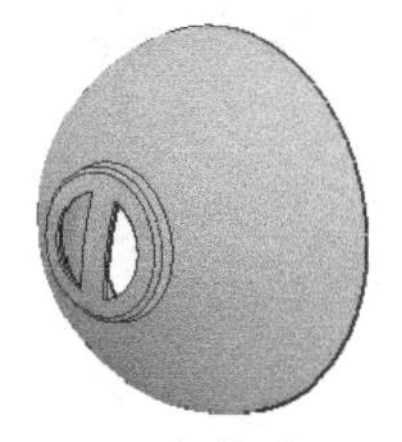

（b）合并后

图 4-11　合并实体

Step 16 退出剖面观察。再次进入视图菜单，单击外观工具面板上的“退出剖视图”工具按钮 退出剖视图，如图 4-5 所示。

Step 17 镜像。将“步骤 15”的合并实体，以 *YZ* 平面为镜像面进行镜像，如图 4-12（a）所示，结果如图 4-12（b）所示。

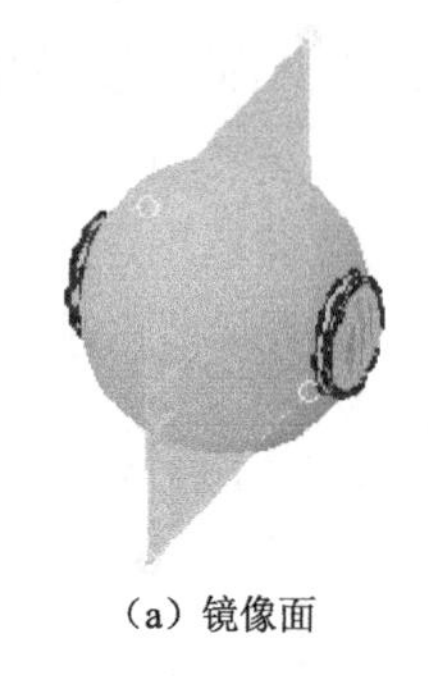

（a）镜像面

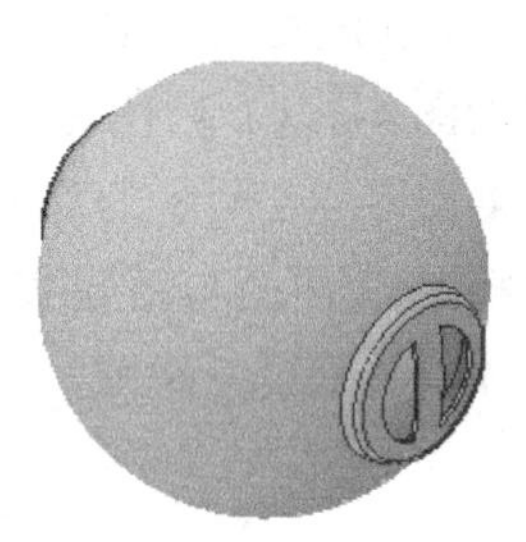

（b）镜像后

图 4-12　镜像

Step 18 新建草图。在 *YZ* 平面上创建草图，切片观察，绘制如图 4-13（a）所示草图。完成后退出草图环境。

Step 19 分割面。以上一步绘制的几何图元为分割工具，将球面分割，分割后的结果如图 4-13（b）所示。

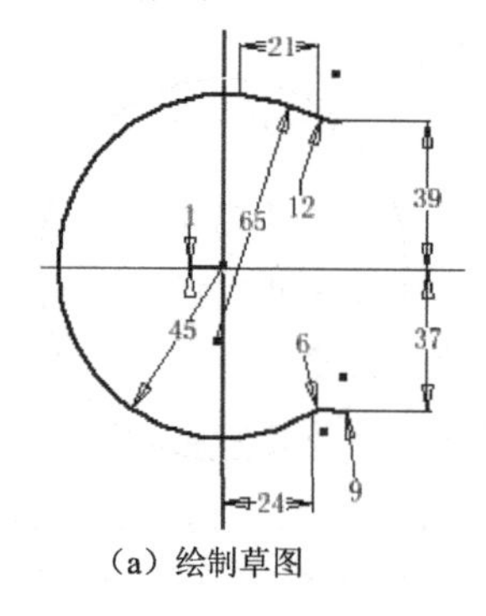

（a）绘制草图

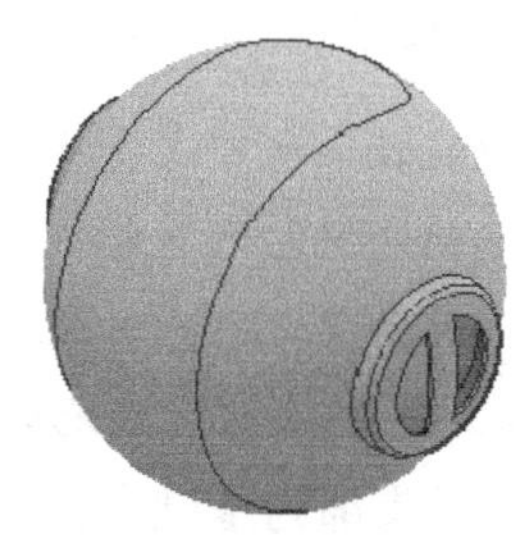

（b）分割后

图 4-13　分割曲面

Step 20 创建工作点。利用“点”工具，在 *YZ* 平面跟分割面的交点处创建工作点，如图 4-14 所示。

Step 21 新建草图。在 *YZ* 平面上新建草图，切片观察，投影上一步创建的工作点，绘制如图 4-15 所示的几何图元。

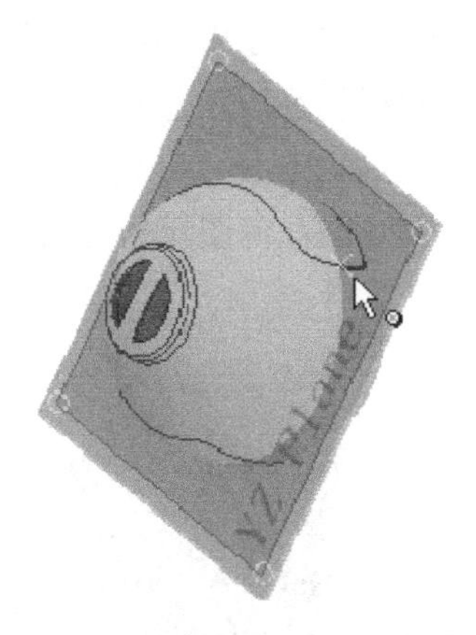

图 4-14　创建工作点

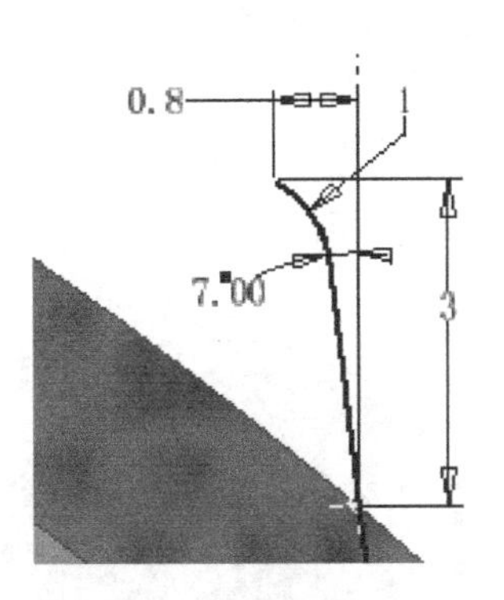

图 4-15　新建草图

Step 22 扫掠曲面。将如图 4-15 所示的几何图元沿着图 4-13（b）所示的分割线扫掠为曲面，如图 4-16 所示。

Step 23 面片。采用“面片”工具，以相切方式进行面片，如图 4-17 所示。

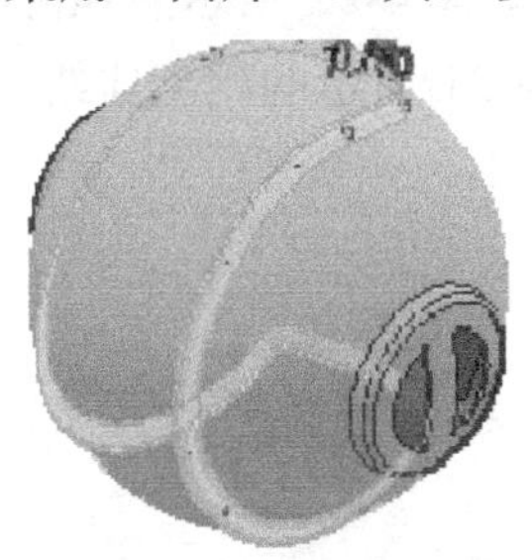

图 4-16　扫掠曲面

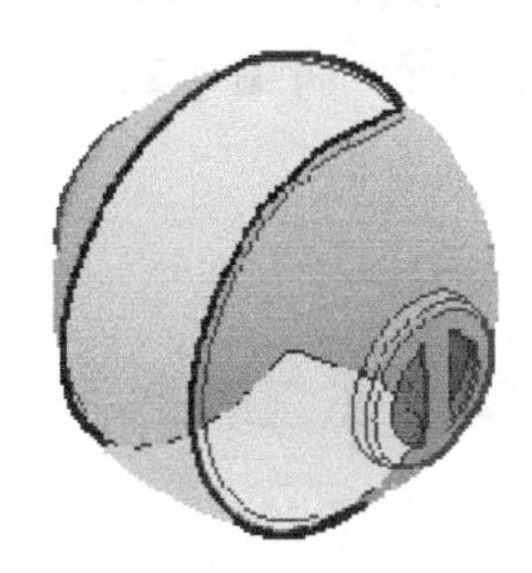

图 4-17　面片

Step 24 灌注。选择扫掠曲面、面片曲面，将其跟头部主体灌注为一个实体。

Step 25 创建工作面。将 *XZ* 平面向上偏移 60mm，如图 4-18 所示。

Step 26 新建草图。在新创建的工作面上新建草图，绘制如图 4-19 所示几何图元。完成后退出草图环境，并隐藏工作面、工作点。

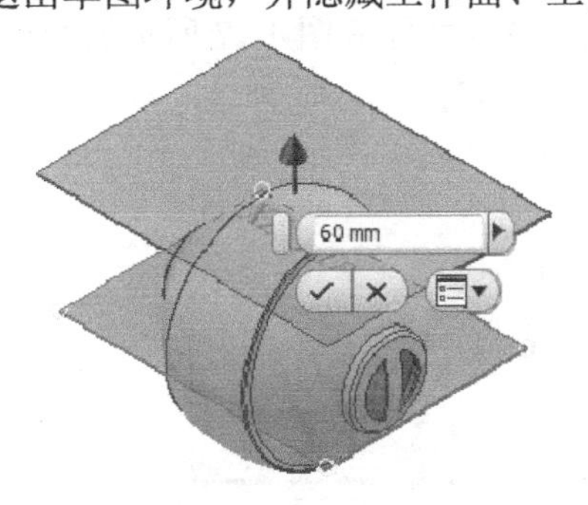

图 4-18　创建工作面

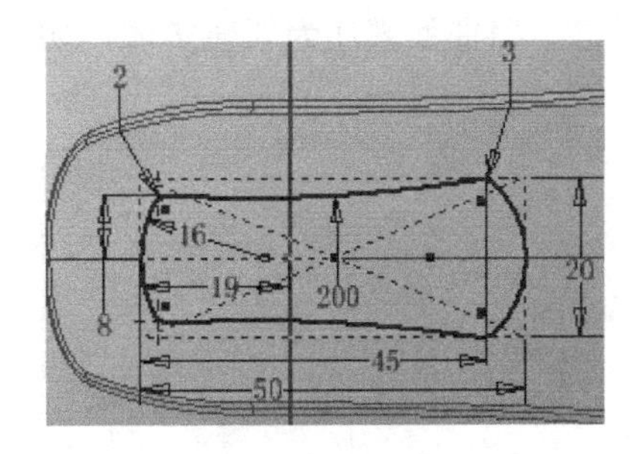

图 4-19　新建草图

说明： 在绘制几何图元的时候，注意 *R*2、*R*3 圆弧在几何图元完全约束以后再圆角。圆角后发现几何图元的颜色变了，说明几何图元不能全约束了。这时可以放置两个点，把两个点约束在几何图元上，再标注距离为 8mm 的尺寸，从而将几何图元全约束。

Step 27 新建草图。在 *YZ* 平面上新建草图，切片观察，投影切割边，并将投影线改为构造线，再投影图 4-19 中矩形的两条边，然后绘制如图 4-20 所示几何图元。

Step 28 相交三维曲线。创建三维草图，将图 4-19、图 4-20 的几何图元相交为三维曲线，如图 4-21 所示。

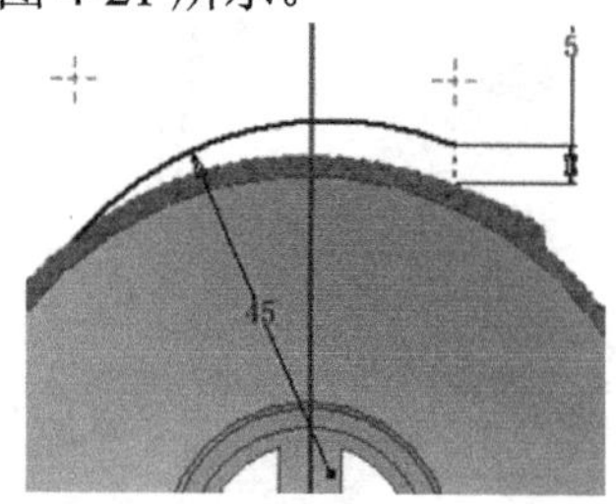

图 4-20　新建草图

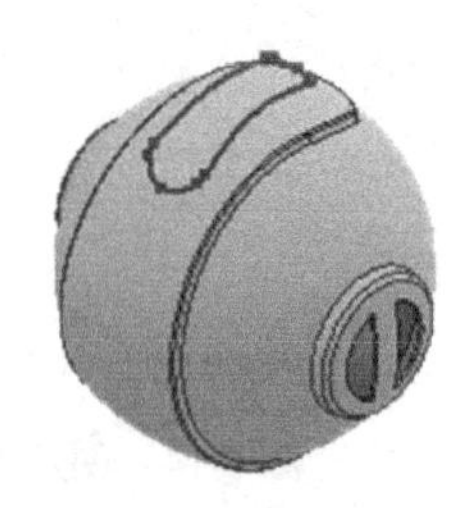

图 4-21　相交三维曲线

Step 29 新建草图。在 *YZ* 平面上新建草图，切片观察，投影切割边，并将投影线改为构造线，再投影图 4-20 所示圆弧端点，然后绘制如图 4-22 所示的几何图元。

Step 30 扫掠曲面。将图 4-22 所示几何图元沿着图 4-21 所示的相交曲线扫掠成曲面，如图 4-23 所示。

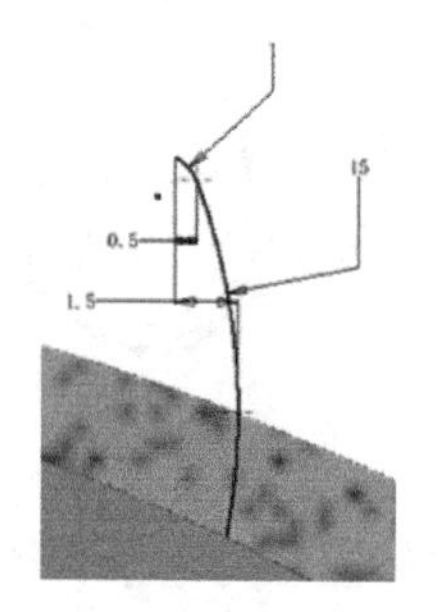

图 4-22　新建草图

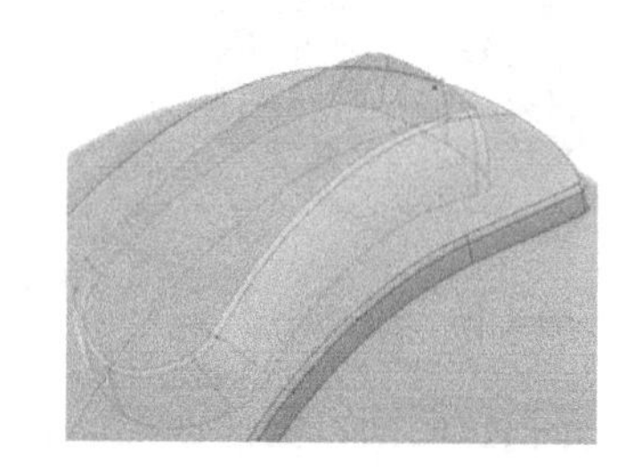

图 4-23　扫掠曲面

Step 31 面片。采用“面片”工具，以相切方式进行“面片”。

Step 32 可见曲面。在浏览器中将 Srf4 曲面可见，该曲面即为图 4-17 所示的面片曲面。

Step 33 灌注。将曲面灌注为新建实体，如图 4-24 所示。

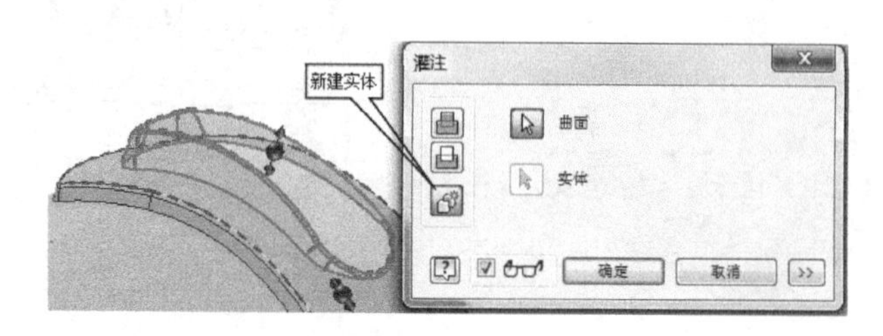

图 4-24　灌注实体

说明：在灌注这部分曲面为实体的时候，有时会将抽壳的头部球体一并灌注成实心实体，这个时候就不能采用灌注工具。这时可以先偏移一个曲面，形成封闭曲面，修剪后采用缝合工具来完成。

Step 34 合并实体。以头部实体为基础实体，以新灌注的实体为工具体，以“求并”方式进行合并。

Step 35 偏移工作面。将 *XZ* 平面偏移-55mm，如图 4-25 所示。

Step 36 新建草图。在上一步创建的工作面上新建草图，绘制如图 4-26 所示的几何图元。完成后退出草图环境，并将工作面不可见。

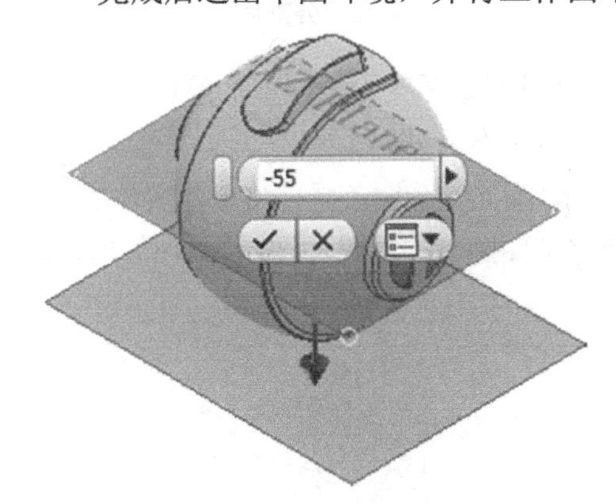

图 4-25 创建工作面

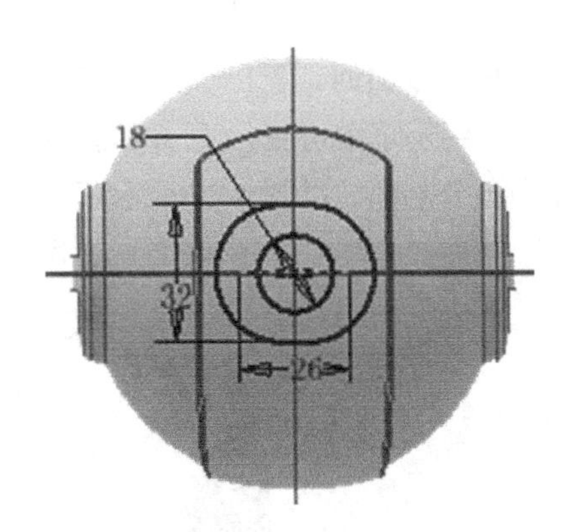

图 4-26 新建草图

Step 37 拉伸操作。将新创建的几何图元进行拉伸，拉伸范围选择“到表面或平面”，如图 4-27 所示。完成拉伸后单击如图 4-28 所示表面，弹出小工具栏窗口，单击第 3 项“共享草图”选项，将草图再次可见。再次执行拉伸工具，将直径为 18mm 的圆“求差”拉伸，完成后将共享草图不可见。

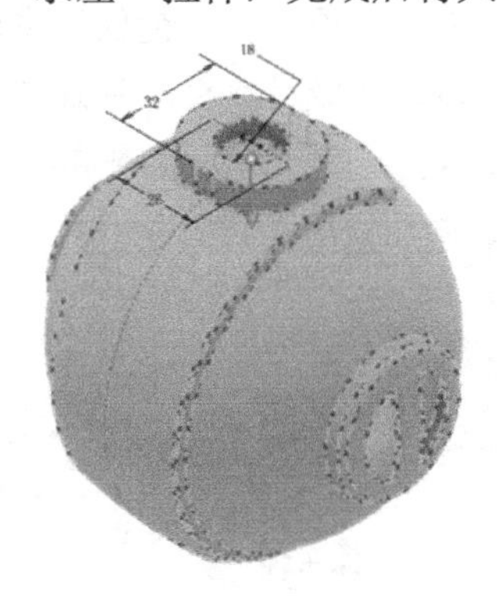

图 4-27 拉伸

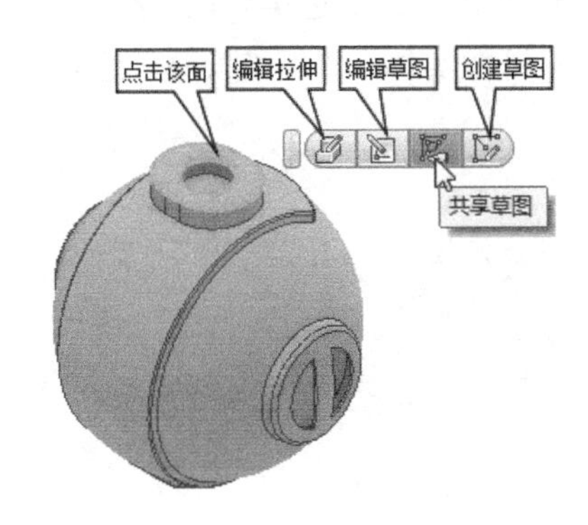

图 4-28 共享草图

说明：单击平面后，小工具栏里的“共享草图”工具是 Inventor 2018 版本的一个新功能。

Step 38 新建草图。在 *XY* 平面上新建草图，绘制如图 4-29 所示的几何图元。

Step 39 分割曲面。以图 4-29 所示草图的外部轮廓几何图元为分割工具，将头部主体的内表面进行分割，分割后如图 4-30 所示。

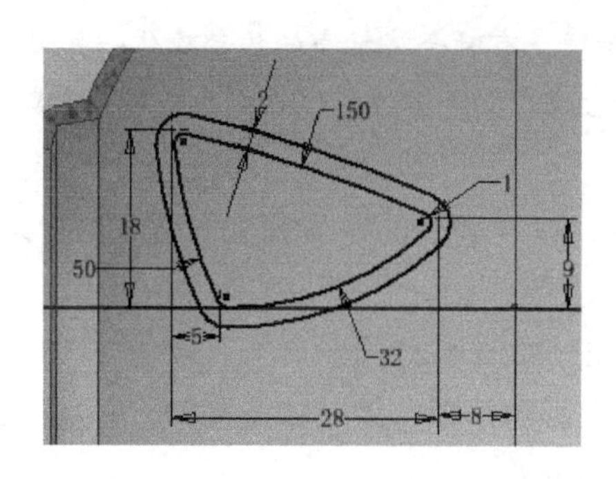

图 4-29　新建草图

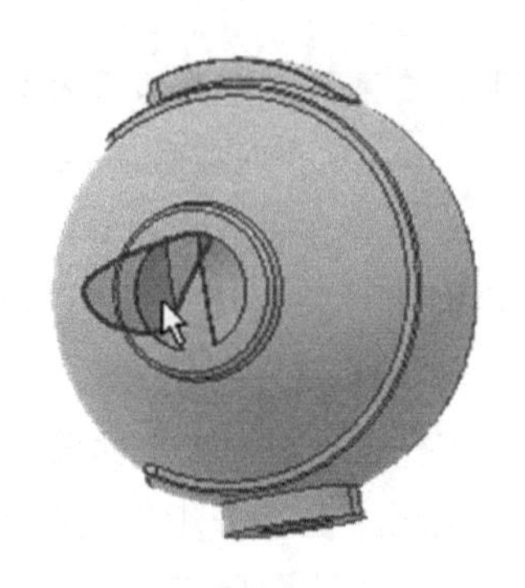

图 4-30　分割后

Step 40 加厚曲面。将上一步分割的曲面加厚成新的实体，厚度为 1mm。加厚以后将图 4-29 所示草图可见，为了便于操作同时将头部实体不可见。

Step 41 分割面。以图 4-29 所示草图的内部轮廓几何图元为分割工具，将新建实体的外表面进行分割，如图 4-31（a）所示。分割后将草图隐藏，结果如图 4-31（b）所示。

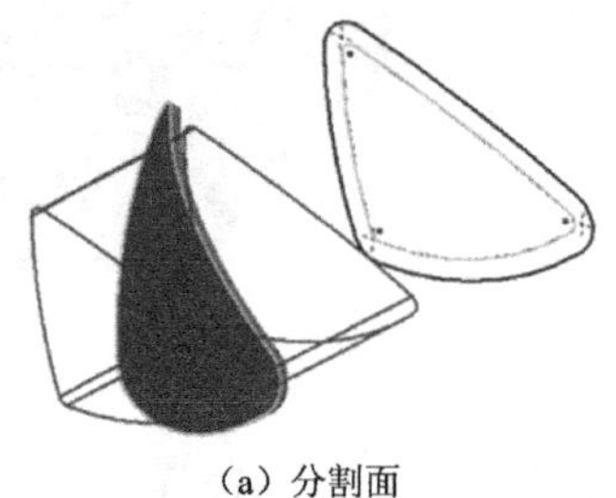

（a）分割面

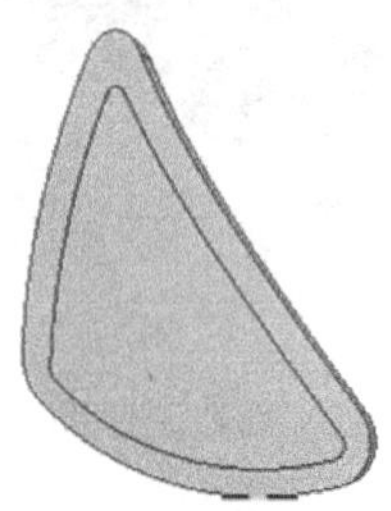

（b）分割后

图 4-31　分割曲面

Step 42 加厚曲面。将上一步分割的曲面加厚 1mm，如图 4-32 所示。

Step 43 镜像实体。将新建实体以 *YZ* 工作面为镜像平面进行镜像，在“镜像”窗口中，选择“镜像实体”、“新建实体”选项，如图 4-33 所示，完成后将头部基础实体可见。

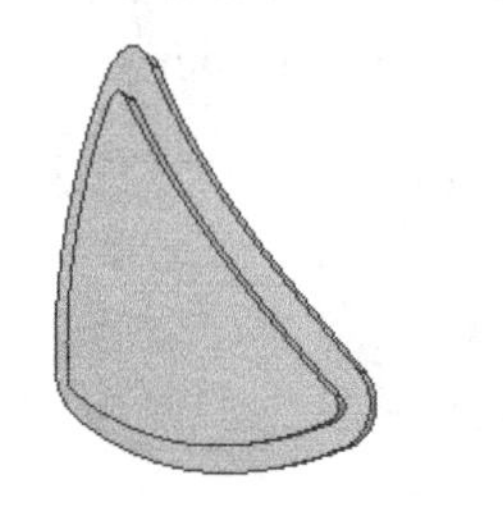

图 4-32　加厚

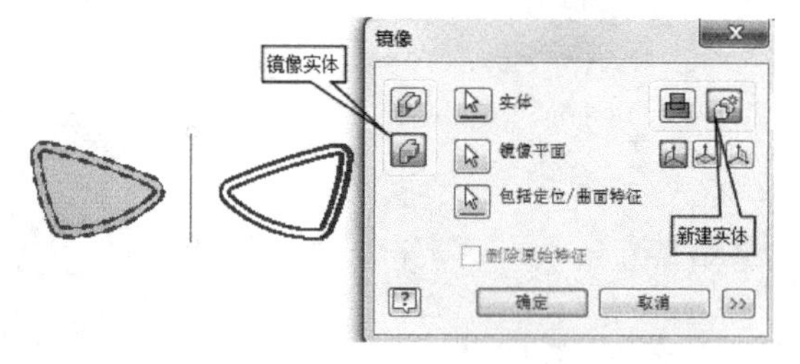

图 4-33　镜像实体

Step 44 合并实体。以头部实体为基础实体，以两个眼部实体为工具体，“求差”合并，并保留工具体，合并后头部实体如图 4-34 所示。

Step 45 分割实体。以 *YZ* 平面为工具，将头部基础实体分割成左右两个实体，如图 4-35 所示。

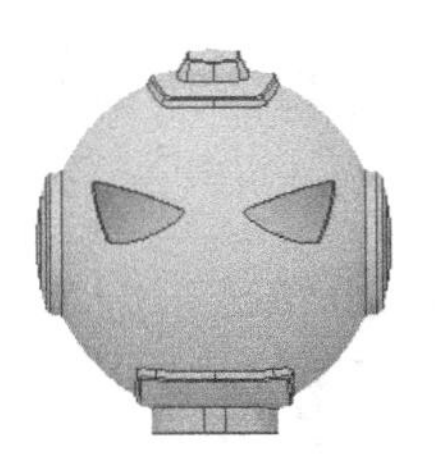

图 4-34　合并后

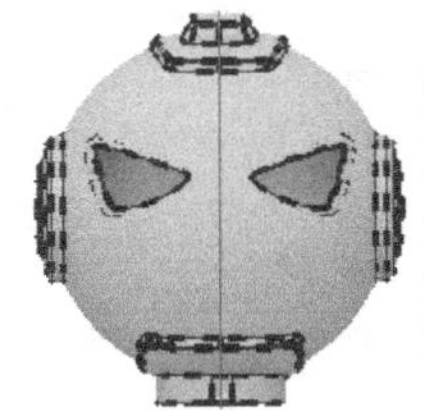

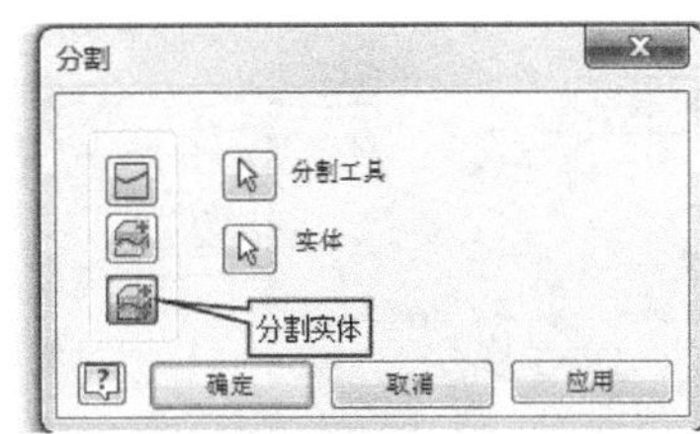

图 4-35　分割实体

Step 46 重命名实体。在浏览器中，展开实体选项，将实体重命名，如图 4-36 所示。重命名后将“头部 B”、“眼部 B”两个实体不可见。

Step 47 新建草图。在 *YZ* 平面上新建草图，绘制如图 4-37 所示的草图点，完成后退出草图环境。

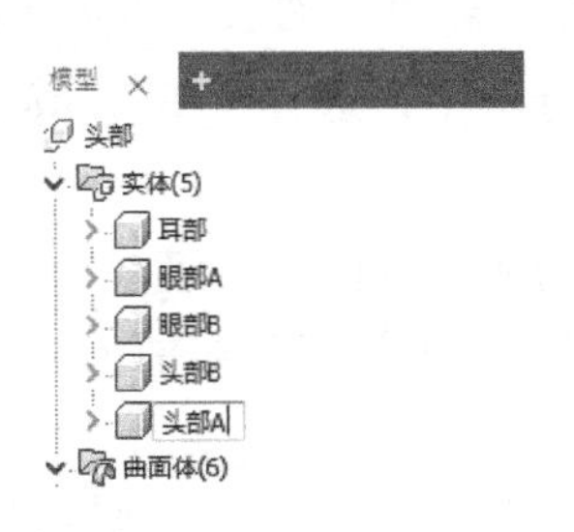

图 4-36　重命名

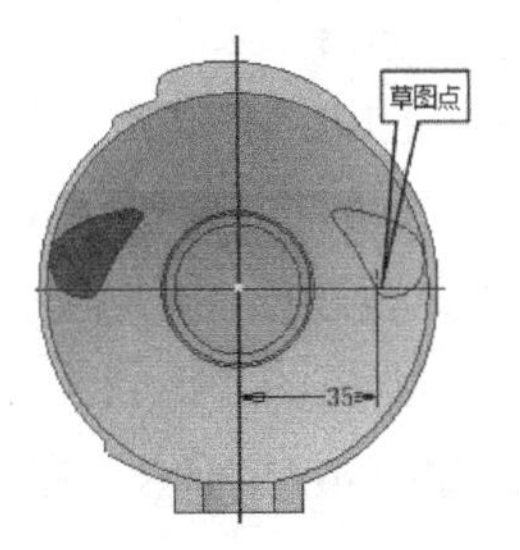

图 4-37　绘制草图点

Step 48 创建“头部 A 凸柱”。单击“塑料零件”工具面板上的“凸柱”工具按钮 凸柱，弹出“凸柱”窗口，选择“螺纹”图标按钮，其他参数保持默认值，在“加强筋”选项卡中，将“加强筋”的数量设置为“3”，在“圆角选项”中，设置初始角为 60°，其他参数保持默认值，如图 4-38 所示。

Step 49 创建“头部 A 止口”。单击“塑料零件”工具面板上的“止口”工具按钮 止口，弹出“止口”窗口。在窗口的“形状”选项中，选择“止口”，“路径边”选择“分割面的内部轮廓线”，“引导面”选择“分割面”；在“止口”选项中，止口的高、宽均设为 1mm，如图 4-39 所示。单击“确定”按钮，完成止口操作。

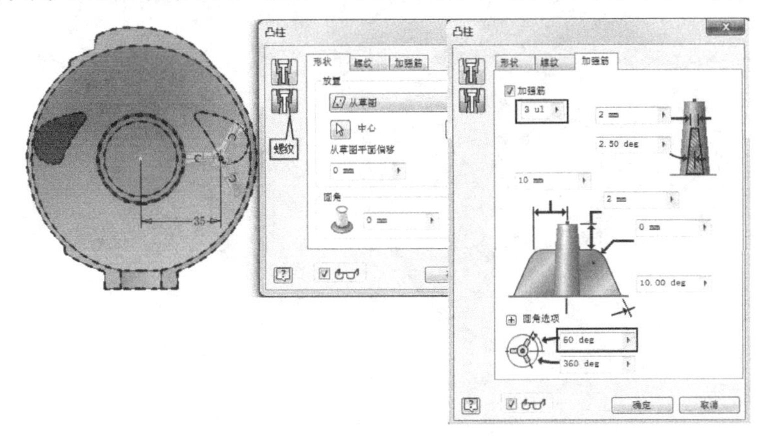

图 4-38　创建头部“A 凸柱”

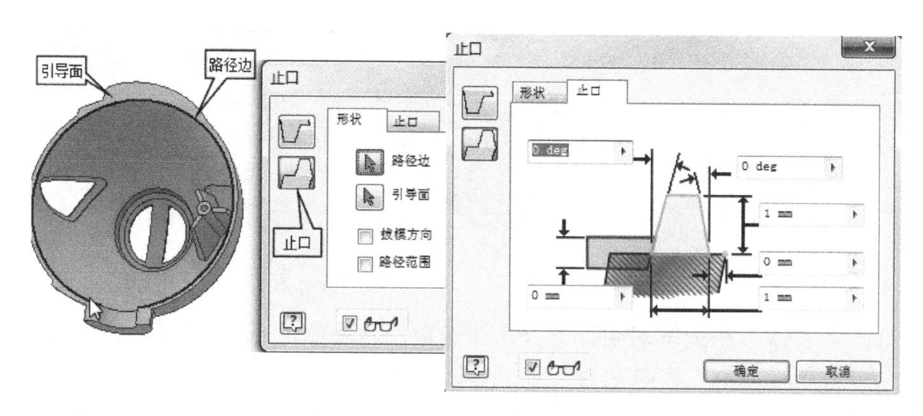

图 4-39　创建头部“A 止口”

Step 50 创建“头部 B 止口”。将“头部 A”实体隐藏，将“头部 B”实体可见，给“头部 B”进行止口，在“止口”窗口的“形状”选项中，选择“槽”，其他选项与“头部 A”实体的止口设置相同，如图 4-40 所示。

Step 51 创建“头部 B 凸柱”。将图 4-37 所示草图点可见，创建“头部 B”实体的凸柱，在“凸柱”窗口的“形状”选项中，选择“头”，其他设置跟头部 A 实体的凸柱设置一样，如图 4-41 所示，完成后将草图不可见。

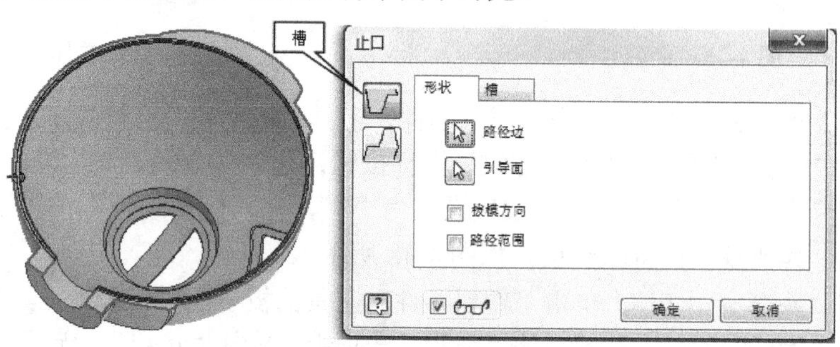

图 4-40　创建“头部 B 止口”

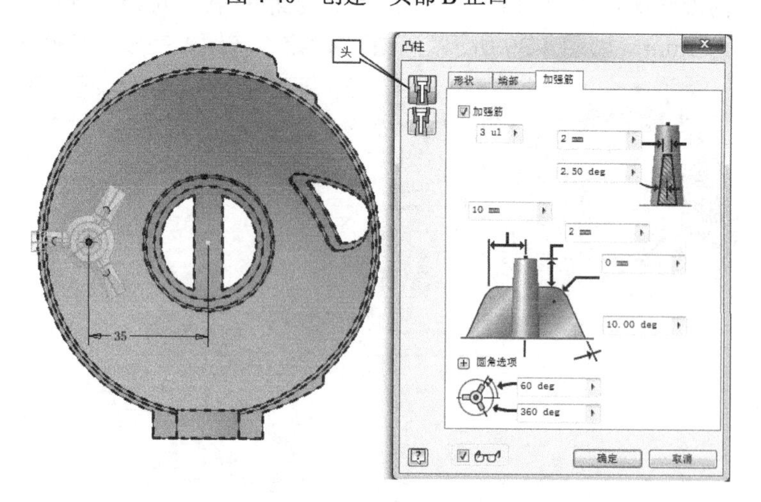

图 4-41　创建“头部 B 凸柱”

Step 52 生成零部件。进入“管理”菜单栏，单击“布局”工具面板上的“生成零部件”工具按钮，如图 4-42 所示。弹出“生成零部件：选择”窗口，在浏览器中选择所有零部件，在“生成零部件：选择”窗口中的“目标部件位置”选项中，选择部件保存位置，如图 4-43 所示。单击“下一步”按钮，弹出“生成零部件：实体”窗口。在该窗口中单击“确定”按钮，完成零部件的生成。此时进入 Inventor 的装配环境，各个零部件默认都是固定的，如图 4-45 所示。

图 4-42　生成零部件工具

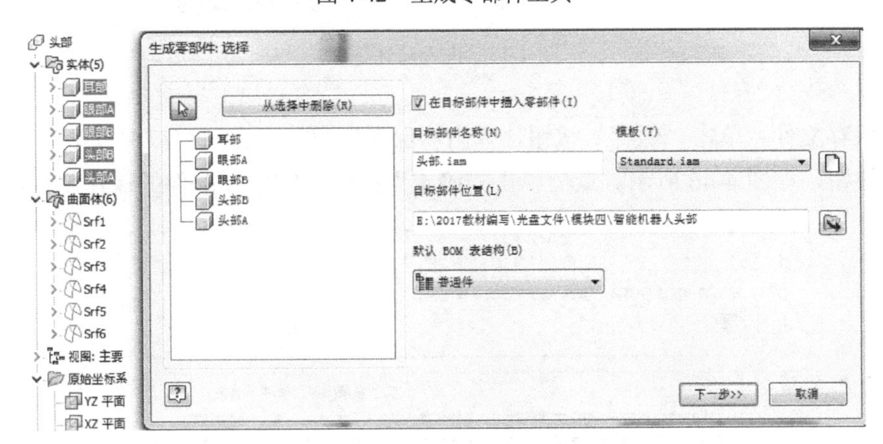

图 4-43　生成零部件：选择窗口

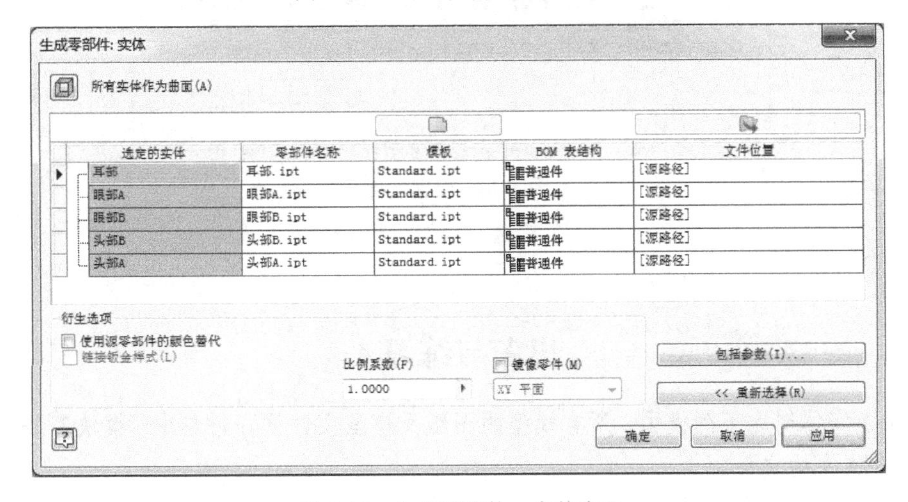

图 4-44　生成零部件：实体窗口

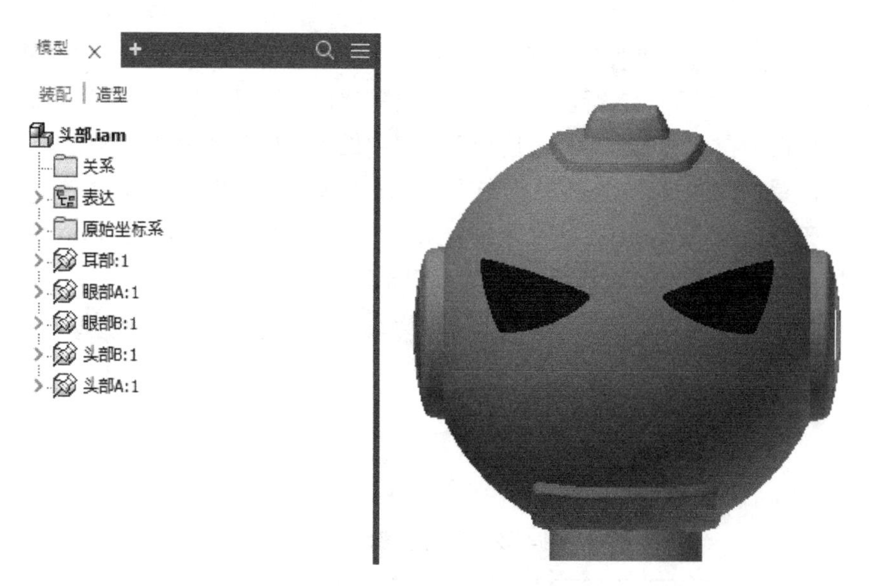

图 4-45 进入部件环境

Step 53 保存文件。单击“保存”按钮，弹出“保存”窗口，在该窗口中单击“所有均是”按钮，如图 4-46 所示。最后单击“确定”按钮，完成零部件的保存。

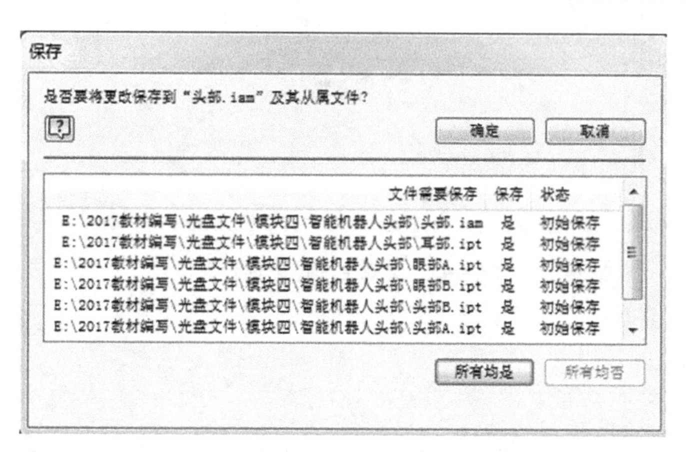

图 4-46 保存文件

思考与练习 4

利用多实体创建下列模型，所有模型的图纸及模型文件见资料包中“模块四/思考与练习/”文件夹中的文件。

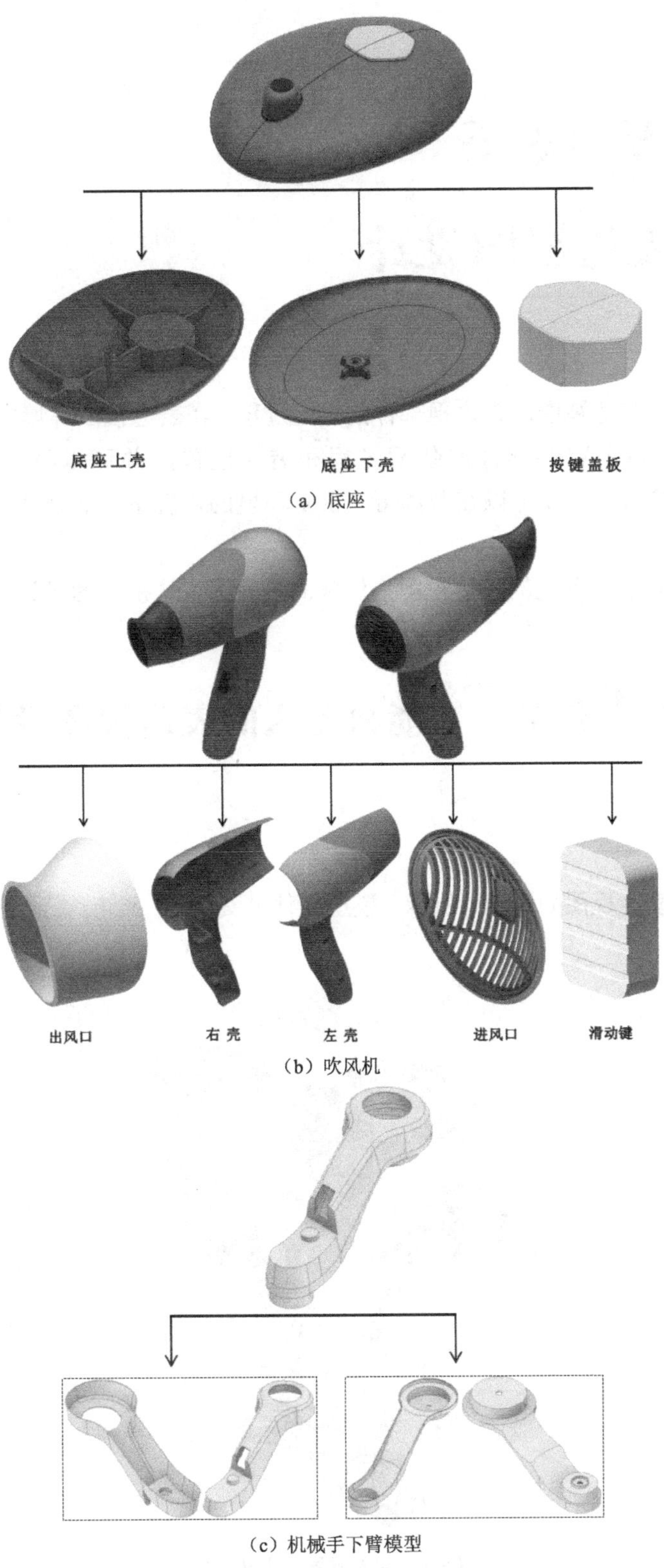

（a）底座

（b）吹风机

（c）机械手下臂模型

图 4-47　思考与练习 4

05 模 块 5

表达视图设计

在 Inventor 中表达视图用来表现部件的装配过程。在表达视图环境中。创建装配动画，动态演示部件中各个零件部件的装配过程和装配位置，并可以将动画录制成标准的 AVI/WMV 文件格式。这样可以在脱离 Inventor 环境的情况下，清晰地表达出部件的装配过程。

本模块将以智能机器人的表达视图为例来简单介绍表达视图的设计。

任务　智能机器人的表达视图设计

任务导入

智能机器人表达视图如图 5-1 所示。模型文件见资料包中“模块五/智能机器人/”文件夹中的文件。

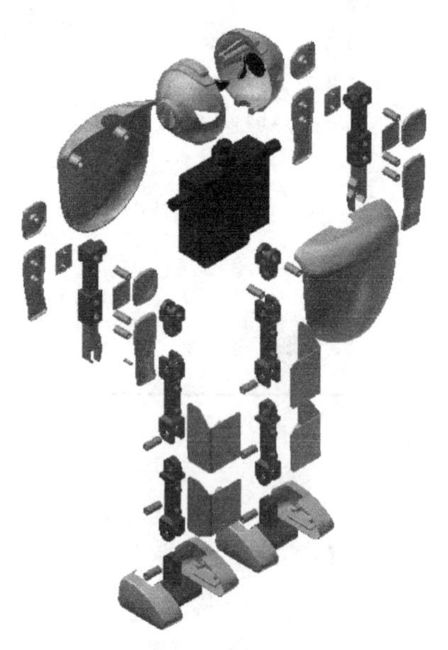

图 5-1　智能机器人表达视图

设计流程

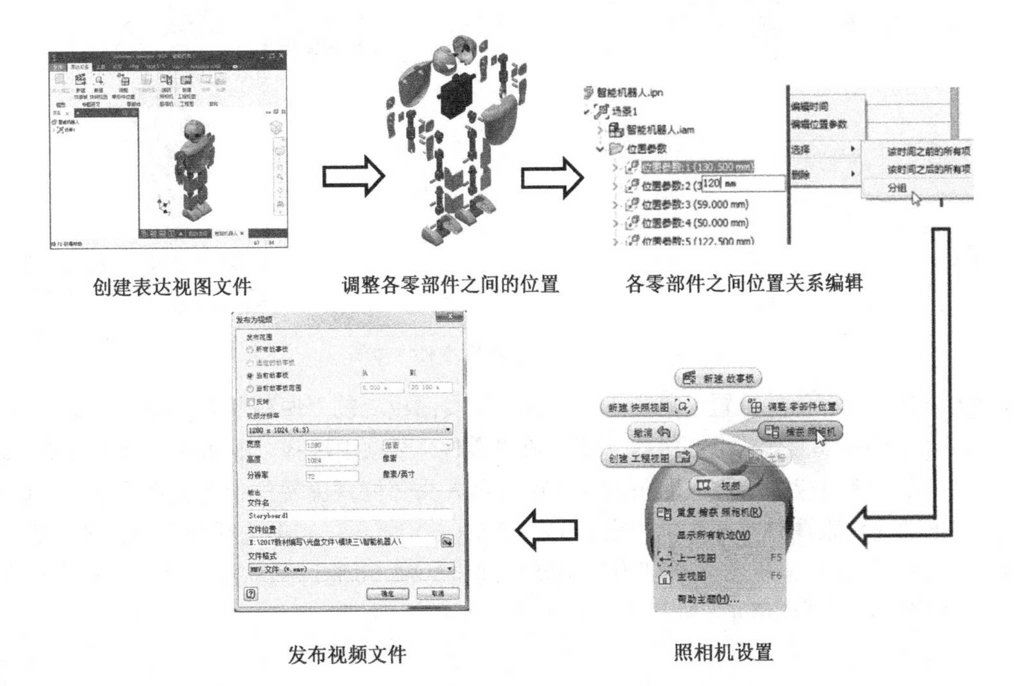

设计步骤

Step 01 新建表达视图文件。打开 Inventor 项目文件后，在 Inventor 的主界面直接有新建窗口，用户可以根据需要选择要创建的文件类型，如图 5-2（a）所示。这里单击“表达视图”，弹出“插入”窗口，在窗口中选择“智能机器人.iam”装配文件，如图 5-2（b）所示。单击“打开”按钮，则创建表达视图文件，并进入表达视图环境，如图 5-2（c）所示。

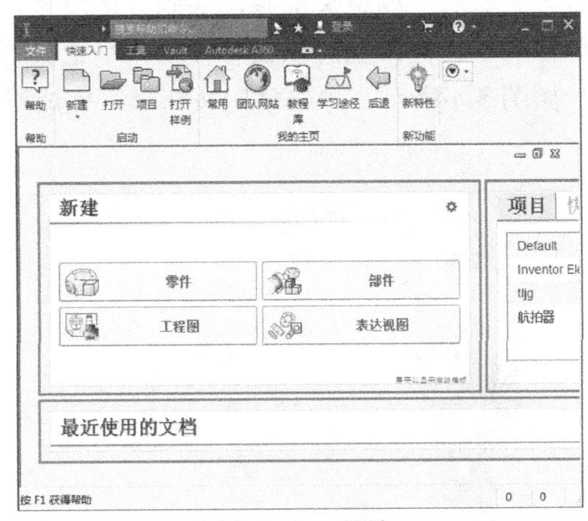

（a）Inventor 界面

图 5-2　创建表达视图文件

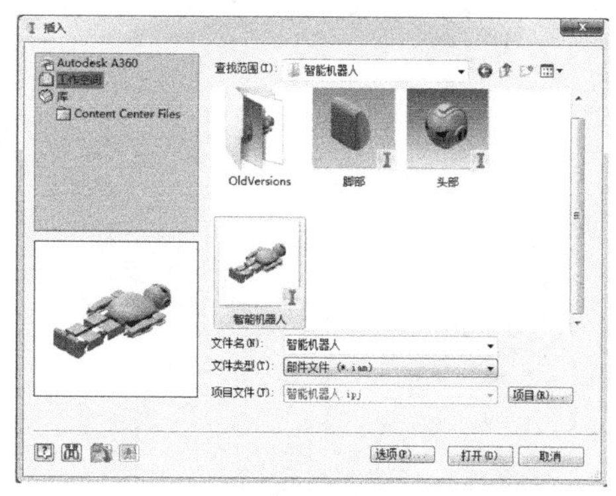
（b）“插入”窗口

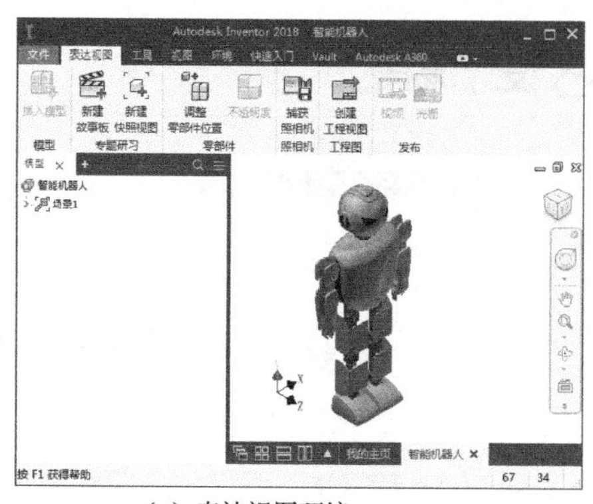
（c）表达视图环境

图 5-2　创建表达视图文件（续）

Step 02 调整头部零部件位置。单击“零部件”工具面板上的“调整零部件位置”工具按钮，弹出调整零部件的小工具栏，在“零件”选项中选择“零部件”，如图 5-3（a）所示。单击智能机器人的头部后，在机器人头部位置出现三个箭头及平面，可通过拖动箭头来调整零部件的位置，如图 5-3（b）所示。如果选择小工具栏的“旋转”工具，则在智能机器人头部出现旋转空间坐标轴，可通过拖动旋转轴来旋转零部件，如图 5-3（c）所示。

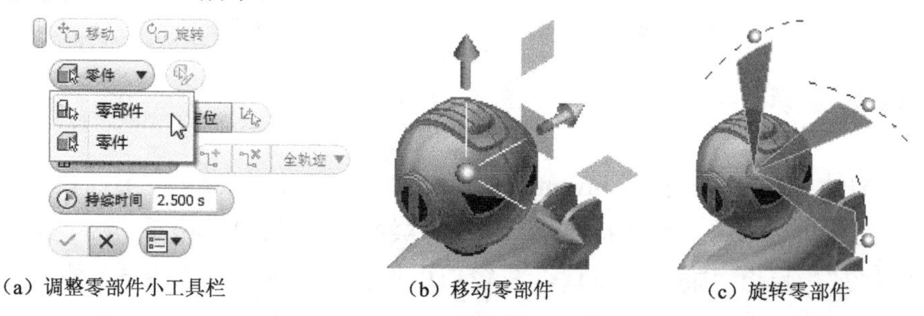

（a）调整零部件小工具栏　（b）移动零部件　（c）旋转零部件

图 5-3　调整零部件

单击并拖动向上箭头，调整头部零部件到合适位置，在拖动箭头的过程中，弹出“移动”距离小工具栏，也可以在“移动”小工具栏中输入精确距离。调整持续时间为 1s，如图 5-4 所示。单击确定按钮✓，完成对头部零部件的调整。

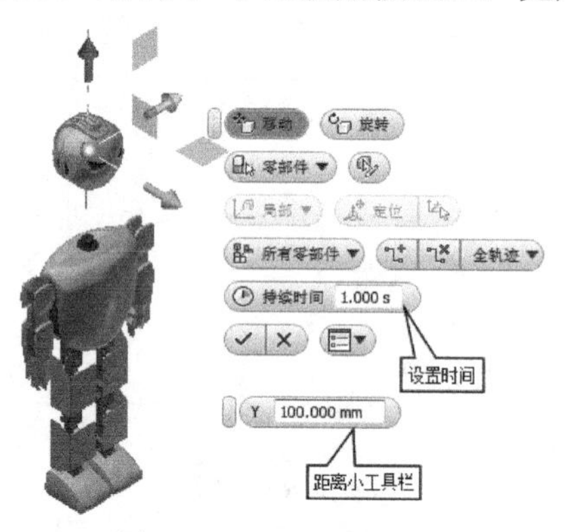

图 5-4　移动头部零部件

Step 03 调整零部件透明度。在拆装零部件的时候，由于零部件之间的遮挡，有些零部件的拆装过程不容易观察，可通过改变遮挡零部件的透明度，来观察被遮挡零部件的拆装。

选择“头部 A”、“头部 B”两个零件，单击“零部件”工具面板上的“不透明度”工具按钮，弹出提示窗口，如图 5-5（a）所示。在提示窗口中单击“断开”按钮，关闭提示窗口，弹出调整透明度的小工具栏，拖动滑块可调整零部件的透明度，如图 5-5（b）所示。单击确定按钮，完成零部件透明度的调整。

Step 04 眼部位置调整。打开“调整零部件”工具，按下 Shift 键，选择“眼部 A”、“眼部 B”两个零件，向头部内侧调整至合适位置，如图 5-6 所示。

Step 05 头部外壳位置调整。将“头部 A”零部件向左调整，“头部 B”零部件向右调整，如图 5-7 所示。调整完位置再将头部外壳调整为不透明。

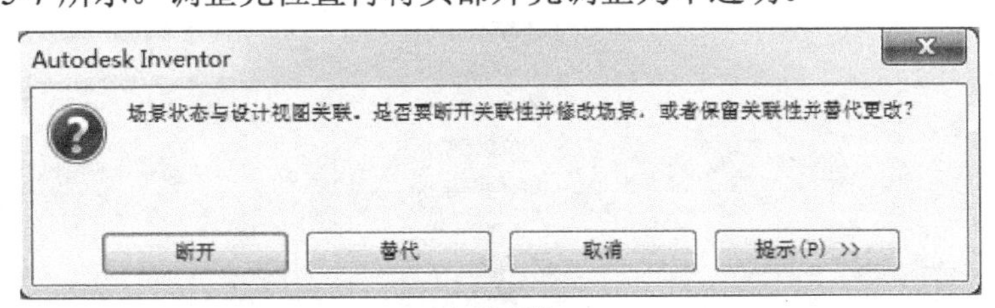

（a）提示窗口

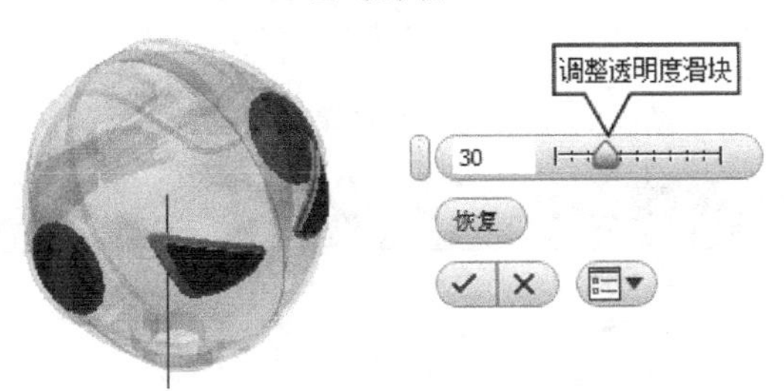

（b）调整透明度小工具栏

图 5-5　调整零部件的透明度

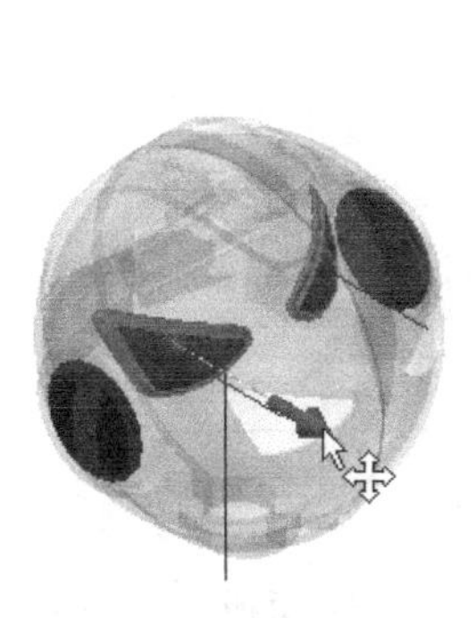

图 5-6　眼部位置调整

图 5-7　头部外壳位置调整

说明： 比赛时，拆装动画播放的时间不能太长，因此需要将一些零部件的拆装顺序合并为一个，以便节约时间。例如，这里可以将“头部 A”、“头部 B”的位置调整合并为一个时间。这些操作可以在“故事板面板”工具中完成。

一般情况下，“故事板面板”工具位于窗口下方。如果“故事板面板”工具隐藏了，可以进入“视图”菜单栏，在“窗口”工具面板上展开“用户界面”的下拉菜单，勾选“故事板面板”选项，如图 5-8 所示。此时发现在图形区下方增加了“故事板面板”工具，如图 5-9 所示。

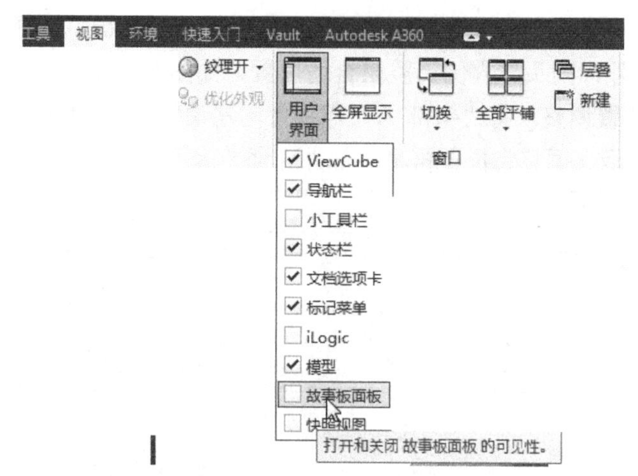

图 5-8 故事板面板的隐藏与可见开关

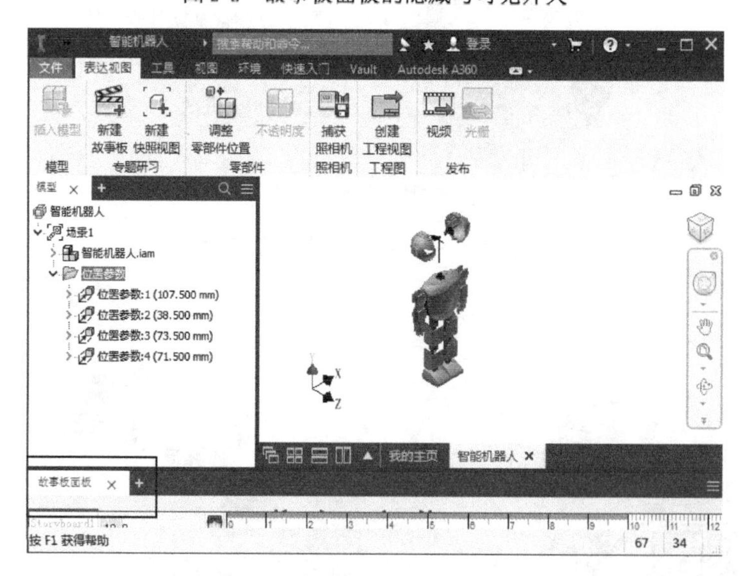

图 5-9 固定状态的故事板面板

可以单击并拖动“故事板面板”的名称栏，将“故事板面板”工具设置为浮动窗口，如图 5-10 所示。将鼠标置于“故事板面板”工具窗口的边界，当鼠标形状变成双箭头形状时，拖动鼠标可调整“故事板面板”工具窗口的大小。

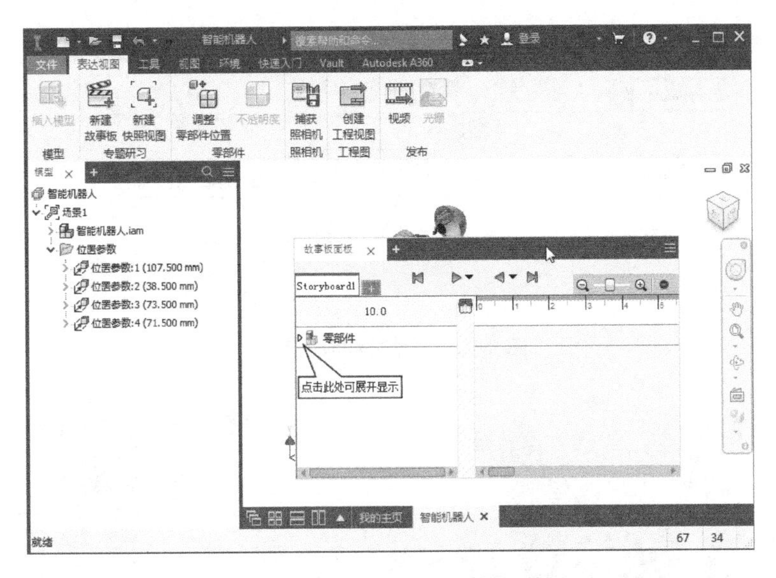

图 5-10　浮动状态的“故事板面板”

在“故事板面板”工具窗口中，单击浏览器中零部件名称前面的箭头，将零部件名称列表显示，可发现“头部 A”与“头部 B”两个零部件的“位置调整”是有先后顺序的，如图 5-11（a）所示。单击并拖动“头部 B”零部件的动作矩形，将其与“头部 A”零部件的动作矩形放置在一个时间段，如图 5-11（b）所示。这时单击“故事板面板”上的播放按钮 ▶▾，发现“头部 A”与“头部 B”两个零部件同时向两侧拆开。

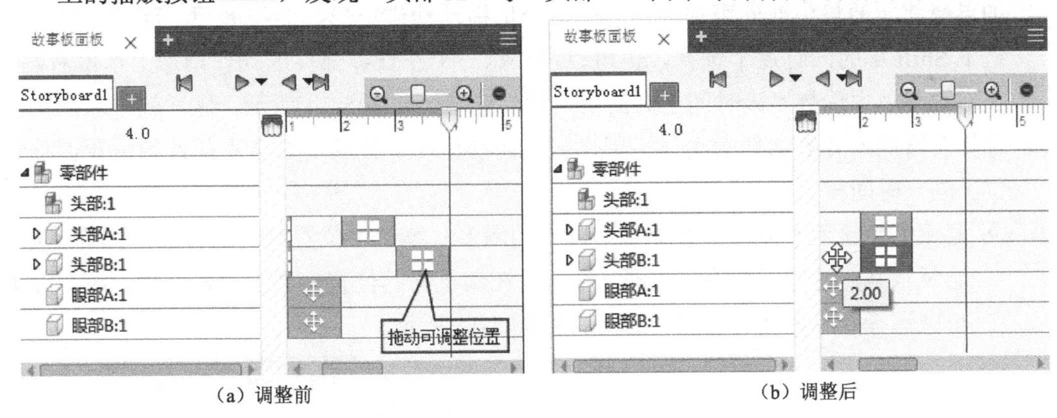

（a）调整前　　（b）调整后

图 5-11　调整拆装顺序

同样将鼠标放置在动作矩形的边界，鼠标形状变成双箭头形状，单击并拖动鼠标可以调节“位置调整”的持续时间，即改变图 5-4 所示小工具栏中的持续时间。据此，也可以调整头部外壳透明度变化的时间。

Step 06 左右臂位置调整。将视图切换至前视图，自下而上框选右臂，如图 5-13（a）所示。框选后，在按下 Shift 键的同时，单击“核心部件”零件，将其从框选的零部件中去除，将右臂调整到适当位置。同样方法，将左臂调整到适当位置，如图 5-13（b）所示。

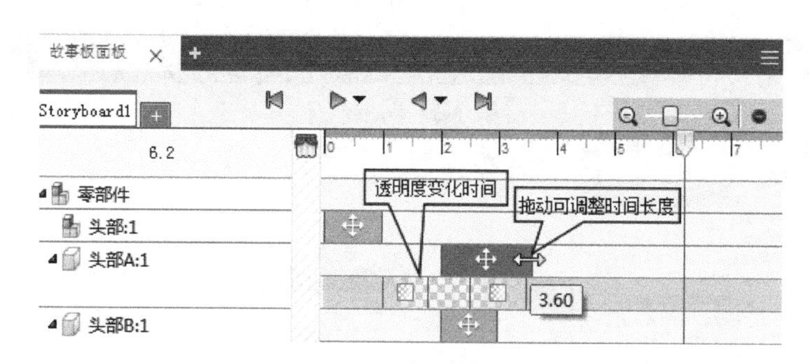

图 5-12　调整持续时间长短

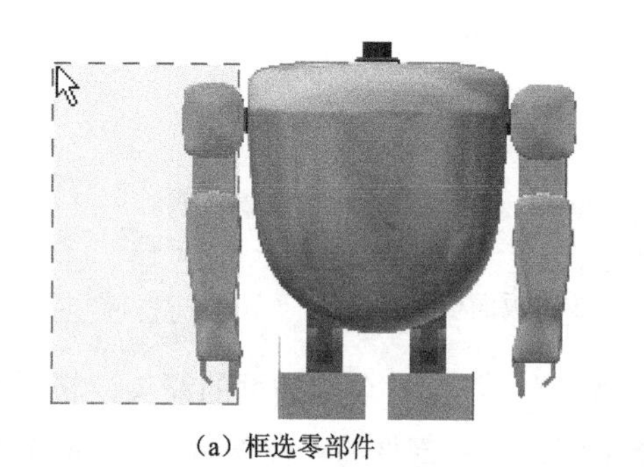

（a）框选零部件

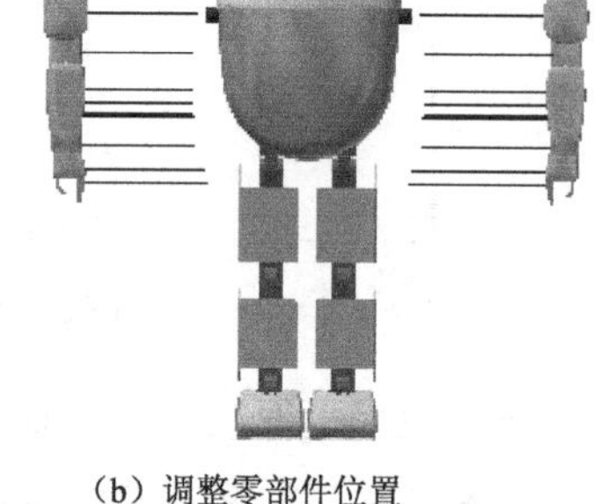

（b）调整零部件位置

图 5-13　调整左、右臂零部件位置

将左、右臂的“位置调整”顺序合并为一个，这里由于左、右臂包含多个零件，如果像前面调整头部外壳那样，一个一个地拖动动作矩形，会很麻烦。因此，可以在按下 Shift 键的同时逐个选择，也可以在任意一个左臂零部件的动作矩形上单击右键，在右键菜单中选择“该时间之后的所有项”选项，如图 5-14 所示。这样就可以一次性选择左臂的所有零部件的动作矩形，将其向前拖动，让其与右臂零部件的位置调整到位于同一时间段。

Step 07 隐藏调整轨迹。随着位置调整零部件的增多，零部件位置移动的轨迹会影响视觉，感觉很乱，这时可以将其隐藏，方法是在浏览器的位置参数上单击右键，在右键菜单中选择“隐藏所有轨迹”选项，如图 5-15 所示。

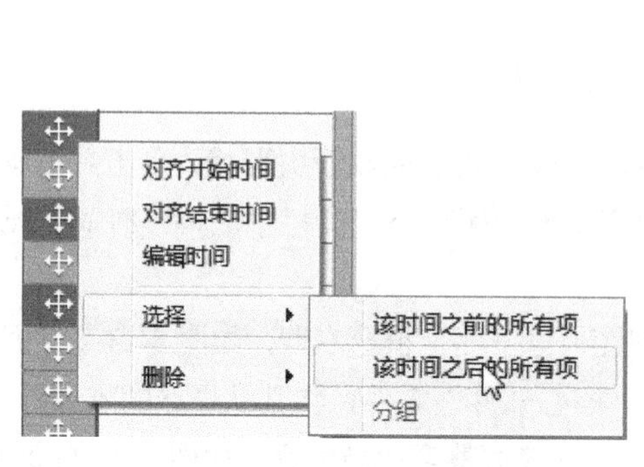

图 5-14　选择位置调整项

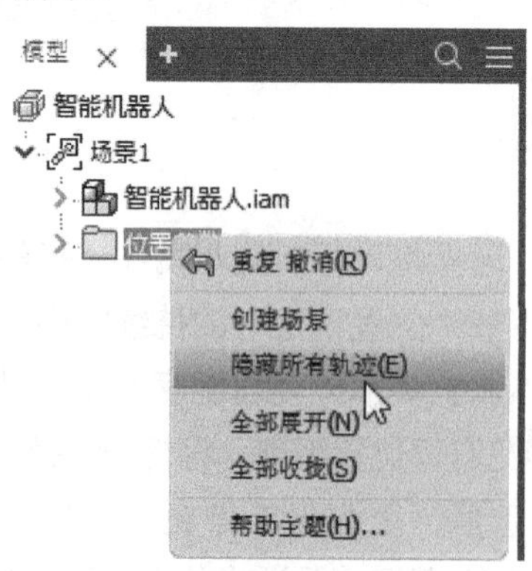

图 5-15　隐藏所有轨迹

Step 08 肩盖板、小臂盖板位置调整。选择“肩盖板 A”、“小臂盖板 A” 4 个零部件，将其调整到适当位置，如图 5-16（a）所示。同样方法，将“肩盖板 B”、“小臂盖板 B” 4 个零部件向后调整到适当位置，如图 5-16（b）所示。最后将这两个“位置调整”合并到一个时间顺序。

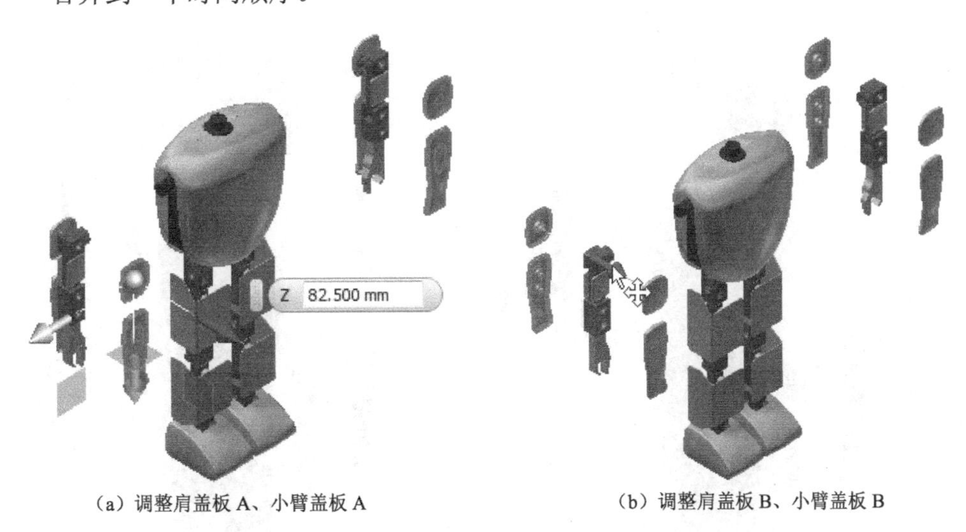

（a）调整肩盖板 A、小臂盖板 A　　（b）调整肩盖板 B、小臂盖板 B

图 5-16　调整肩盖板、小臂盖板零部件位置

Step 09 上臂盖板位置调整。先将左、右臂前部的“上臂盖板”零部件向前调整到适当位置，再将后部的“上臂盖板”零部件向后调整到适当位置，最后将 4 块“上臂盖板”的“位置调整”合并到一个时间顺序，如图 5-17 所示。

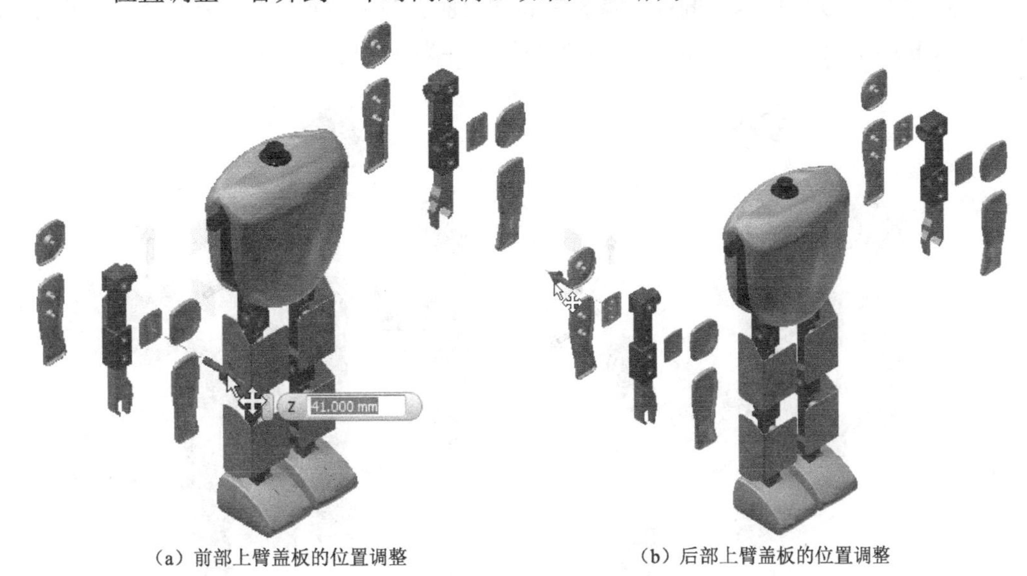

（a）前部上臂盖板的位置调整　　（b）后部上臂盖板的位置调整

图 5-17　上臂盖板的位置调整

Step 10 左、右臂轴的位置调整。选择左、右臂的6个“空心轴”、2个“实心轴”零部件，将其调整到适当位置，如图5-18所示。

Step 11 肩关节的位置调整。选择左、右臂的“肩关节”零部件，将其位置向上调整到合适位置，如图5-19所示。

图5-18 左、右臂轴的位置调整

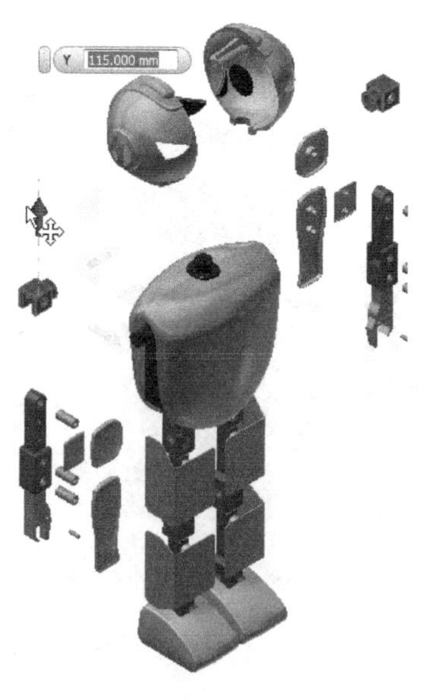

图5-19 肩关节的位置调整

Step 12 肘关节的位置调整。选择右臂的“肘关节”零部件，将其位置调整到合适位置，如图5-20（a）所示。同样，调整左臂的“肘关节”零部件到合适位置，如图5-20（b）所示，然后将两个“位置调整”合并为一个时间顺序。

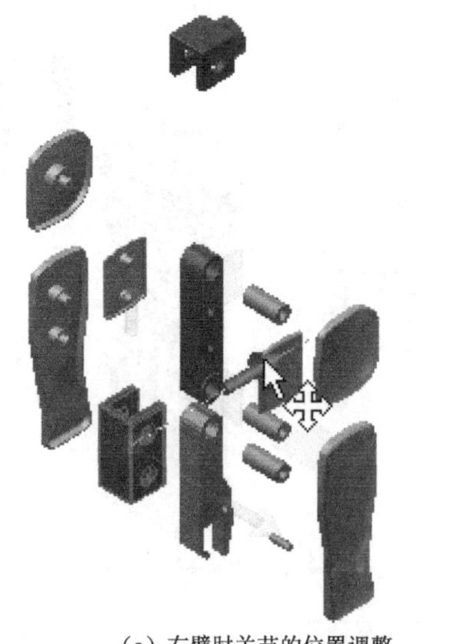

（a）右臂肘关节的位置调整

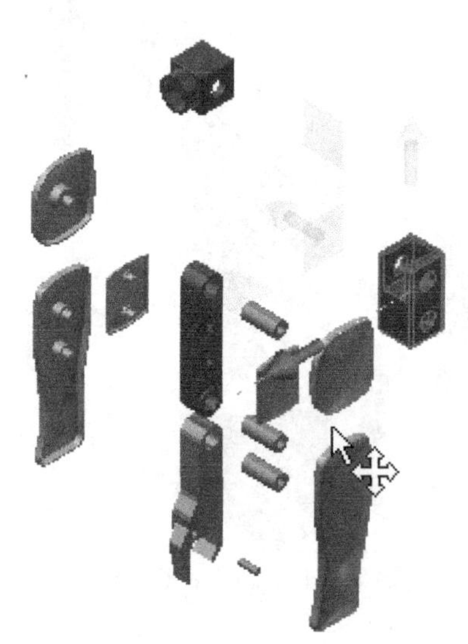

（b）左臂肘关节的位置调整

图5-20 肘关节的位置调整

Step 13 手爪的位置调整。选择左、右臂的“手爪”零部件，将其位置向下调整到合适位置。

Step 14 身体前、后壳零部件的位置调整。先选择“身体前壳”零件，将其向前调整到适当位置，再选择“身体后壳”零件，将其向后调整到适当位置，最后将两个零部件的“位置”调整合并为一个时间顺序。

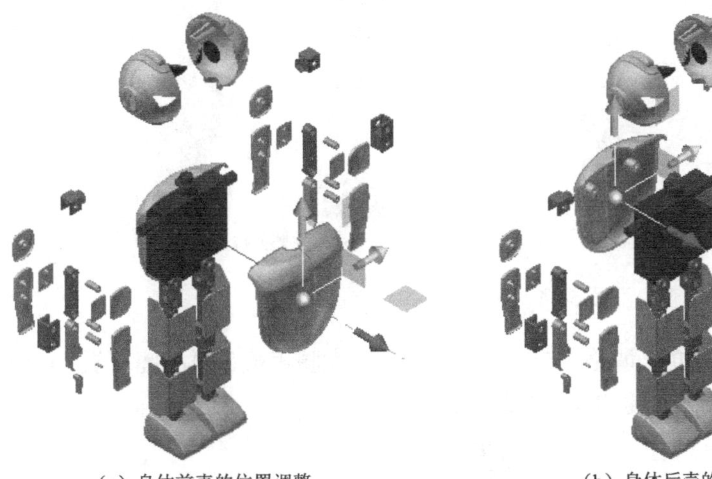

（a）身体前壳的位置调整　　（b）身体后壳的位置调整

图 5-21　身体前、后壳的位置调整

Step 15 髋关节轴的位置调整。选择“髋关节”零件处的两个轴零件，将其向前调整到适当位置，如图 5-22 所示。

Step 16 左、右腿的位置调整。选择左、右腿部的所有零部件，将其向下调整到合适位置，如图 5-23 所示。再将左、右腿分别向两侧调整到合适位置，如图 5-24 所示，调整完后再将其合并为一个时间顺序。

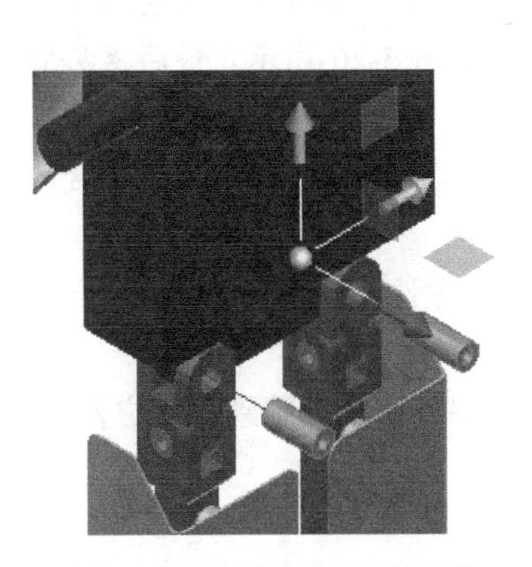

图 5-22　髋关节轴的位置调整

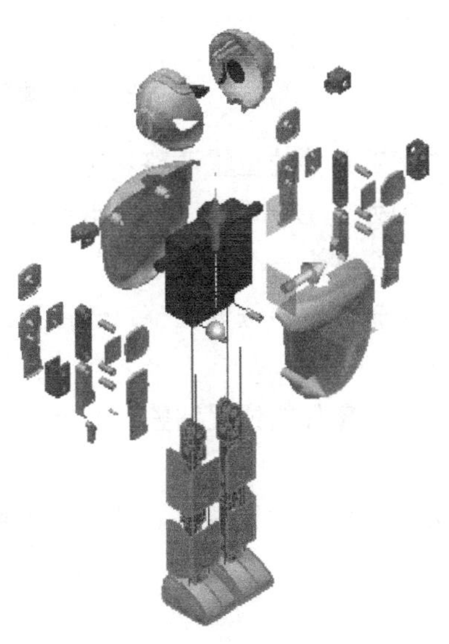

图 5-23　腿部的上、下位置调整

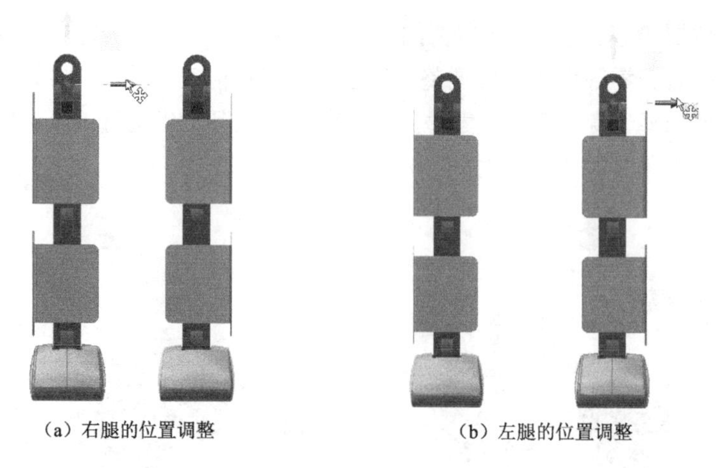

（a）右腿的位置调整　　（b）左腿的位置调整

图 5-24　腿部的左、右位置调整

Step 17 腿部盖板零件的位置调整。选择左、右腿的“大腿盖板”、“小腿盖板”4 个零部件，将其向前调整到合适位置，如图 5-25 所示。

图 5-25　腿部盖板零件的位置调整

Step 18 脚部零部件的位置调整。先选择“脚外壳 A”零件，将其调整到合适位置，再选择“脚外壳 B”零件，将其调整到合适位置，如图 5-26 所示。最后将两个“位置调整”合并为一个时间顺序。

Step 19 腿部轴零件的位置调整。选择腿部 6 个“空心轴”零件，将其调整到合适位置，如图 5-27 所示。

Step 20 髋关节零件的位置调整。选择两个“髋关节”零件，将其向上调整到合适位置，如图 5-28 所示。

Step 21 大腿零件的位置调整。选择“大腿”零件，将其向上调整到合适位置，如图 5-29 所示。

（a）“脚外壳 A”的位置调整

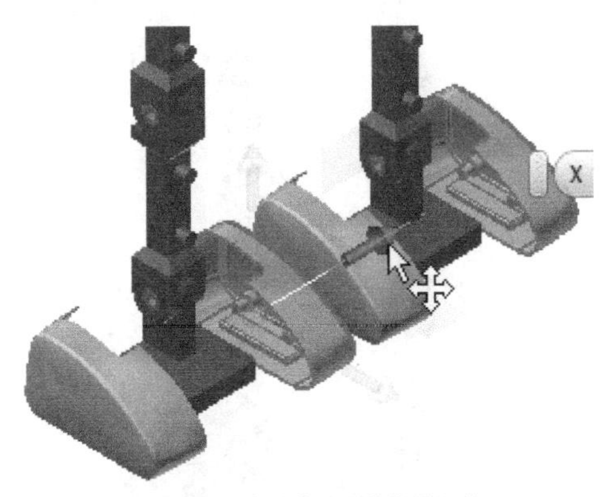

（b）“脚外壳 B”的位置调整

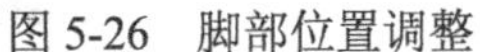

图 5-26　脚部位置调整

图 5-27　腿部轴零件的位置调整

图 5-28　髋关节零件的位置调整

Step 22 小腿零件的位置调整。选择“小腿”零件，将其向上调整到合适位置，如图 5-30 所示。

Step 23 位置参数编辑。如果在零部件拆开后，个别零部件的位置不是很合适，需要调整，如“肩关节”零件的位置需要向下调整，这时可以在任一“肩关节”的零部件上单击右键，在右键菜单中选择“编辑位置参数”选项，如图 5-31（a）所示。此时弹出“轨迹编辑”小工具栏，并且将零部件的轨迹线可见，如图 5-31（b）所示。将鼠标放置在轨迹线上，轨迹线高亮显示，并且在轨迹线的末端有一绿色的圆点，拖动该圆点，即可调整零部件的位置，如图 5-31（c）所示；若单击轨迹线，可弹出“距离”文本框，通过在文本框中输入数值，可精确地进行位置调整，如图 5-31（d）所示。

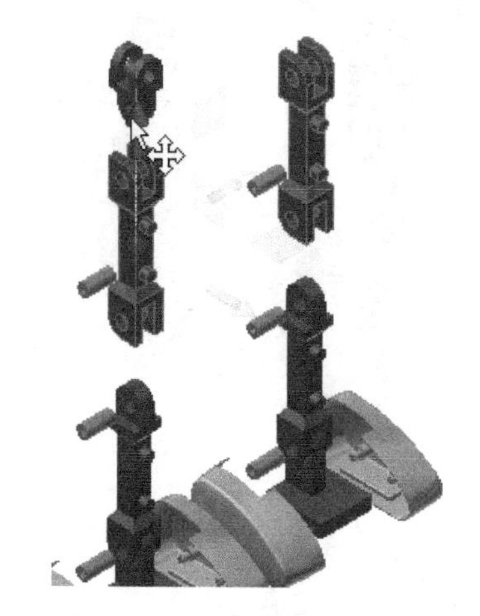

图 5-29　大腿零件位置调整

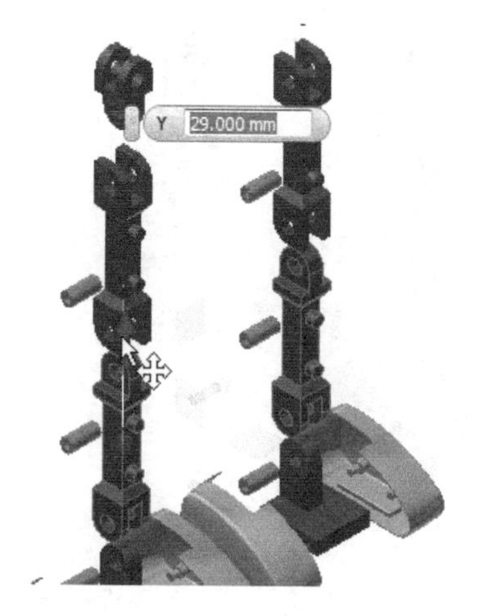

图 5-30　小腿零件位置调整

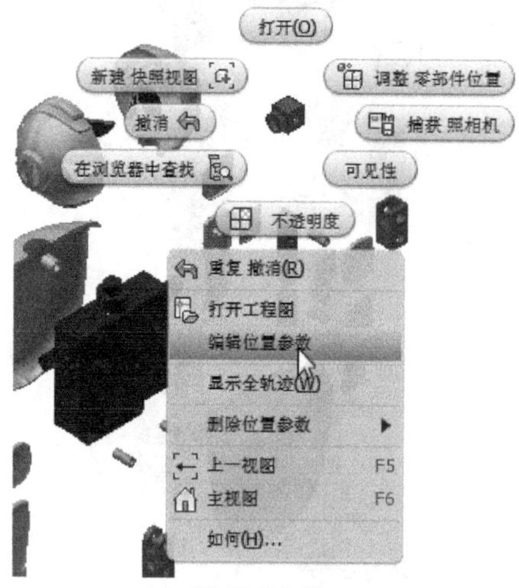

（a）编辑位置参数

（b）显示轨迹线

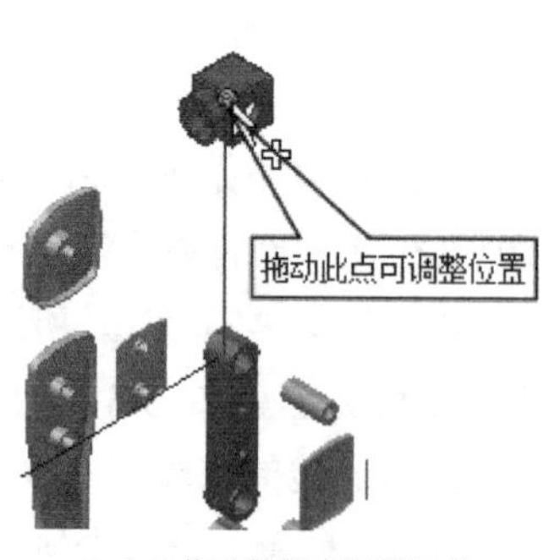

（c）拖动轨迹点调整位置

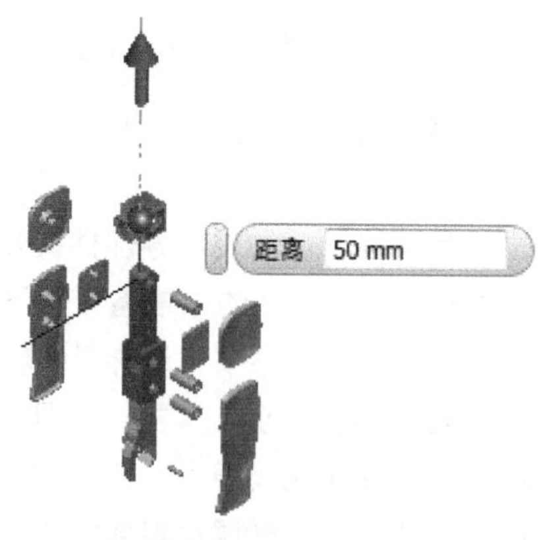

（d）输入数值精确调整位置

图 5-31　位置参数编辑

说明： 位置参数的编辑，也可以直接在浏览器中，展开“位置参数”选项，在需要修改的位置参数上单击，在弹出的编辑文本框中直接输入数值，即可达到精确调整“位置参数”的目的，如图 5−32 所示。

Step 24 插入位置调整。表达视图完成后，有时可能需要调整零部件位置，需要再插入“位置调整”。例如，在表达视图中，“腿部盖板”零件的位置有点靠下，需要再向上调整一下，这需要再插入一个“位置调整”。在“故事板面板”工具窗口，将鼠标指向“大腿盖板 B”零部件的动作矩形处。单击右键，在右键菜单中，若选择“该时间之后的所有项”选项，则选择后面的所有动作矩形，可将选择的动作矩形后移，然后在空出的时间轴上再插入“位置调整”；若选择“分组”选项，如图 5-33 所示，则只选择本次“位置调整”的所有动作矩形，然后拖动动作矩形的右边界，将动作矩形时间调短，如图 5-34 所示。在后面再插入一个“位置调整”，插入“位置调整”的持续时间是动作矩形缩短的时间。选择“腿部盖板”4 个零部件，添加“位置调整”，如图 5-35 所示。

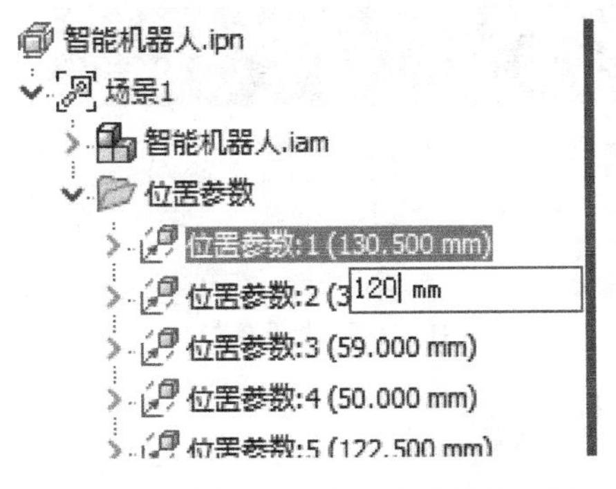

图 5-32　位置参数编辑方法 2

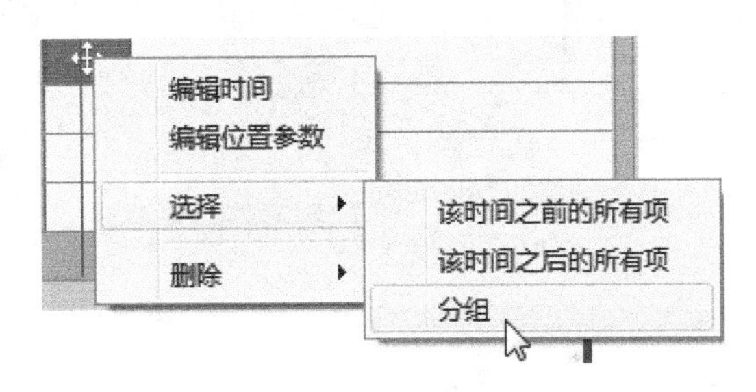

图 5-33　分组选择位置调整

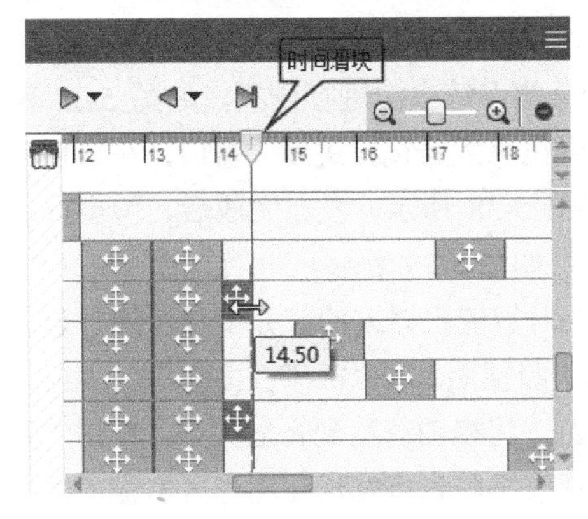

图 5-34　调整持续时间

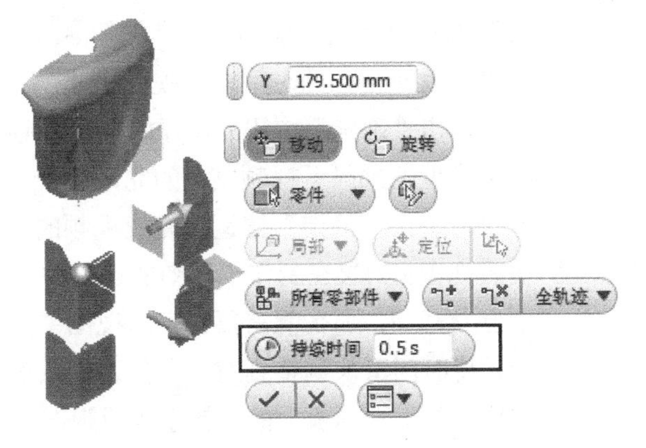

图 5-35　插入“位置调整”

Step 25 设置照相机。在表达视图制作过程中，有些较小的零部件需要将视图放大，以便观察得更仔细一些，这时候需要添加“照相机”来达到需要的效果。例如，在“眼部”、“轴”等零部件拆装的时候，需要两次放大视图来仔细观察。

将时间滑块调整到“眼部”零部件位置调整时刻，在图形区将头部零部件放大，然后单击鼠标右键，在右键菜单中选择“捕获照相机”选项，即可将当前窗口设置为“照相机”，如图 5-36（a）所示。同样道理，在整个头部零部件位置调整完成后，再添加“照相机”，将视图缩小。其他位置的照相机设置，读者可自行操作，这里不再赘述。

说明： 除了在右键菜单中选择“捕获照相机”以外，也可以在将视图调整到合适位置后，单击“照相机”工具面板上的“捕获照相机”工具按钮，来创建“照相机”，如图 5-36（b）所示。

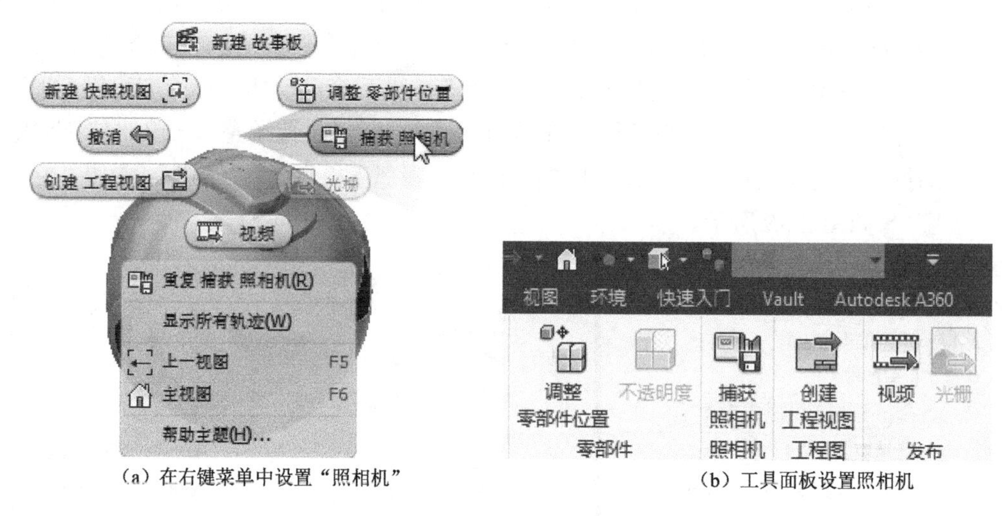

（a）在右键菜单中设置“照相机”

（b）工具面板设置照相机

图 5-36 设置照相机

Step 26 录制视频文件。表达视图制作完成后，需要制作拆装动画来展示拆装过程。单击“发布”工具面板上“视频”工具按钮，弹出“发布为视频”窗口，在该窗口中，可以对发布视频的时间段、视频格式、视频分辨率等参数进行设置，如图 5-37 所示。单击“确定”按钮后，开始发布视频，弹出“发布视频进度”窗口，在该窗口中用进度条来显示视频发布的完成情况，如图 5-38 所示。发布完成后，弹出提示窗口，单击“确定”按钮，完成视频的发布，如图 5-39 所示。

Step 27 快照视图。如果在制作工程图的过程中，需要对智能机器人的部分零部件的拆装分别建立视图，那么就需要在表达视图中建立快照视图。在“故事板面板”工具窗口中，将时间滑块调整到左、右臂调整位置时刻，将视图调整到合适大小，单击“专题研习”工具面板上的“新建快照视图”工具按钮，可发现在图形区右侧的“快照视图”窗口中增加了名为“View1”的快照，在该快照的右键菜单中可对其进行编辑、重命名、创建工程图等操作，如图 5-40 所示。

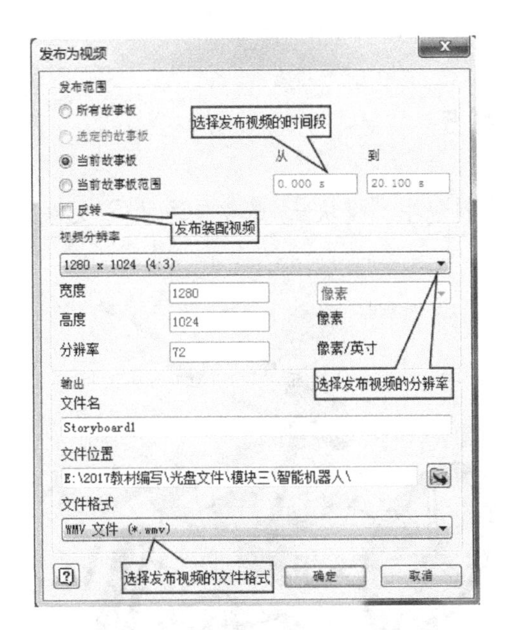

图 5-37　设置照相机发布视频参数

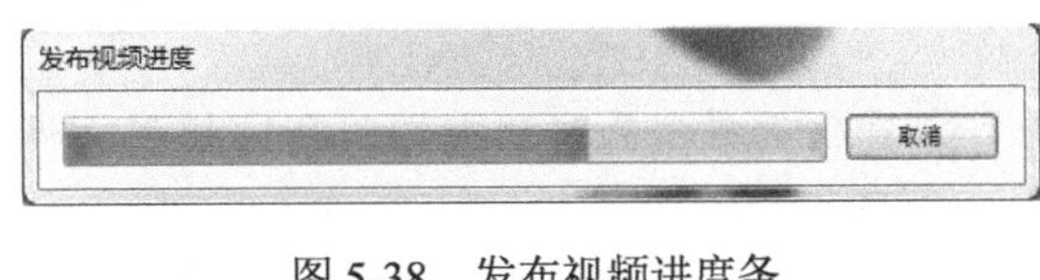

图 5-38　发布视频进度条

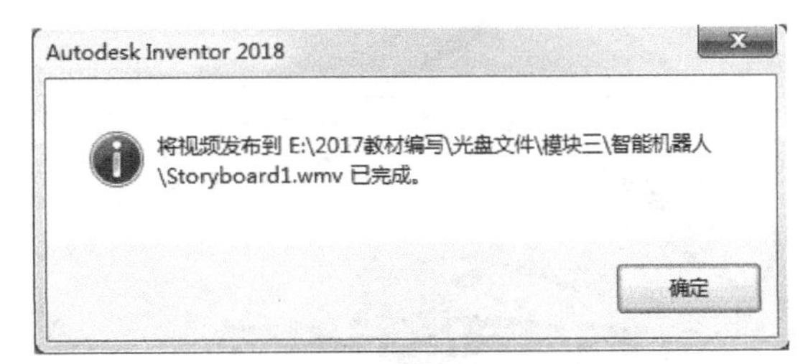

图 5-39　视频发布完成提示窗口

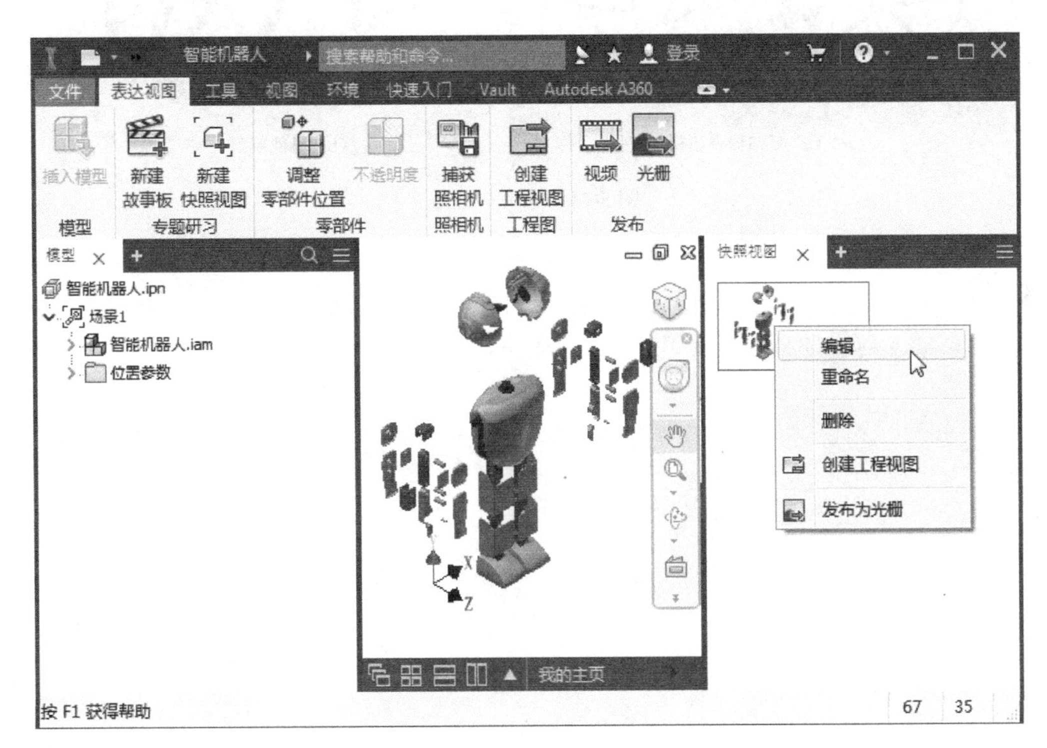

图 5-40　新建快照视图

Step 28 保存文件。完成后保存文件，结果如图 5-1 所示。

思考与练习 5

创建下列模型的表达视图，所有模型文件见资料包中“模块三/思考与练习/”文件夹中的文件。

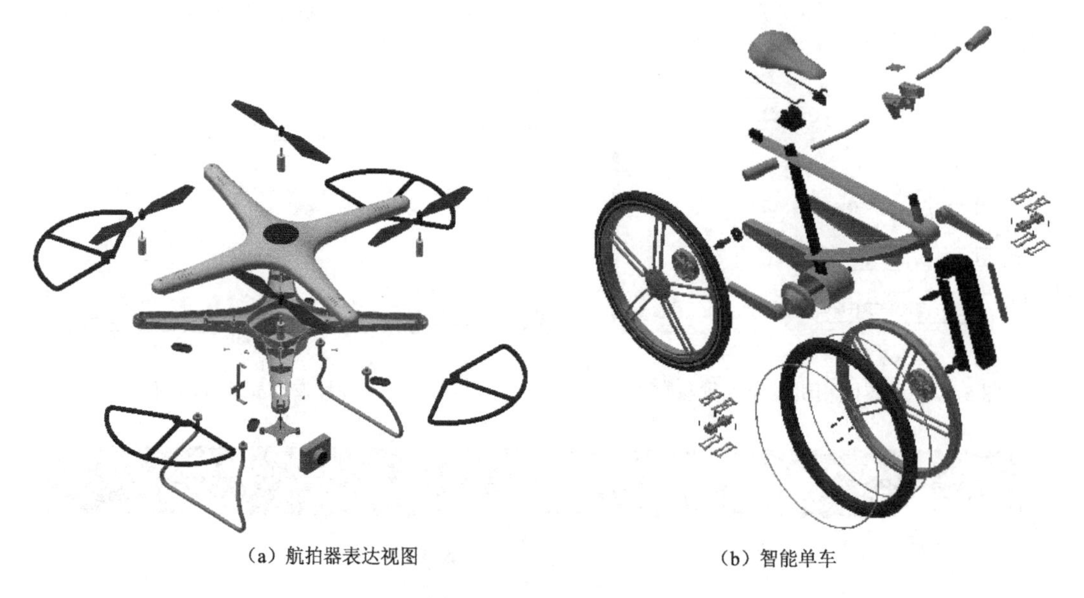

（a）航拍器表达视图　　（b）智能单车

图 5-41　思考与练习 5

模 块 6

工程图设计

工程图是将设计者的设计意图及设计结果细化的图纸，是设计者与具体生产制造者交流的载体，当然也是产品检验及审核的依据。绘制工程图是设计的最后一步，在目前国内的加工制造还不能完全达到无图化生产加工的条件下，工程图依然是表达产品信息的主要媒介，是生产制造者的加工依据。因此标准、正确的工程图是生产制造者能够生产出合格产品的重要保证。这就要求我们在出工程图时，一定要细心、严谨，有责任意识。

Inventor 为用户提供了丰富的工程图处理功能，可以实现二维工程图与三维实体模型之间的关联更新，方便了在设计过程中进行修改。

本模块将通过两个实例来分别介绍二维零件图及爆炸图的设计。

任务 1　智能机器人头部外壳的工程图设计

任务导入

智能机器人的“头部外壳 A”工程图设计实例如图 6-1 所示，详细图纸可参见资料包中“模块三/智能机器人图纸.dwfx”文件。

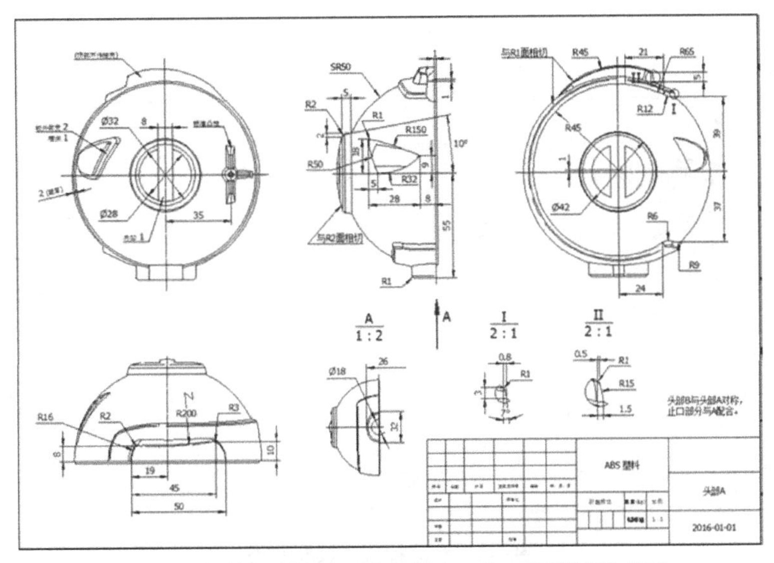

图 6-1　智能机器人的“头部外壳 A”工程图设计实例

设计流程

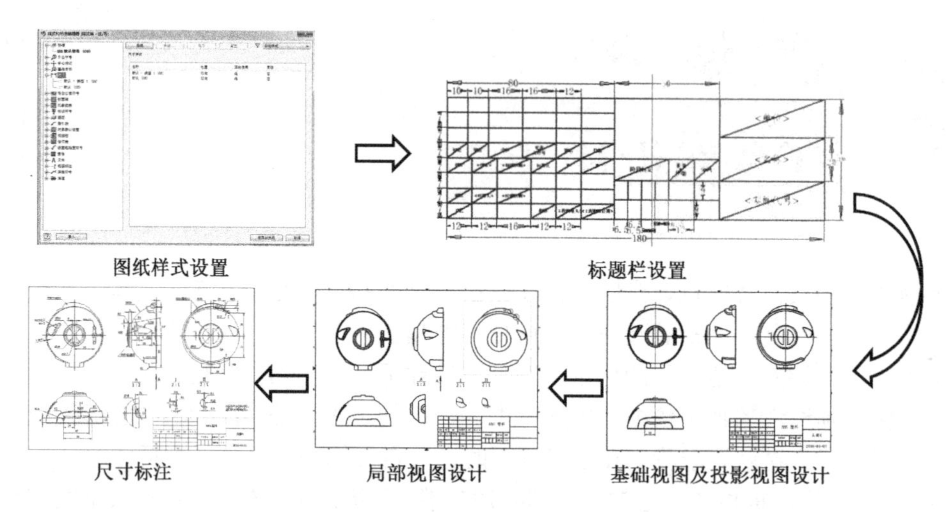

设计步骤

Step 01 项目设置。在未打开任何文件的 Inventor 环境下，打开“项目”窗口，在“使用样式库”选项上单击鼠标右键，在右键菜单中选择“读-写”选项，如图 6-2 所示。先单击“保存”按钮，再单击“完毕”按钮，关闭项目窗口。

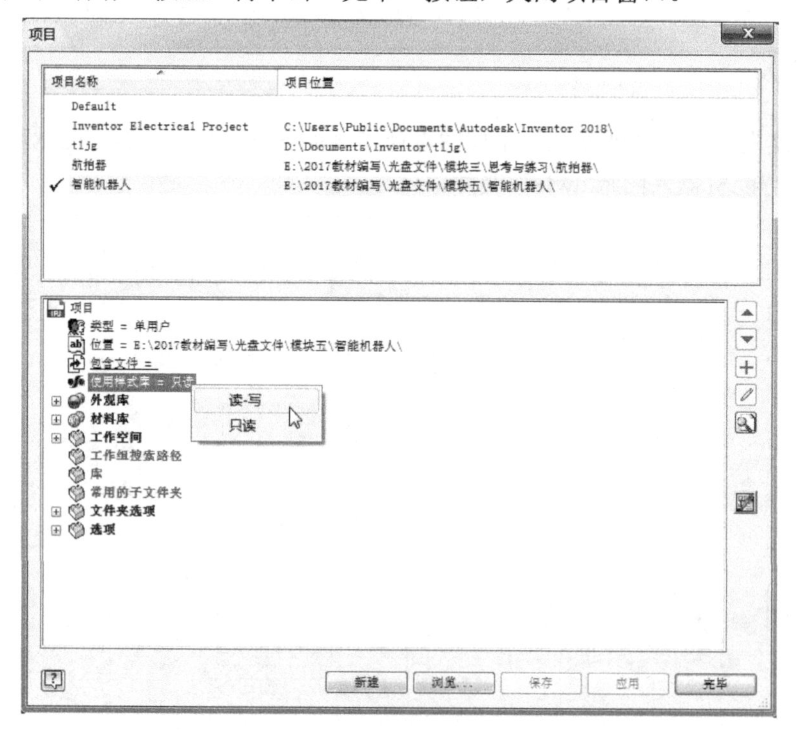

图 6-2　修改样式库读写状态

Step 02 新建工程图文件。在图 2-18（b）所示的“新建文件”窗口中选择“Standard.idw”，创建一个工程图文件，工程图环境如图 6-3 所示。

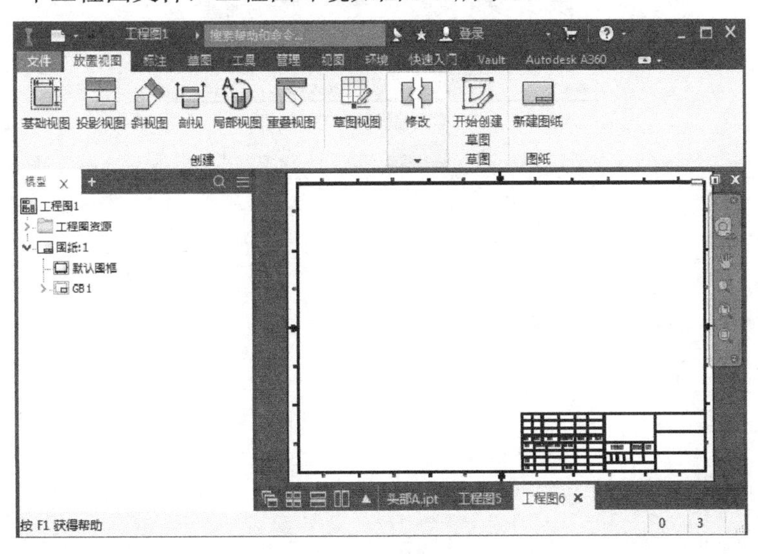

图 6-3　工程图环境

Step 03 图纸大小设置。从图 6-1 看出，图纸大小为 A3 图纸，而新建工程图的图纸默认为 A2 图纸，因此需要设置图纸大小。在浏览器的“图纸”选项上单击鼠标右键，在右键菜单中选择“编辑图纸”选项，如图 6-4（a）所示，弹出“编辑图纸”窗口，在“大小”选项中将图纸设置为“A3”，如图 6-4（b）所示。

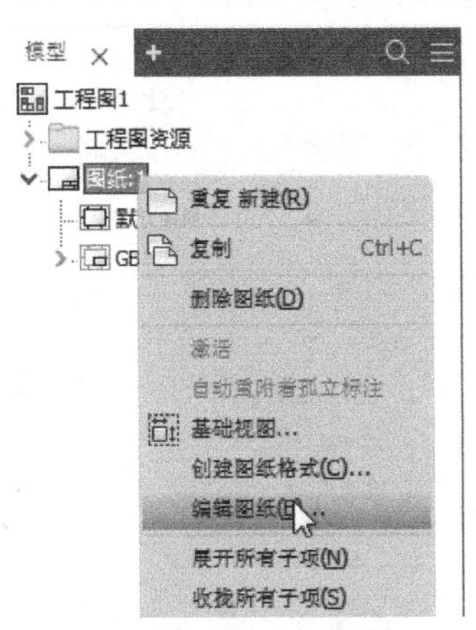

（a）“图纸”编辑右键菜单

（b）“编辑图纸”窗口

图 6-4　设置图纸大小

Step 04 图纸样式设置。进入“管理”菜单，在“样式和标准”工具面板上单击“样式编辑器”工具按钮，如图 6-5（a）所示，弹出“样式和标准编辑器”窗口，如图 6-5（b）所示。

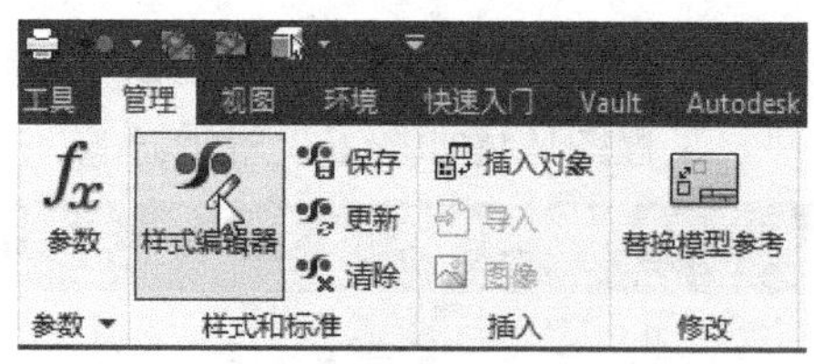

（a）“样式编辑器”工具按钮

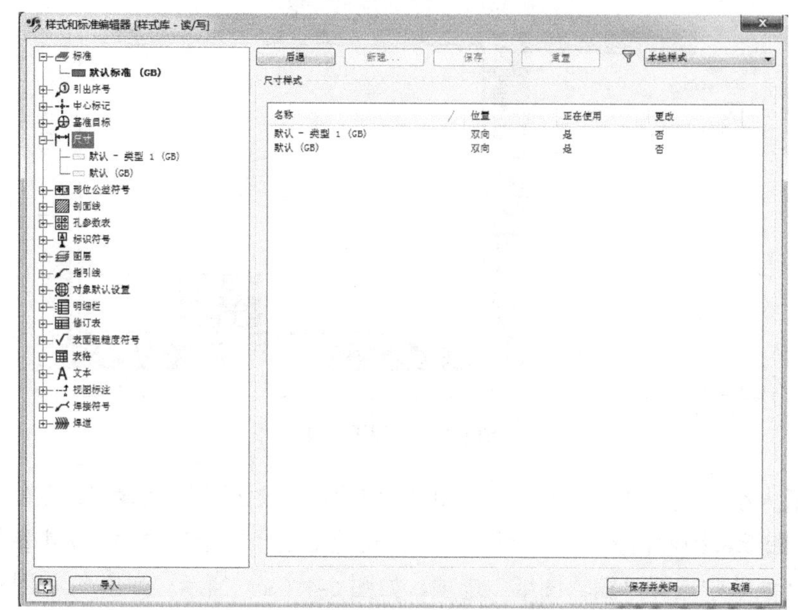

（b）“样式和标准编辑器”窗口

图 6-5 样式编辑器

（a）“单位”选项卡

图 6-6 尺寸样式设置

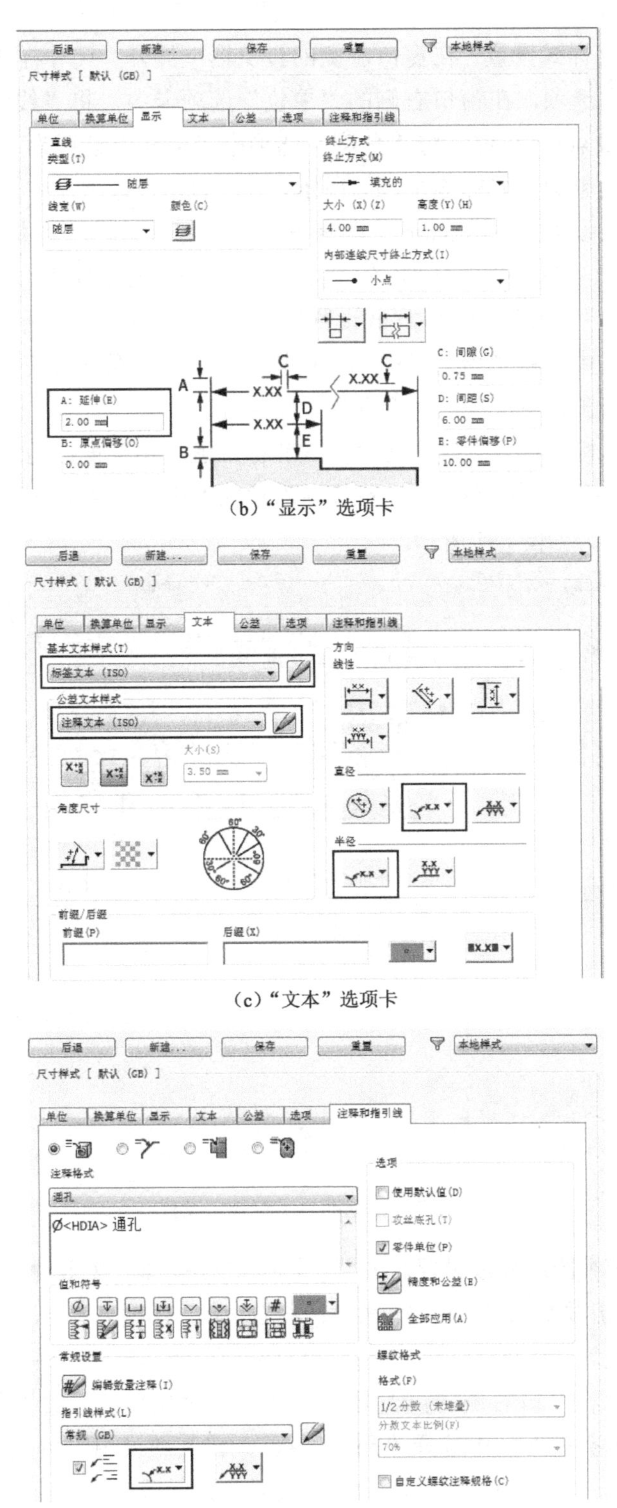

(b)“显示”选项卡

(c)“文本”选项卡

(d)“注释和指引线”选项卡

图 6-6　尺寸样式设置（续）

①尺寸样式设置。在窗口左侧的浏览器中展开“尺寸样式”选项，选择“默认（GB）”选项，在窗口右侧的“单位”选项卡中，将“线性”选项的“精度”设置为小数点后 3 位；将“角度”选项中“格式”设置为“十进制度数”，“精度”设置为整数，如图 6-6（a）所示。在“显示”选项卡中，将“A：延伸（E）”选项的数值设置为“2.00mm”，如图 6-6（b）所示。在“文本”选项卡中，将“基本文本样式（T）”设置为“标签文本”，将“公差文本样式”设置为“注释文本”，将“直径”、“半径”的标注样式设置为水平，如图 6-6（c）所示。在“注释和指引线”选项卡中，将“指引线样式”设置为水平，如图 6-6（d）所示。完成以上设置后，单击窗口上端的“保存”按钮保存。

②基本标示符号设置。在“样式和标准编辑器”窗口的“标示符号”选项中选择“基准标示符号（GB）”，在窗口右边的“符号特性”选项栏中将“形状（S）”设置为圆形，如图 6-7 所示。

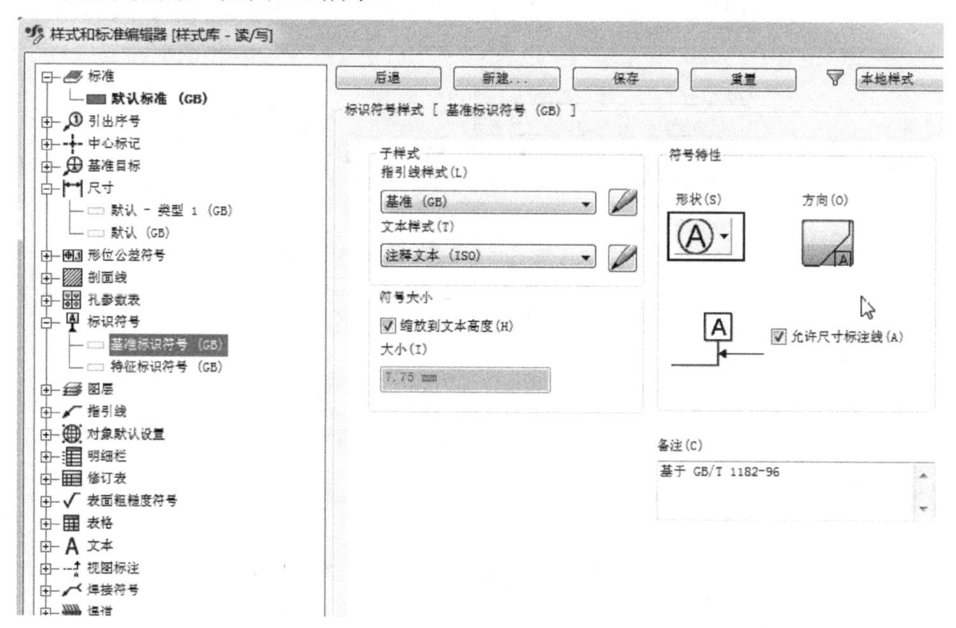

图 6-7 “基准标示符号”设置

③局部视图边界线设置。在“样式和标准编辑器”对话框的浏览器中选择“图层”下的“折线（ISO）”选项，在对话框右边的“图层名”列，找到“折线（ISO）”，将其线宽改为“0.25 mm”，如图 6-8（a）所示。单击“保存”按钮，保存折线图层设置。在窗口右侧的浏览器中，选择“对象默认设置”选项，在对话框右边的“对象类型”列中选择“局部剖线”，将其图层由“可见（ISO）”改为“折线（ISO）”，如图 6-8（b）所示。完成以上设置后，单击窗口下方的“保存并关闭”按钮将窗口关闭。

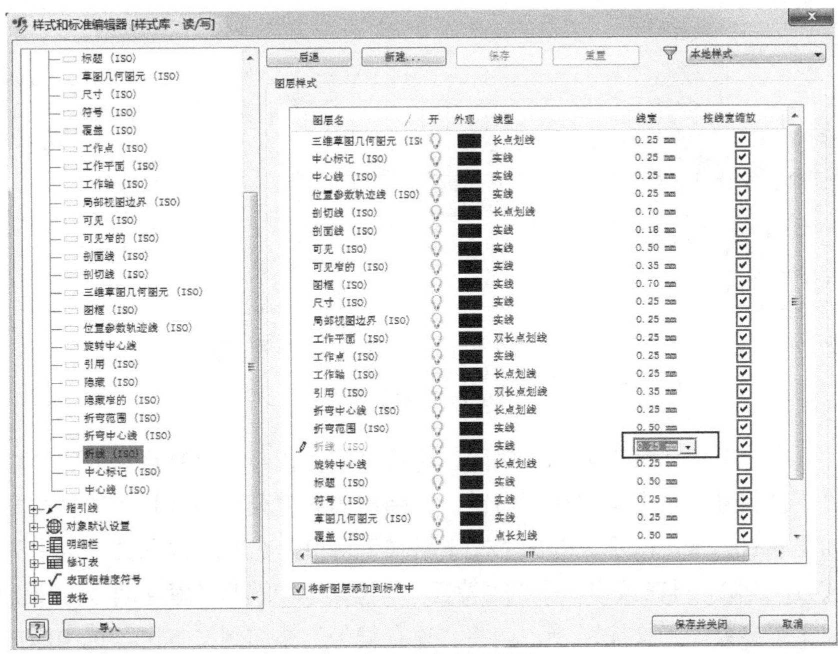

（a）“折线”图层线宽设置

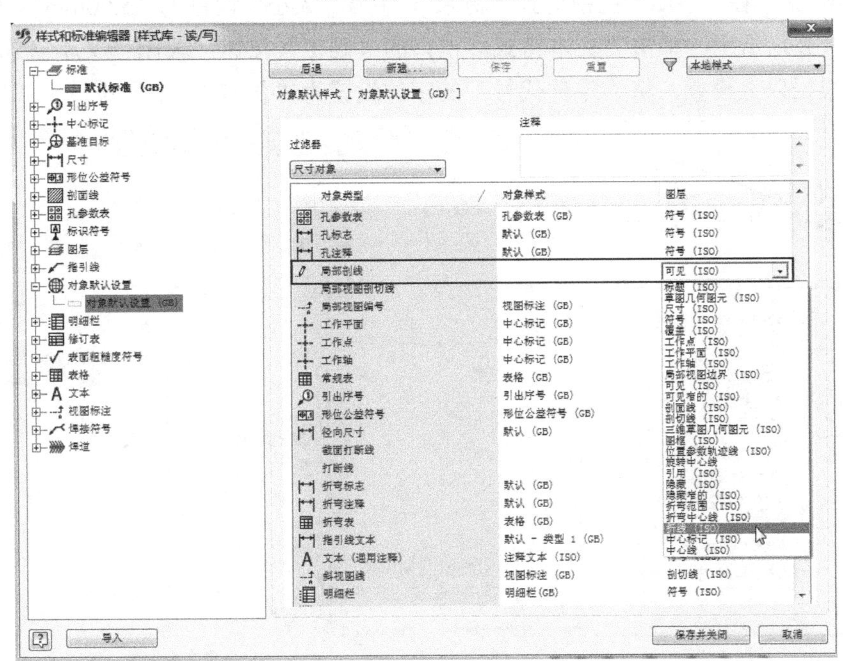

（b）“局部剖线”图层设置

图 6-8　局部视图边线设置

Step 05 标题栏设置。在工程图环境下的浏览器中，在“GB1”上单击右键，在弹出的右键菜单中选择“编辑定义”选项，如图 6-9（a）所示。进入标题栏草图，如图 6-9（b）所示。

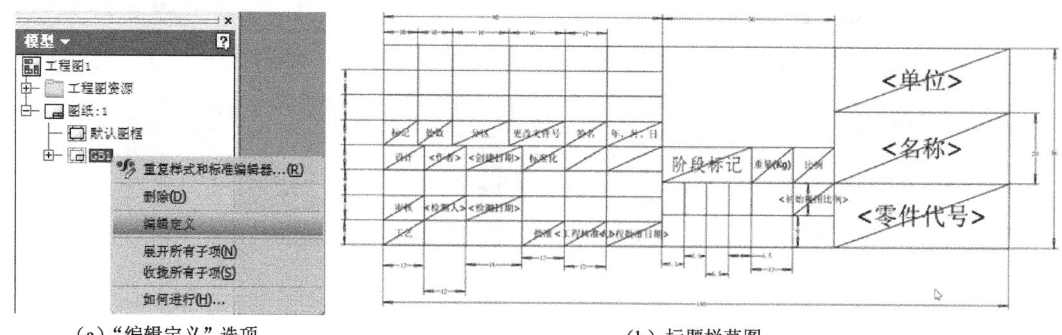

（a）“编辑定义”选项　　（b）标题栏草图

图 6-9　编辑标题栏

在草图中先将“名称”删除，再将“零件代号”复制到“名称”栏内。在原“零件代号”栏上单击鼠标右键，在弹出的右键菜单中选择“编辑文本”选项，如图 6-10（a）所示。弹出“文本格式”窗口，在文本框的文本区中先将“零件代号”删除，再在该窗口中的“特性”下拉菜单中选择“库存编号”，最后单击“添加文本参数”工具按钮 ，将“库存编号”添加到文本区。选中添加的“库存编号”，在“字体”栏中选择“仿宋”，字号“大小”设置为“5.00mm”，如图 6-10（b）所示。单击“文本格式”窗口的“确定”按钮，关闭“文本格式”窗口。根据以上设置，将“零件代号”的字体设置为“仿宋”，字号设置为“5.00mm”。

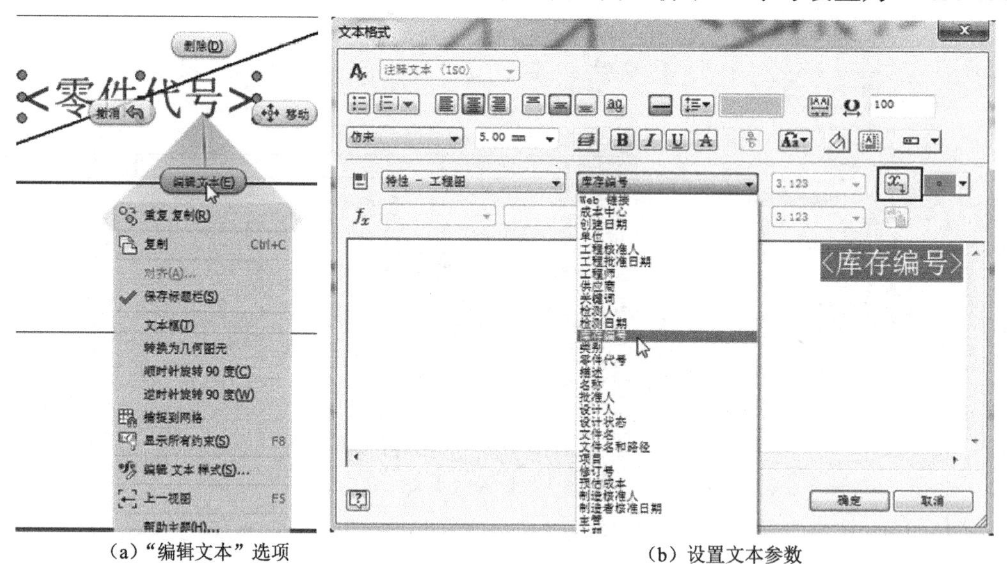

（a）“编辑文本”选项　　（b）设置文本参数

图 6-10　添加零件代号

单击“创建”工具面板的“文本”工具按钮，在“单位”右侧的空白栏处单击，再次打开“文本格式”窗口，在“类型”下拉菜单中选择“特性-模型”，在“特性”下拉菜单中选择“材料”，将文本参数添加到文本区，如图 6-11 所示。单击“确定”按钮，关闭窗口，将“材料”文本调整到单元格中心。

在“重量”栏下面的单元格中添加文本，在“类型”下拉菜单中选择“物理特性-模型”，在“特性”下拉菜单中选择“质量”，在“拉伸”栏中输入“60”，将文本参数添加到文本区，如图 6-12 所示。单击“确定”按钮，关闭窗口，将“质量”文本调整到单元格中心。

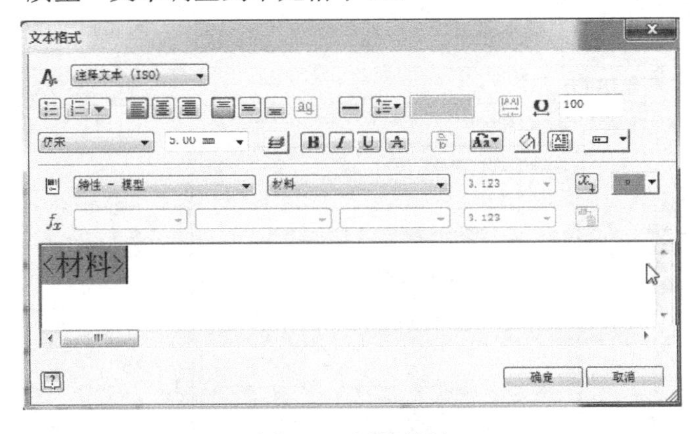

图 6-11　添加材料

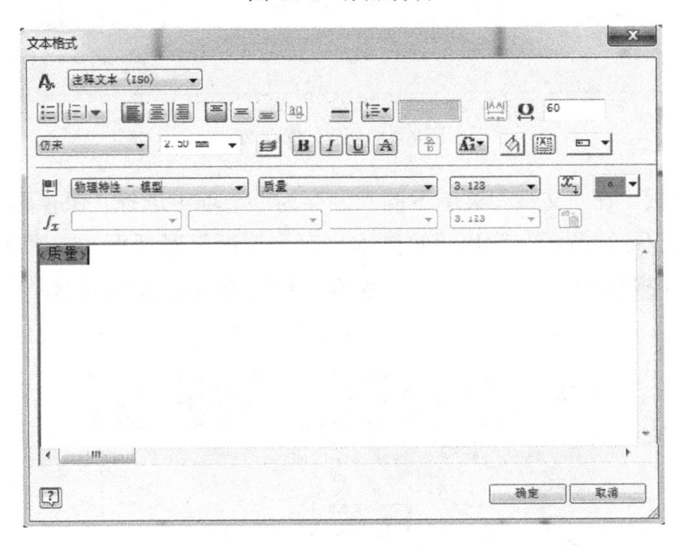

图 6-12　添加重量

完成所有设置后，单击“退出”工具面板上的“完成草图”工具按钮，弹出“保存编辑”提示窗口，如图 6-13 所示，单击“是”按钮完成标题栏的设置。

Step 06 保存样式库。完成上述设置后，在“管理”功能选项卡下，单击“样式和标准”功能面板上的“保存”按钮 保存 ，如图 6-14 所示。弹出“将样式保存到样式库中”对话框，在该对话框中罗列出已设置的选项，单击下面的 所有均是(Y) 按钮，将“是否保存到库”栏中的选项全部修改为“是”，如图 6-15 所示。单击“确定”按钮，弹出“是否要覆盖样式库信息？”对话框，在该对话框中单击“是”按钮，完成样式库的保存。

图 6-13　“保存编辑”提示窗口

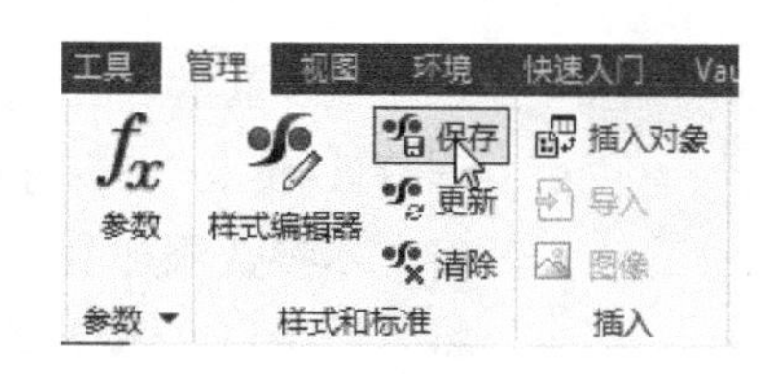

图 6-14　样式编辑保存图标

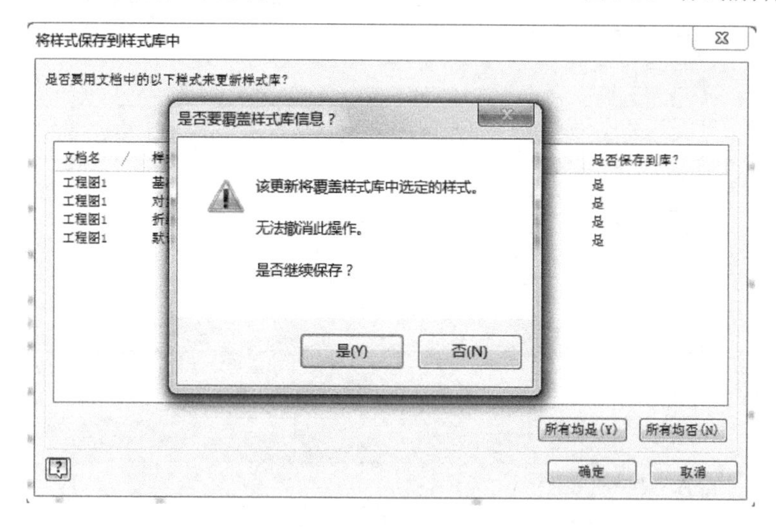

图 6-15　保存样式库

Step 07 保存为模板。在“文件”菜单下的“另存为”选项中选择“保存副本为模板”选项，如图 6-16（a）所示。弹出“将副本另存为模板”对话框，在“文件名”文本框中输入“A3 模板.idw”，然后单击“保存”按钮完成模板的创建。这时打开“新建文件”窗口，可发现增加了“A3 模板.idw”文件，如图 6-16（b）所示。

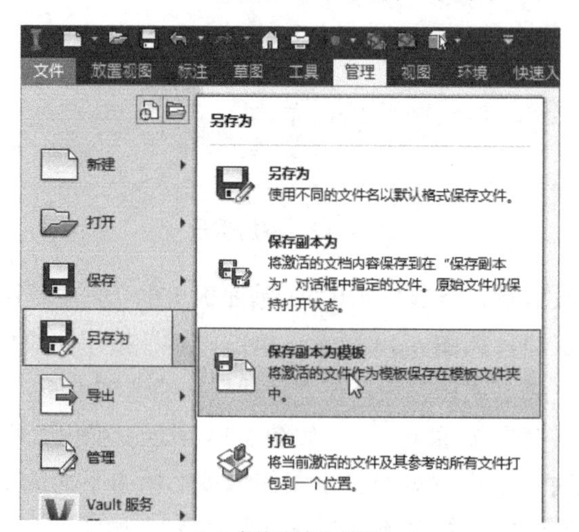

（a）保存副本为模板

图 6-16　保存为模板

（b）“新建文件”窗口

图 6-16　保存为模板（续）

Step 08 打开零件文件。打开资料包中“模块六/智能机器人/头部 A.ipt”文件。

Step 09 创建基础视图。在“创建”工具面板上，单击“基础视图”工具按钮，弹出“工程视图”窗口及 View Cube，同时会将当前打开的零件模型自动地创建基础视图，通过调整 View Cube，将基础视图选择合适的投影方向。此时基础视图位于一绿色的虚线框内，虚线框的四个角为绿色的粗实线，如图 6-17（a）所示。将鼠标向右移动，当鼠标移出基础视图的虚线框时，光标变为投影视图图标，并在光标四周产生另一绿色的虚线框。此时单击鼠标直接创建投影视图，如图 6-17（b）所示。用同样方法创建俯视图。在“工程视图”窗口中的“样式”选项中选择“不显示隐藏线”。最后单击“确定”按钮完成视图的创建。在工程图窗口中调整各个视图到适当位置，如图 6-17（c）所示。

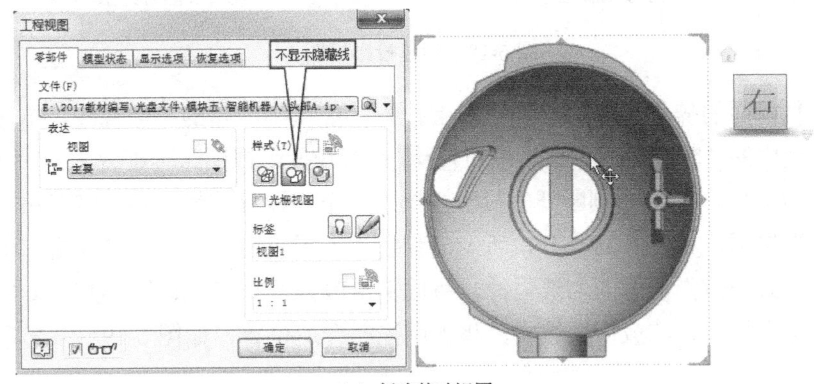

（a）创建基础视图

图 6-17　创建视图

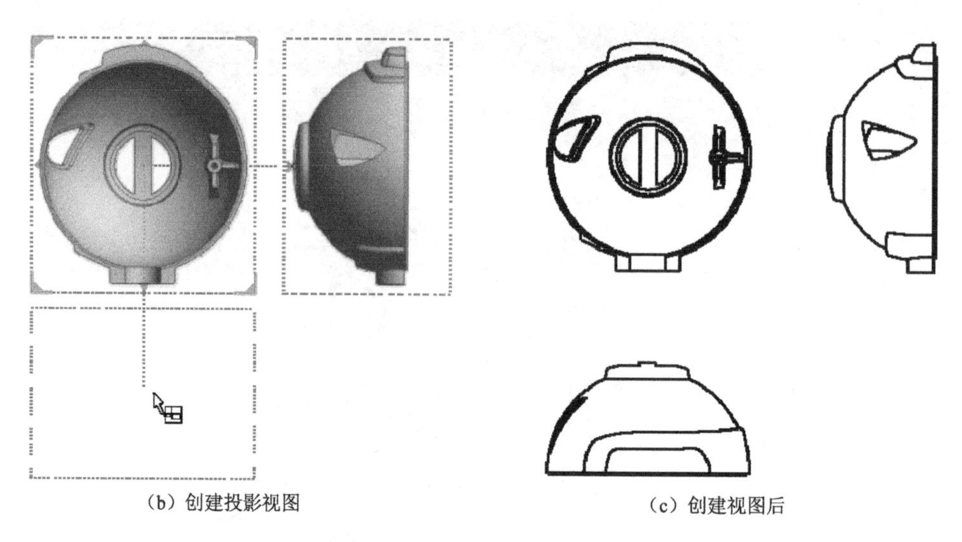

（b）创建投影视图　　（c）创建视图后

图 6-17　创建视图（续）

Step 10 创建投影视图。在“创建”工具面板上单击“投影视图”工具按钮 ，再单击图形区中的左视图，向右引导光标，在适当位置单击鼠标，确定投影视图位置，然后单击鼠标右键，在右键菜单中选择“创建”选项，完成投影视图的创建，如图 6-18 所示。

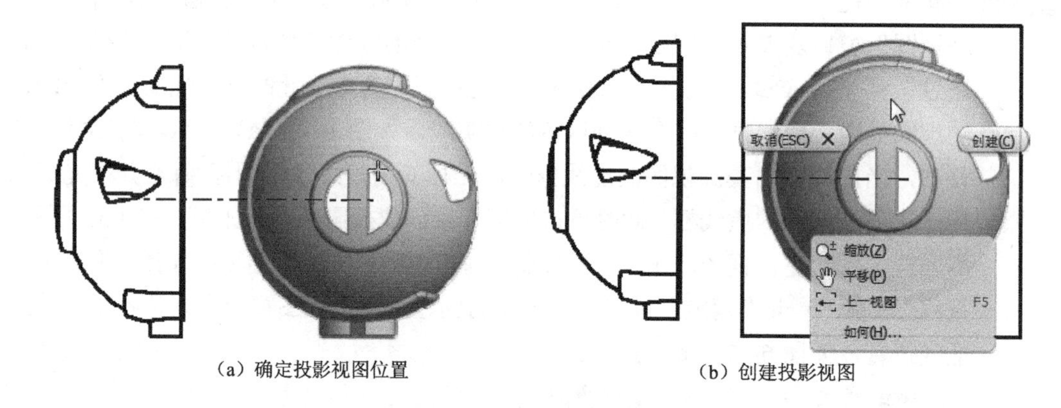

（a）确定投影视图位置　　（b）创建投影视图

图 6-18　创建投影视图 1

重复前面的操作，再将左视图向上投影，选择刚创建的投影视图，单击“修改”工具面板中的“断开对齐”工具按钮 ，断开投影视图跟基础视图的对齐关系，如图 6-19（a）所示。在刚断开的投影视图上，单击鼠标右键，在右键菜单中选择“编辑视图”选项，如图 6-19（b）所示，弹出“工程视图”窗口，在该窗口中将“与基础视图样式一致”前面的勾选去掉，将比例修改为“1:2”，如图 6-19（c）所示。单击“确定”按钮，完成视图编辑，将视图拖至合适位置，如图 6-19（d）所示。

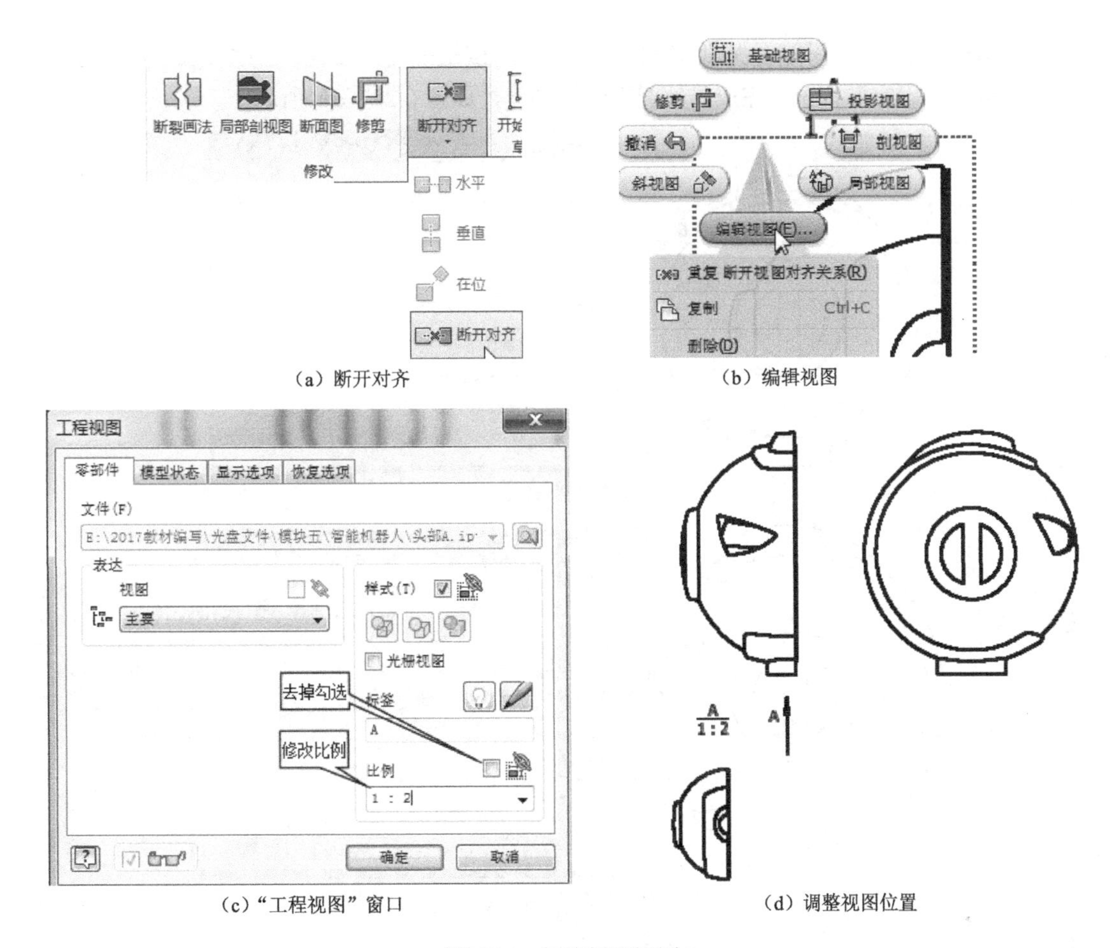

（a）断开对齐　（b）编辑视图

（c）“工程视图”窗口　（d）调整视图位置

图 6-19　创建投影视图 2

Step 11 创建局部视图。单击“创建”工具面板上的“局部视图”工具按钮，在图 6-19（b）所创建的视图上单击鼠标，弹出“局部视图”窗口，在“视图标示符”文本框中输入“I”；在“缩放比例”文本框中输入“2:1”；“轮廓形状”选择圆形，“镂空形状”选择平滑，如图 6-20（a）所示。然后在视图的指定位置单击鼠标，引导光标可调整局部视图的轮廓大小，调整到合适位置，单击鼠标确定局部视图的轮廓，最后将鼠标移动到合适位置，单击鼠标即可完成局部视图的创建。重复前面的操作，完成局部视图Ⅱ的创建，如图 6-20（b）所示。完成后调整局部视图的标示符号至合适位置，结果如图 6-21 所示。

Step 12 创建剖视图。单击“草图”工具面板上的“开始创建草图”工具按钮，光标变成形状。单击图形区中的左视图，进入草图工作环境，在“创建”工具面板上的“直线”工具下拉列表中选择“样条曲线控制顶点”工具按钮，如图 6-22（a）所示。然后在指定位置绘制如图 6-22（b）所示封闭几何图元，完成后退出草图环境。单击“修改”工具面板上的“局部剖视图”工具按钮，再单击图形区中的左视图，此时左视图上的几何图元高亮显示，同时弹出“局部剖视图”窗口，单击如图 6-22（c）所示的中点后，“局部剖视图”窗口的“确定”按钮不再灰色显示，此时表示可以选择，单击“确定”按钮，完成局部剖视图的创建，如图 6-22（d）所示。

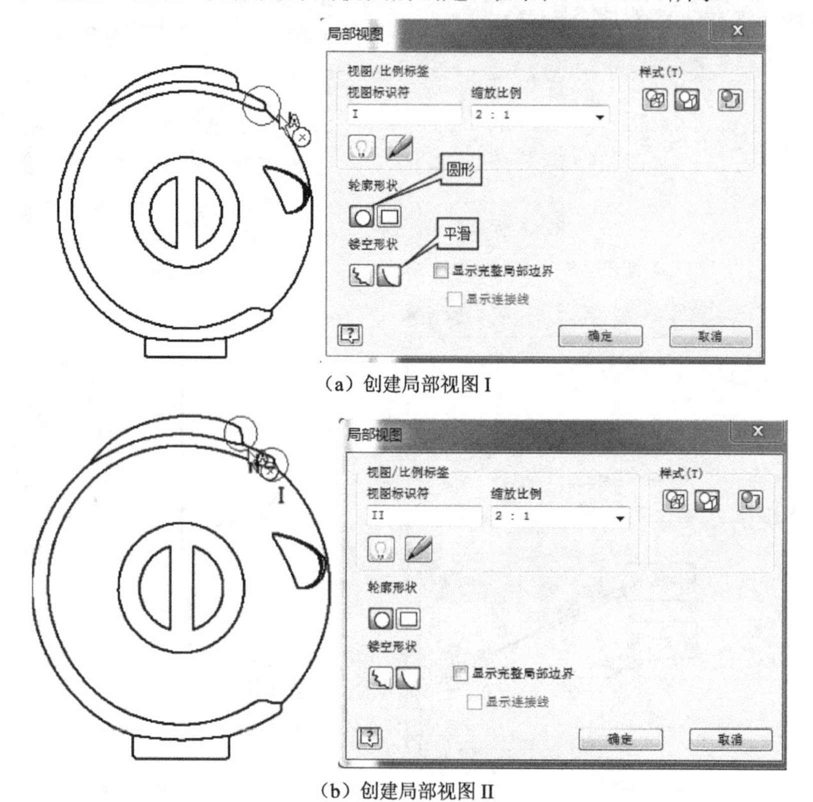

（a）创建局部视图 I

（b）创建局部视图 II

图 6-20　创建局部视图

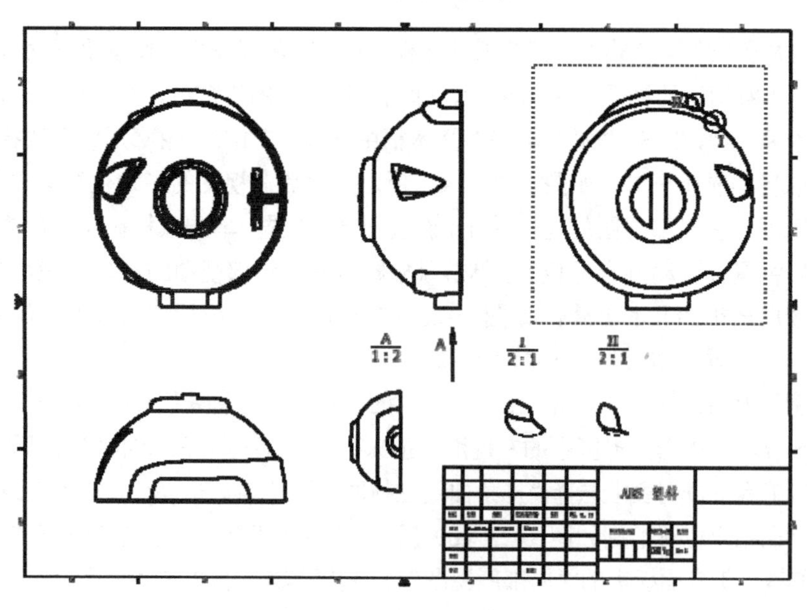

图 6-21　视图创建完成后

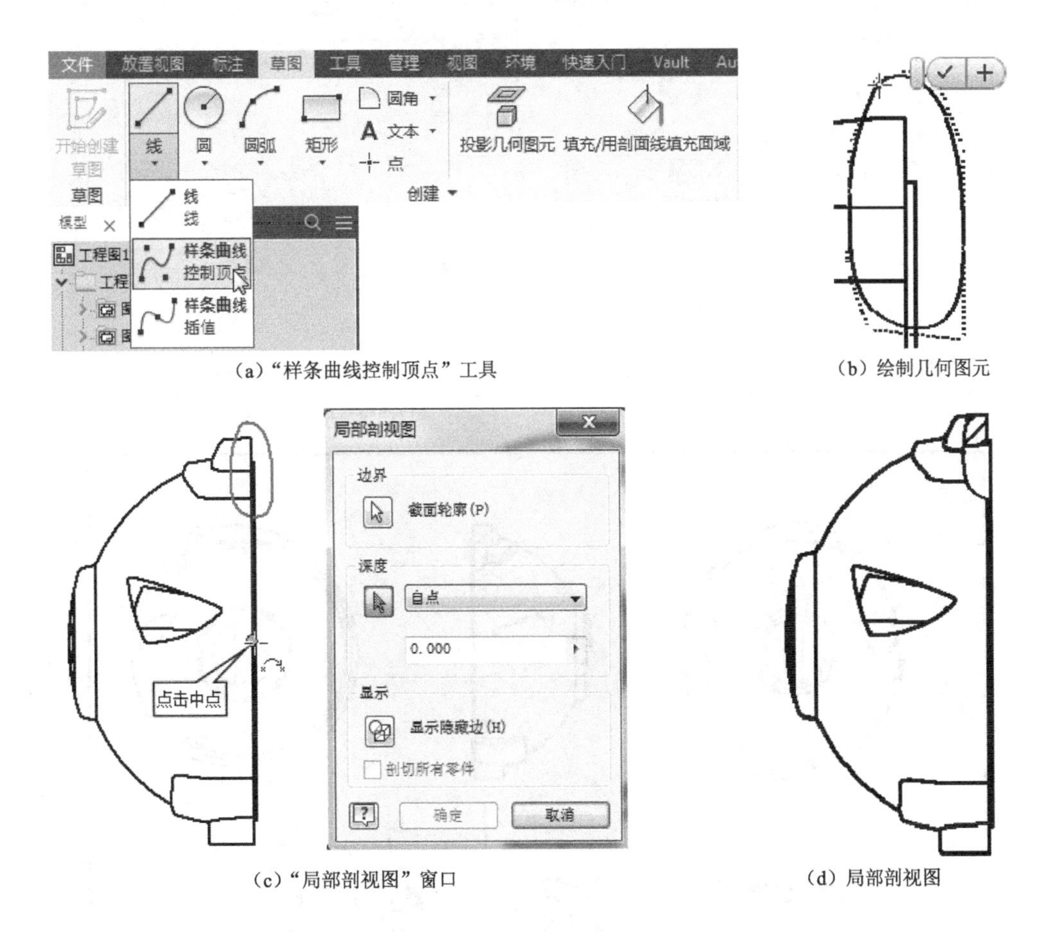

（a）“样条曲线控制顶点”工具

（b）绘制几何图元

（c）“局部剖视图”窗口

（d）局部剖视图

图 6-22　创建局部剖视图

说明： 在视图上绘制草图时，也可以直接进入“草图”菜单栏，单击“样条曲线”工具按钮后，再单击视图，从而进入草图环境。

Step 13 显示相切边。在图形区的左视图上单击鼠标右键，在右键菜单中选择“编辑视图”选项，弹出“工程视图”窗口，在窗口中将“样式”选项的“与基础视图样式一致”前面的勾选去掉，如图 6-23（a）所示。进入“显示选项”选项卡，勾选“相切边”选项，如图 6-23（b）所示。单击“确定”按钮，完成视图编辑。用同样方法将其他视图的相切边显示出来，结果如图 6-23（c）所示。

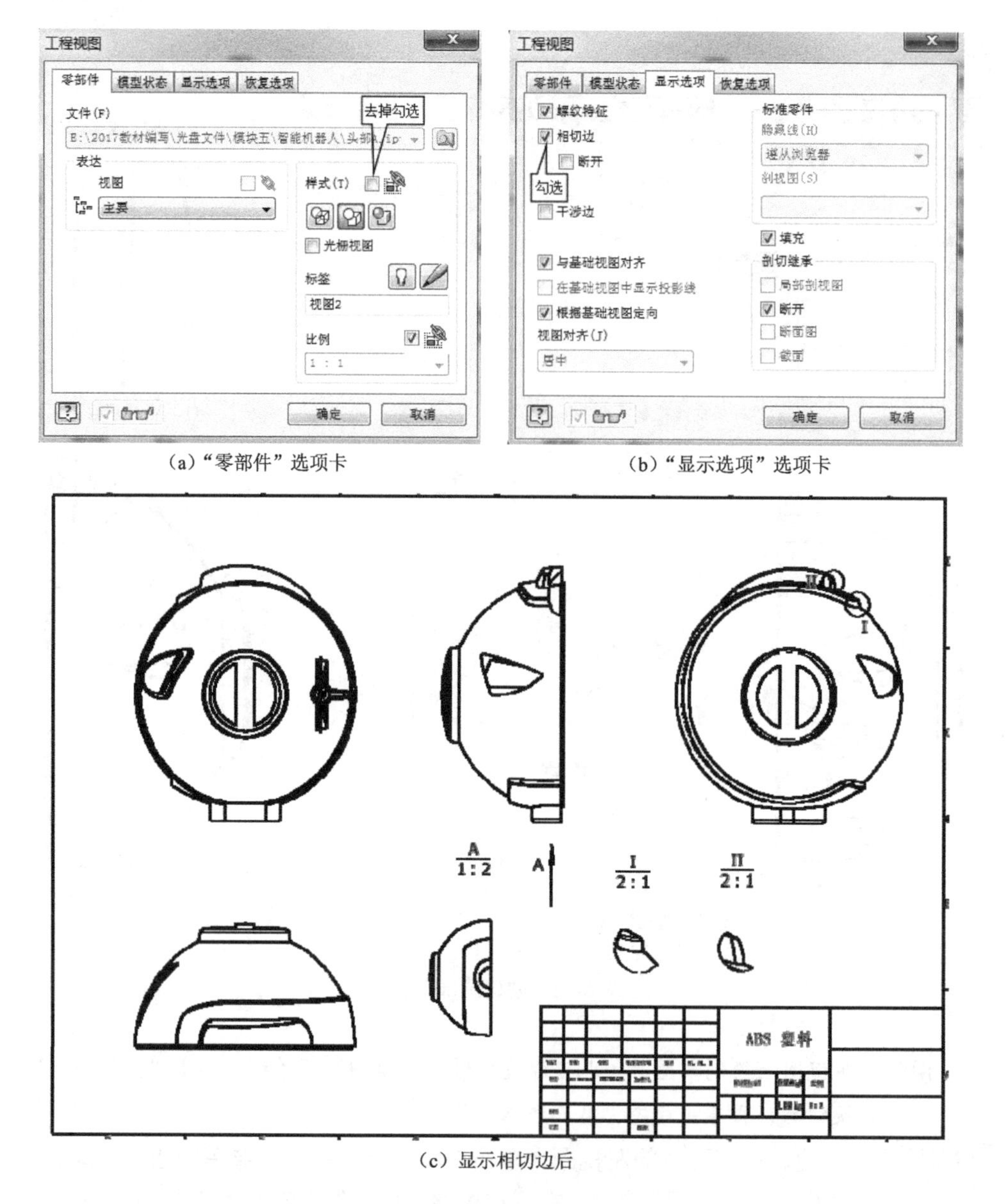

（a）“零部件”选项卡　（b）“显示选项”选项卡

（c）显示相切边后

图 6-23　工程视图窗口

说明：如果基础视图在创建的时候就已经将相切边选项勾选，那么创建的其他投影视图将会自动显示相切边。

Step 14 中心线标注。在“标注”菜单中单击“符号”工具面板上的“中心”标记工具按钮 -|- ，如图 6-24（a）所示。再单击如图 6-24（b）所示的圆，完成中心标记。按下 Esc 键，退出中心标记。若将鼠标悬停在中心线上，中心线会高亮显示，且在中心线的中心及四个端点处出现五个绿色的实心圆点，如图 6-24（c）所示。将光标置于圆圈上时，光标变成双箭头形状，拖动鼠标可调整中心线的长短，将中心线的长度调整合适，如图 6-24（d）所示。单击“符号”工具面板上的“对分中心

线”标记工具按钮，然后分别单击凸柱加强筋顶端的两条边，可添加对分中心线，如图 6-24（e）所示。最后将对分中心线的长度调整合适。单击“符号”工具面板上的“中心线”标记工具按钮，将鼠标悬停在如图 6-24（f）所示的直线中点，直线中点处出现绿色实心圆圈，单击鼠标。再在另一条直线中点处单击鼠标，最后在其他空白处单击鼠标，完成中心线创建，最后将中心线的长度调整合适，如图 6-24（f）所示。应用以上方法，添加其他视图的中心线。

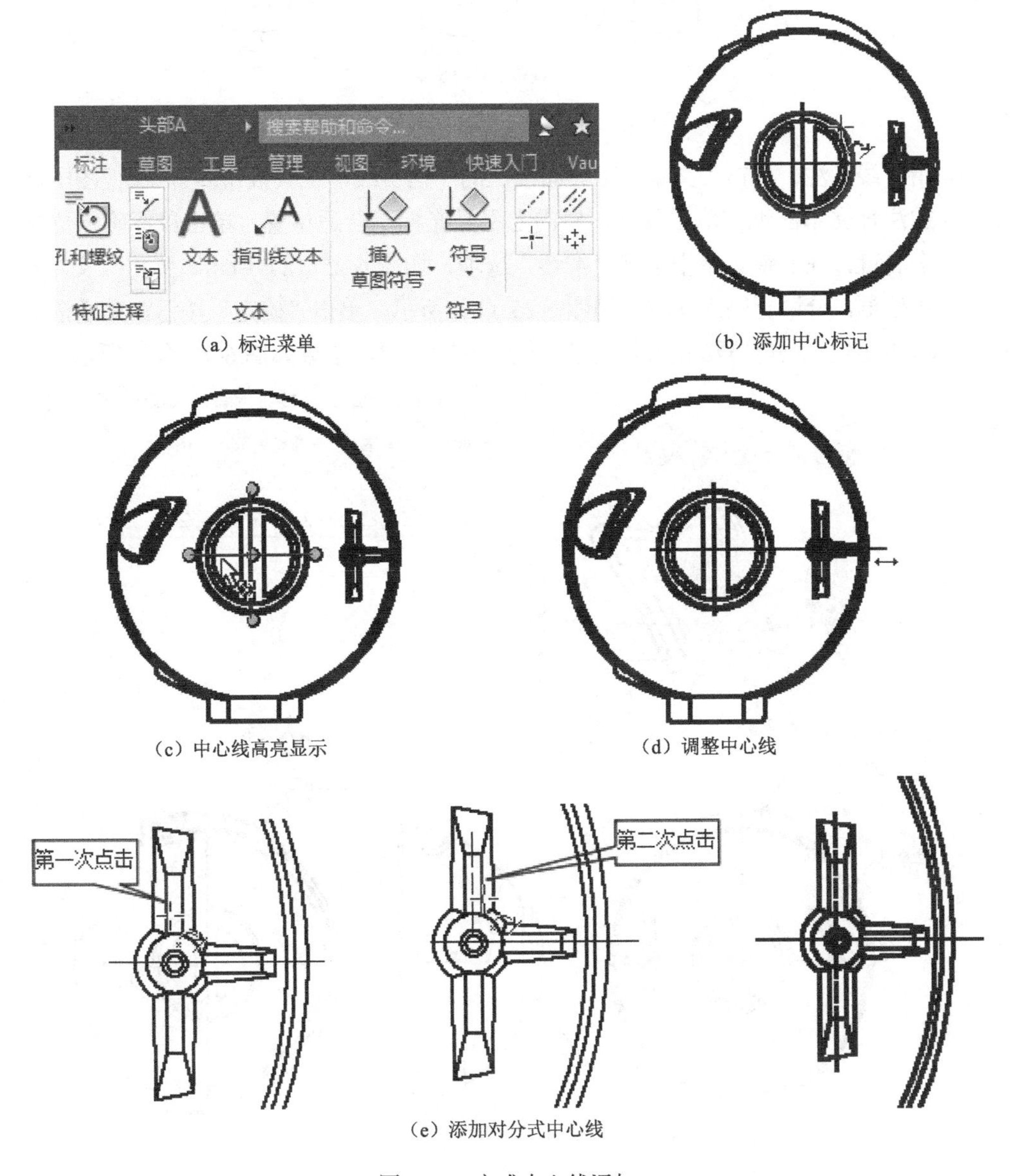

（a）标注菜单　（b）添加中心标记

（c）中心线高亮显示　（d）调整中心线

（e）添加对分式中心线

图 6-24　完成中心线添加

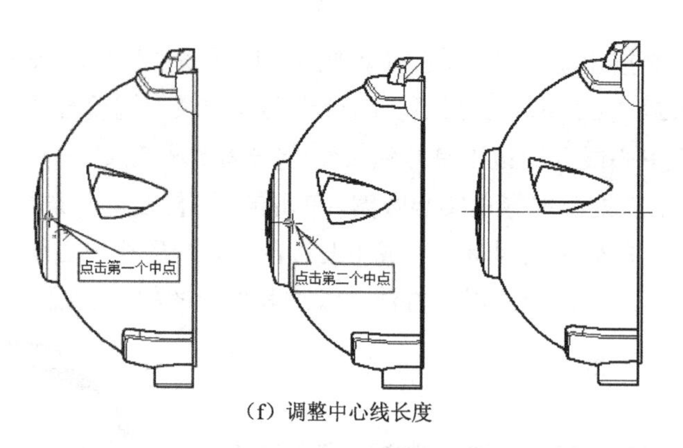

（f）调整中心线长度

图 6-24　完成中心线添加（续）

Step 15 指引线标注。单击“文本”工具面板上的“指引线”工具按钮A，在视图中需要添加注释文本的地方单击鼠标，斜向上引导光标至合适位置，单击鼠标确定位置。单击右键，在右键菜单中选择“继续”选项，如图 6-25（a）所示，弹出“文本格式”对话框，分两行输入文本，如图 6-25（b）所示。单击“确定”按钮，完成指引线文本的创建。同样方法完成其他指引线文本的创建，结果如图 6-25（c）所示。

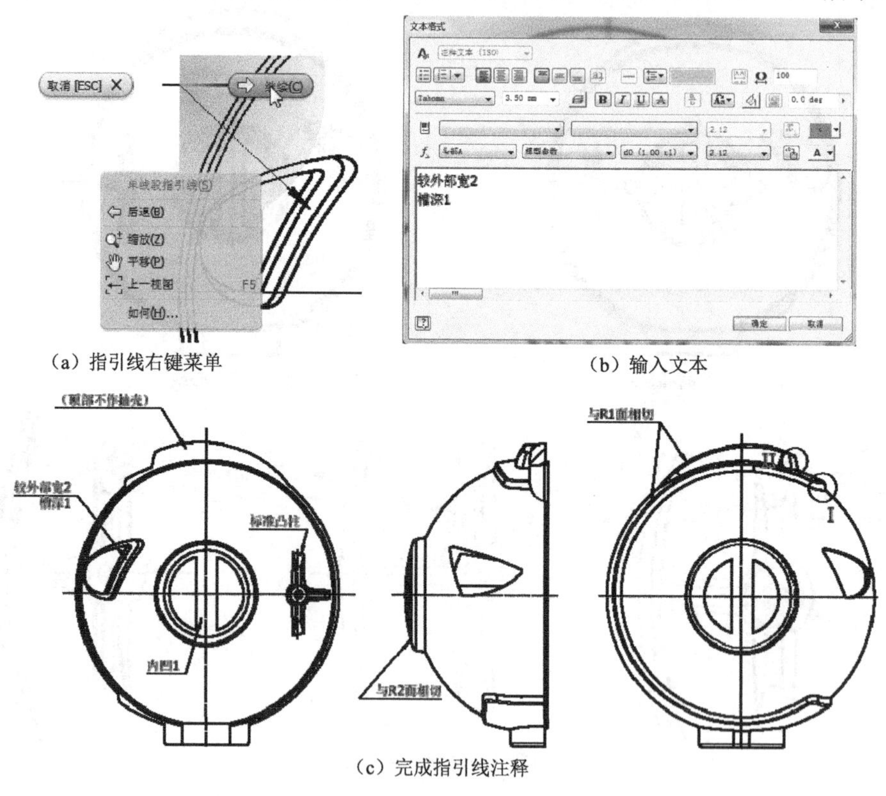

（a）指引线右键菜单

（b）输入文本

（c）完成指引线注释

图 6-25　添加指引线注释

说明：创建最右侧视图中的指引线注释时，首先创建一个指引线注释，然后再创建一个不包含任何文本的指引线注释，将两个指引线调整到合适位置即可。

Step 16 基础视图尺寸标注。单击“尺寸”工具面板上的“通用尺寸”工具按钮，如图 6-26（a）所示。利用通用尺寸工具完成基础视图的尺寸标注。在标注直径为 32、28 的圆时，默认是半径标注。需要在单击圆的轮廓线后，向外移动鼠标引导出半径标注后，直接单击鼠标右键，在右键菜单的“尺寸类型”选项中选择“直径（D）”，如图 6-26（b）所示。然后再引导光标至适当位置单击鼠标，完成 $\Phi 32$ 尺寸标注。同样方法完成 $\Phi 28$ 尺寸标注。在标注壁厚时，需要对尺寸标注进行编辑，将鼠标移动到壁厚标注的数值上，双击鼠标，弹出“编辑尺寸”窗口，在“尺寸”后输入文本“(壁厚)”，单击“启动文本编辑器”工具按钮，弹出“文本格式”窗口，选中输入的文本，将其字号设置为“3.5mm”，然后单击“文本格式”窗口的“确定”按钮，关闭“文本格式”窗口，再单击“编辑尺寸”窗口的“确定”按钮，关闭“编辑尺寸”窗口。最后拖动壁厚的标注尺寸至合适位置。编辑前后对比如图 6-26（d）所示。

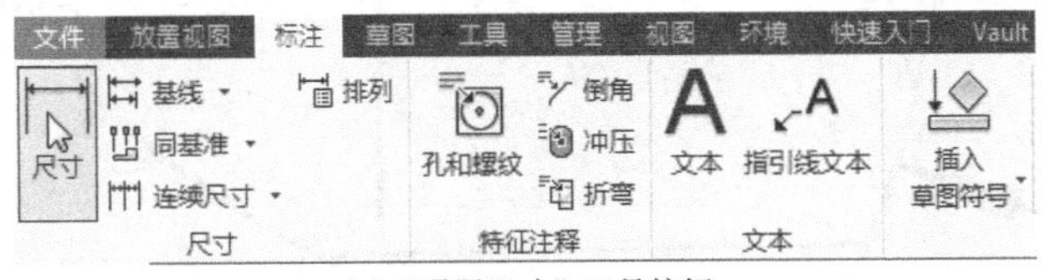

（a）“通用尺寸”工具按钮

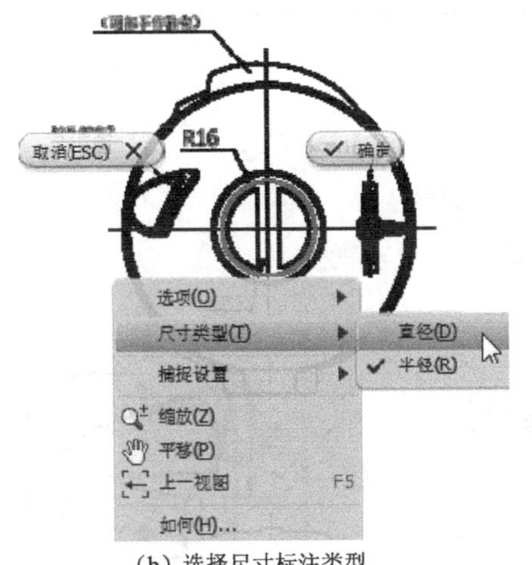

（b）选择尺寸标注类型

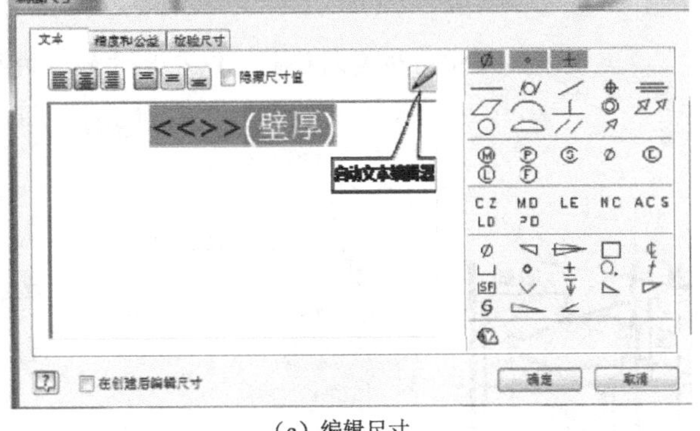

（c）编辑尺寸

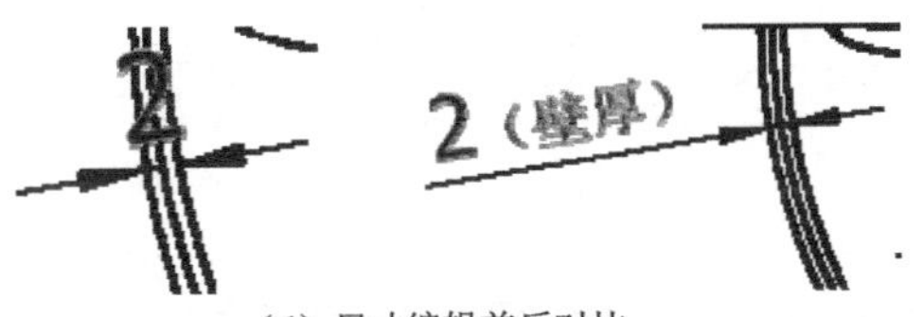

（d）尺寸编辑前后对比

图 6-26　通用尺寸标注

Step 17 左视图的尺寸标注。利用“通用尺寸”工具标注左视图，在标注“眼部”尺寸时，需要进入草图环境，将三段圆弧的交点补绘出来，如图 6-27 所示。方法是：进入草图环境后，先投影三段圆弧，再在圆弧端点处绘制同样大小的圆弧，并跟投影圆弧相切。完成后退出草图环境进行尺寸标注。在标注尺寸值为 28 的线性尺寸时发现尺寸数值为 28.001，需要进行编辑，方法是双击尺寸值，弹出“编辑尺寸”窗口，将精度值设为整数，如图 6-28 所示。单击“确定”按钮，完成尺寸编辑。在标注“SR50”尺寸时，标注后发现尺寸前面没有“S”，需要双击尺寸值，打开“编辑尺寸”窗口后，在尺寸前面输入“S”即可完成“SR50”的尺寸标注。

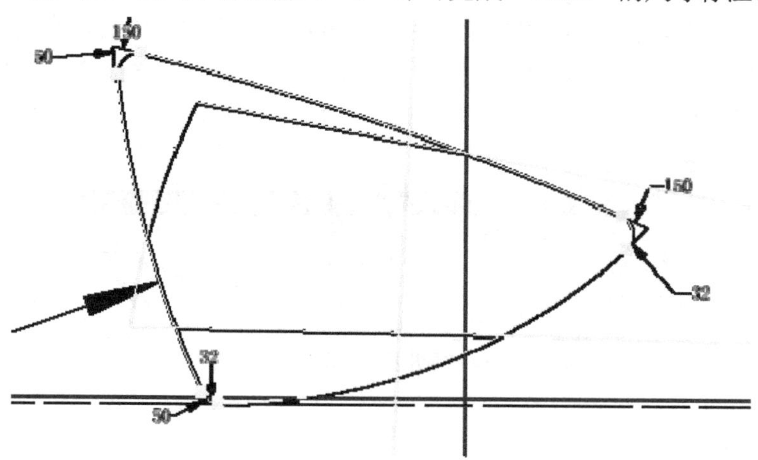

图 6-27　补绘圆弧交点

说明：尺寸的精度调整也可以在尺寸的右键菜单中进行。

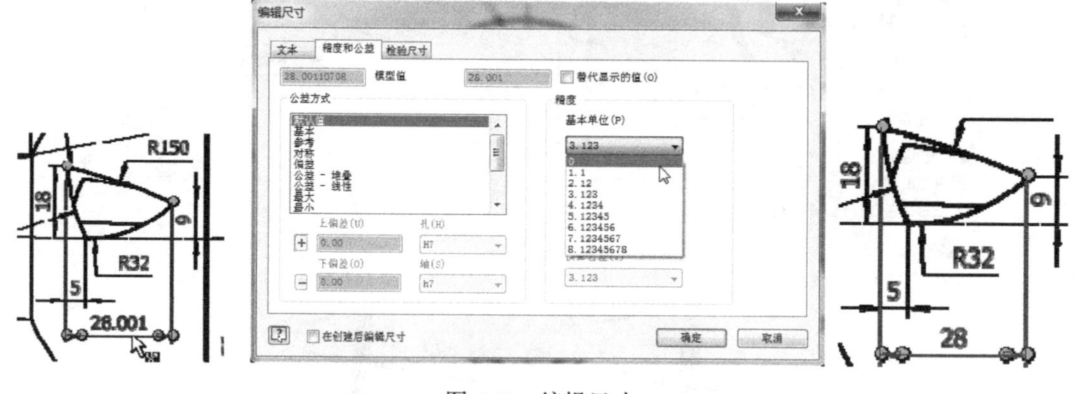

图 6-28　编辑尺寸

Step 18 A 向视图尺寸标注。在标注尺寸值为 26 的线性尺寸时，引导出尺寸标注后，单击鼠标右键，在右键菜单中的“尺寸类型”选项中选择“线性对称（S）”，如图 6-29 所示。利用“通用尺寸”工具可完成 A 向视图的其他尺寸标注。

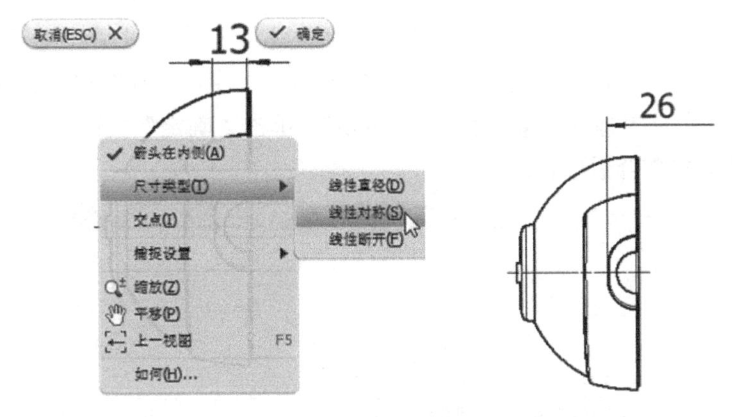

图 6-29　线性对称标注

Step 19 局部放大视图 I 的尺寸标注。在标注为 7° 的角度时，需要进入草图环境，绘制一条竖直辅助线，如图 6-30（a）所示，退出草图环境后进行尺寸标注，如图 6-30（b）所示。

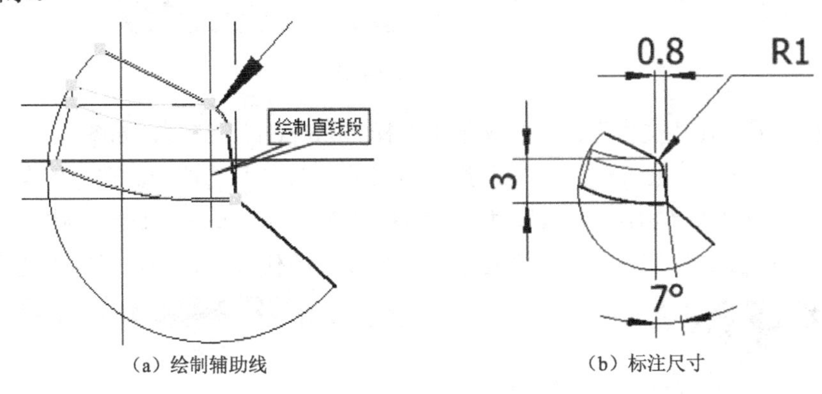

（a）绘制辅助线　　（b）标注尺寸

图 6-30　局部放大视图 I 尺寸标注

Step 20 俯视图的尺寸标注。在标注尺寸值为 *R*200 的圆弧时，单击圆弧，引导出尺寸后单击鼠标右键，在右键菜单中选择“选项-合并（J）”，然后再将尺寸引导到合适位置，单击鼠标完成尺寸标注，最后将尺寸的精度修改为整数，如图 6-31 所示。其他视图的尺寸标注，请读者自行完成，这里不再赘述。

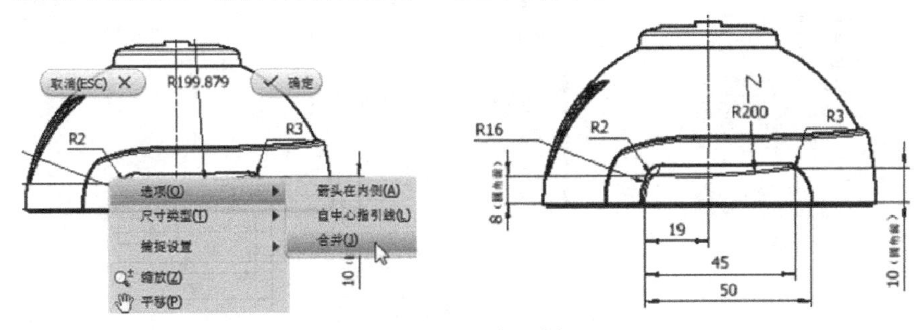

图 6-31　俯视图尺寸标注

Step 21 文本注释。单击“文本”工具面板上的“文本”工具按钮 A，在图纸右下侧的标题栏上方适当位置单击鼠标，弹出“文本格式”窗口，在窗口中输入如图 6-32 所示文本，并将文本字号设置为“5.00mm”，单击“确定”按钮，完成文本注释，然后拖动文本至合适位置。

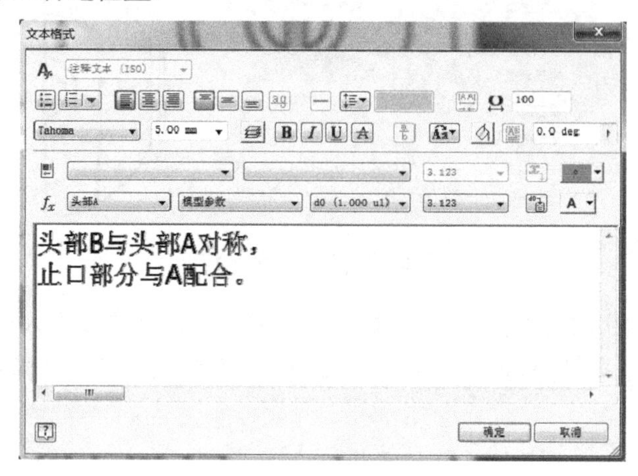

图 6-32　文本注释

Step 22 添加代号。在“文件”的下拉菜单中选择“iProperty”选项，如图 6-33（a）所示。弹出“头部 A iProperty”窗口，进入窗口的“项目”选项卡，在“库存编号（S）”文本框中输入“2016-01-01”，如图 6-33（b）所示。单击“确定”按钮，关闭“头部 A iProperty”窗口，可发现在工程图标题栏的代号一栏添加了输入的库存编号。

（a）文件菜单

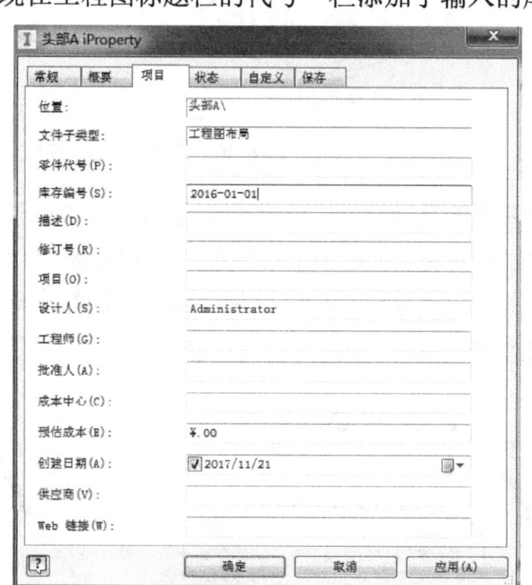

（b）“头部 A iProperty”窗口

图 6-33　添加代号

Step 23 保存文件。保存文件，在弹出的“另存为”窗口中，将文件保存为“头部 A.ipt”，可发现在标题栏的名称栏中添加了工程图名称，最后结果如图 6-1 所示。

拓展练习 6-1

完成如图 6-34 所示的工程图的绘制。其详细图纸可参见资料包中“模块六/床头灯灯罩.dwfx”文件。

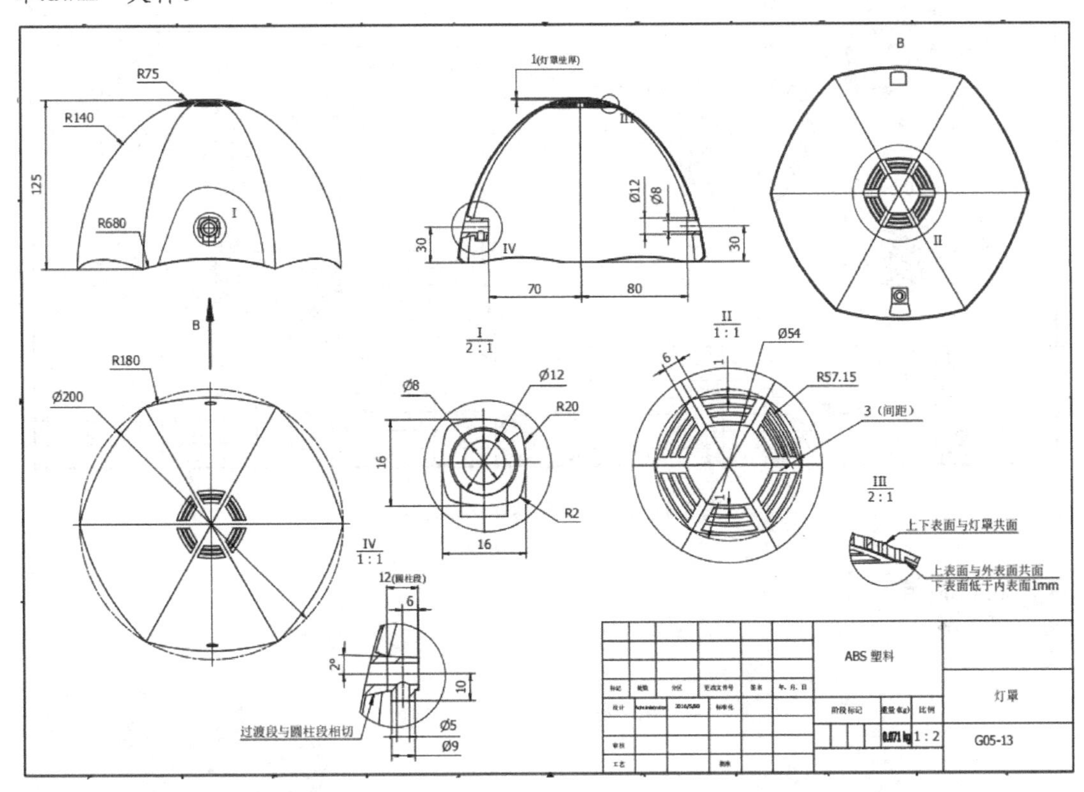

图 6-34　拓展练习 6-1

任务 2　智能单车的爆炸图设计

任务导入

智能单车爆炸图设计实例如图 6-35 所示，详细图纸可参见资料包中“模块六/智能单车爆炸图.dwfx”文件。

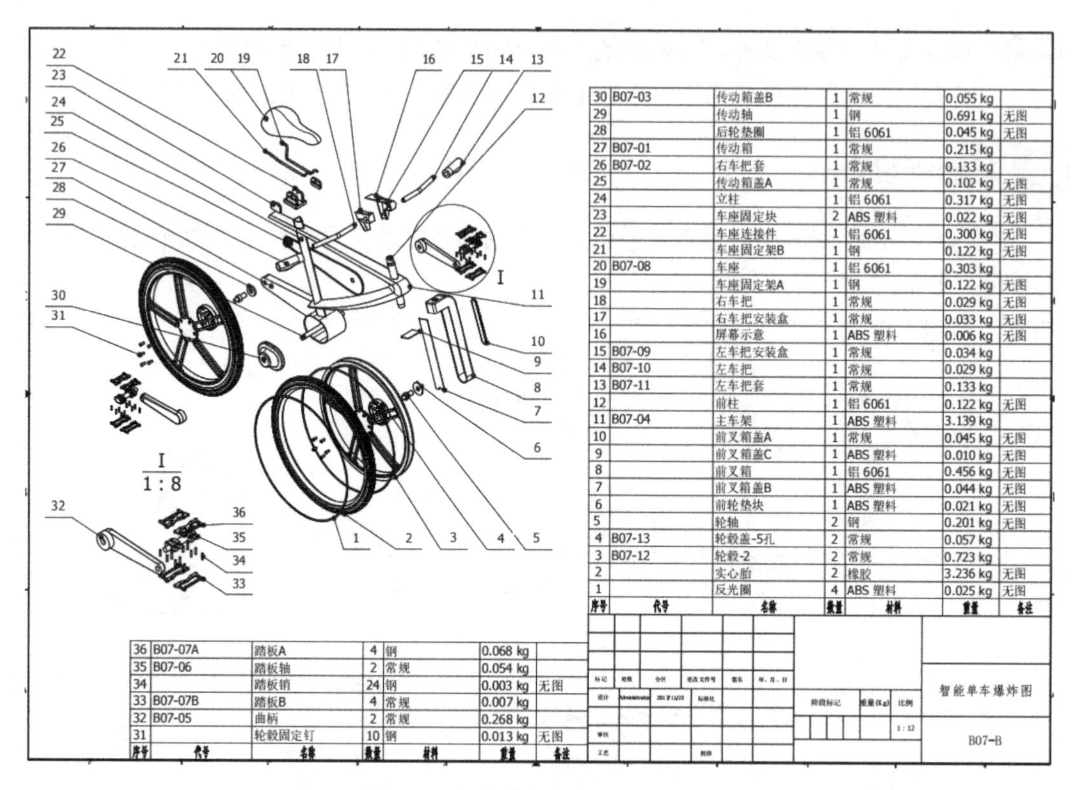

序号	代号	名称	数量	材料	重量	备注
30	B07-03	传动箱盖B	1	常规	0.055 kg	
29		传动轴	1	钢	0.691 kg	无图
28		后轮垫圈	1	铝 6061	0.045 kg	无图
27	B07-01	传动箱	1	常规	0.215 kg	
26	B07-02	右车把套	1	常规	0.133 kg	
25		传动箱盖A	1	常规	0.102 kg	无图
24		立柱	1	铝 6061	0.317 kg	无图
23		车座固定块	2	ABS 塑料	0.022 kg	无图
22		车座连接件	1	铝 6061	0.300 kg	无图
21		车座固定架B	1	钢	0.122 kg	无图
20	B07-08	车座	1	铝 6061	0.303 kg	
19		车座固定架A	1	钢	0.122 kg	无图
18		右车把	1	常规	0.029 kg	无图
17		右车把安装盒	1	常规	0.033 kg	无图
16		屏幕示意	1	ABS 塑料	0.006 kg	无图
15	B07-09	左车把安装盒	1	常规	0.034 kg	
14	B07-10	左车把	1	常规	0.029 kg	
13	B07-11	左车把套	1	常规	0.133 kg	
12		前柱	1	铝 6061	0.122 kg	无图
11	B07-04	主车架	1	ABS 塑料	3.139 kg	
10		前叉箱盖A	1	常规	0.045 kg	无图
9		前叉箱盖C	1	ABS 塑料	0.010 kg	无图
8		前叉箱	1	铝 6061	0.456 kg	无图
7		前叉箱盖B	1	ABS 塑料	0.044 kg	无图
6		前轮垫块	1	ABS 塑料	0.021 kg	无图
5		轮轴	2	钢	0.201 kg	无图
4	B07-13	轮毂盖-5孔	2	常规	0.057 kg	
3	B07-12	轮毂-2	2	常规	0.723 kg	
2		实心胎	2	橡胶	3.236 kg	无图
1		反光圈	4	ABS 塑料	0.025 kg	无图

序号	代号	名称	数量	材料	重量	备注
36	B07-07A	踏板A	4	钢	0.068 kg	
35	B07-06	踏板轴	2	常规	0.054 kg	
34		踏板销	24	钢	0.003 kg	无图
33	B07-07B	踏板B	4	常规	0.007 kg	
32	B07-05	曲柄	2	常规	0.268 kg	
31		轮毂固定钉	10	钢	0.013 kg	无图

图 6-35　智能单车爆炸图设计实例

设计流程

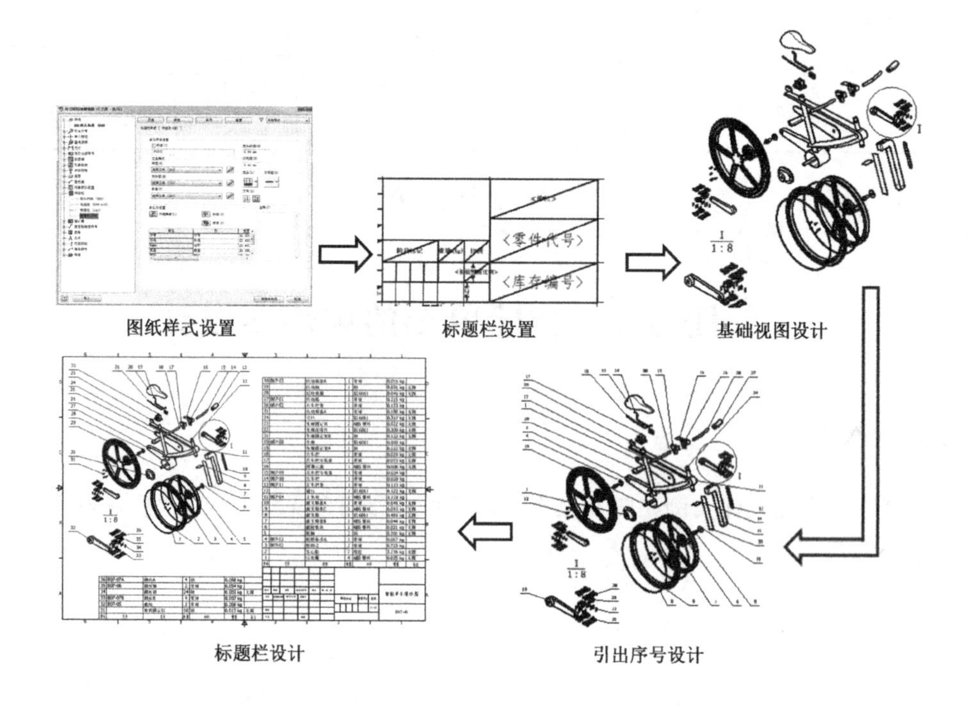

设计步骤

Step 01 指引线箭头形式设置。在新建工程图文件时，选择前面创建的“A3 模板.idw”。进入“管理”菜单，打开“样式和标准编辑器”窗口，选择“指引线”下的“常规（GB）”选项，在窗口右侧的“箭头（A）”选项中选择“小点”样式，如图 6-36 所示，其他设置保持不变，单击窗口上部的“保存”按钮，将以上设置保存。

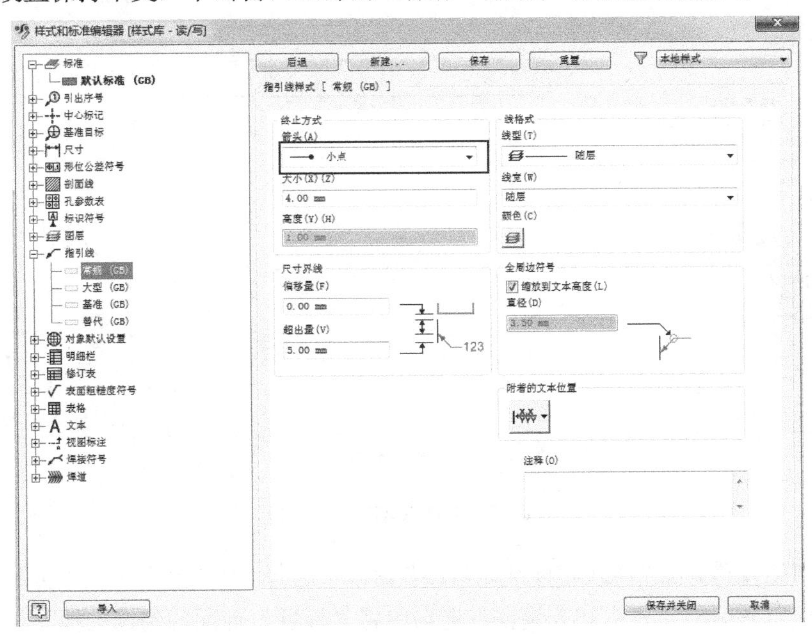

图 6-36　指引线箭头设置

Step 02 新建文本样式。在“样式和标准编辑器”窗口中的“文本”下的“标签文本”上单击鼠标右键，在右键菜单中选择“新建样式”选项，如图 6-37（a）所示，弹出“新建本地样式”窗口。在“名称”文本框中输入“表题文本”，如图 6-37（b）所示。单击“确定”按钮，完成新建文本样式创建。选择新创建的“表题文本”，将其“拉伸幅度”设置为“60”，“字体”设置为“仿宋”、文本高度设置为“3.50mm”，如图 6-37（c）所示。单击窗口上部的“保存”按钮，将以上设置保存。

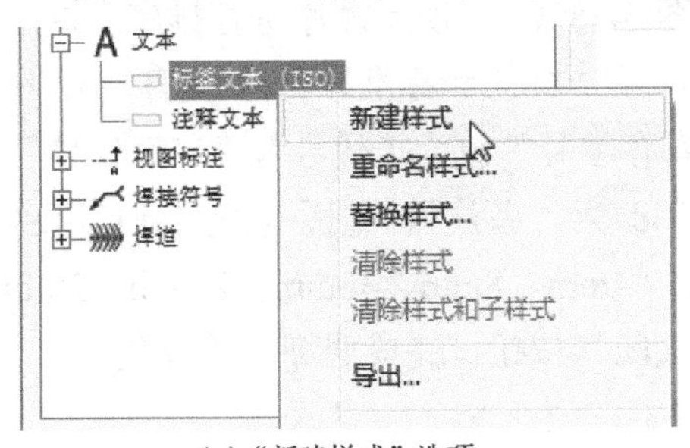

（a）“新建样式”选项

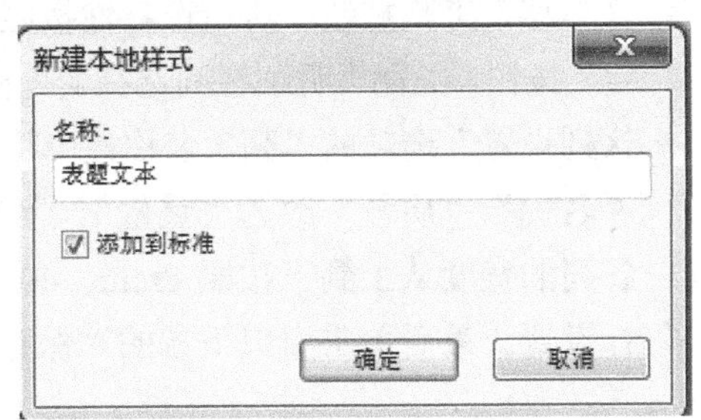

（b）“新建本地样式”窗口

图 6-37　新建文本样式

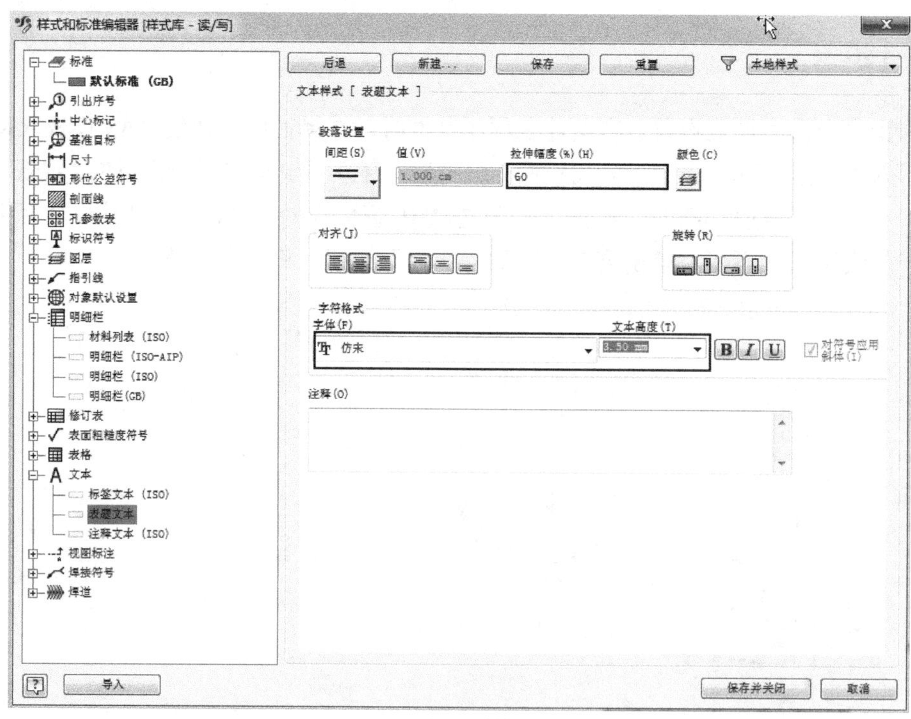

（c）设置文本样式

图 6-37　新建文本样式（续）

Step 03 明细栏设置。在“样式和标准编辑器”窗口中选择“明细栏”下的“明细栏（GB）”，在窗口右侧的“表头和表设置”选项中将“标题”前面的勾选去掉，在“列标题”下拉列表中选择“表题文本”，如图 6-38（a）所示。单击“默认列设置”选项的“列选择器”工具按钮 ，弹出“明细栏列选择器”窗口，如图 6-38（b）所示。在窗口右侧的“所选特性（E）”栏中选择“标准”选项，然后单击中间的“删除”按钮 <- 删除(R) ，将“标准”特性删除，重复操作，将“名称”特性删除。在左侧“可用的特性（V）”选项中选择“零件代号”，单击中间的“添加”按钮 添加(A) -> ，将零件代号添加到右侧的“所选特性”选项栏中。重复操作，将“库存编号”、“质量”也添加到“所选特性”选项栏。然后通过“所选特性”选项栏下方的“上移”、“下移”工具按钮，将所选特性按照如图 6-38（c）所示顺序进行排序。单击“确定”按钮，关闭“明细栏列选择器”窗口。在“样式和标准编辑器”窗口中，在“默认列设置”选项的“列”名称栏中将“库存编号”改为“代号”、“零件代号”改为“名称”、“质量”改为“重量”、“注释”改为“备注”，如图 6-38（d）所示。将各列的宽度从上到下按照 8mm、40mm、44mm、8mm、38mm、22mm、20mm 进行设置。最后单击窗口下方的“保存并关闭”按钮，完成明细栏的设置。

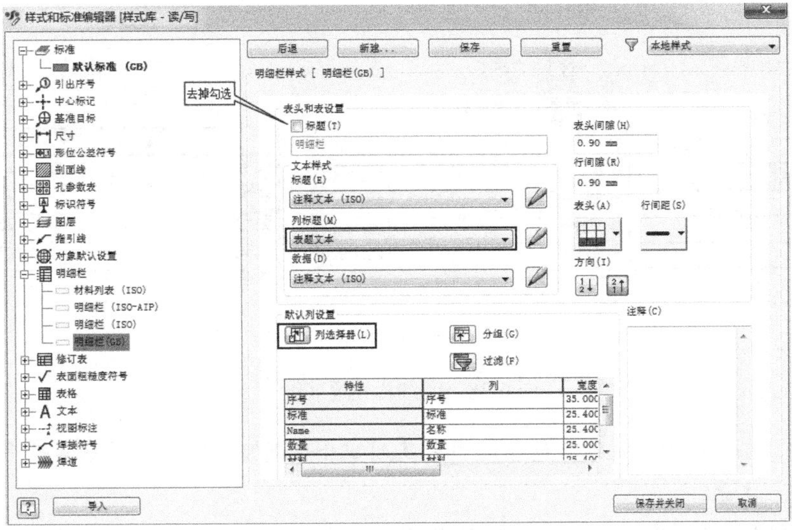

（a）“明细栏”选项

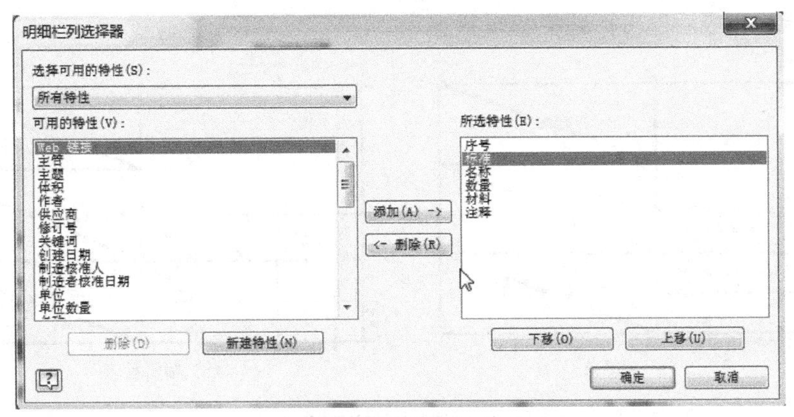

（b）“明细栏列选择器”窗口

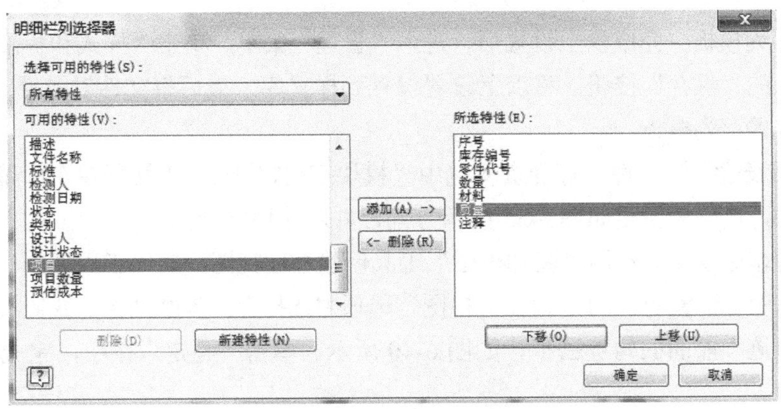

（c）修改后的明细栏列选择器窗口

图 6-38　明细栏设置

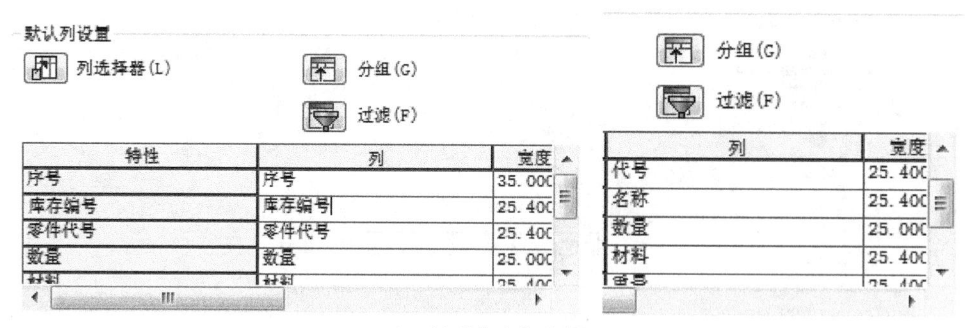

（d）列名称修改前后对比

图 6-38　明细栏设置（续）

说明： 在比赛中，明细栏包含的项目及列宽会在题目中明确告诉参赛选手，这个无需去记。

Step 04 标题栏编辑。进入标题栏的编辑状态，将“材料”、“质量”文本删除，如图 6-39 所示，完成后退出标题栏编辑状态。

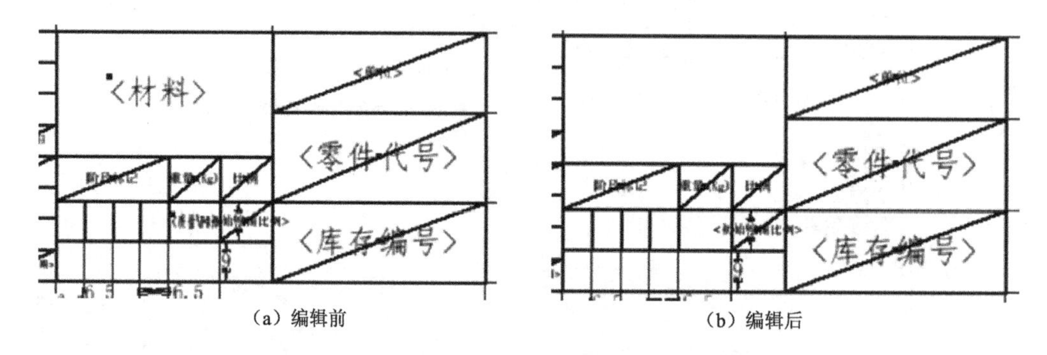

（a）编辑前　　（b）编辑后

图 6-39　标题栏编辑

Step 05 保存为模板。完成以上设置后，进入“管理”菜单，单击“样式和标准编辑器”窗口上的“保存”按钮，将以上设置保存到样式库。最后将文件以“爆炸图.idw”的名称保存为模板。

Step 06 打开表达视图文件。打开资料包中“模块三/思考与练习/智能单车/智能单车.ipn”文件，调整视图至如图 6-35 所示方向，并新建快照视图。

Step 07 创建基础视图。利用“基础视图”工具创建基础视图，在“工程视图”窗口中，将“比例”设置为“1:12”，在“视图”选项中选择上一步刚创建的快照视图，将“显示轨迹”前面的勾选去掉，如图 6-40 所示。单击“确定”按钮，完成基础视图的创建。

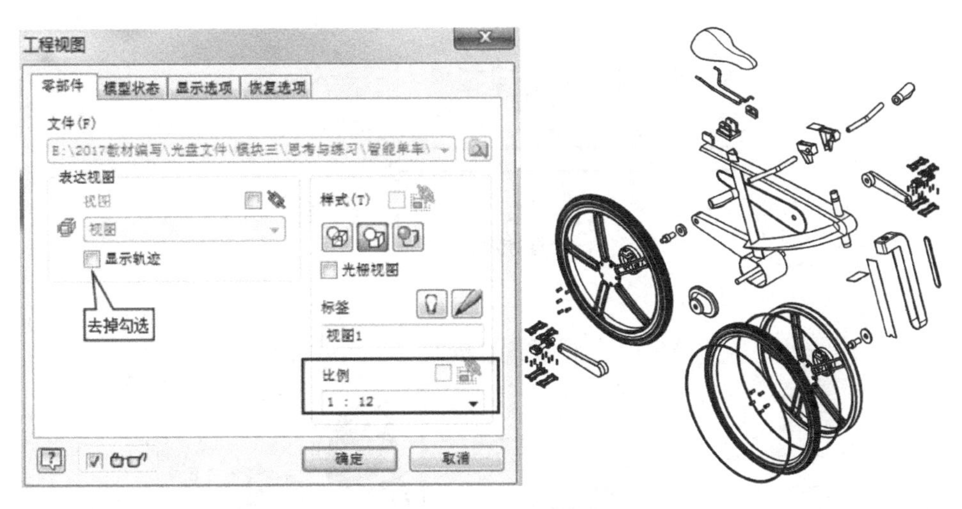

图 6-40 创建基础视图

Step 08 创建局部视图。利用“局部视图”工具创建局部放大视图，如图 6-41 所示，将局部放大视图放置到适当位置后，单击鼠标，完成局部放大视图的创建。

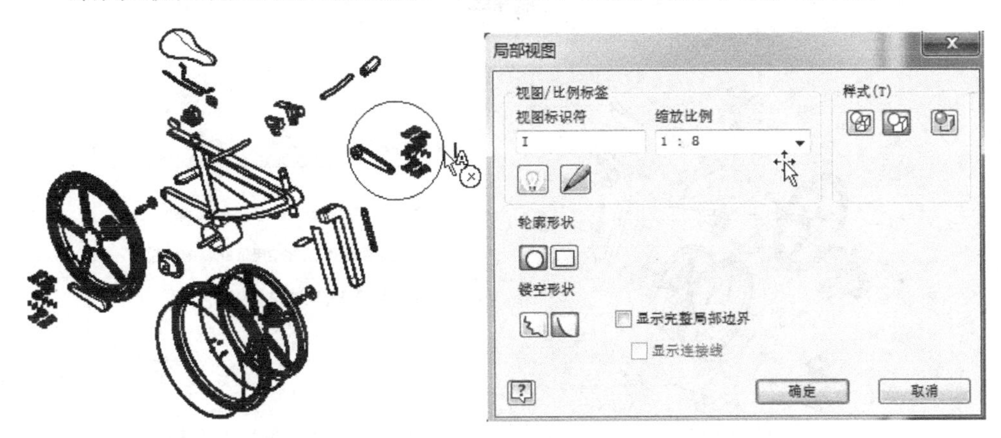

图 6-41 创建局部视图

Step 09 引出序号创建。在“标注”菜单下，单击“表格”工具面板上的“自动引出序号”工具按钮，如图 6-42（a）所示。弹出“自动引出序号”窗口，“选择视图集”选项默认选中，单击基础视图作为视图集，再框选如图 6-42（b）所示零部件，框选后的零部件高亮显示。在“BOM 表视图（B）”选项中选择“仅零件”；在“放置”选项中选择“环形（R）”；单击“选择放置方式”工具按钮，然后在视图区单击鼠标，放置引出序号，如图 6-42（c）所示。单击“自动引出序号”窗口中的“应用”按钮，弹出“BOM 表视图已禁用”窗口，如图 6-42（d）所示。单击“确定”按钮，完成基础视图引出序号的创建。重复上述操作，再创建局部放大视图的引出序号。放置引出序号时，选择“竖直”放置方式。最后单击“自动引出序号”窗口中的“确定”按钮，完成所有视图引出序号的创建。

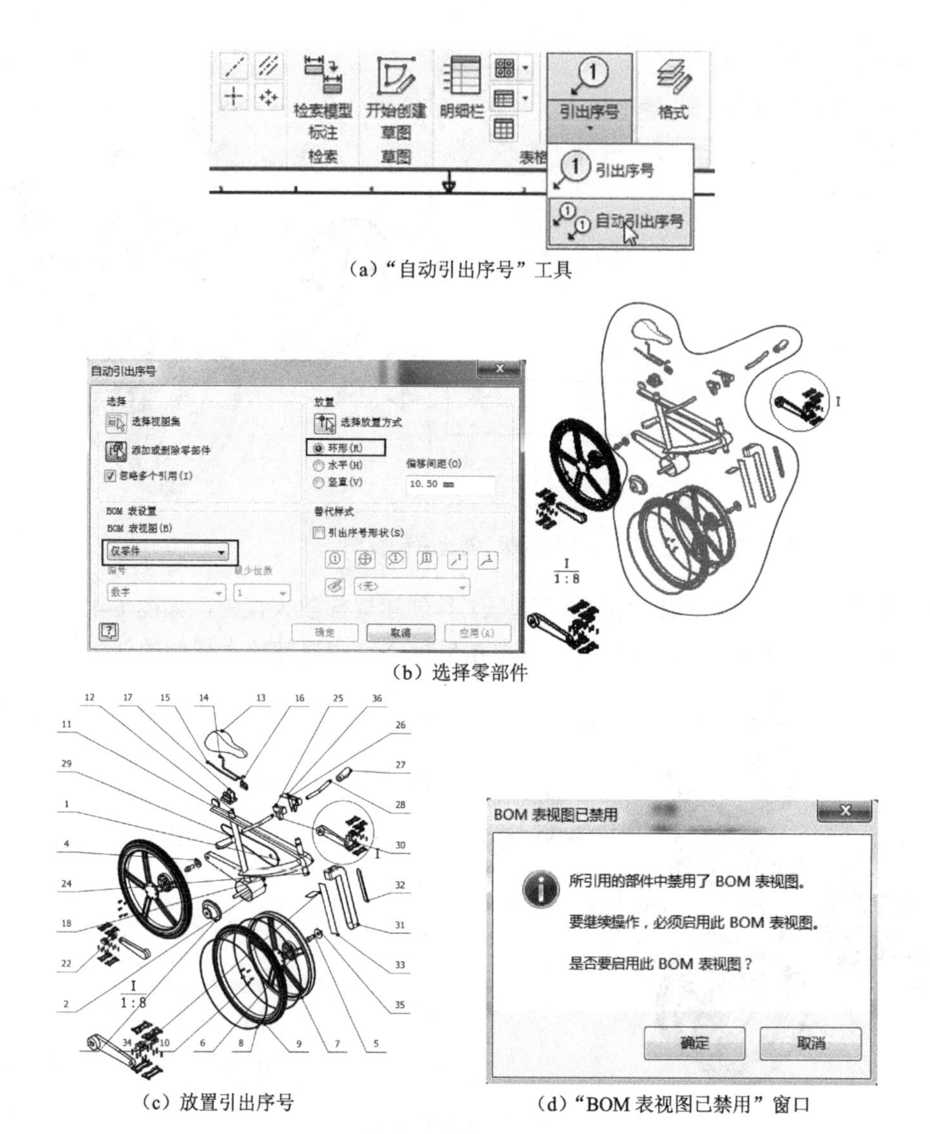

（a）“自动引出序号”工具

（b）选择零部件

（c）放置引出序号

（d）“BOM 表视图已禁用”窗口

图 6-42　创建自动引出序号

说明： 这里之所以要在“工程视图”窗口中的“BOM 表视图”选项中选择“仅零件”，是因为在装配文件中采用了子装配。若不选择“仅零件”，子装配会作为一个部件引出序号。在较多零件的装配文件中，采用多个子装配，可以给装配工作带来便捷。

Step 10 调整引出序号。在调整引出序号的过程中，在移动引出序号的箭头时会发现箭头形状由原来的“小点”变为“大点”，这时需要将其修改回“小点”形式。方法是在箭头处单击鼠标右键，在右键菜单中选择“编辑箭头”选项，如图 6-43（a）所示，弹出“更改箭头”窗口。在窗口的下拉列表中选择“小点”，如图 6-43（b）所示。单击下拉列表右边的确定按钮 ✔，完成箭头形状的更改。引出序号位置调整后如图 6-43（c）所示。

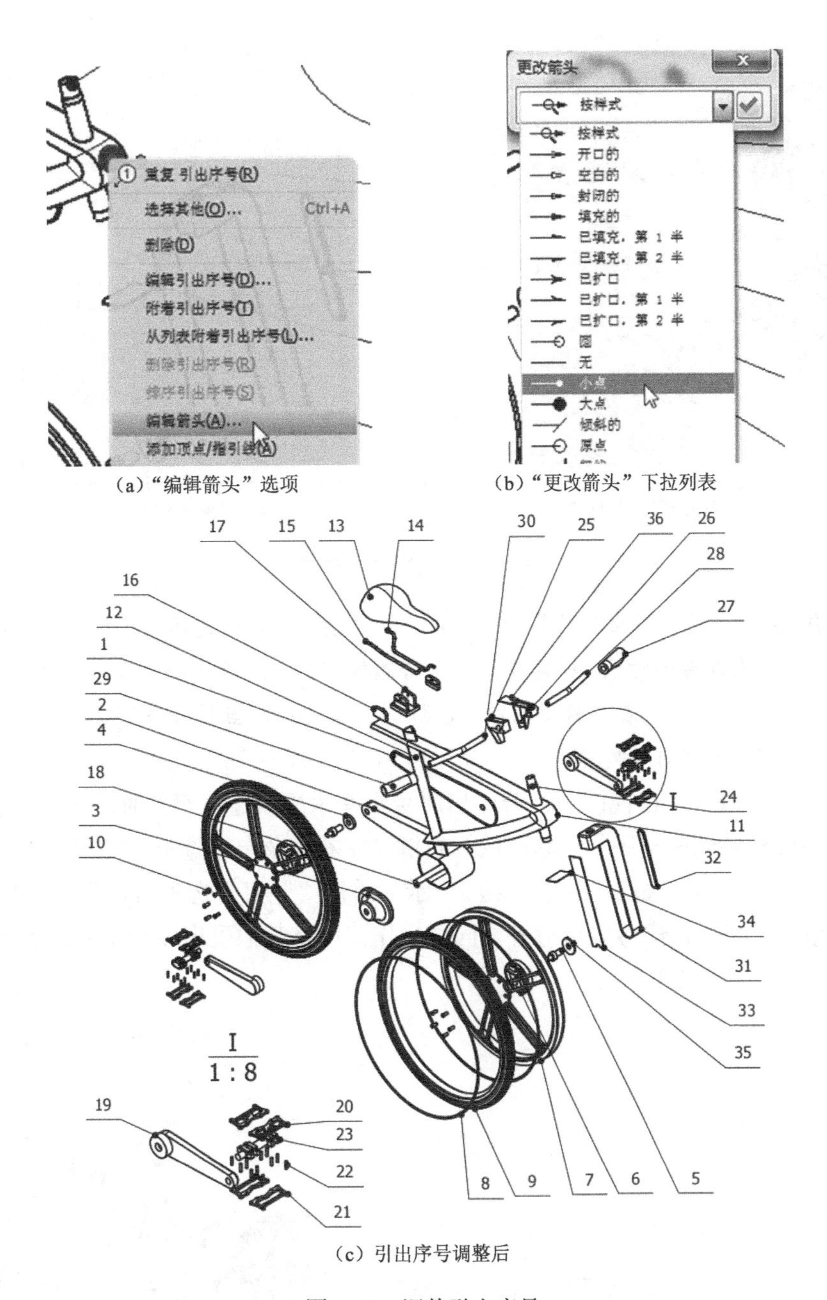

（a）“编辑箭头”选项　　（b）“更改箭头”下拉列表

（c）引出序号调整后

图 6-43　调整引出序号

Step 11 引出序号排序。按照如图 6-35 所示的引出序号顺序，从 1 号开始，依次选取所有引出序号。在选中的任一引出序号上，单击鼠标右键，在右键菜单中选择“编辑引出序号”选项，如图 6-44（a）所示。弹出“编辑引出序号”窗口，窗口中会按照选择的引出序号的顺序自上而下排列，如图 6-44（b）所示。在窗口中的“序号”列中将原来的序号自上到下依次改为 1～36。

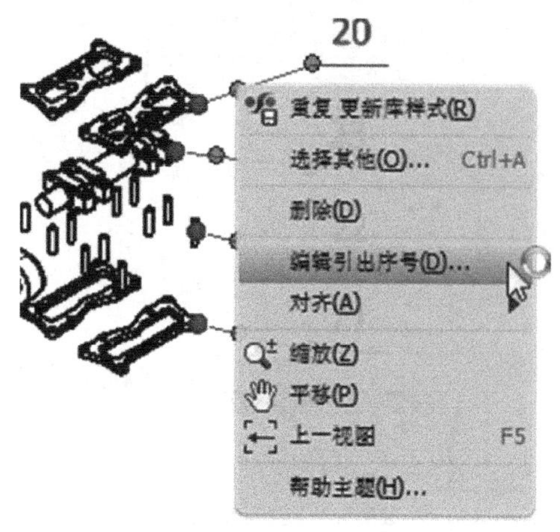

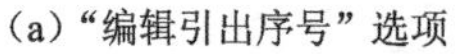
（a）“编辑引出序号”选项

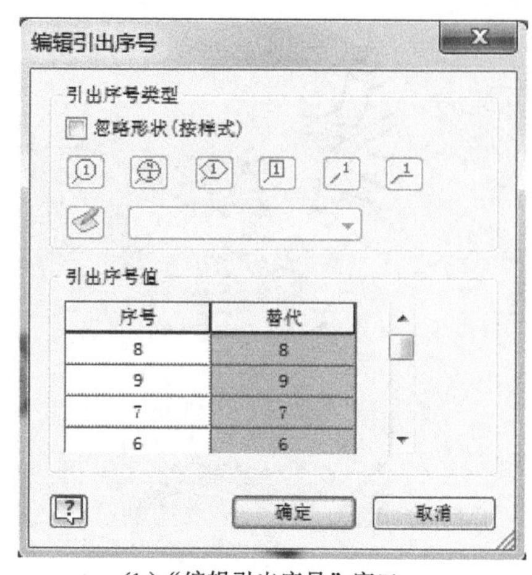

（b）“编辑引出序号”窗口

图 6-44　编辑引出序号

说明： 由于“编辑引出序号”窗口中的序号是按照选择的先后顺序排序的，因此在选择引出序号的时候，一定要按照所给图样中引出序号的顺序进行选择。这样修改起来方便很多。在工程视图中，按照机械图样要求，当引出序号围绕零部件放置时，需按照逆时针排序。

Step 12 引出序号对齐。在视图中，若引出序号没有水平或竖直对齐时，则需要将其对齐。选择要对齐的引出序号，单击鼠标右键，在右键菜单中选择“对齐”选项下的“竖直（V）”选项，如图 6-45（a）所示。单击“竖直”选项后，引导光标在适当位置单击，将引出序号竖直对齐。同样操作，可将其他引出序号水平、竖直对齐，结果如图 6-45（b）所示。

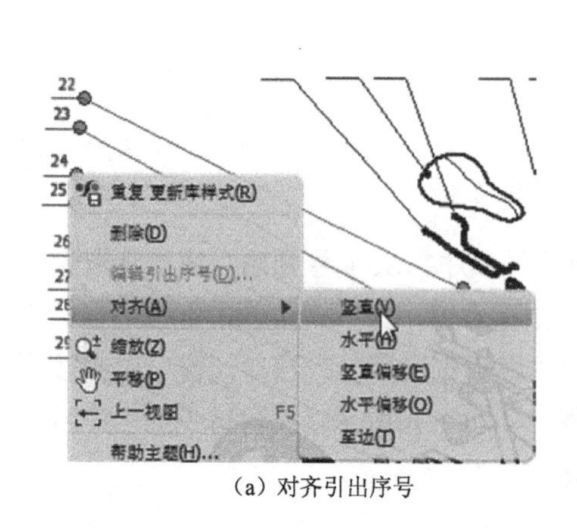

（a）对齐引出序号

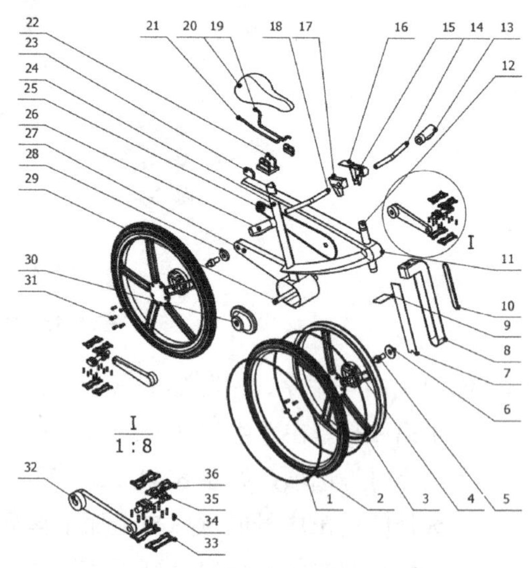

（b）引出序号对齐后

图 6-45　对齐引出序号

Step 13 创建明细栏。在“标注”菜单下的“表格”工具栏上，单击“明细栏”工具按钮，弹出“明细栏”窗口，如图 6-46 所示。在“选项视图”选项选择“基础视图”选项，然后单击“确定”按钮，将明细栏放置在标题栏上方。

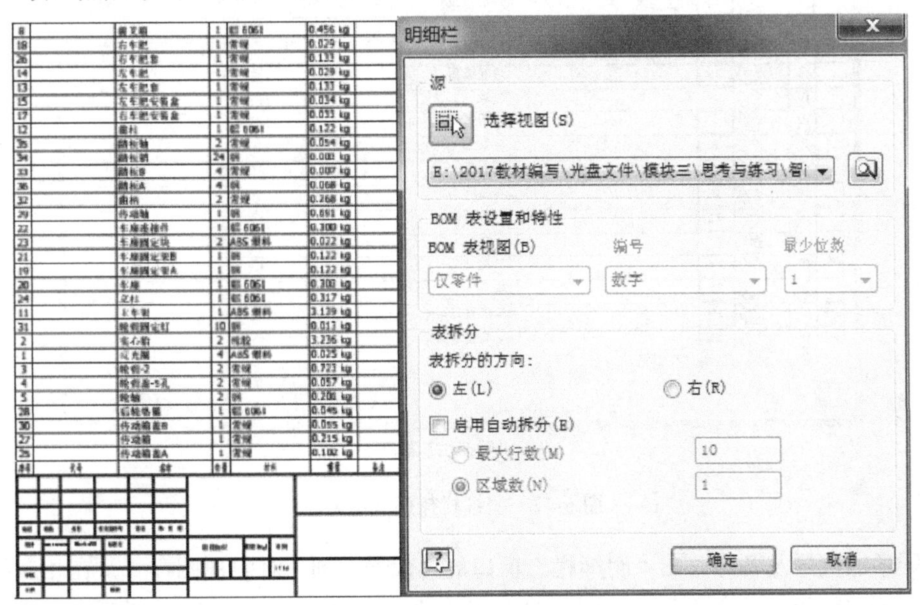

图 6-46　创建明细栏

Step 14 明细栏排序。在明细栏上单击鼠标右键，在右键菜单中选择“编辑明细栏”选项，如图 6-47（a）所示。弹出“明细栏”窗口，单击窗口中的“排序”工具按钮，如图 6-47（b）所示，弹出“对明细栏排序”窗口，在窗口的“第一关键字”下拉列表中选择“序号”，如图 6-47（c）所示。单击“确定”按钮，完成对明细栏的排序。

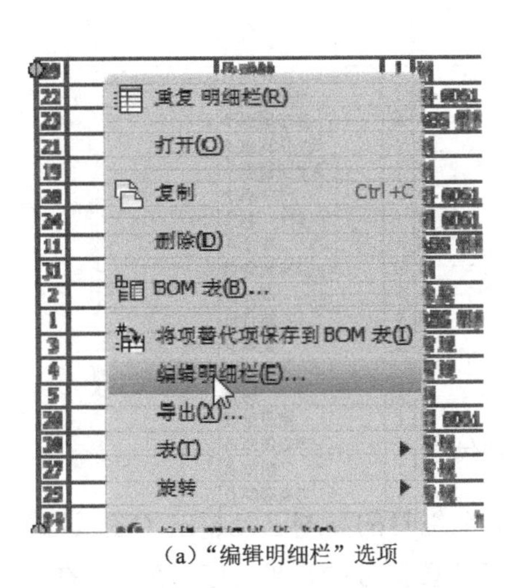

（a）“编辑明细栏”选项

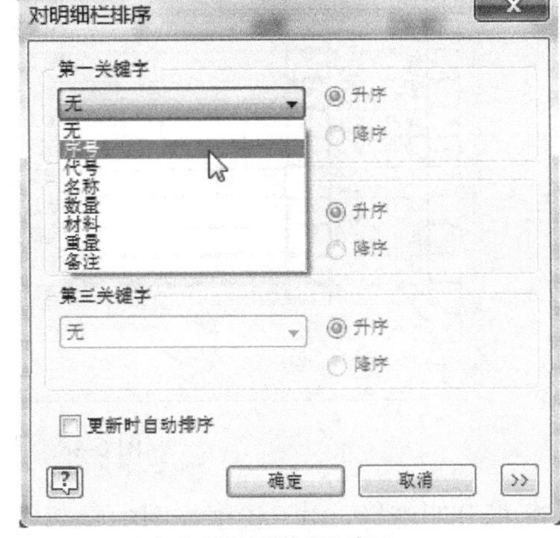

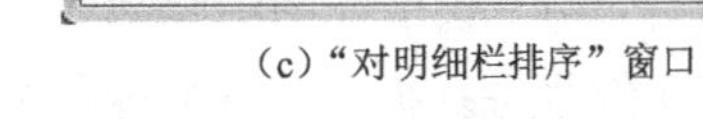
（c）“对明细栏排序”窗口

图 6-47　明细栏排序

（b）“明细栏”窗口

图 6-47 明细栏排序（续）

Step 15 添加代号及备注。在“明细栏”窗口的“代号”列，对照视图样式，在相应的行输入零件代号；在“备注”列，输入相应的备注信息，如图 6-48 所示。完成后，单击“确定”按钮，关闭“明细栏”窗口。

明细栏: 智能单车.iam

序号	代号	名称	数量	材料
1		反光圈	4	ABS 塑料
2		实心胎	2	橡胶
3	B07-12	轮毂-2	2	常规
4	B07-13	轮毂盖-5孔	2	常规
5		轮轴	2	钢
6		前轮垫块	1	ABS 塑料
7		前叉箱盖B	1	ABS 塑料
8		前叉箱	1	铝 6061
9		前叉箱盖C	1	ABS 塑料
10		前叉箱盖A	1	常规
11	B07-04	主车架	1	ABS 塑料
12		前柱	1	铝 6061
13	B07-11	左车把套	1	常规
14	B07-10	左车把	1	常规
15	B07-09	左车把安装盒	1	常规

确定 取消 应用(A)

图 6-48 添加零件代号

Step 16 拆分明细栏。由于该爆炸图中零部件较多，明细栏的高度已经超出了图纸范围，因此需要对明细栏进行拆分。将鼠标移至明细栏要拆分的行处（序号为 31 的行），将光标悬停于该行的非空白处，光标变为“十字箭头”形状 ，单击鼠标右键，在右键菜单中选择“表”选项下的“拆分表”选项，如图 6-49 所示。将明细栏拆分为两部分，将拆分后的序号为 31～36 的明细栏，移至如图 6-35 所示位置。

图 6-49　拆分明细栏

Step 17 添加零件代号。打开“iProperty”窗口，在“库存编号（S）”栏中输入“B07-B”。

Step 18 保存文件。将文件保存为“智能单车爆炸图.idw”。

拓展练习 6-2

完成如图 6-50 所示的智能机器人的爆炸图绘制。其详细图纸可参见资料包中“模块六/智能机器人爆炸图.dwfx”文件。

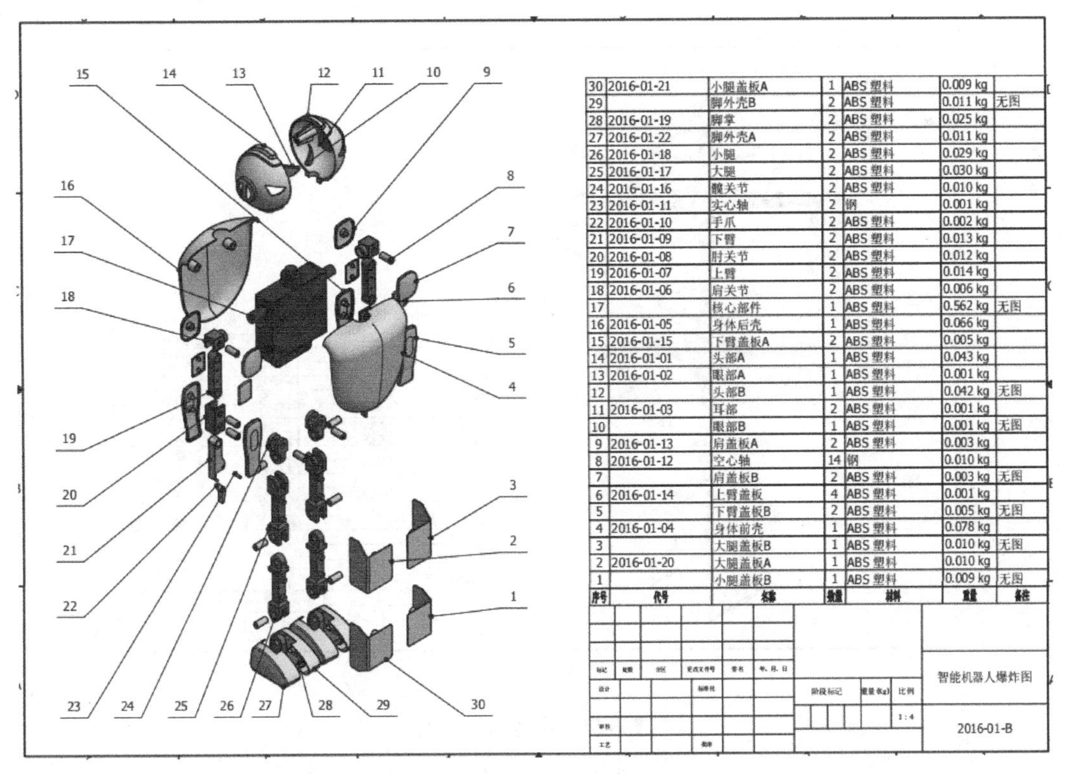

序号	代号	名称	数量	材料	重量	备注
30	2016-01-21	小腿盖板A	1	ABS 塑料	0.009 kg	
29		脚外壳B	2	ABS 塑料	0.011 kg	无图
28	2016-01-19	脚掌	2	ABS 塑料	0.025 kg	
27	2016-01-22	脚外壳A	2	ABS 塑料	0.011 kg	
26	2016-01-18	小腿	2	ABS 塑料	0.029 kg	
25	2016-01-17	大腿	2	ABS 塑料	0.030 kg	
24	2016-01-16	髋关节	2	ABS 塑料	0.010 kg	
23	2016-01-11	实心轴	2	钢	0.001 kg	
22	2016-01-10	手爪	2	ABS 塑料	0.002 kg	
21	2016-01-09	下臂	2	ABS 塑料	0.013 kg	
20	2016-01-08	肘关节	2	ABS 塑料	0.012 kg	
19	2016-01-07	上臂	2	ABS 塑料	0.014 kg	
18	2016-01-06	肩关节	2	ABS 塑料	0.006 kg	
17		核心部件	1	ABS 塑料	0.562 kg	无图
16	2016-01-05	身体后壳	1	ABS 塑料	0.066 kg	
15	2016-01-15	下臂盖板A	2	ABS 塑料	0.005 kg	
14	2016-01-01	头部A	1	ABS 塑料	0.043 kg	
13	2016-01-02	眼部A	1	ABS 塑料	0.001 kg	
12		头部B	1	ABS 塑料	0.042 kg	无图
11	2016-01-03	耳部	2	ABS 塑料	0.001 kg	
10		眼部B	1	ABS 塑料	0.001 kg	无图
9	2016-01-13	肩盖板A	2	ABS 塑料	0.003 kg	
8	2016-01-12	空心轴	14	钢	0.010 kg	
7		肩盖板B	2	ABS 塑料	0.003 kg	无图
6	2016-01-14	上臂盖板	4	ABS 塑料	0.001 kg	
5		下臂盖板B	2	ABS 塑料	0.005 kg	无图
4	2016-01-04	身体前壳	1	ABS 塑料	0.078 kg	
3		大腿盖板B	1	ABS 塑料	0.010 kg	无图
2	2016-01-20	大腿盖板A	1	ABS 塑料	0.010 kg	
1		小腿盖板B	1	ABS 塑料	0.009 kg	无图

图 6-50　拓展练习 6-2

思考与练习 6

按照如图 6-51 所示图样创建工程视图，详细图纸可参见资料包中“模块六/思考与练习/”文件夹中的文件。

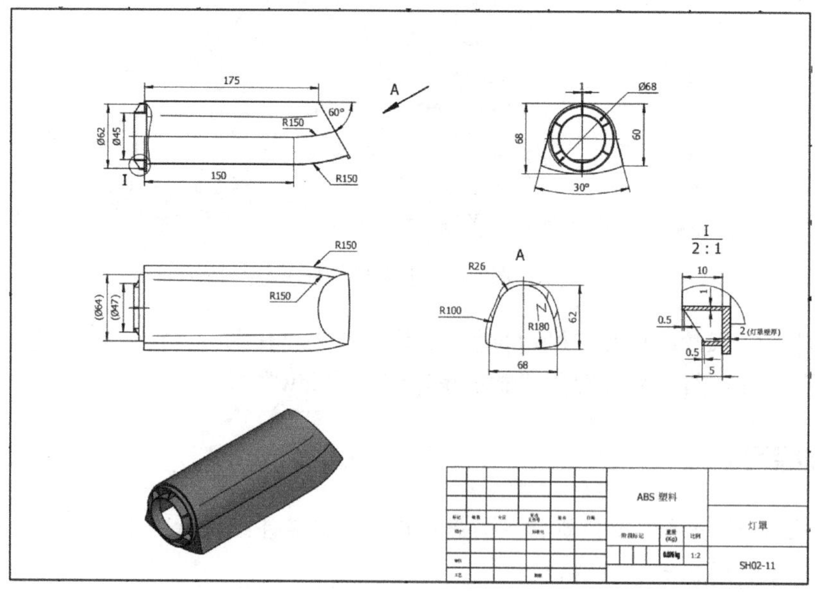

（a）灯罩工程图

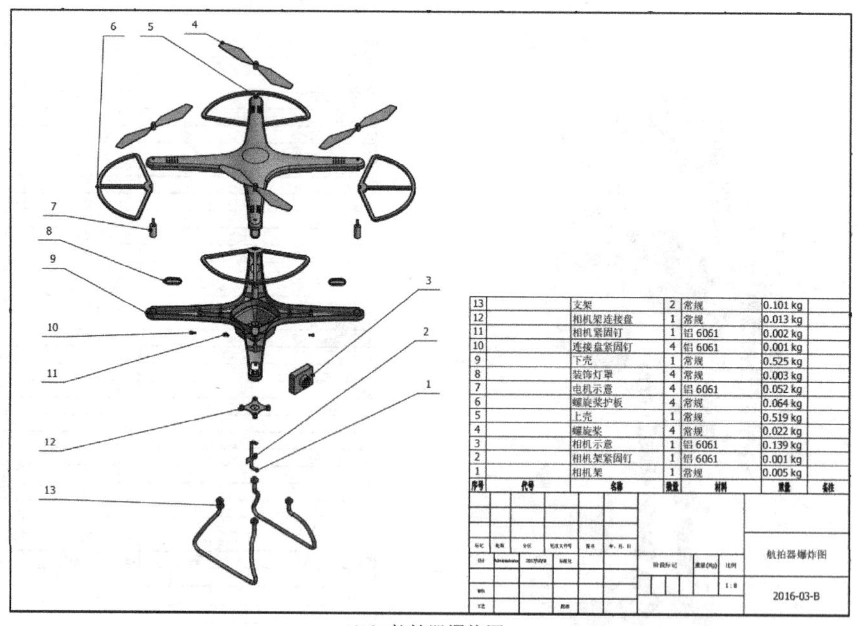

序号	代号	名称	数量	材料	重量	备注
13		支架	2	常规	0.101 kg	
12		相机架连接盘	1	常规	0.013 kg	
11		相机紧固钉	1	铝 6061	0.002 kg	
10		连接盘紧固钉	4	铝 6061	0.001 kg	
9		下壳	1	常规	0.525 kg	
8		装饰灯罩	4	常规	0.003 kg	
7		电机示意	4	铝 6061	0.052 kg	
6		螺旋桨护板	4	常规	0.064 kg	
5		上壳	1	常规	0.519 kg	
4		螺旋桨	4	常规	0.022 kg	
3		相机示意	1	铝 6061	0.139 kg	
2		相机架紧固钉	1	铝 6061	0.001 kg	
1		相机架	1	常规	0.005 kg	

（b）航拍器爆炸图

图 6-51　思考与练习 6

模 块 7

效果图与动画渲染

为了达到更好的设计效果，让客户满意，往往需要对设计的产品进行渲染，生成具有真实效果的渲染图片及装配动画效果的多媒体文件。在 Inventor 中能够完成这个任务的就是 Inventor Studio 模块。该模块作为一个附加模块，具有独特的环境，它能够对 Inventor 创建的零件及装配进行渲染和动画制作。也就是说通过 Inventor Studio 能直接在设计环境中生成较为真实的图像和动画，让客户看到最终的效果。

本模块将通过两个实例，分别从静态渲染、动画制作两方面进行详细介绍。

任务 1 智能单车的设计效果图渲染

任务导入

智能单车的设计效果图如图 7-1 所示，详细图片可参见资料包中“模块七/智能单车.png”文件。

图 7-1 智能单车的设计效果图

设计流程

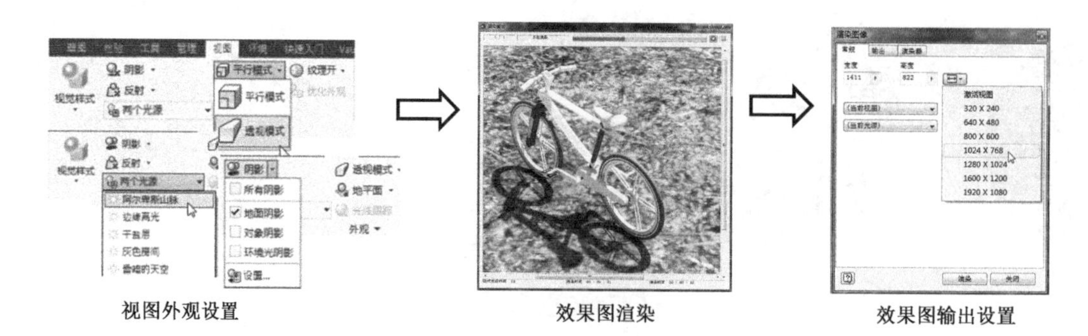

视图外观设置　　　　效果图渲染　　　　效果图输出设置

设计步骤

Step 01 打开渲染模型。打开资料包中“模块三/思考与练习/智能单车/智能单车.iam”文件，并将文件视图调整至如图 7-1 所示位置。

Step 02 外观设置。在“视图”菜单中将“外观”工具面板上的“视图”模式改为“透视模式”，如图 7-2（a）所示，这样在视觉上符合物体远小近大的特点；勾选“阴影”下拉菜单中的“地面阴影”选项，如图 7-2（b）所示；在“光源样式”下拉菜单中选择“阿尔卑斯山脉”光源，如图 7-2（c）所示。完成后调整视图大小，让视图充满整个视图区，如图 7-2（d）所示。

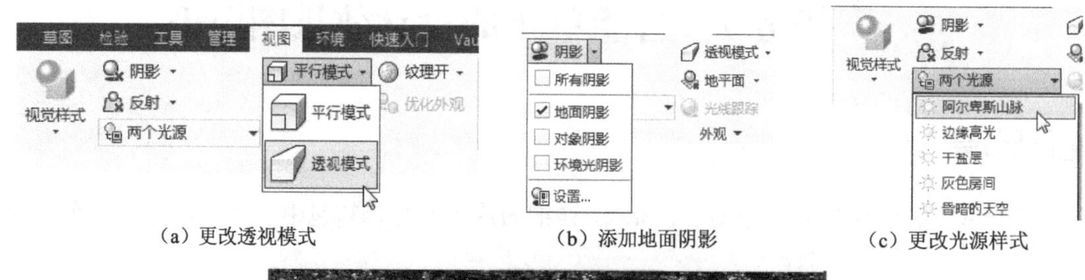

（a）更改透视模式　　（b）添加地面阴影　　（c）更改光源样式

（d）调整视图大小

图 7-2　外观设置

Step 03 渲染效果图。在“环境”菜单中单击“Inventor Studio”工具按钮，进入渲染环境，并且在菜单栏添加了“渲染”菜单。渲染环境下的工具面板如图 7-3（a）所示。单击“渲染”工具面板上的“渲染图像”工具按钮，弹出“渲染图像”窗口。在窗口的“常规”选项卡中将“选择输出尺寸”设置为“1024×768”，其他保持默认设置，如图 7-3（b）所示。在“输出”选项卡下，勾选“保存渲染的图像”选项，如图 7-3（c）所示，弹出“保存”窗口，选择保存路径及文件名，如图 7-3（d）所示。单击“保存”按钮，关闭“保存”窗口。单击“渲染图像”窗口中的“渲染”按钮，弹出“渲染输出”窗口，开始渲染图像，窗口中的滚动条表示渲染的进度，如图 7-3（e）所示。

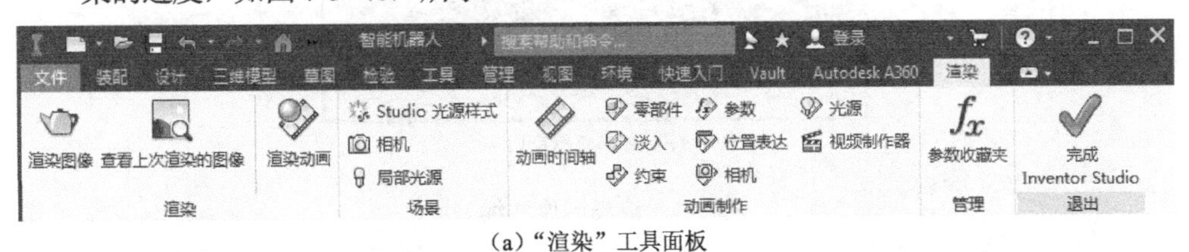

（a）“渲染”工具面板

（b）设置输出尺寸

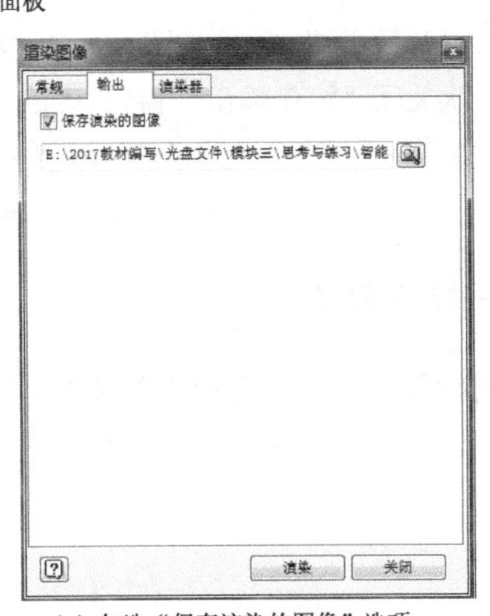

（c）勾选“保存渲染的图像”选项

（d）“保存”窗口

图 7-3　渲染图像

（e）渲染输出窗口

图 7-3　渲染图像（续）

Step 04 保存效果图。渲染完成后，自动将效果图按照指定路径和文件名进行保存。最后依次关闭“渲染输出”窗口、“渲染图像”窗口。

说明： 若不勾选如图 7-3（c）所示的“保存渲染的图像”选项，也可以在渲染结束后，单击“渲染输出”窗口中滚动条右侧的保存按钮 。

拓展练习 7-1

将智能机器人渲染并输出效果图，如图 7-4 所示。模型文件见资料包中“模块三/智能机器人/智能机器人.iam”文件，效果图参见资料包中“模块七/智能机器人.png”文件。

图 7-4　拓展练习 7-1

任务 2　智能机器人的动画渲染

任务导入

智能机器人的动画分解动作如图 7-5 所示，详细动画可参见资料包中“模块七/智能机器人展示动画.wmv”文件。

图 7-5　智能机器人动画分解动作

设计流程

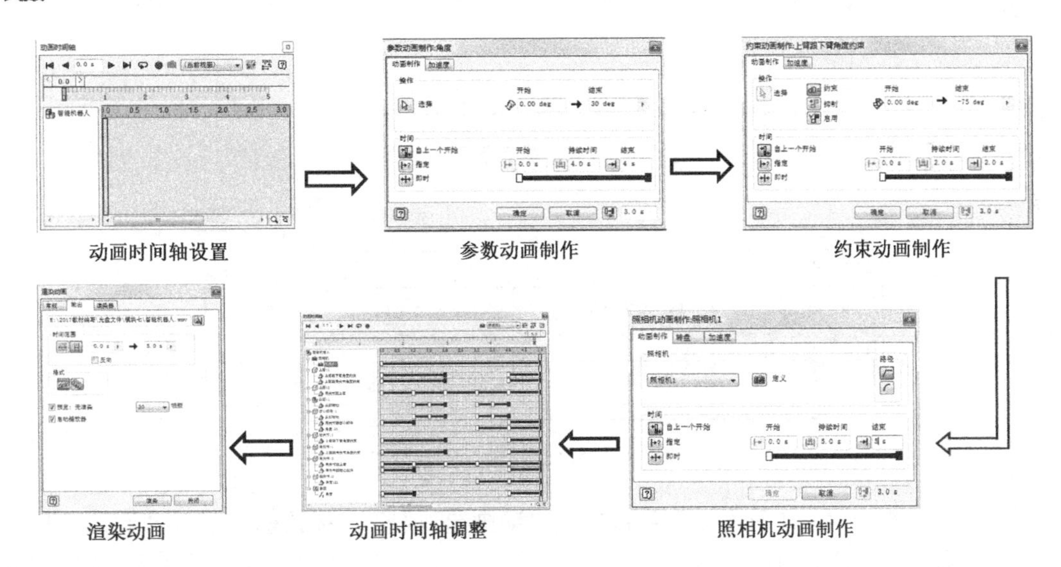

设计步骤

Step 01 打开渲染模型。首先打开资料包中“模块三/智能机器人/智能机器人.iam”文件。

Step 02 查看导出参数。打开“参数”窗口，查看“用户参数”中的“角度”的“导出参数”栏是否勾选，如果没有，需要将其勾选，如图 7-6 所示。完成后关闭“参数”窗口，并进入渲染环境。

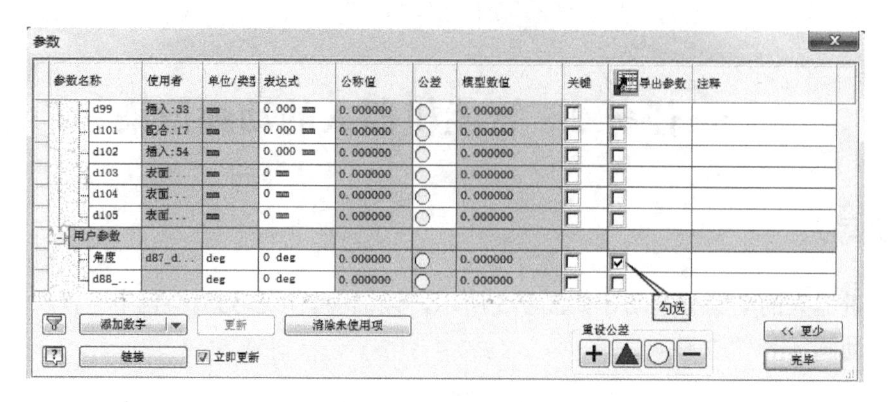

图 7-6　勾选“导出参数”栏

Step 03 打开动画时间轴。在“渲染”环境下，单击“动画制作”工具面板上的“动画时间轴”工具按钮，弹出“Inventor Studio”警告窗口，如图 7-7 所示。该窗口提示目前还没有激活任何动画，这里单击“确定”按钮，关闭警告窗口。然后在图形区底部弹出“动画时间轴”窗口，如图 7-8 所示。将鼠标置于“动画时间轴”窗口的两侧边界，调整窗口的宽度。

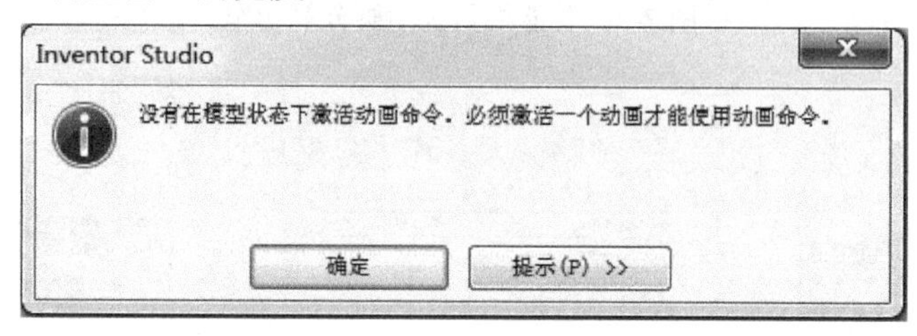

图 7-7　警告窗口

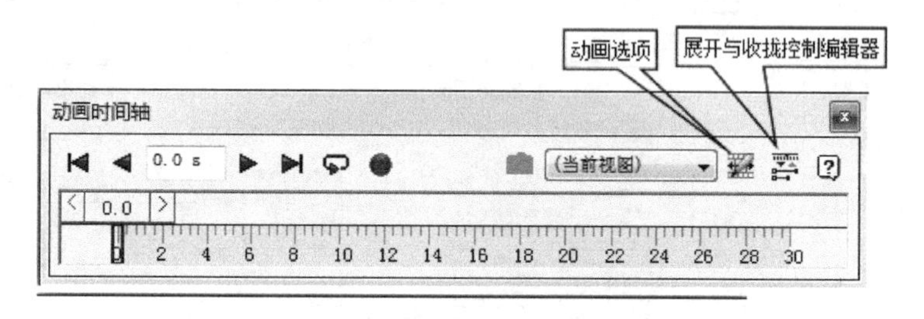

图 7-8　“动画时间轴”工具窗口

单击“动画时间轴”窗口中的“动画选项”工具按钮，弹出“动画选项”窗口。在该窗口中，将时间长度设置为“5 秒”，并选择“匀速”单选项，如图 7-9 所示。单击“确定”按钮关闭窗口。

说明： 这里的动画时长要根据比赛题目中所规定的时长进行设置，近几年的国赛中时长一般均要求为 5s。

单击“动画时间轴”上的“展开与收拢控制编辑器”操作按钮 ，将“动画时间轴”窗口展开显示，如图7-10所示。

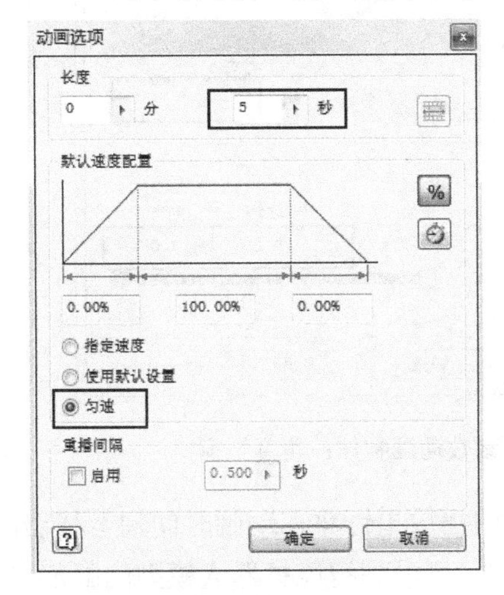

图7-9　“动画选项”窗口

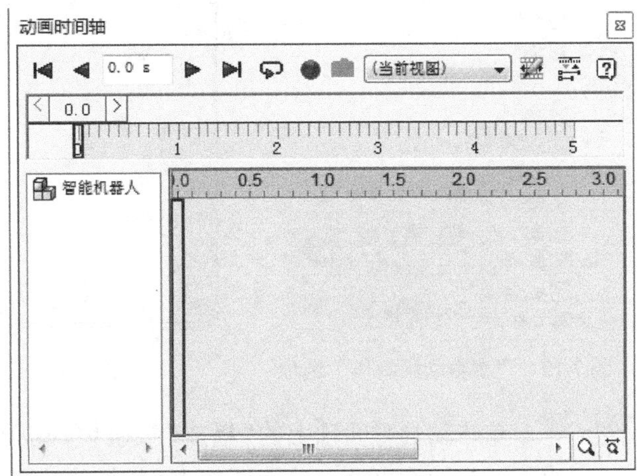

图7-10　展开的“动画时间轴”窗口

Step 04 参数收藏夹设置。单击“管理”工具面板上的“参数收藏夹”工具按钮f_x，弹出“参数收藏夹”窗口，将用户参数“角度”的“收藏夹”栏勾选，如图7-11所示。单击“确定”按钮，关闭窗口。

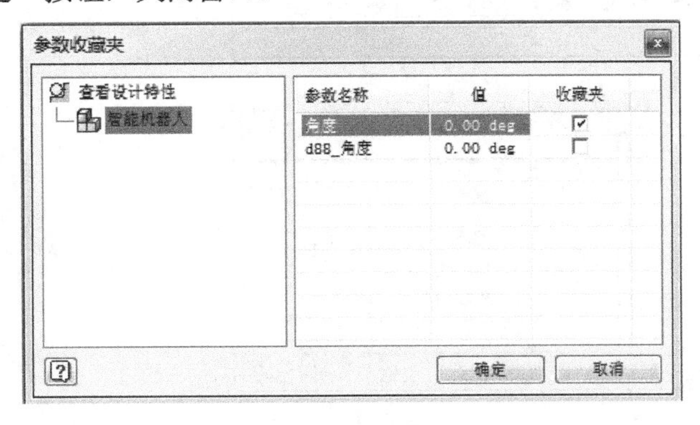

图7-11　“参数收藏夹”窗口

Step 05 下蹲动画制作。在浏览器中展开“动画收藏夹”选项，在“f_x角度”参数上单击鼠标右键，在右键菜单中选择“f_x参数动画制作”选项，如图7-12所示。弹出“参数动画制作:角度”窗口，将“结束”角度设置为“20deg”，持续时间与结束时间均设置为1.0s，如图7-13所示。单击“确定”按钮，完成参数动画制作。

这时“动画时间轴”窗口里面具有了参数动画制作，在该“动画制作”的右键菜单中可以进行“复制”、“编辑”、“删除”、“镜像”等操作，如图7-14所示。用鼠标单击并拖动该“动画制作”，可以将其放置于时间轴上的其他时间段内；将鼠标放置于“动画制作”边界处的矩形滑块上，拖动鼠标可以调节动画制作的时长。

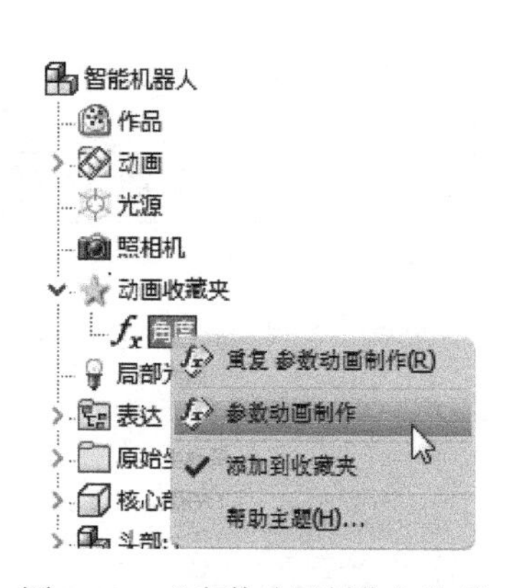

图 7-12 “参数动画制作”选项

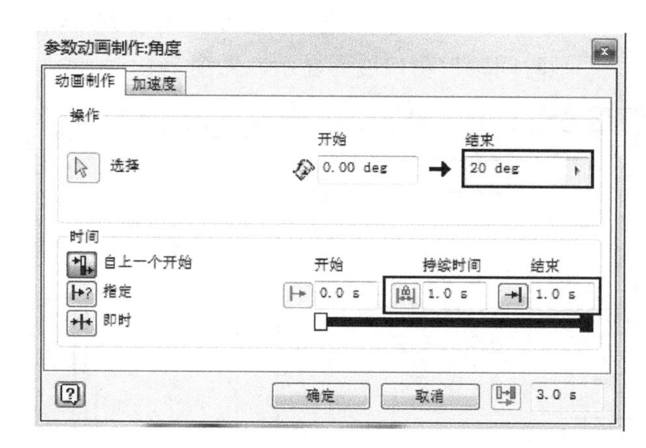

图 7-13 “参数动画制作：角度”窗口

单击动画时间轴上的“播放”按钮▶，动画的播放指针将在动画时间轴上移动，直至时间轴结束处。观看动画时间轴播放的同时，可看到智能机器人模型的腿部也发生了变化，如图 7-15 所示。但是腿部的动画过程显然跟参考动画不一致，即髋关节、脚关节动作的方向出现了问题，这就需要返回装配环境重新编辑约束。

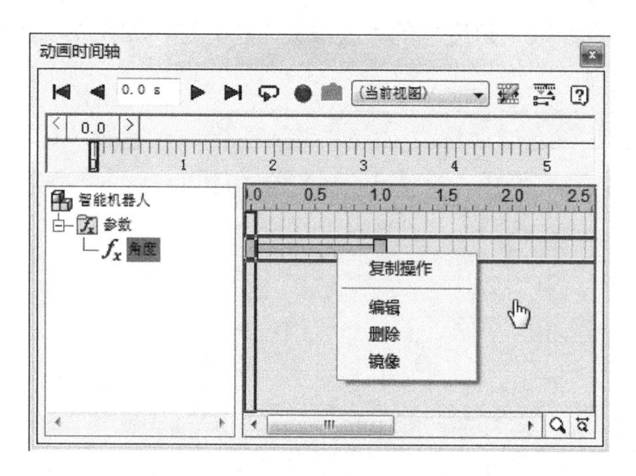

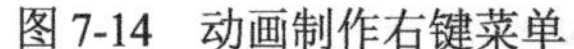
图 7-14 动画制作右键菜单

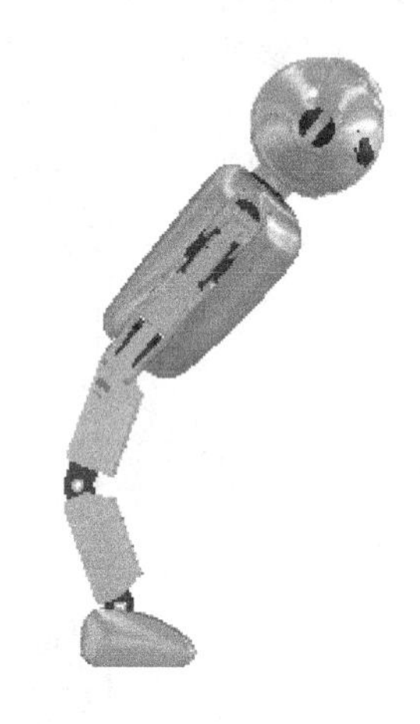

图 7-15 智能机器人腿部动作

单击“退出”工具面板上的“完成 Inventor Studio”工具按钮 ✔，退出 Inventor Studio 渲染环境，在浏览器中展开“小腿:1”零部件，单击“角度:16（0.00 deg）”弹出文本框，将约束角度由“2 ul*角度”改为“-2 ul*角度”，如图 7-16 所示；将“角度:17（0.00 deg）”由原来的“角度”改为“-角度”，如图 7-17 所示。重复操作，也将“小腿：2”零部件上相应的两个角度约束按照上述操作进行修改。完成后再次进入渲染环境，打开动画时间轴，单击“播放”按钮，这时智能机器人的动作过程就跟参考动画一致了，如图 7-18 所示。

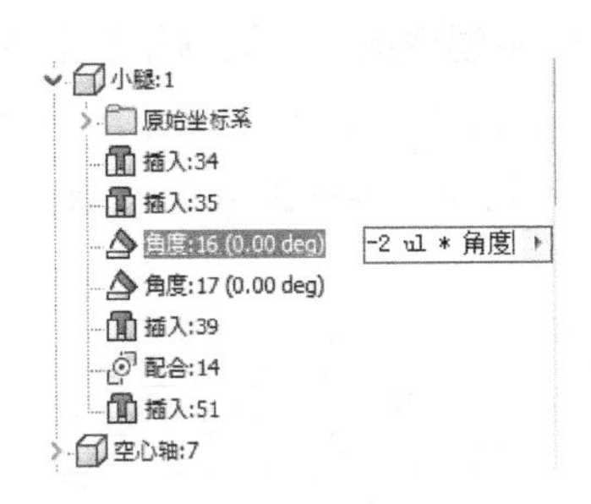

图 7-16　角度约束编辑 1

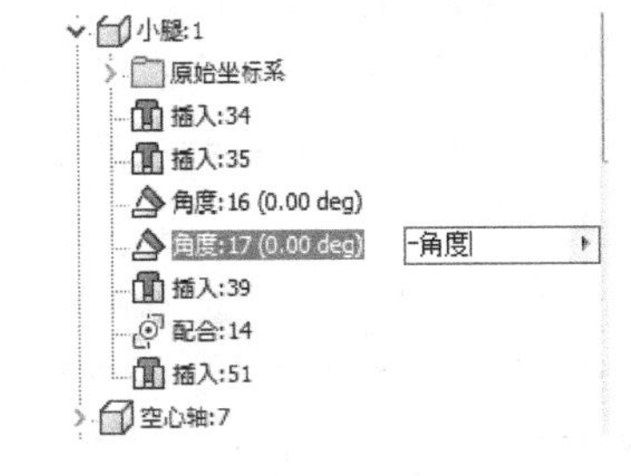

图 7-17　角度约束编辑 2

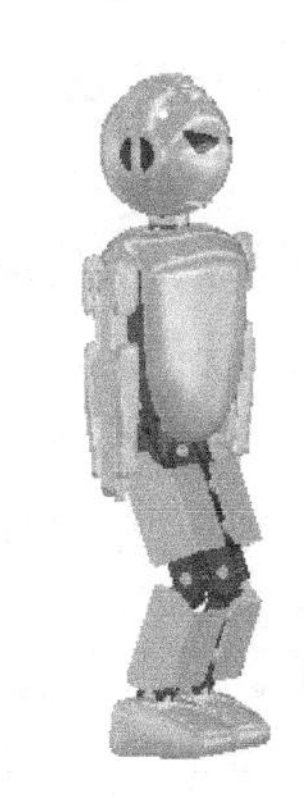

图 7-18　下蹲动作

说明： 在制作动画的过程中，往往不能一蹴而就，需要在装配环境中反复编辑、添加约束，在渲染环境多次播放、演示，直至满足要求。

Step 06 踢腿动画制作。展开“髋关节:2”零部件，在“角度:21”上单击鼠标右键，在右键菜单中选择“约束动画制作”选项，如图 7-19 所示，弹出“约束动画制作:角度:21”窗口，将结束角度设置为“-20 deg”，在“时间”选项中选择 指定 ，“开始”时间设置为“3.0s”，“结束”时间设置为“4.0s”，如图 7-20 所示。单击“确定”按钮，完成角度约束动画制作。单击播放按钮，观看智能机器人的踢腿动作，如图 7-21 所示。

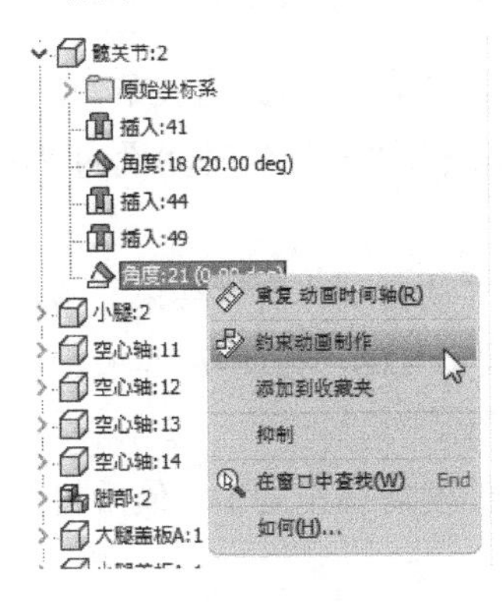

图 7-19　“约束动画制作”选项

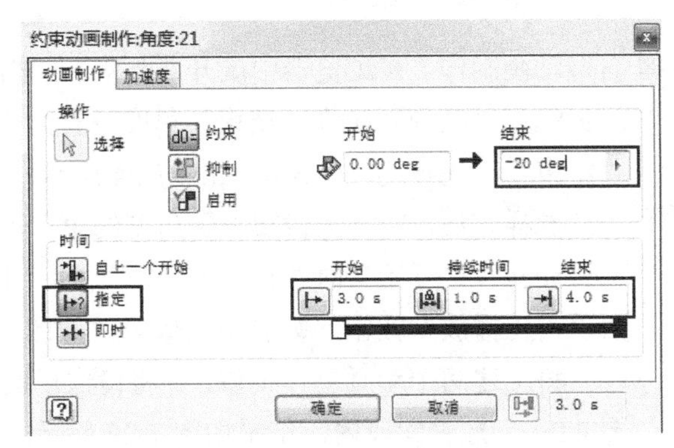

图 7-20　角度约束参数设置

图 7-21　踢腿动作

说明： *若在播放动画时候，发现智能机器人踢腿的方向反了，可以将图 7-20 中的“结束”角度改为正值即可。*

Step 07 腿部复位动作。在“动画时间轴”窗口中，在上一步创建的“动画制作”上单击鼠标右键，在右键菜单中选择“镜像”选项，如图 7-22 所示。重复操作，将步骤 5 制作的参数动画也进行镜像，并将镜像后的“动画制作”拖动到 4.0～5.0s 时间段内，结果如图 7-23 所示。

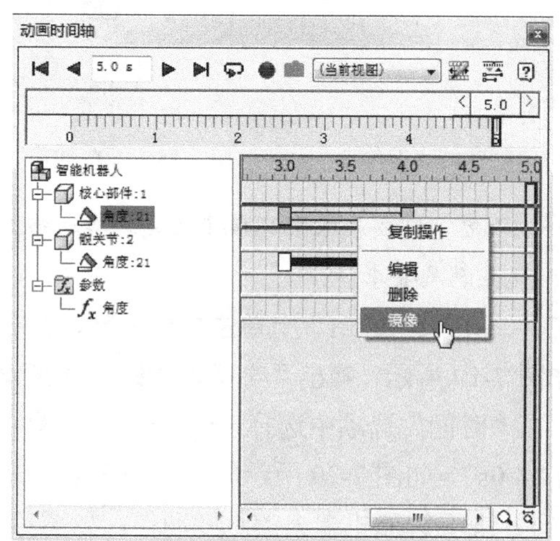

图 7-22 镜像动画制作

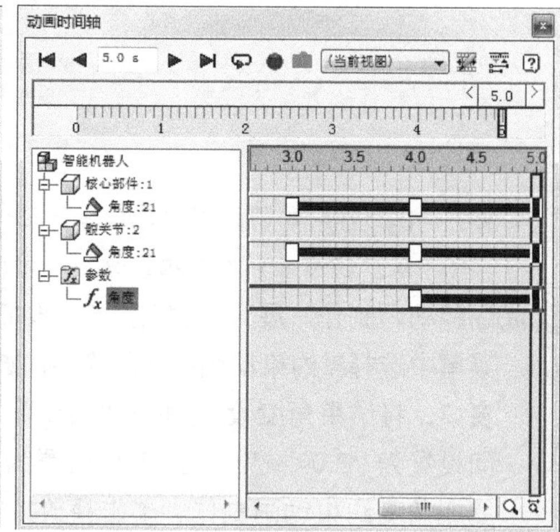

图 7-23 动画制作镜像后

Step 08 右臂动画制作。在浏览器中展开“上臂:1”零部件，将其“上臂跟肩关节角度约束”添加约束“动画制作”，“结束”角度设置为“-60 deg”，“开始”时间设为“0.0s”，“结束”时间设为“2.0s”，如图 7-24 所示。

同样方法，将“上臂跟下臂角度约束”也添加“动画制作”，“结束”角度设为“-75deg”，“开始”时间设为 0.0s，“结束”时间设为 2.0s，如图 7-25 所示。完成后单击“播放”按钮，观看播放效果，如图 7-26 所示。

将上述两个动画制作镜像，并将镜像后的时间长度均调整为 1s，最后将其拖放至 4.0～5.0s 时间段内，结果如图 7-27 所示。

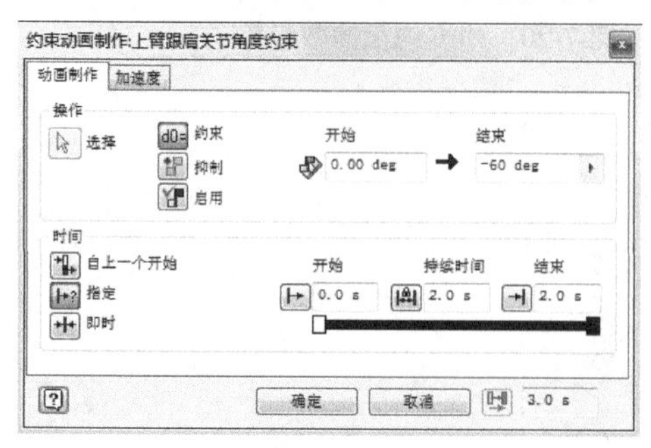

图 7-24 上臂跟肩关节约束动画设置

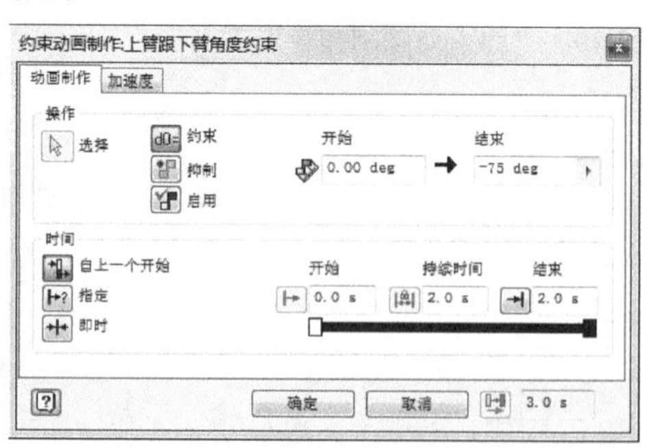

图 7-25 上臂跟下臂约束动画设置

图 7-26　右臂动画制作

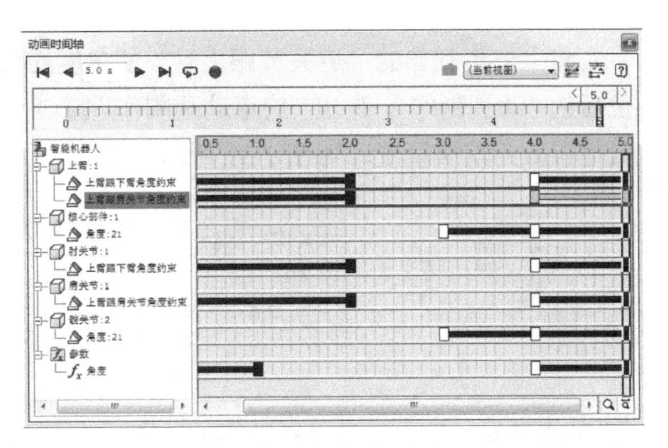

图 7-27　动画时间轴

Step 09 左臂动画制作。在浏览器中展开“肩关节:2”零部件，将其“肩关节跟核心部件”角度约束添加约束“动画制作”，“结束”角度设为“-180 deg”，开始时间设为“0.0s”，结束时间设为“1.0s”，如图 7-28 所示。同样将“肩关节跟上臂”的角度约束也添加“动画制作”，“结束”角度设为“-20deg”，“开始”时间设为“0.0s”，“结束”时间设为“1.0s”，如图 7-29 所示。完成后，单击“播放”按钮，观看播放效果，如图 7-30 所示。

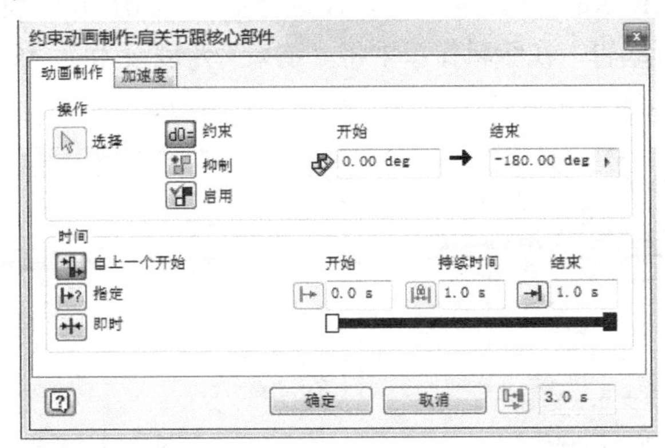

图 7-28　肩关节跟核心部件约束动画设置

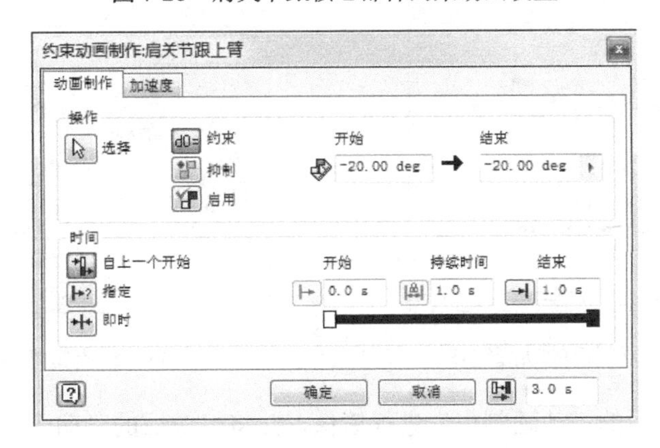

图 7-29　肩关节跟上臂约束动画设置

将上一步制作的“肩关节跟上臂”的角度约束“动画制作”进行镜像，双击镜像后的“动画制作”，弹出“约束动画制作”窗口，将“结束”角度设为“-10.00 deg”其他参数为默认设置，如图 7-31 所示。

图 7-30　左臂制作

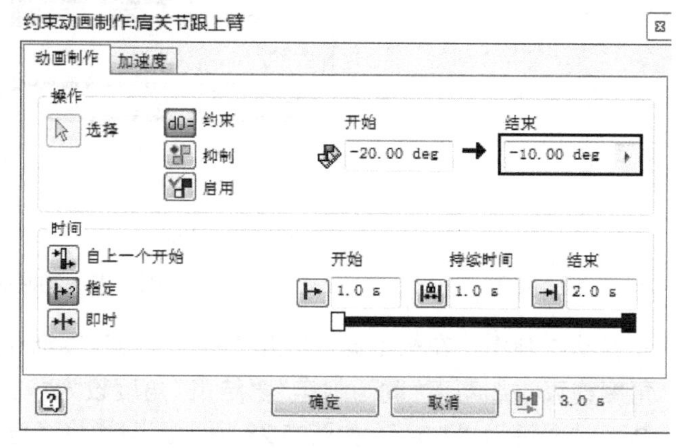

图 7-31　镜像动作编辑

将镜像前的“肩关节跟上臂”的角度约束“动画制作”进行复制，如图 7-32 所示，然后在镜像的“动画制作”后面进行粘贴，如图 7-33 所示。将复制后的“动画制作”进行编辑，在编辑窗口中将“结束”角度设为“-45 deg”，其他设置保持不变，如图 7-34 所示。

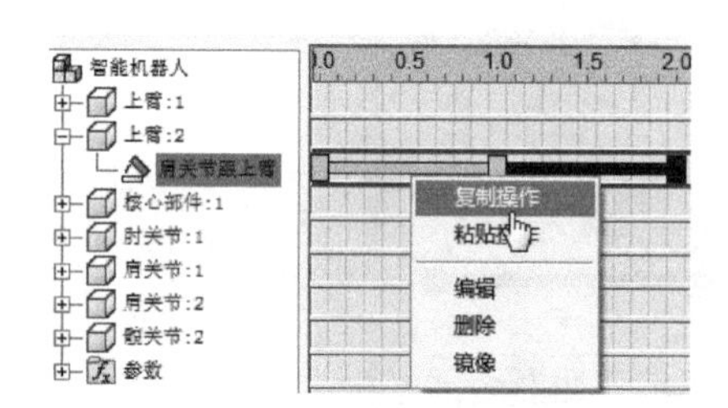

图 7-32　复制动画制作

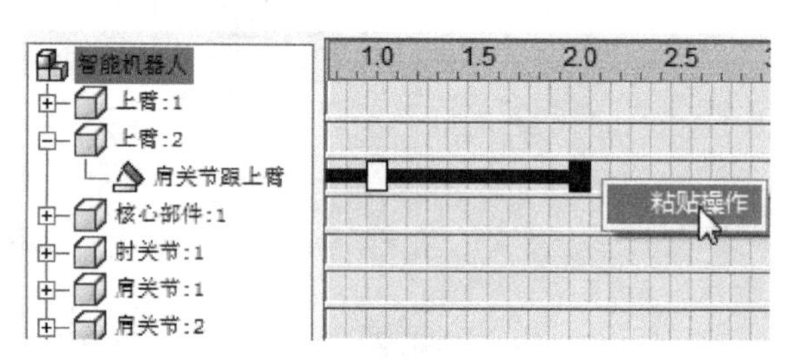

图 7-33　粘贴动画制作

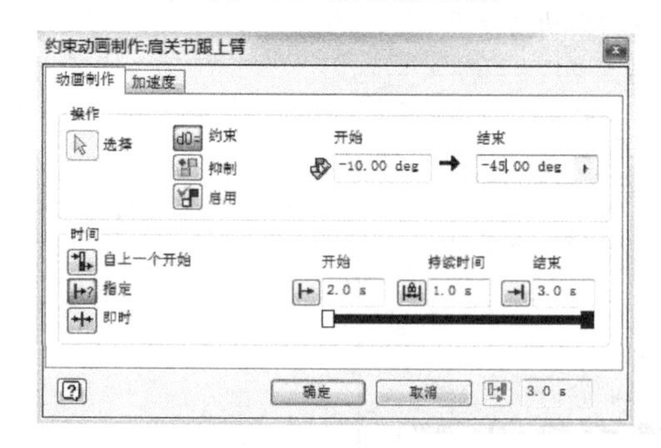

图 7-34　编辑复制后的动画制作

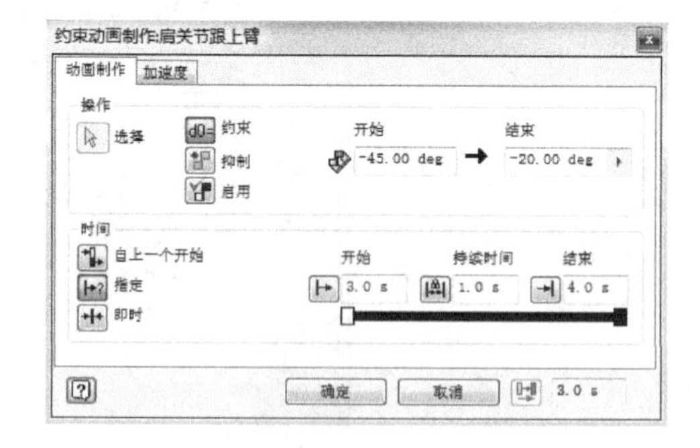

图 7-35　编辑镜像后的动画制作

将复制后的“动画制作”进行镜像，并将镜像后的“动画制作”进行编辑，将“结束”角度设为“-20 deg”，如图 7-35 所示。

最后将“肩关节跟上臂”角度约束的第一段“动画制作”、“肩关节跟核心部件”角度约束的“动画制作”同时进行镜像，并将两段镜像后的“动画制作”放置同一时间段，即 4.0～5.0s 时间段，如图 7-36 所示。

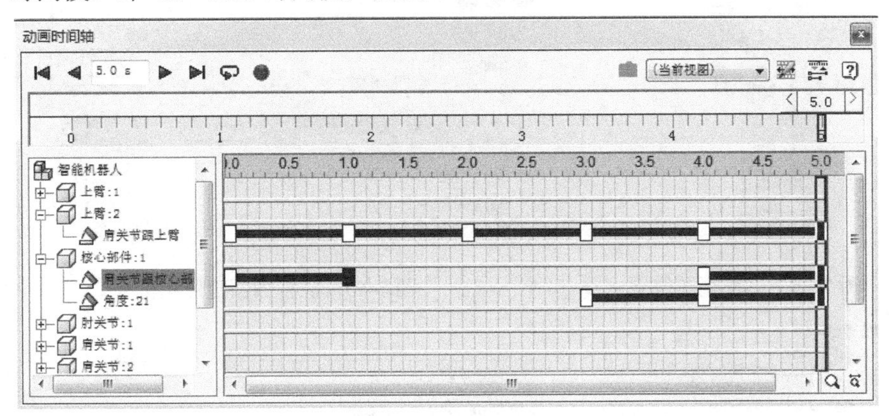

图 7-36　动画时间轴

Step 10 头部转动动画制作。给“头部”部件下的“头部转动”角度约束添加约束动画，在“约束动画”窗口中，将“结束”角度设置为“-45 deg”，“开始”时间设为“1.0s”，“结束”时间设为“1.5s”，如图 7-37 所示。然后将该“动画制作”进行镜像。

将镜像前的“动画制作”进行复制、粘贴，并将复制后的“动画制作”拖至 3.0s～3.5s 时间段，对复制后的“动画制作”进行编辑，将“结束”角度设为“45 deg”，其他设置保持默认值，如图 7-38 所示。最后将复制后的“动画制作”进行镜像。

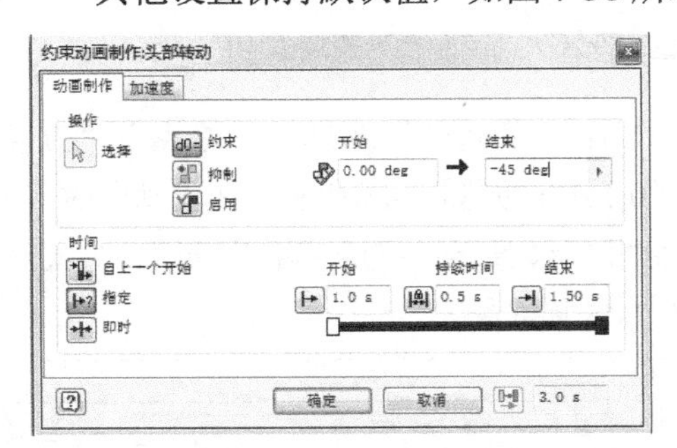

图 7-37　头部转动动画制作

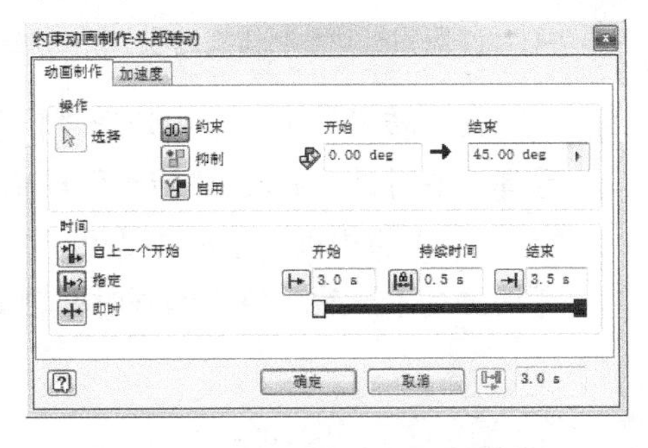

图 7-38　编辑镜像后的动画制作

Step 11 照相机动画制作。单击 View Cube，将视图调整到如图 7-39 所示位置，并将模型尽量调整到充满整个窗口。在浏览器的“照相机”选项上单击鼠标右键，在右键菜单中选择“从视图创建照相机”选项，在“照相机”下面添加“照相机 1”，如图 7-40 所示。

在“照相机 1”上，单击鼠标右键，在右键菜单中选择“照相机动画制作”选项，如图 7-41 所示。弹出“照相机动画制作照相机 1”窗口，在该窗口的“动画制作”选项卡中将“结束”时间设为“5.0s”，其他设置保持不变，如图 7-42 所示。

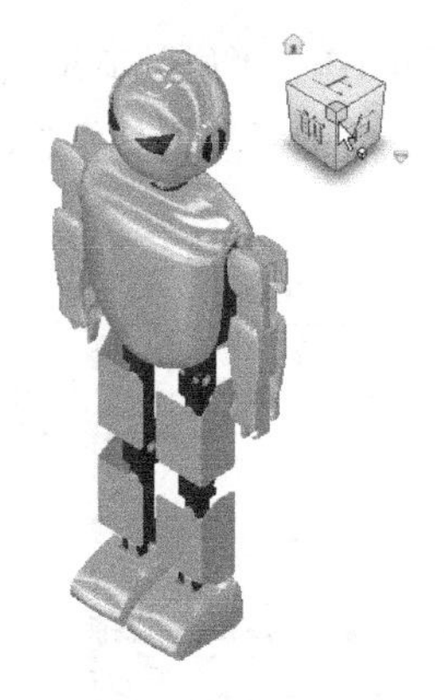

图 7-39 调整视图位置

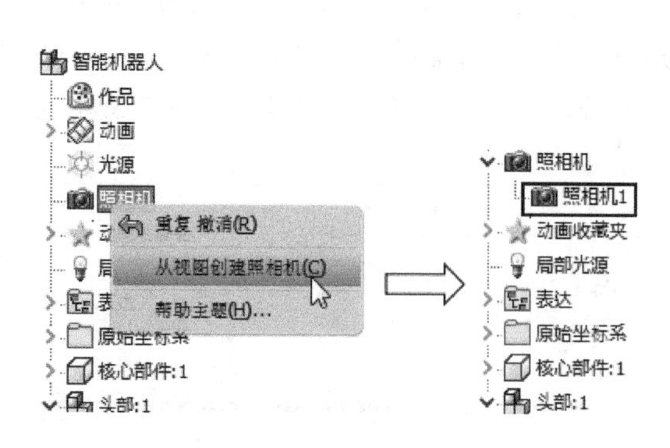

图 7-40 从视图创建照相机

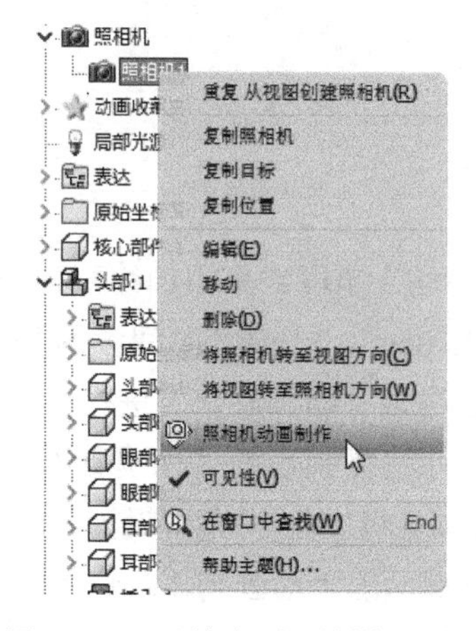

图 7-41 “照相机动画制作”选项

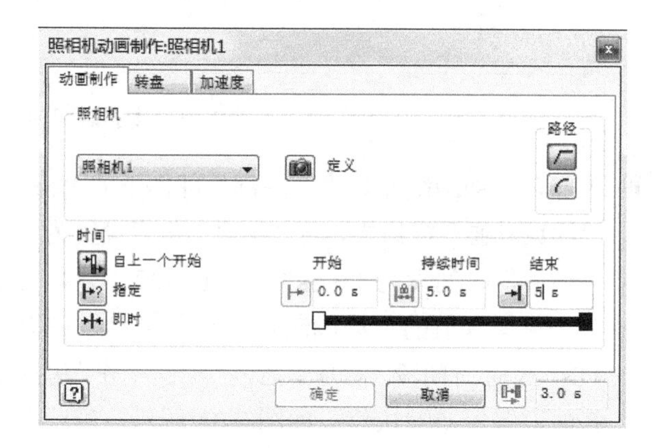

图 7-42 设置“动画制作”选项卡中的参数

在“转盘”选项卡中勾选“转盘”选项，“旋转轴”选择“Y 原点”，“方向”选择“顺时针”旋转，“转数”设置为“0.1ul”，如图 7-43 所示。在“动画时间轴”窗口中，“照相机”选择“照相机 1”，如图 7-44 所示。完成后播放动画，效果跟参考动画基本一致。整个动画时间轴如图 7-45 所示。

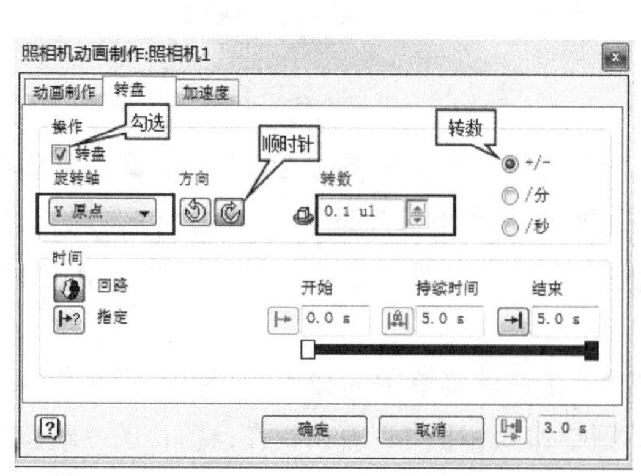

图 7-43 设置“转盘”选项卡中的参数

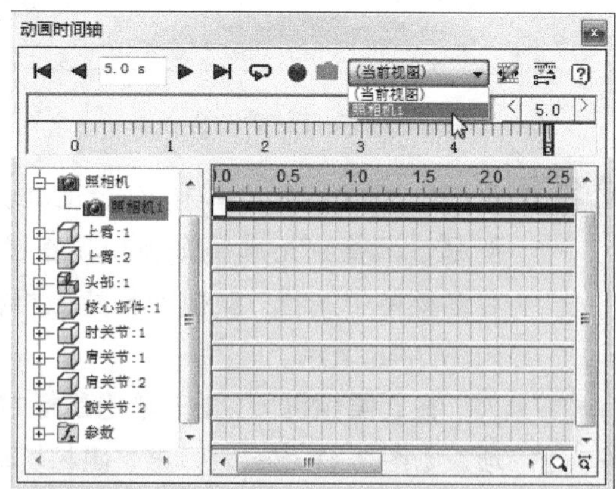

图 7-44 选择照相机

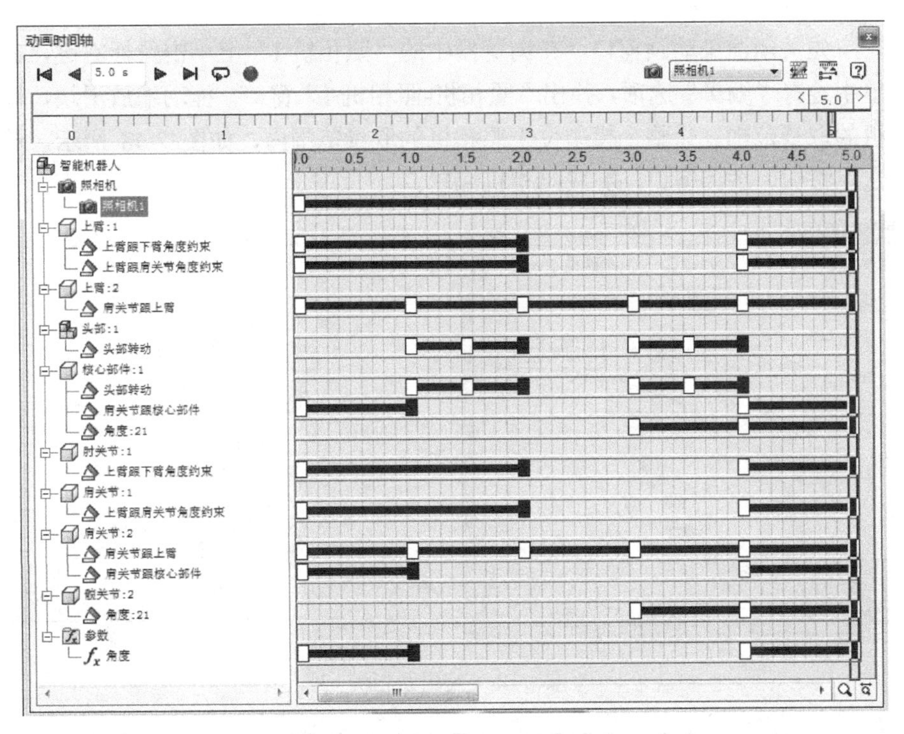

图 7-45　制作完成后的动画时间轴

Step 12 渲染动画。单击“渲染”工具面板上的“渲染动画”工具按钮，弹出“渲染动画”窗口，在“常规”选项卡中选择动画尺寸大小为 1280×1024 像素；“照相机”选择“照相机 1”；“光源样式”选择“无边水池”，如图 7-46 所示。选择照相机后，在模型上出现一个红色矩形框，如图 7-47 所示。矩形框即“照相机 1”的取景范围，矩形框外的部分在渲染后将不能看到，因此需要调整照相机。

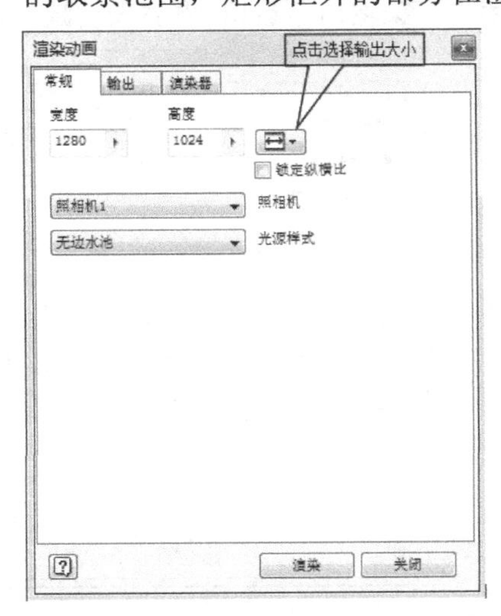

图 7-46　设置“常规”选项卡中的参数

图 7-47　红色矩形框

先关闭渲染动画窗口，在浏览器中的“照相机 1”上单击鼠标右键，在右键菜单中选择“编辑”选项，弹出“照相机-照相机 1”窗口，拖动缩放滑块，调整照相机的取景范围，让整个模型位于照相机的取景范围内，如图 7-48 所示。单击“确定”按钮，关闭窗口，完成照相机编辑。

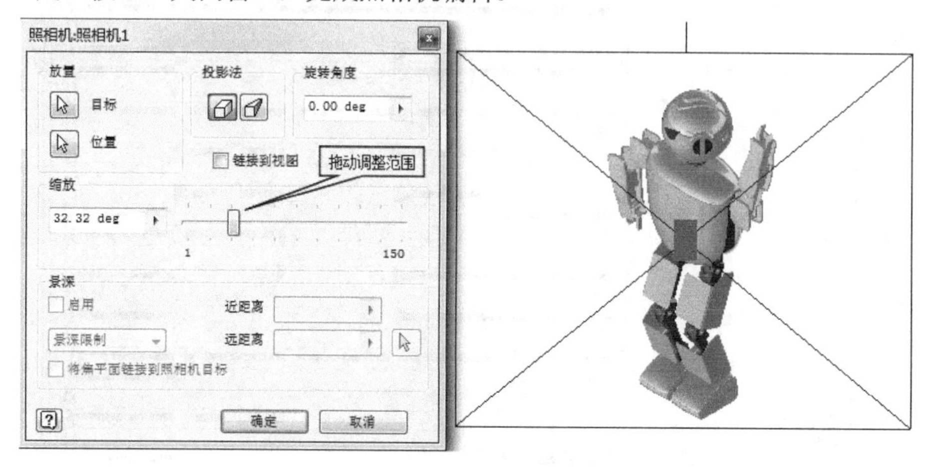

图 7-48　编辑照相机

再次打开“渲染动画”窗口，发现整个智能机器人模型完全位于红色的矩形框内了。在“渲染动画”窗口的“输出”选项卡中选择动画保存的路径及文件名；“时间范围”选择 0.0～5.0s；勾选“预览：无渲染”选项和“启动播放器”选项；“帧频”设置为“30”，如图 7-49 所示。“渲染器”选项卡中的参数保持默认值即可，如图 7-50 所示。单击“渲染”按钮后，弹出“ASF 导出特性”窗口，如图 7-51 所示，这里单击“确定”按钮，关闭“ASF 导出特性”窗口的同时弹出“渲染输出”窗口，开始渲染。渲染完成后，先后关闭“渲染输出”窗口、“渲染动画”窗口。

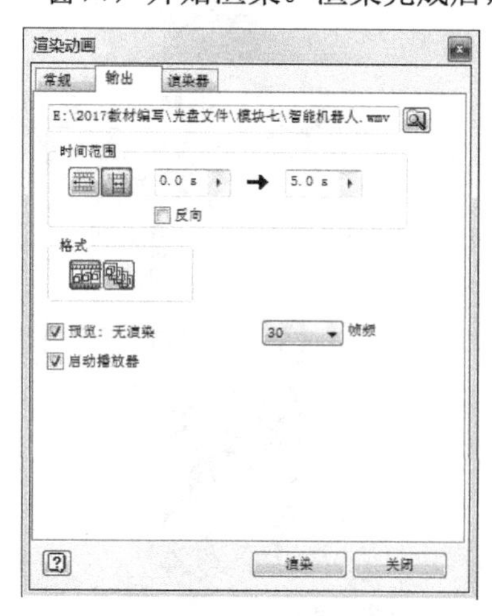

图 7-49　设置“输出”选项卡中的参数

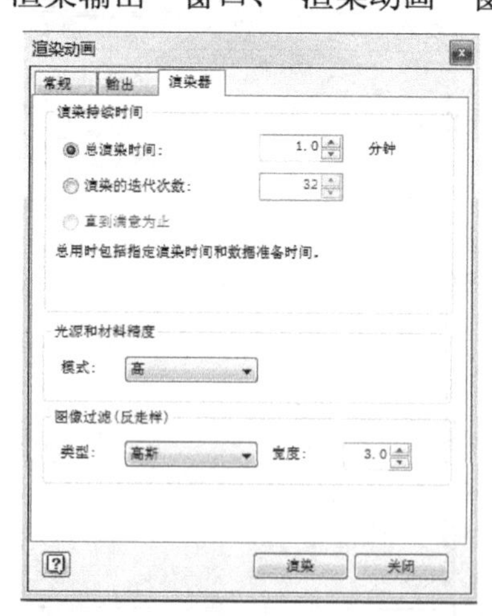

图 7-50　“渲染器”选项卡中的参数

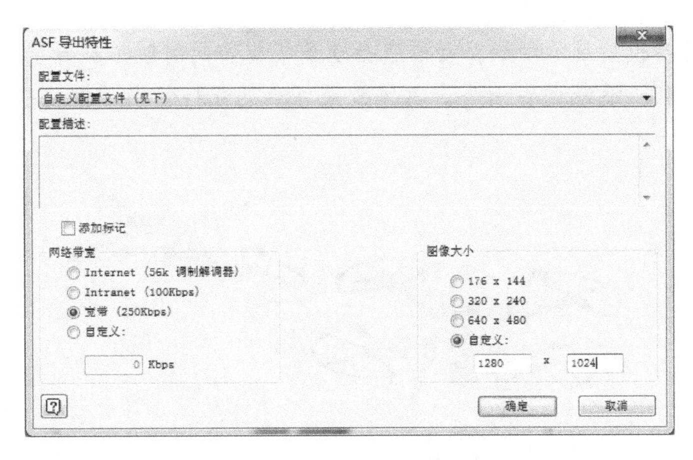

图 7-51　“ASF 导出特性”窗口

说明： 在如图 7−46 所示的“常规”选项卡中。渲染动画的输出尺寸应根据比赛题目中要求进行选择。若比赛中要求的尺寸在选择项中没有，可以直接在文本框中自行进行定义。在如图 7−49 所示的“输出”选项中，勾选“预览：无输出”选项可以提高渲染速度，节约时间。“帧频”值设置的大小也决定了渲染的效果，帧频数越大，渲染效果越好，当然渲染时间也会越长。

拓展练习 7−2

渲染智能单车的展示动画，模型文件参见资料包中“模块三/思考与练习/智能单车/”文件夹中的文件。动画要包含智能单车的前行、车把转动，时长为 5s，大小为 1280×720 像素。参考动画参见资料包中“模块七/智能单车.wmv”文件。

思考与练习 7

1. 制作“模块三/思考与练习/航拍器/航拍器.iam”文件的渲染模型效果图，如图 7-52 所示。具体效果可参见资料包中“模块七/航拍器.png/”文件。

图 7-52　航拍器渲染效果图

2．渲染航拍器模型展示动画，动画包括螺旋桨旋转同时航拍器升空，悬停 1s 的同时摄像头左右旋转 45°逐渐远去消失。具体效果可参见资料包中“模块七/航拍器.wmv/”文件。

图 7-53 航拍器展示动画截图

创客实践

所谓“创客”是指用于创新，并努力将自己的创意变为现实的人。在中国，“创客”跟“大众创业、万众创新”联系在了一起，特指具有创新理念，自主创业的人。

技术的进步、社会的发展，推动了科技创新模式的嬗变，传统的以技术发展为导向、科研人员为主体、实验室为载体的科技创新活动正转向以用户为中心、以社会实践为舞台、以共同创新、开放创新为特点的用户参与的“创新 2.0”模式。

08

模 块 8 设计改进实践

产品的改进设计是对原有产品进行优化、充实和改进的再开发设计，因此产品的改进设计就应该从现有产品的基础为出发点，对原产品的优缺点进行剖析。

产品设计改进自从 2012 年开始，就是全国职业院校技能大赛“计算机辅助设计（工业产品 CAD）”项目的必考题目。比赛中作为改进类的产品设计，一般都是生活中经常使用或者经常见到的产品，且在使用过程中都有感觉不方便或者不合理的地方。

在比赛过程中，选手在完成此类题目的时候，首先要在完成题目所描述的功能的基础上再追求便捷性、安全性、结构性要求，最后注意造型及色彩的搭配。

任务 洗衣液瓶的改进设计

任务导入

洗衣液瓶体及瓶盖如图 8-1 所示，改进的模型文件参见资料包中“模块八\瓶体.ipt”文件。

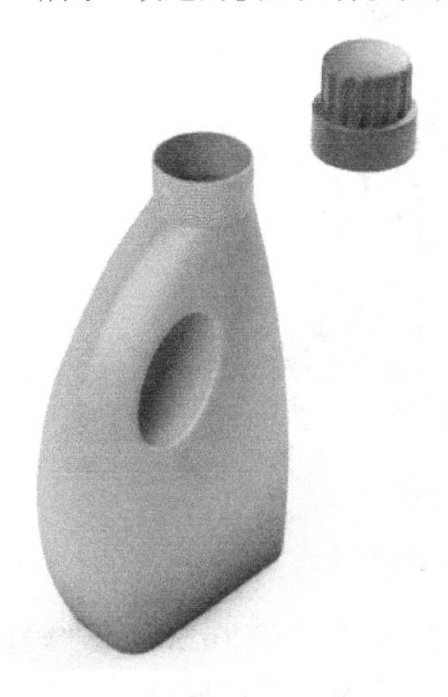

图 8-1 洗衣液瓶体及瓶盖

洗衣液作为黏稠液体，若用如图 8-1 所示的瓶体盛放，在倾倒时会出现挂壁现象，并且挂壁的洗衣液会沿着瓶口外流。一方面造成浪费，另一方面洗衣液长时间悬挂在洗衣液瓶外部，会吸附灰尘，从而使得洗衣液瓶变脏。基于此，请将洗衣液瓶的瓶口进行改进设计。

设计流程

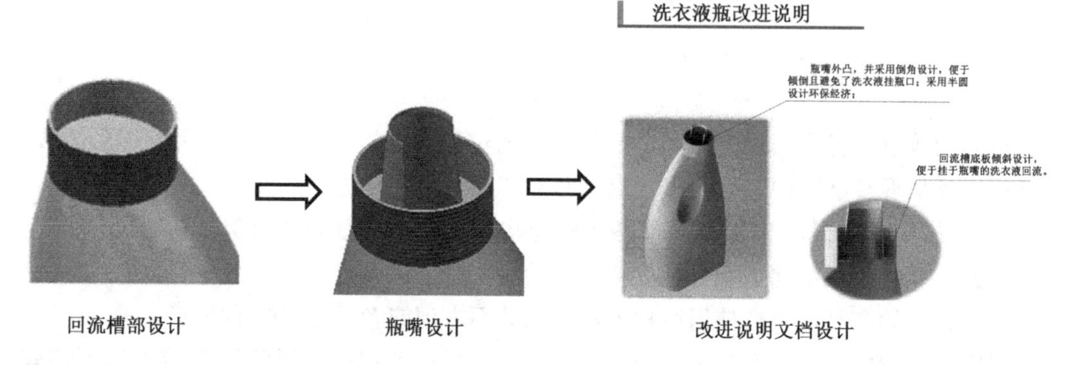

设计步骤

Step 01 打开模型文件。打开资料包中“模块八/瓶体.ipt”文件。

Step 02 新建草图。在 *XZ* 工作面上新建草图，切片观察，在瓶口处绘制一个 80mm×1mm 的矩形，矩形跟水平线成 5° 夹角，如图 8-2 所示。完成草图后退出草图环境。

说明： 这里之所以绘制跟水平线成 5° 角的矩形，是考虑到当洗衣液瓶垂直放置时，便于挂壁的洗衣液回流到瓶中。

Step 03 新建实体。将上一步创建的草图双向拉伸，并输出为“实体”，拉伸距离只要大于瓶口直径即可，如图 8-3 所示。

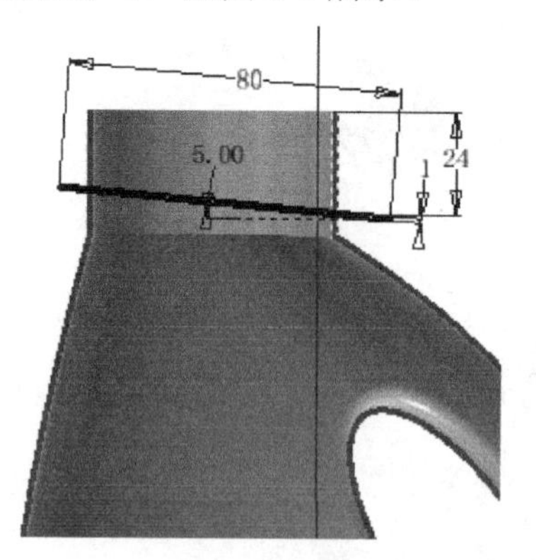

图 8-2　新建草图

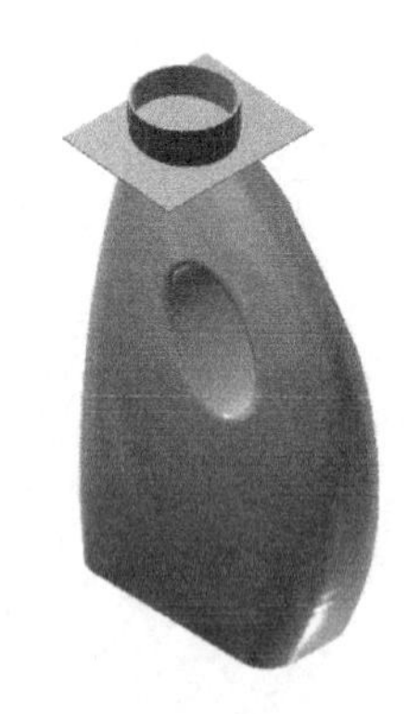

图 8-3　拉伸实体

Step 04 偏移曲面。将瓶口的内表面向外偏移“0.5mm”，“输出”方式为“曲面”，如图 8-4 所示。完成后单击“确定”按钮，关闭窗口。

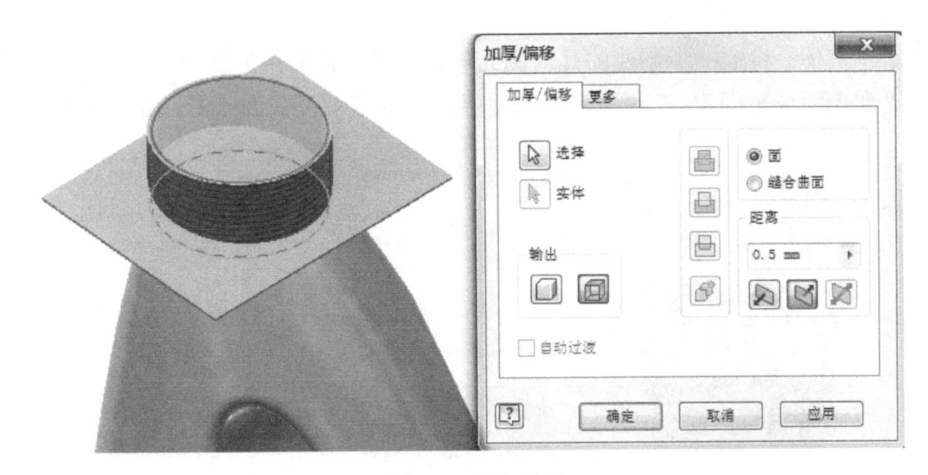

图 8-4　偏移曲面

Step 05 分割实体。以新偏移的曲面为分割工具，将步骤 3 新建的实体进行分割，分割方式为“修剪实体”，如图 8-5 所示。完成后将上一步偏移的曲面不可见。

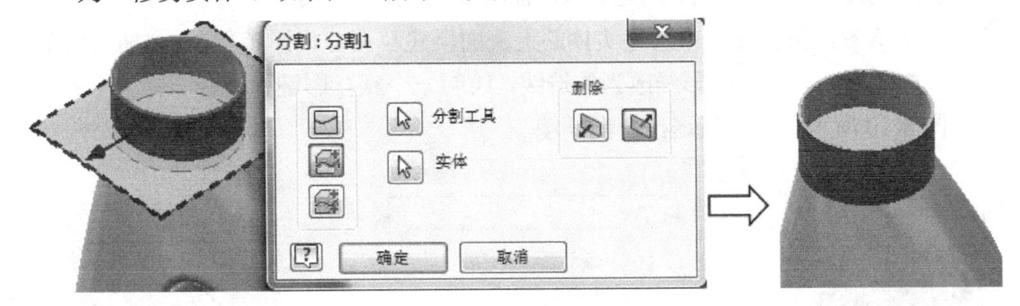

图 8-5　修剪实体

Step 06 合并实体。将修剪后的实体，跟原实体合并为一个实体。

Step 07 新建工作面。将 *XY* 工作面向上偏移 320mm，如图 8-6 所示。

Step 08 新建草图。在上一步创建的工作面上新建草图，绘制如图 8-7 所示几何图元。完成后退出草图环境，并将上一步创建的工作面不可见。

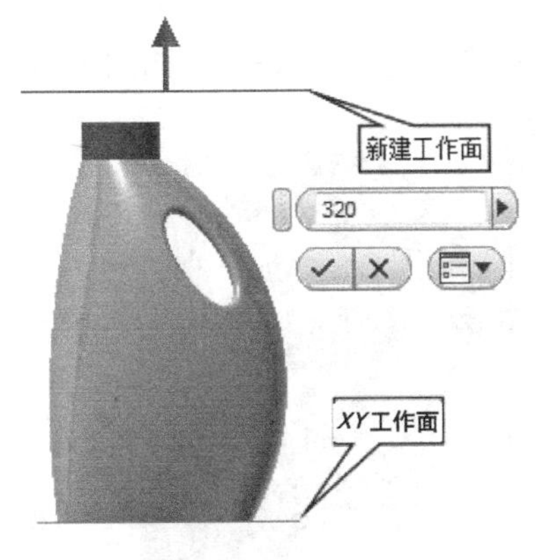

图 8-6　创建工作面

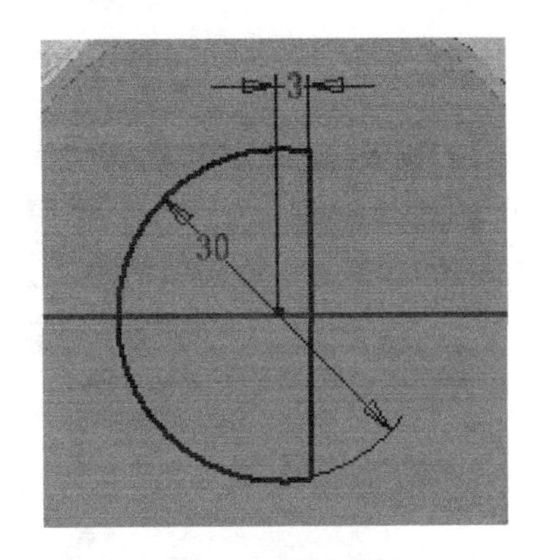

图 8-7　新建草图

Step 09 新建实体。将上一步创建的几何图元进行拉伸，并输出为新的实体。拉伸范围选择“到表面或平面”，在“更多”选项中将“锥度”设置为“5”，如图 8-8 所示。

图 8-8　新建实体

Step 10 抽壳。将上一步新建的实体进行抽壳，开口面选择如图 8-9 所示。

Step 11 合并实体。将抽壳后的实体跟原基础实体合并为一个实体。

Step 12 新建草图。在步骤 3 中新建实体的上表面新建草图，投影步骤 10 中抽壳后实体底部内侧圆弧，并将投影线改为构造线，绘制一个跟投影圆弧半径一样大小的圆，如图 8-10 所示。完成后退出草图环境。

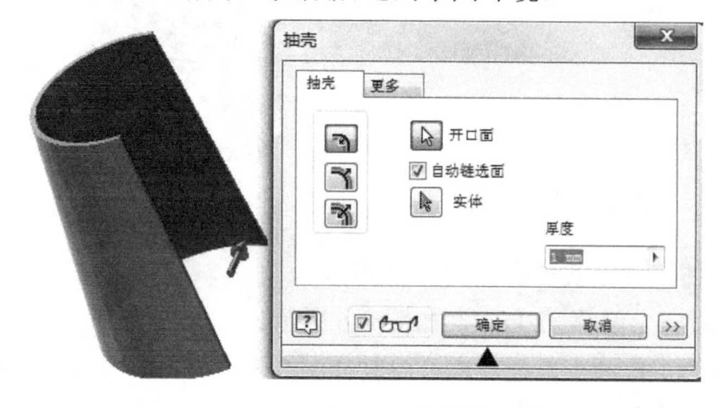

图 8-9　选择开口面

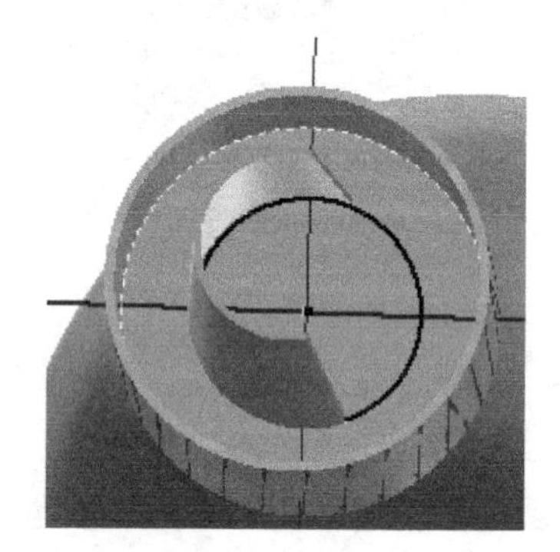

图 8-10　绘制草图

Step 13 拉伸。将上一步绘制的几何图元拉伸，拉伸方式选择“求差”，如图 8-11 所示。

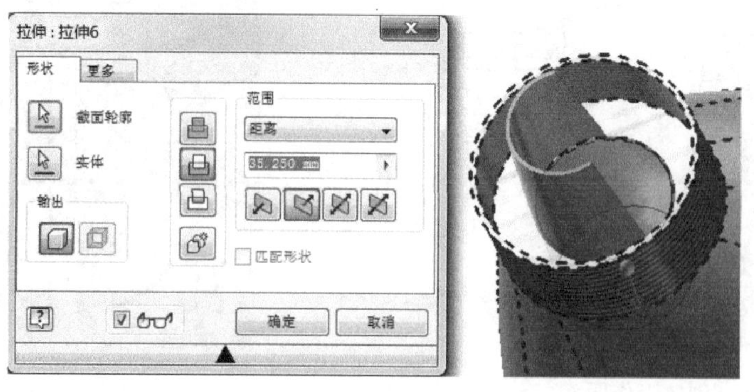

图 8-11　求差拉伸

Step 14 倒角处理。单击“修改”工具面板上的“倒角”工具按钮 倒角，弹出“倒角”窗口，倒角方式选择“两个倒角边长”，并将倒角边长分别设置为 0.5mm、2mm，将如图 8-12 所示边进行倒角处理。

图 8-12　倒角处理

Step 15 保存文件。改进设计完成后，将文件保存。

Step 16 设计说明。改进设计说明用 PowerPoint 或 Word 制作，设计说明用一页文档即可，要求图文并茂，文字不要太多。需要将要求的功能说清楚即可，如图 8-13 所示。详细制作这里不做介绍，请读者自行完成。

洗衣液瓶改进说明

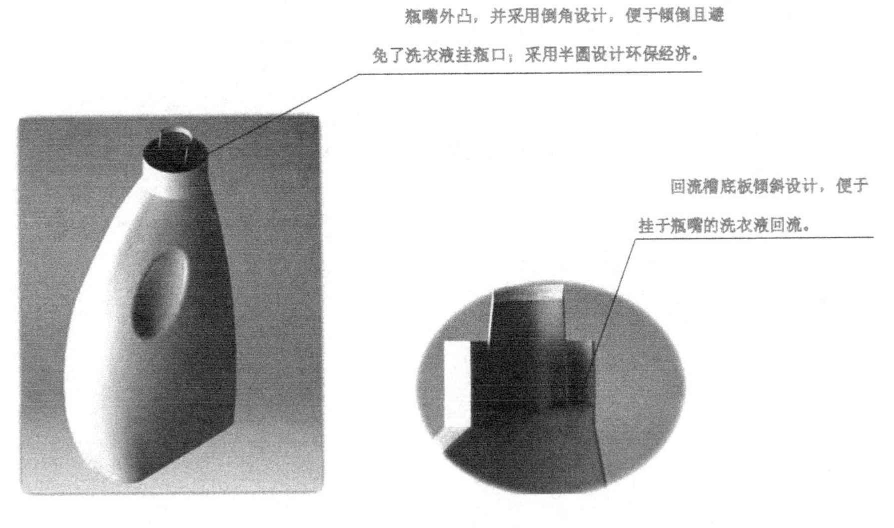

图 8-13　说明文档

思考与练习 8

智能单车的设计改进。所有模型文件参见资料包“模块八/智能单车设计改进/”中的文件。

如图 7-1 所示的智能单车采用实心轮胎，此举可免去为轮胎打气的工作，降低单车维护成本。但与常规轮胎相比，实心轮胎重量大且弹性差，增大了单车骑行阻力；另一方面，由于单车未配备挡泥板，雨天骑行将导致轮胎卷起的泥水直接洒向骑行者。为改善智能单车骑行体验，请根据以下要求完成智能单车设计改进。

（1）实心轮胎轻量化改进。

在保持轮胎尺寸及实心构造不变的前提下进行轮胎减重处理，使实心轮胎重量至少降低 10%。

（2）增加前后车轮挡泥板。

按照如图 8-14 所示样式创建单车前后轮挡泥板，并预留尾灯安装结构，安装指定的尾灯盖。

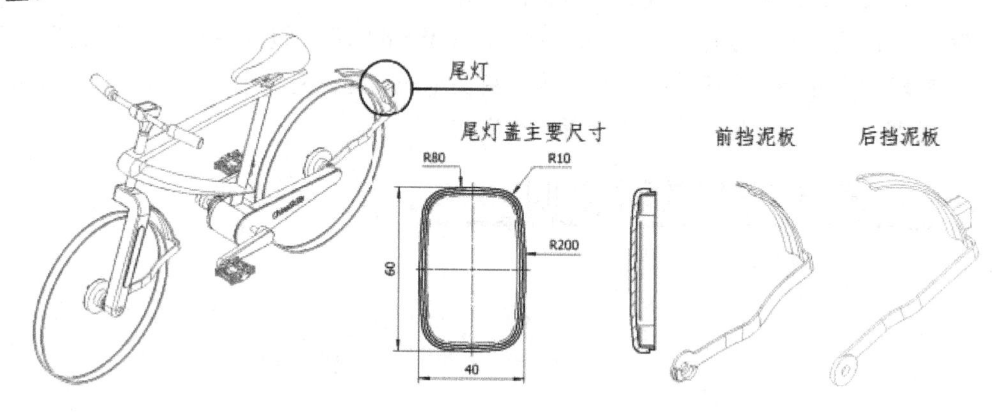

图 8-14 智能单车挡泥板格式

模块 9 一平方米板创新设计实践

产品的创新设计一般有两种，一种是概念、功能上的创新，即突破原有产品的功能，进行类似发明的功能突破或发展；另一种创新多指外观造型创新，也就是款式的改变，使得产品更加美观和时尚。

产品创新设计自从2011年开始，就作为全国职业院校技能大赛“计算机辅助设计（工业产品CAD）”项目的必考题目，而且每年的难度、容量都逐渐递增。从2016年开始，国赛开始将一平方米板的创新设计纳入到比赛当中。

一平方米板的创新设计更能引导学生发挥创意，完成产品设计、加工准备及设计表达，考察学生的创新水平，而且通过一平方米板创新设计的产品更加便于制造。2017年的全国职业院校技能大赛“计算机辅助设计（工业产品 CAD）”项目比赛中，将齿轮的使用纳入创新设计实践模块，真正将机械设计的内容纳入了创新设计当中。

比赛过程中，选手在完成此类题目的时候，由于时间有限，建议跟改进题目一样，在完成题目所描述的功能的基础上，再追求便捷性、安全性、结构性要求，最后注意造型及色彩的搭配。

任务　水车创客实践

产品描述

水车是中国古代劳动人民发明的灌溉工具，作为农耕文化的重要组成部分，体现了中华民族的创造力。如图 9-1 所示为中国古代科技著作《天工开物》所记载的提水水车——筒车。筒车是一种以水流作动力，取水灌田的工具。筒车在水流的作用下转动，将低处的水旋转至高处并泄入收集装置，为农耕提供水源；当水流较慢无法推动筒车转动时，也可使用人力带动筒车旋转以实现提水功能。

提水水车模型文件可参见资料包中“模块九/水车/”文件夹中的文件。

图 9-1 提水水车模型（筒车）

请设计一款使用平板拼插方式制造，包含转动手柄及齿轮机构的提水水车模型，模拟提水水车从河中取水，并将水运送至较高位置的水槽中的过程。

设计要求

1．产品尺寸要求

整体尺寸在 200mm×200mm×120mm 至 400mm×400mm×300mm 范围内，且可由给定的 4 块板材加工制造。

2．产品功能要求

产品可模拟提水水车从河中取水，并将水运送到较高位置水槽的过程，且必须配备手柄，可通过转动手柄使水车转动。具体要求包括：

（1）水车主体包括能将水从低处运往高处的储水结构；

（2）水车必须配备手柄，按照手柄转 2 周，水车同方向转 1 周的规律转动手柄模拟水车运动；

（3）手柄带动水车转动的运动可通过以下齿轮中的若干齿轮实现，齿轮模型已经给出，请选择合适的齿轮组合装入所设计的产品；齿轮模型只可打孔，其余结构不能改变，相同规格的齿轮可重复使用。可供选择的齿轮见表 9-1。

表 9-1 可供选择的齿轮

齿轮名称	A	B	C	D	E	F
模数（mm）	1	1	1	1	1.25	1.25
齿数	15	20	30	40	30	40

3．产品拼装要求

为满足用户自行拼装要求，板材之间必须设置卡槽式连接。

4．设计变更要求

（1）由于板材厚度待定，基础模型应满足“一键选择厚度”的要求，即通过参数表中一步调整，便可修改全部板材相应结构的尺寸数据。板材厚度可选择为 3mm 或者 5mm。

（2）为满足不同用户需求，基础模型应满足“一键调整储水结构数量”的要求，即通过参数表中一步调整便可更改储水结构的数量，并生成全部相关板材。储水结构数量可选择为 6 或 8。

（3）上述设计变更要求仅在基础模型体现即可；零部件、动画使用板材厚度 3mm、储水结构选择数量 6 生成即可。

5．产品制造要求

产品使用平板、圆柱棒及圆柱套管经切割制造，具体材料为：

（1）平板。提供 4 块厚度待定（可以为 3mm，也可以为 5mm）、大小为 500mm×500mm 的平板可供使用，除轴、套管外的全部零部件均由相同厚度（3mm 或 5mm 二者选一）板材搭建，且全部零部件可由 4 块 500mm×500mm 的板材切割完成。

（2）圆柱棒。提供总长度为 100mm、直径 5mm 圆柱棒供制作轴类零件。

（3）圆柱套管。提供总长度为 500mm、外径 6mm、内径 5.5mm 的圆柱套管，以避免板材在轴上的左右滑动。

加工图要求

1．直接使用提供的工程图文件“加工图.idw”完成板类零件加工图，加工图无需标题栏，无需添加中心线与尺寸标注。

2．激光切割机将直接根据加工图中零件轮廓进行加工，故全部图样比例必须采用 1:1。

3．加工图中需包含全部零件；当某一形状、尺寸的板材需要多次（如两次）使用时，则加工图需多次（两次）出现该零件轮廓。

4．考虑拼插方便，所有零件图形须编号，如为“实体 1”对应的图形编号为“1”，如图 9-2 所示。

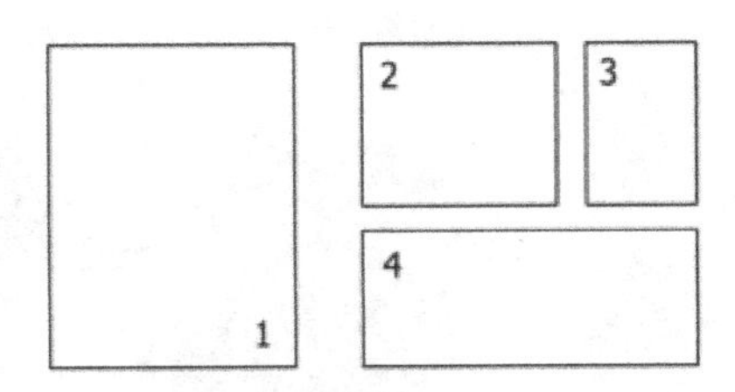

图 9-2　板材加工图编号要求

5．由于全部零件厚度一致，各零件仅需表达切割尺寸的一个视图，如图 9-3 所示。

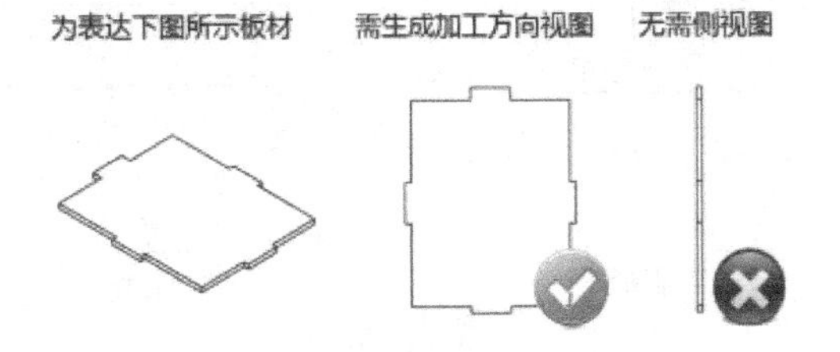

图 9-3　板材加工图视图选择

6. 工程图文件中的十字线，表示 4 块板材之间的分界线，零件轮廓不可跨越该分界线，否则无法加工，如图 9-4 所示。

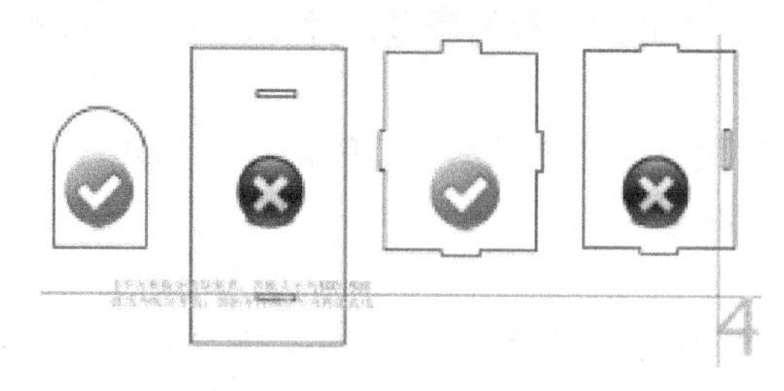

图 9-4　零件轮廓不可跨越分界线

7. 为节约成本，应在 500mm×500mm 的板材中尽量集中排布所需切割的板材轮廓。

设计流程

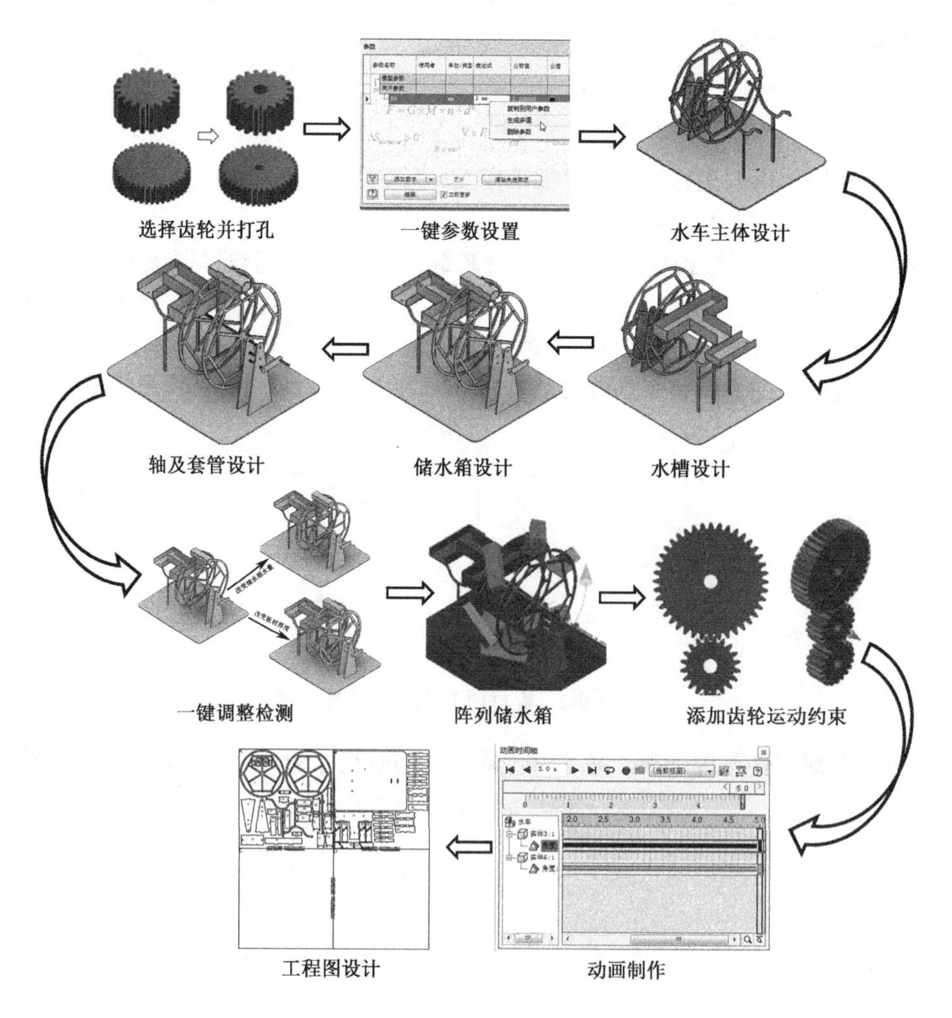

设计步骤

Step 01 齿轮选择。关于齿轮的选择需要说明的有 4 点：一是只有模数相同的齿轮才能相互啮合；二是要保证齿轮在啮合的时候不产生根切，需要选择 17 齿以上的齿轮；三是齿轮的转速比跟齿数成反比，即主动轮与被动轮的转速比等于被动轮与主动轮的齿数比；四是由两个外齿轮啮合时，两个齿轮的转动方向相反。鉴于以上 4 点及题目要求，选择的齿轮确定为 B 和 D，即模数均为 1，齿数分别为 20、40 的两个齿轮，且有一个齿轮需要使用两次。这里为了使设计更有紧凑感，选择的齿轮组合是 2 个“直齿轮 B” +1 个“直齿轮 D”。

Step 02 齿轮打孔。打开“直齿轮 B”、“直齿轮 D”两个零件，分别在其轴心处打直径为 5mm 的通孔，如图 9-5 所示。同时查看到两个直齿轮的齿宽均为 10mm，这为以后水车设计放置直齿轮时预留足够空间。

Step 03 创建分度面。在“直齿轮 B”零件中，将草图 1 可见，并将分度圆由构造线改为实线，然后将其双向拉伸为曲面，如图 9-6 所示。完成后再将草图 1 隐藏，将文件保存并关闭。用同样方法创建“直齿轮 D”的分度面。

Step 04 新建项目文件。选择资料包中“模块九/水车”文件夹，创建名为“水车.ipj”的项目文件。

图 9-5　直齿轮打孔　　　　图 9-6　创建直齿轮分度面

说明： 比赛中共包含多个文件夹，需要创建多个项目文件。可以在创建第一个项目文件后，将项目文件直接复制到其他的文件夹内，然后重新命名即可。

Step 05 参数表设计。首先新建零件文件，并保存为“水车.ipt”。在“管理”菜单中打开 *fx* “参数”表窗口，添加“bh”用户参数。在“表达式”一栏上单击鼠标右键，在右键菜单中选择“生成多值”选项，如图 9-7 所示。弹出“值列表编辑器”窗口，在“添加新项”文本窗口输入“5mm”，单击“添加”按钮，将其添加到“值”文本框中，如图 9-8 所示。单击“确定”按钮，关闭“值列表编辑器”窗口。在 *fx* “参数”表窗口中，可看到添加的用户参数在其“表达式”栏有了两个数值可供选择，如图 9-9 所示。

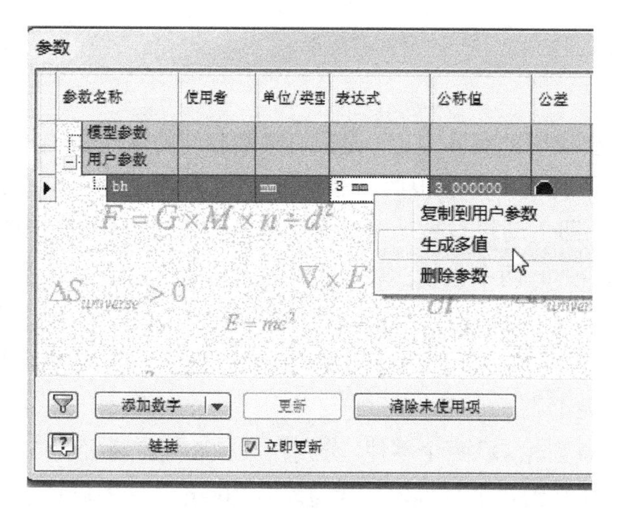

图 9-7 “参数”窗口

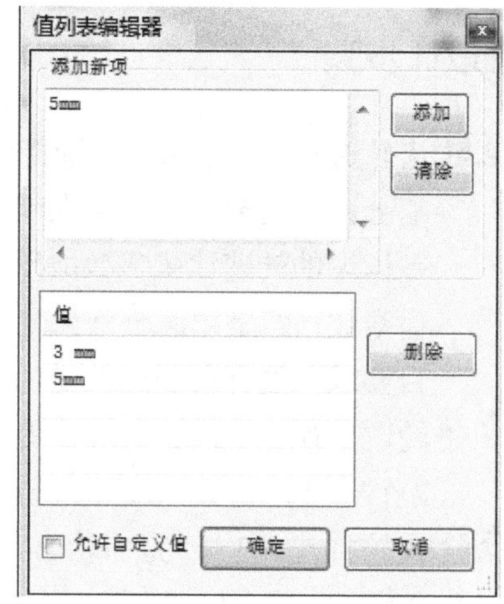

图 9-8 “值列表编辑器”窗口

重复前面的操作，再添加“count”用户参数，作为储水结构数量的定义。单击用户参数的“单位类型”栏，弹出“单位类型”窗口。在该窗口中选择“无量纲”选项下的“无量纲（ul）”选项，如图 9-10 所示。单击“确定”按钮，关闭“单位类型”窗口。将“count”用户参数的表达式添加 6 和 8 两个值。

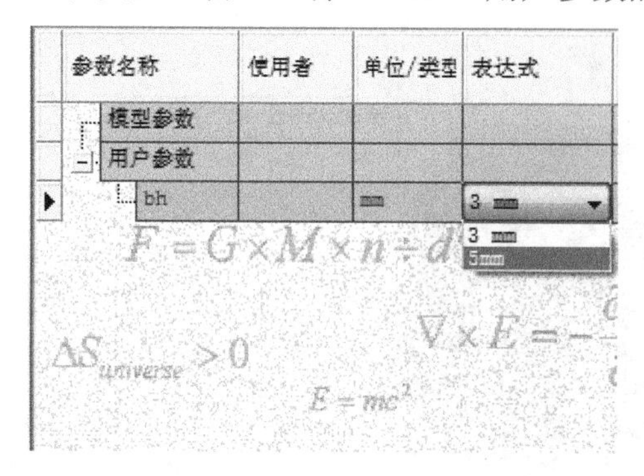

图 9-9 将表达式栏生成多值

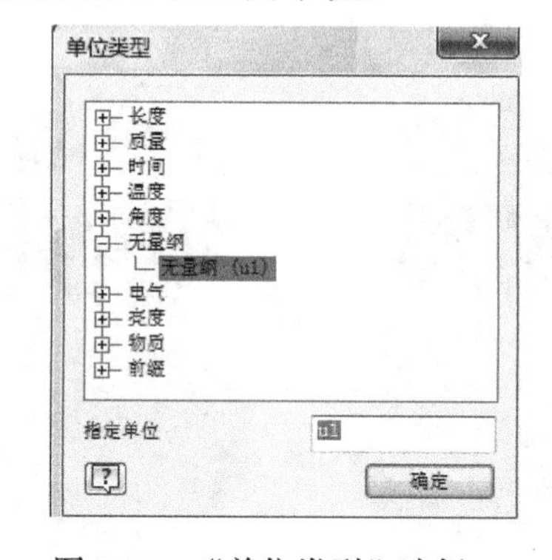

图 9-10 “单位类型”选择

最后添加 D、D1、D2、ck 四个用户参数，分别表示圆柱棒的直径、圆柱套管的内径、外径、槽宽。完成后 *fx*“参数”窗口如图 9-11 所示。

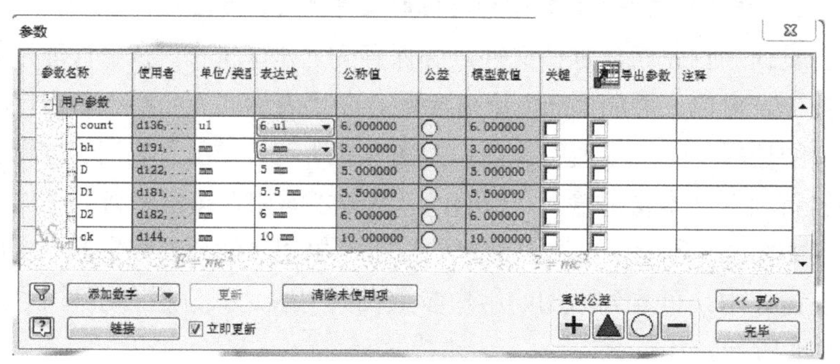

图 9-11 添加用户参数后的“参数”窗口

Step 06 创建工作面。将 *XY* 工作面向上偏移 35mm，创建工作面，如图 9-12 所示。

Step 07 新建草图。在上一步创建的工作面上新建草图，绘制如图 9-13 所示几何图元，完成后退出草图环境，将工作面不可见。

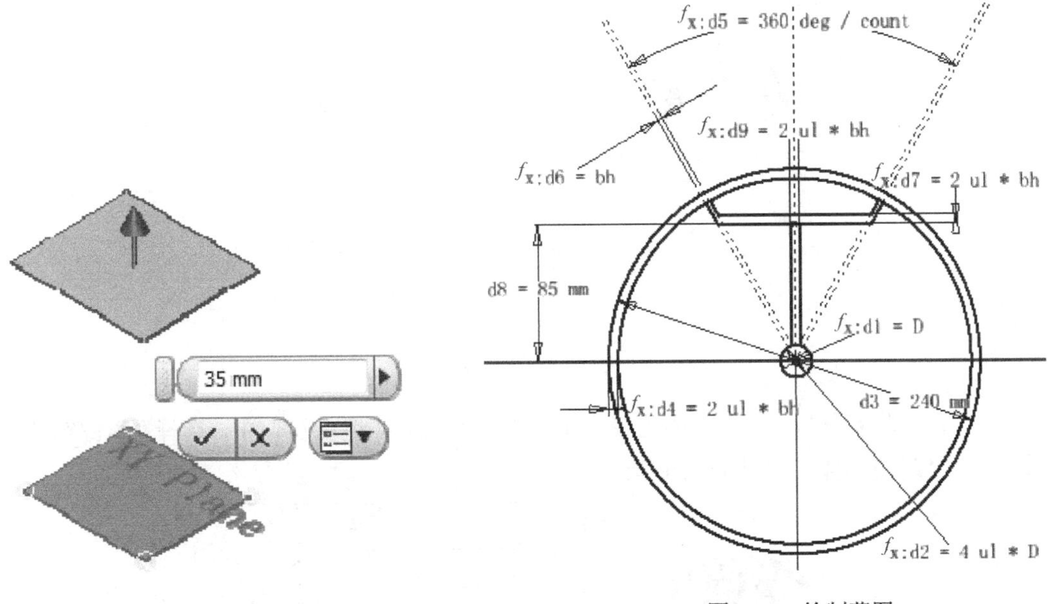

图 9-12　创建工作面　　　　图 9-13　绘制草图

说明： 考虑到水车的最大高度要求不超过 300mm。再加上储水结构的高度，因此这里选取的水车车轮的直径为 240mm。d5 的尺寸用 360 deg/count，这样就可以在改变参数“count”的数值时，储水结构的数量发生变化。题目中尽管没有对轴、套管的直径提出一键调整要求，考虑到实际设计中需要的轴、套管有多种规格，这里也将其设为一键调整。

Step 08 设计水车轮。将上一步创建的几何图元进行拉伸，拉伸距离为设置的参数“bh”，如图 9-14 所示。

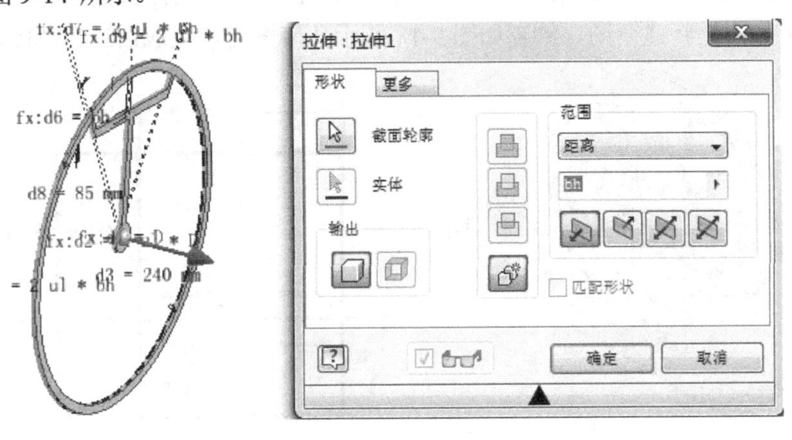

图 9-14　拉伸

将拉伸后特征进行环形阵列，阵列个数选择设置的参数“count”，如图 9-15 所示。

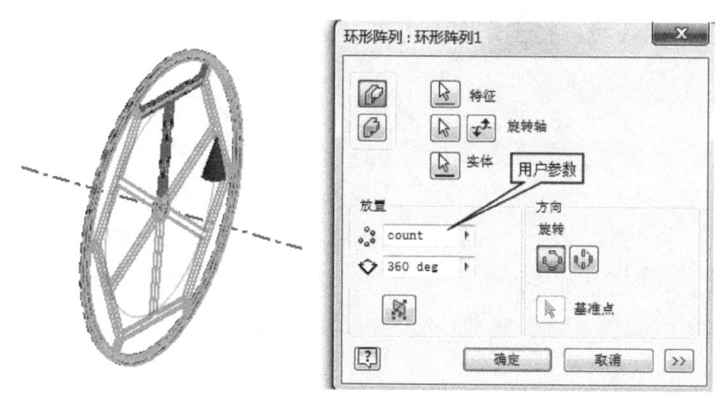

图 9-15　环形阵列

将实体以 *XY* 工作面为镜像平面进行镜像，在镜像窗口中，选择“镜像实体”、“新建实体”，如图 9-16 所示。

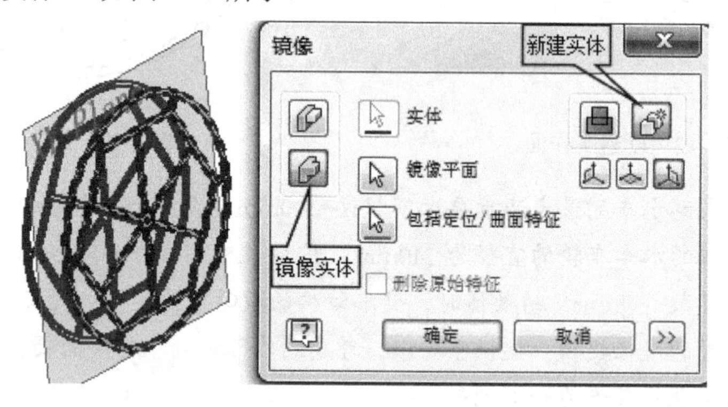

图 9-16　镜像实体

Step 09 设计底座。将 *XZ* 工作面向下偏移-158mm，创建工作面，如图 9-17 所示。在创建的工作面上新建草图，绘制如图 9-18 所示几何图元，完成后退出草图环境。

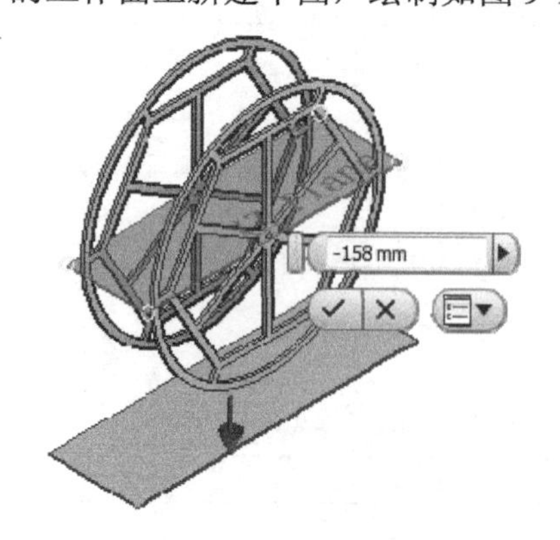

图 9-17　偏移工作面

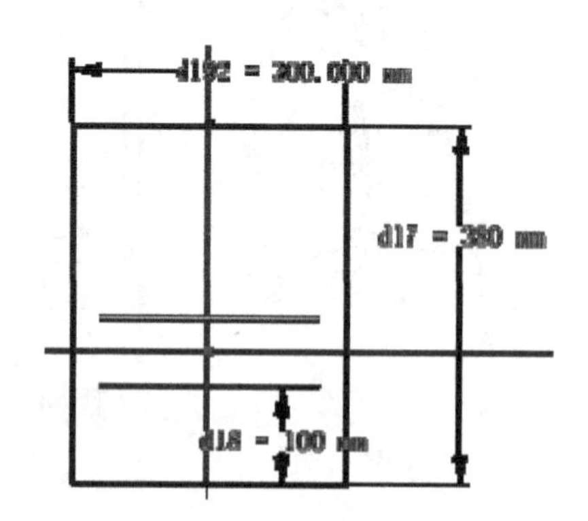

图 9-18　绘制底板轮廓

将几何图元向上拉伸，拉伸距离为“bh”，并选择“新建实体”，如图 9-19 所示。将上一步新建的实体进行圆角处理，圆角半径为 20mm。

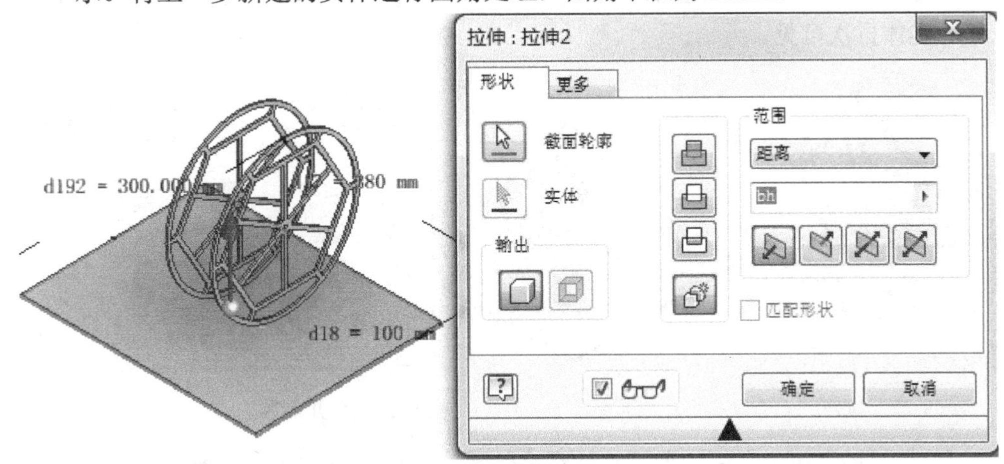

图 9-19　拉伸为实体

说明：以后板型材料的拉伸距离均为“bh”，不再做特别说明。

Step 10 创建工作面。将水车轮的表面向外偏移 20mm，如图 9-20 所示。

Step 11 新建草图。在步骤 9 创建的工作面上新建草图，绘制如图 9-21 所示几何图元。

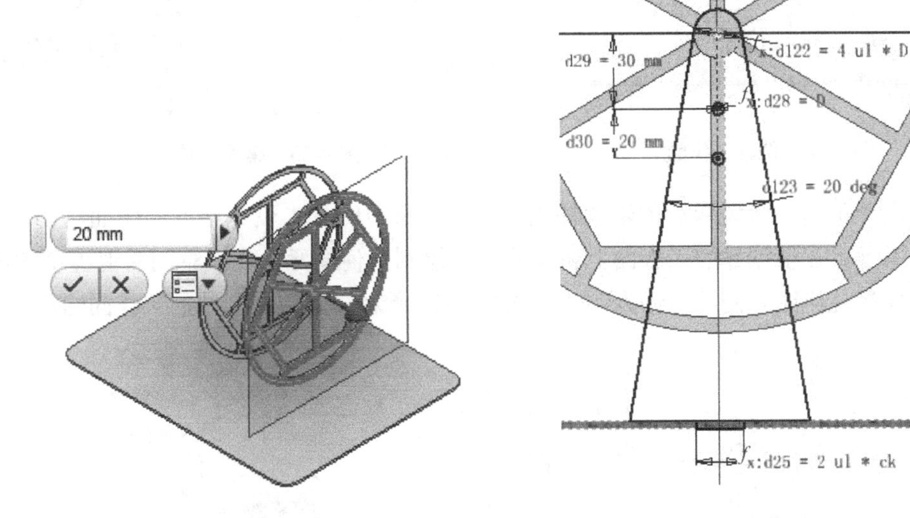

图 9-20　偏移工作面　　　　图 9-21　新建草图

说明：草图中的轴间距之所以选择 30mm、20mm，是因为齿轮要啮合，必须将其分度圆相切，而齿轮分度圆的直径为“齿数×模数”，因此，两个啮合的齿轮轴间距为“(齿数 1+齿数 2)×模数÷2”。

Step 12 设计轴架。将上一步创建的草图，向外拉伸为新的实体，如图 9-22 所示。以图 9-19

所示的新建实体为基础实体，以如图 9-22 所示的新建实体为工具体，进行合并求差，并勾选“保留工具体”选项，如图 9-23 所示。完成后将如图 9-22 所示的新建实体再次可见。

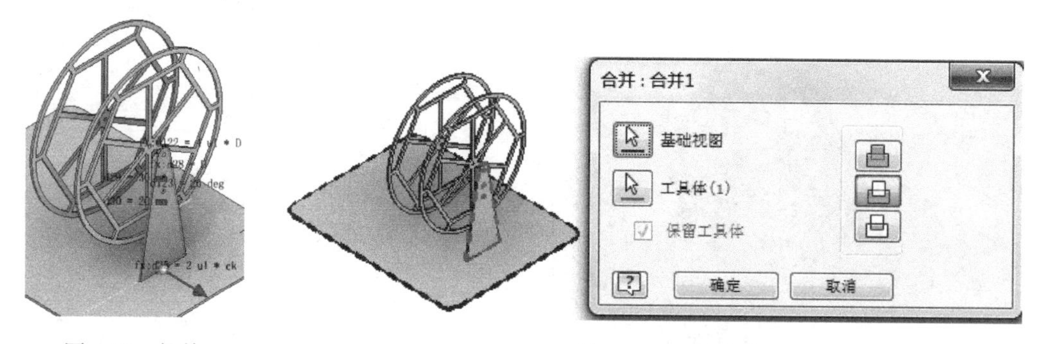

图 9-22　拉伸　　图 9-23　合并实体

将新建实体的表面向外偏移 15mm，如图 9-24 所示。以新创建的工作面为镜像平面，将如图 9-22 所示的新建实体镜像为新的实体，如图 9-25 所示，并将镜像后的轴架跟底座实体合并求差，保留工具体。

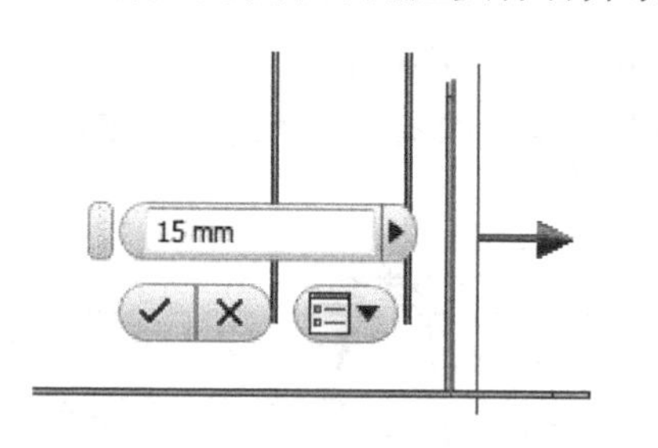

图 9-24　偏移工作面

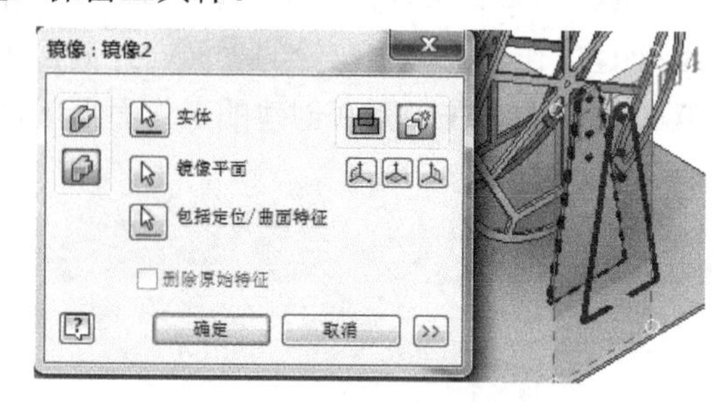

图 9-25　镜像实体

Step 13 设计手柄。将镜像后的轴架外表面向外偏移 10mm，创建新的工作面，如图 9-26 所示。在新创建的工作面上新建草图，绘制几何图元，完成草图后退出草图环境，并将几何图元向外拉伸为实体，如图 9-27 所示。最后将创建的工作面隐藏。

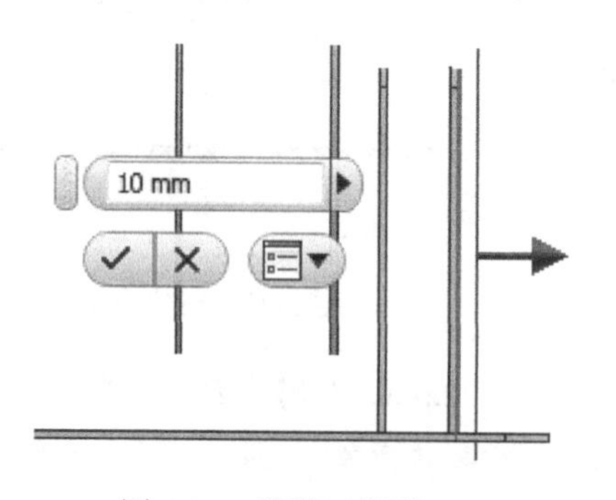

图 9-26　偏移工作面

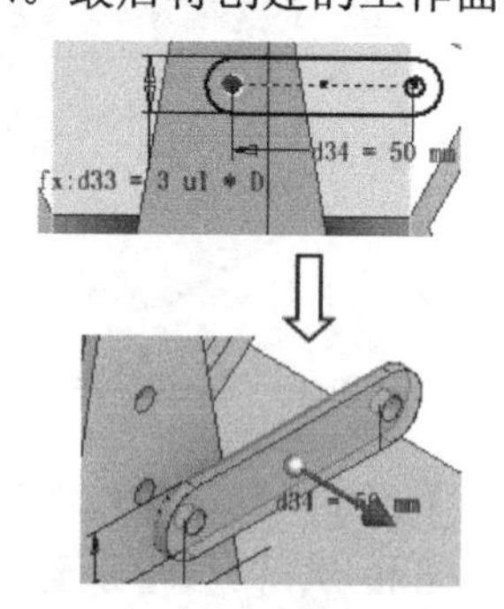

图 9-27　创建手柄

Step 14 设计水槽支架。将 *YZ* 工作面向右偏移 50mm，如图 9-28 所示。在创建的工作面上新建草图，绘制如图 9-29 所示几何图元，完成草图后退出草图环境。将几何图元向右拉伸为新的实体，如图 9-30 所示。

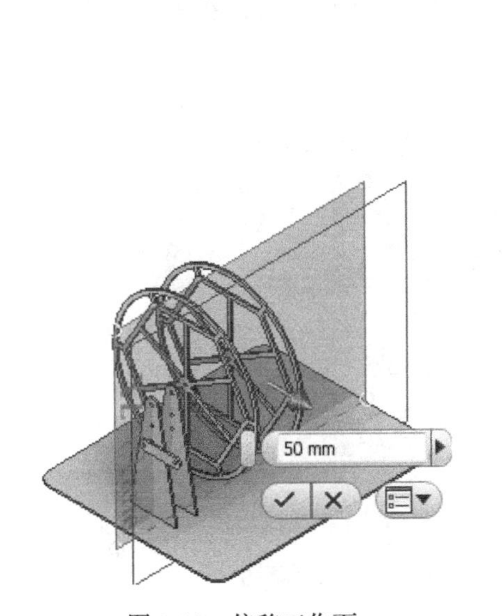

图 9-28　偏移工作面

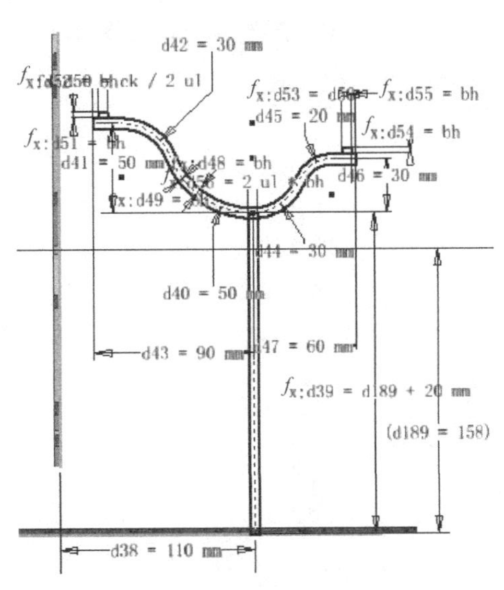

图 9-29　创建草图

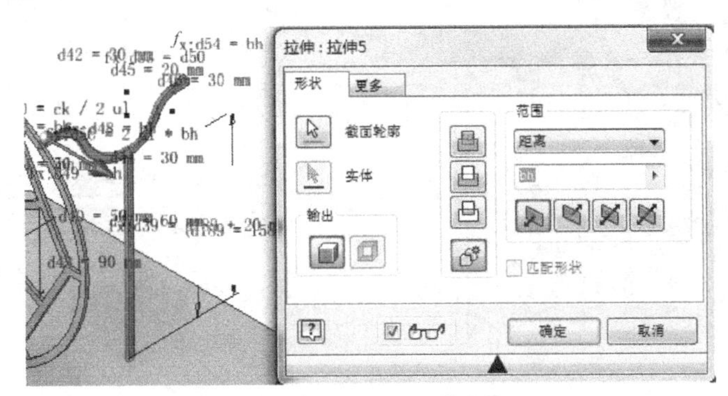

图 9-30　拉伸实体

以 *YZ* 工作面为镜像平面，将新建实体镜像为新的实体，如图 9-31 所示。将镜像前、后的两个实体与底座实体分别进行合并求差，并保留工具体。

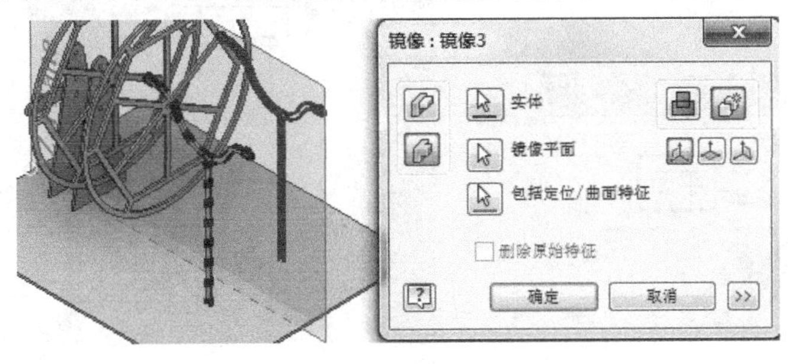

图 9-31　镜像实体

在水槽支架两个表面中间创建工作面，如图 9-32 所示。在刚创建的工作面上新建草图，绘制如图 9-33 所示几何图元，完成后退出草图环境。将绘制的几何图元双向拉伸为新的实体，如图 9-34 所示。将新建实体跟其他相关实体进行合并求差，并保留工具体。

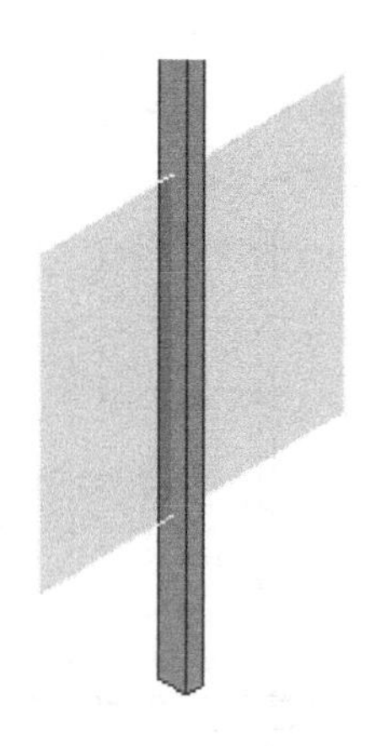

图 9-32　创建工作面

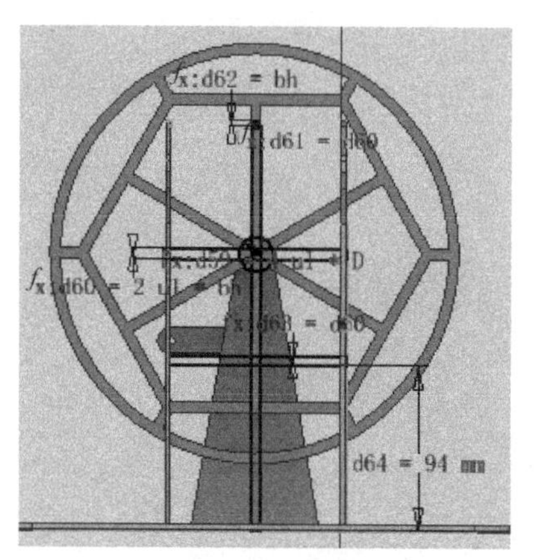

图 9-33　绘制草图

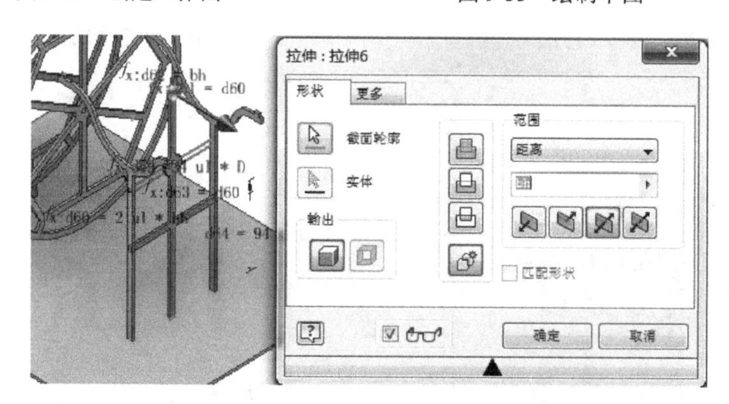

图 9-34　拉伸实体

Step 15 设计水槽。在图 9-35 所示的平面上创建草图，绘制如图 9-36 所示的几何图元，完成后退出草图环境。将绘制的部分几何图元拉伸为新的实体，如图 9-37 所示。

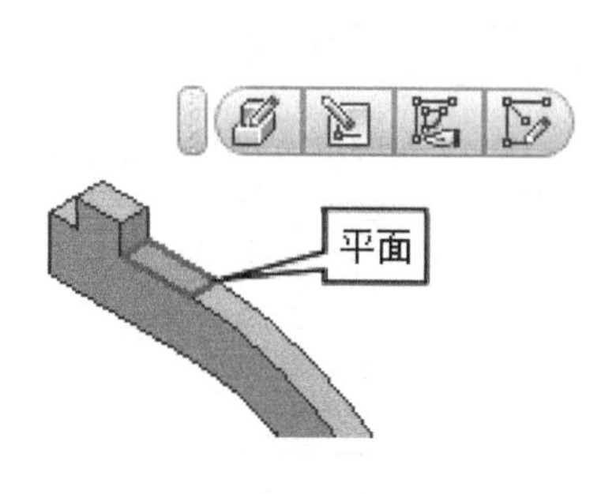

图 9-35　草图依附的平面

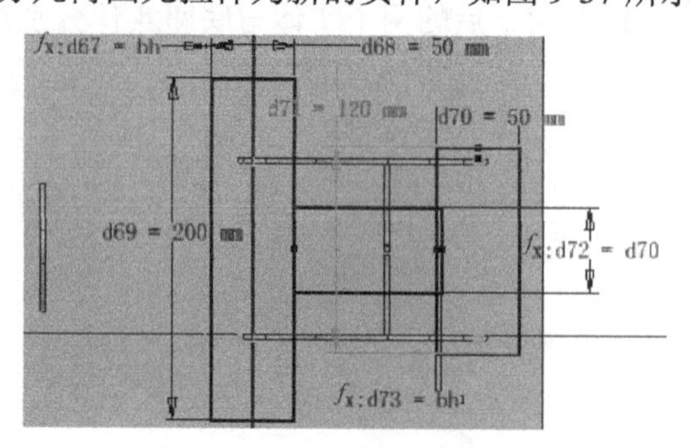

图 9-36　绘制草图

将草图再次可见，选择草图的另一部分几何图元，将其拉伸为新的实体，在拉伸窗口中，在“范围”选项中选择“距离面的距离”，选择如图 9-38 所示的平面。

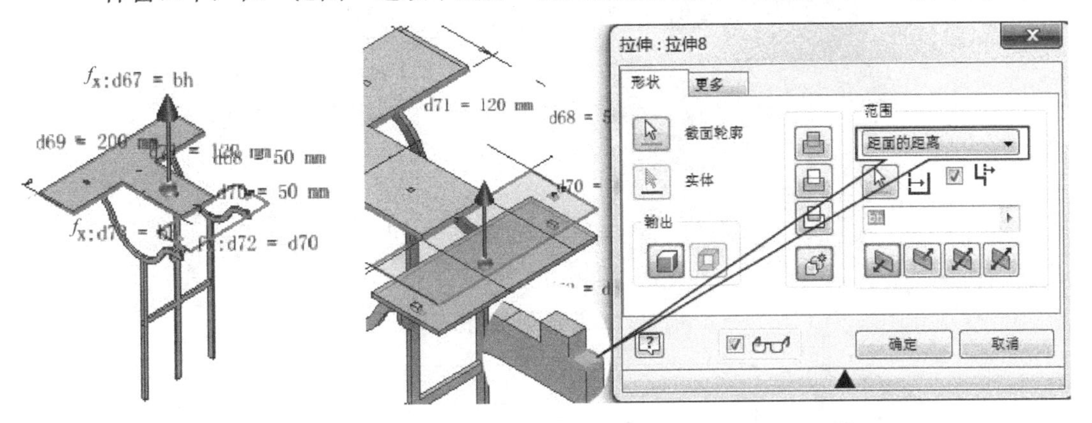

图 9-37　创建高处水槽底板　　　　图 9-38　创建低处水槽底板

水槽的挡板设计这里不再详细介绍，请读者结合资料包中零件自行进行设计，各实体创建完成后如图 9-39 所示。

说明：这里为了读者方便于看清图样，将其他实体进行了隐藏。另外，在拉伸窗口中的“范围”选项中采用了“距面的距离”选项，这是 2018 版本的一个新功能，适用于同一几何图元在不同面上的拉伸。

Step 16 设计储水箱支架。在 *YZ* 工作面上创建草图，绘制如图 9-40 所示几何图元，完成后退出草图环境，将几何图元双向拉伸为新的实体，如图 9-41 所示。将新的实体跟水车轮合并求差，并保留工具体，如图 9-42 所示。最后将两个合并特征分别进行环形阵列，阵列数量选择“count”，如图 9-43 所示。

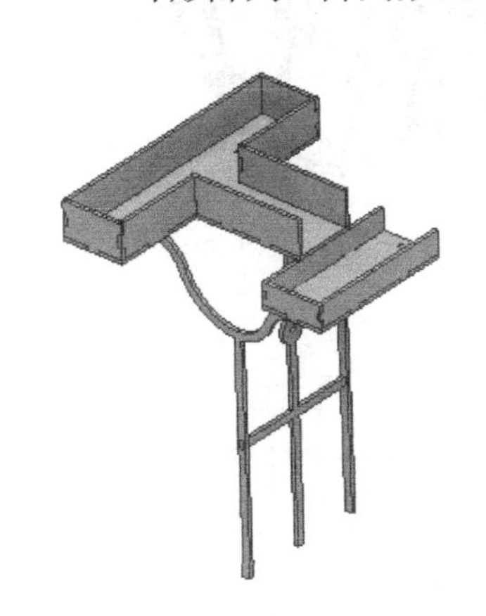

图 9-39　创建水槽挡板

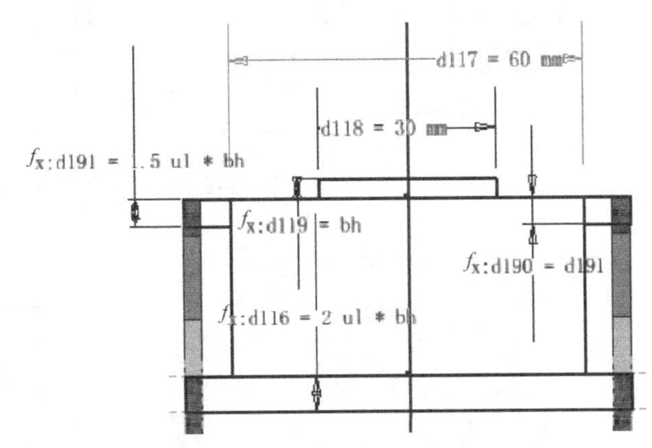

图 9-40　绘制草图

Step 17 设计储水箱。在图 9-44 所示的平面上创建草图，绘制如图 9-45 所示几何图元，完成后退出草图环境，将几何图元向上拉伸为新的实体，如图 9-46 所示。

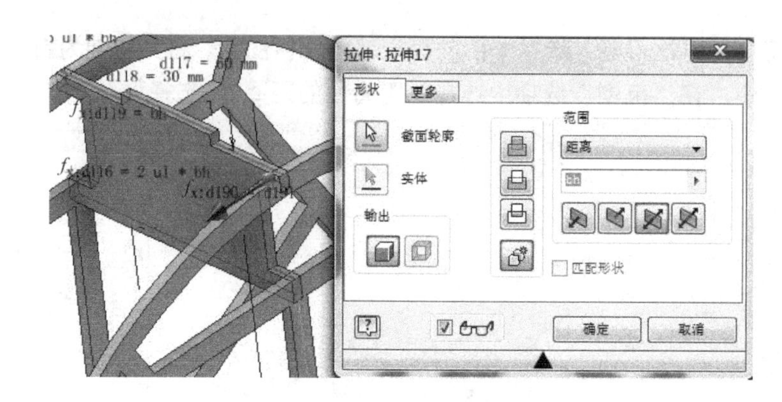

图 9-41　创建低储水箱支架

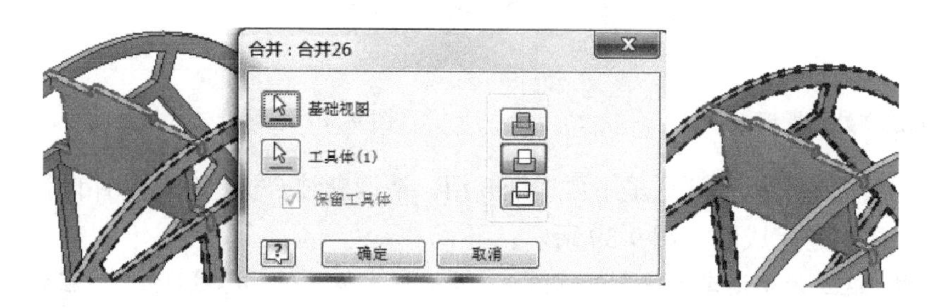

图 9-42　合并实体

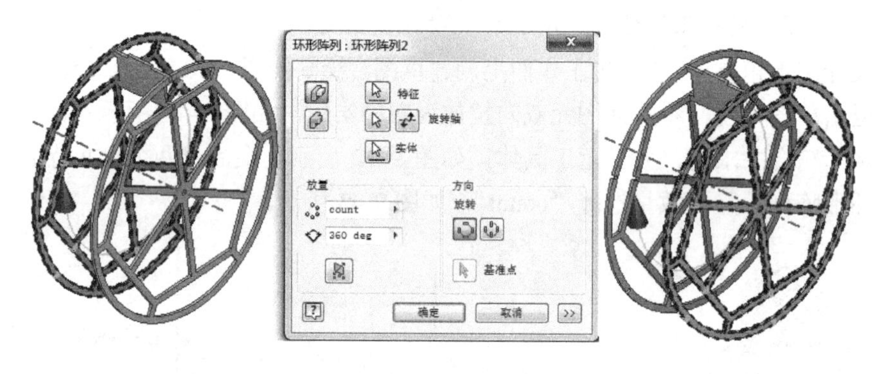

图 9-43　环形阵列合并特征

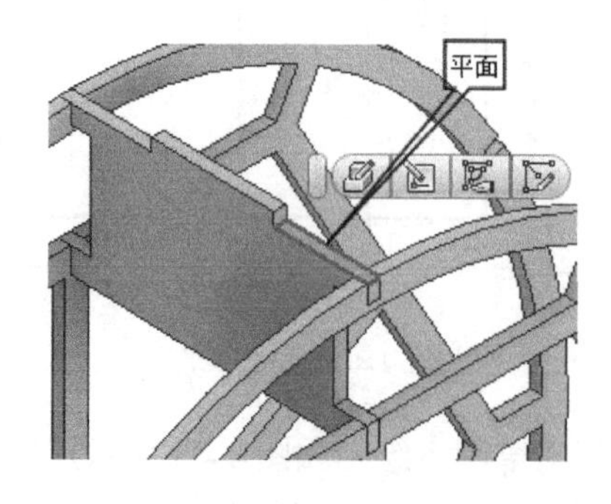

图 9-44　选择创建草图所依附的平面

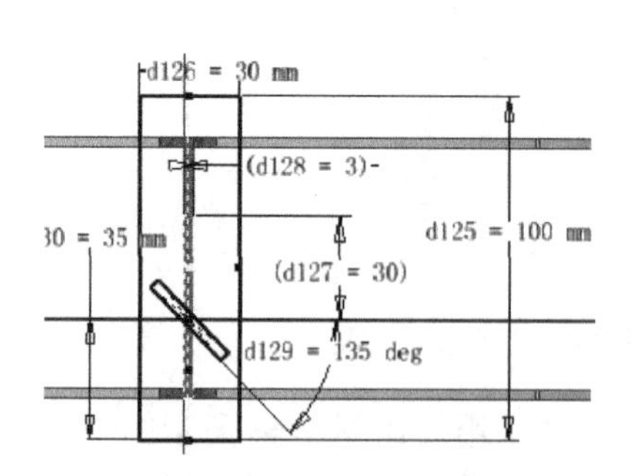

图 9-45　绘制草图

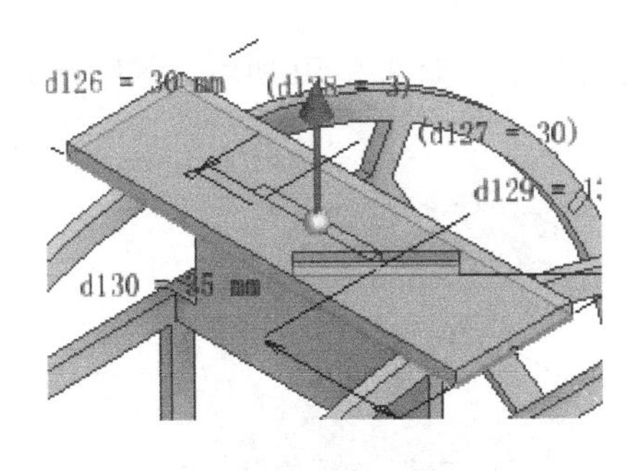

图 9-46　创建储水箱底板

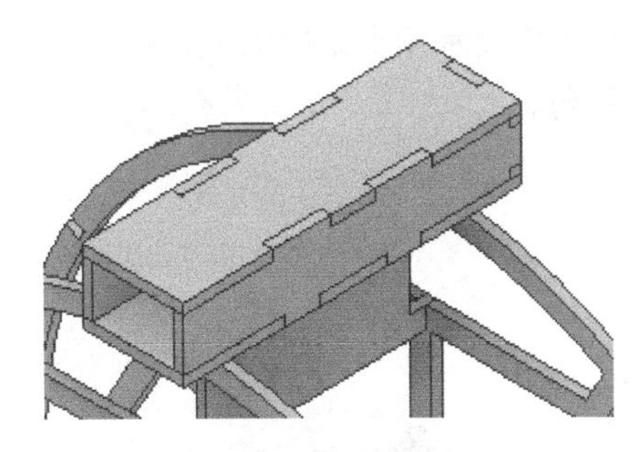

图 9-47　储水箱

储水箱的其他面设计这里不再详细介绍，请读者结合资料包中零件自行进行创建，储水箱各实体创建完后如图 9-47 所示。

说明： 在图 9-45 所示的几何图元中，之所以绘制与水平成 135° 的矩形，是为了在安装储水箱的时候，让储水箱与水车轮的轴成 45° 倾斜，这样才能保证在储水箱离开水面上升的时候，水箱口部相对底部要高一些，水箱里面才能存水。当水箱越过水车顶部后，水箱口部相对底部开始逐渐降低，水箱里的水方可倾倒入水槽中。

Step 18 将储水箱生成零部件。选择储水箱的五个实体生成零部件，将生成的部件名称命名为“储水箱.iam”。在“储水箱.iam”部件中，选择“所有实体”，单击快速访问工具条上“外观替代”下拉箭头（默认），选择“黄色松木”，改变储水箱的外观，如图 9-48 所示。将“储水箱.iam”部件保存后关闭。在多实体文件中，将已经生成部件的储水箱 5 个实体零件隐藏。

Step 19 设计水车的轴、套管。水车的轴、套管的设计这里不再详细介绍，请读者结合资料包中零件自行进行创建，轴、套管实体全部创建后如图 9-49 所示。

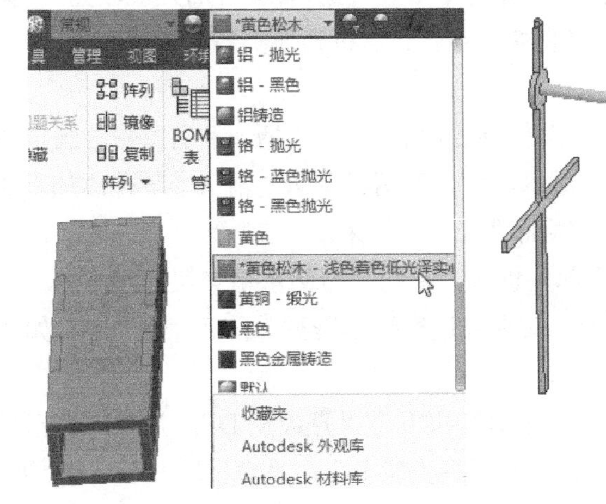

图 9-48　改变储箱的外观

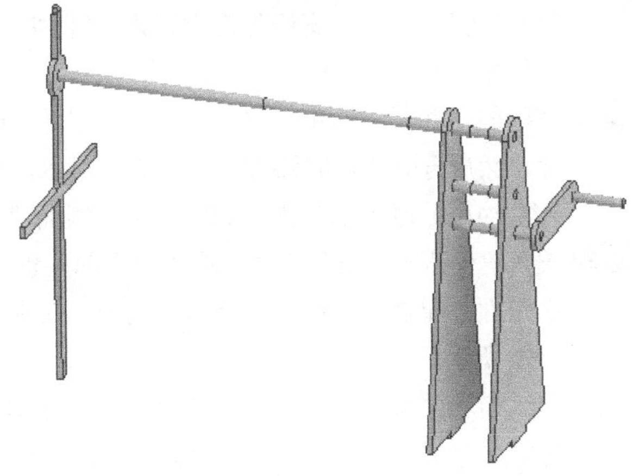

图 9-49　小车的轴、套管设计

Step 20 检测一键调整。打开 *fx*“参数”表，将用户参数“bh”从“3mm”改为“5mm”，可看到所有板类实体也跟着改变；同样将用户参数“count”从“6 ul”改为“8 ul”，可发现储水箱支架槽的数量也从 6 个变成 8 个，如图 9-50 所示。说明一键调整没问题。

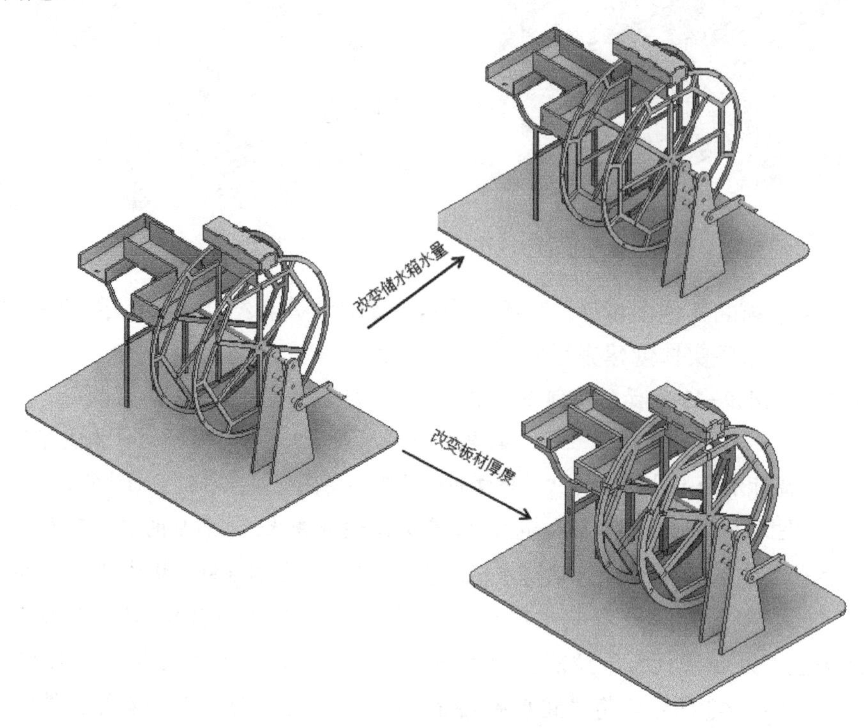

图 9-50　一键调整

Step 21 生成零部件。选择“所有实体”生成零部件，零部件名称默认为“水车.iam”。在零部件文件中，将所有轴的外观改为“*铬酸锌 2”，将所有套管的外观改为“*黄铜-煅光”、将水车底座外观设置为“*白蜡木-爪哇”，将其他实体的外观改为“*白色橡木-天然中光泽”。

Step 22 解除固定并添加约束。首先将两个水车轮、储水箱支架、手柄、手柄摇轴的固定解除。然后再分别对其添加约束，其中对水车轮、手柄、手柄摇轴三个零件添加“插入”约束；对储水箱支架添加三个面跟面“配合”约束。

Step 23 置入“储水箱.iam”部件。将储水箱部件置入，并为其与储水箱支架之间添加 3 个面跟面“配合”约束。将储水箱支架、储水箱进行环形阵列，阵列个数为 6，如图 9-51 所示。

Step 24 装入齿轮并添加约束。装入 2 个“直齿轮 B”和 1 个“直齿轮 D”，并对 3 个直齿轮首先添加“插入”约束。放大视图，调整“直齿轮 D”与“直齿轮 B:1”的位置，让两个齿轮紧密配合，如图 9-52 所示。

打开“放置约束”窗口，在“运动”选项卡中选择“反向”选项，然后分别单击“直齿轮 D”、“直齿轮 B:1”的分度面，如图 9-53 所示。同样操作再添加“直齿轮 B:1”与“直齿轮 B:2”之间的运动约束。

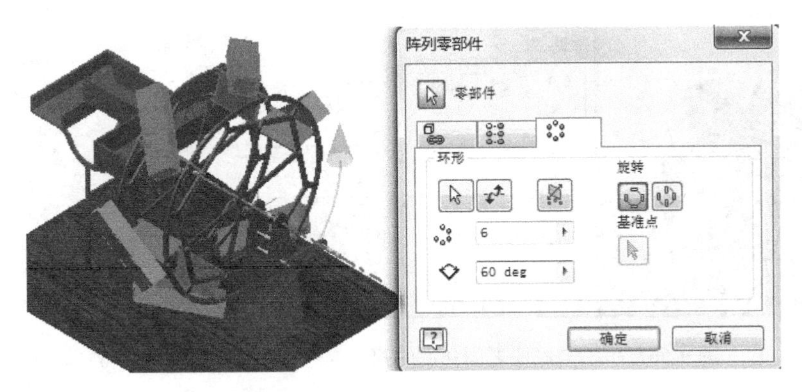

图 9-51　阵列储水箱及支架

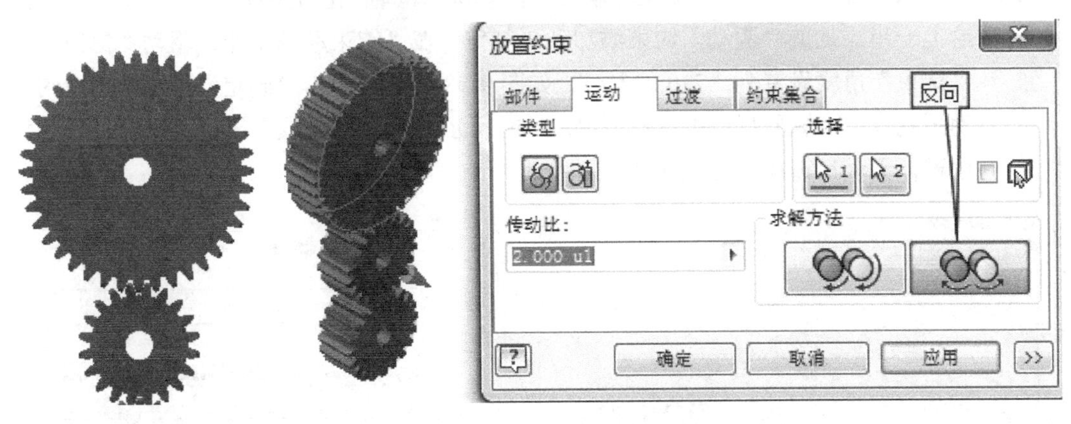

图 9-52　调整齿轮位置

图 9-53　添加运动约束

在“直齿轮 B:2”的 *YZ* 工作面与手柄的上表面之间添加“角度”约束，如图 9-54 所示；在“直齿轮 D”的 *XZ* 工作面与水车轮的 *XZ* 工作面之间添加“角度”约束，如图 9-55 所示；在手柄上表面与底座表面之间添加“角度”约束，如图 9-56 所示，在浏览器中，展开手柄实体，两次单击该约束，将其重命名为“驱动”，如图 9-57 所示。

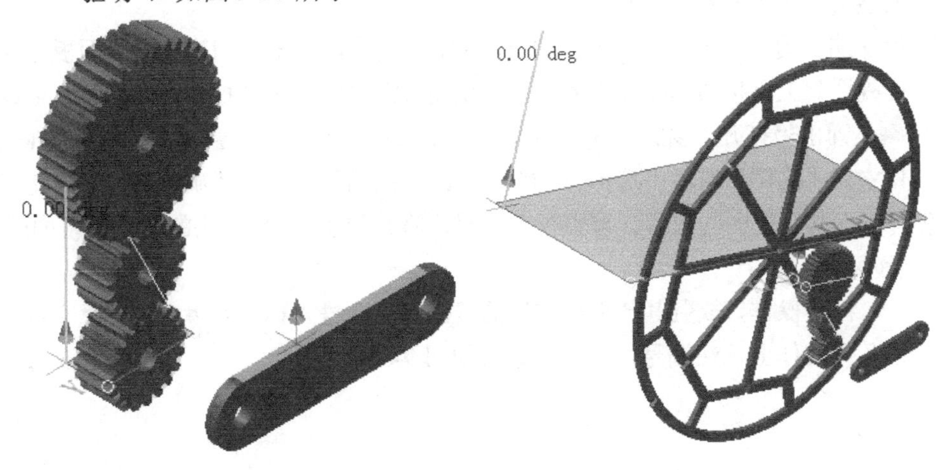

图 9-54　直齿轮 B:2 与手柄之间角度约束

图 9-55　直齿轮 D 与水车轮之间角度约束

图 9-56　手柄与底座之间角度约束　　　　图 9-57　重命名约束名称

Step 25 渲染水车展示动画。进入渲染环境，打开“动画时间轴”窗口，将动画时间改为“5.0s”，给上一步添加的“驱动”约束添加动画制作，在“约束动画制作：驱动”窗口中将“结束”角度设置为“720.00deg”，如图 9-58 所示。单击“确定”按钮，完成约束动画制作，“动画时间轴”窗口如图 9-59 所示。单击“播放”按钮，查看水车动作过程，无误后渲染输出动画。

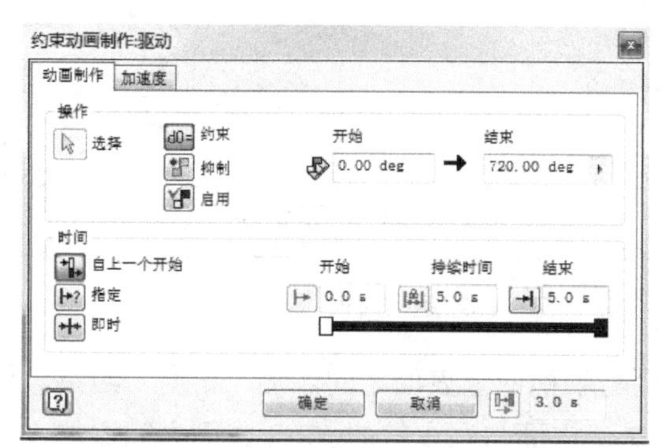

图 9-58　“约束动画制作：驱动”窗口　　　　图 9-59　“动画时间轴”窗口

Step 26 生成储水箱装拆动画。储水箱的装拆动画这里不再详细介绍，读者可参考资料包中的装拆参考动画自行制作。

Step 27 设计加工图。打开项目中的“加工图.idw”文件，单击“创建”工具面板上的“基础视图”工具按钮，在弹出的“工程视图”窗口中单击“打开现有文件”工具按钮 ，弹出“打开”窗口。在项目文件夹中选择“实体 1”零件，在“工程视图”窗口中的“比例”选项中选择“1:1”，如图 9-60 所示。单击“确定”按钮，完成“实体 1”基础视图的放置，调整视图位置，将其放置于 A 板块的左上角，如图 9-61 所示。

同样操作，放置其他板材实体的基础视图。进入标注环境，利用“文本”工具在各个实体上标注编号，完成后结果如图 9-62 所示。

图 9-60　工程视图窗口

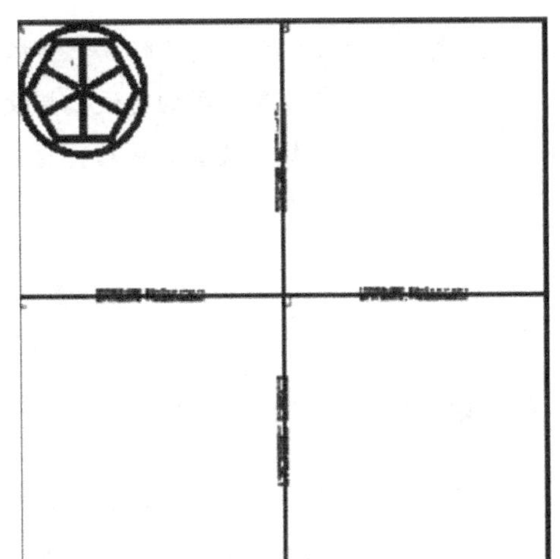

图 9-61　放置视图

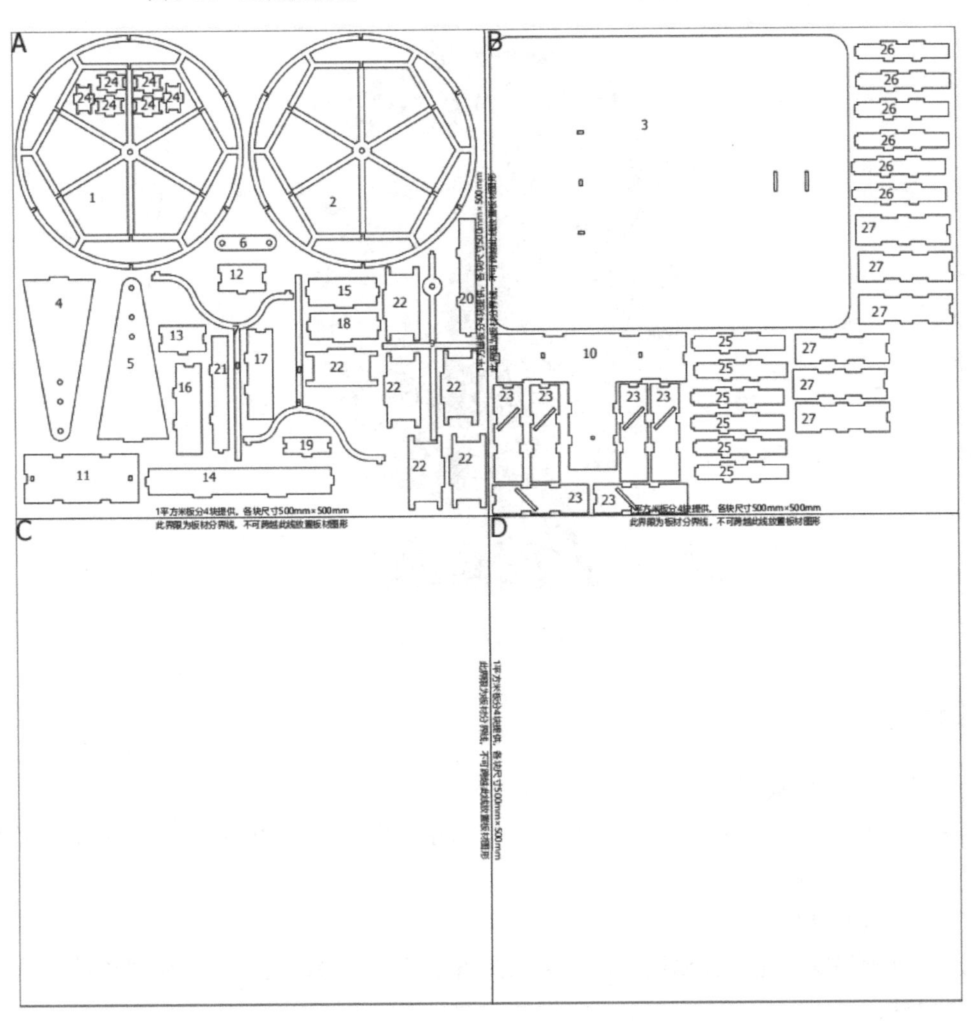

图 9-62　标注编号

说明：由于装配环境是按照6个储水箱设计的，因此储水箱支架及组成储水箱的5个实体，在放置视图的时候，要放置6次。另外放置视图时，从左上角依次放置，在一块板材上放置完成后，再在另一块板材上放置。

思考与练习9

✍产品描述

摩天轮模型如图9-63所示（仅供参考，不可复制此外观），要求选手发挥创意，请设计一款使用平板拼插方式制造，包含转动手柄及齿轮机构的摩天轮模型，并模拟摩天轮转动的过程。

图9-63　摩天轮模型

✍设计要求

1．产品尺寸要求

整体尺寸在300mm×300mm×100mm～400mm×400mm×200mm范围内，且可由给定的4块板材加工制造。

2．产品功能要求

产品可模拟摩天轮的转动过程，且必须配备手柄，可通过转动手柄使摩天轮转动。具体要求包括：

（1）摩天轮必须配备手柄，按照手柄转1周，摩天轮反方向转2周的规律转动手柄模拟摩天轮运动；

（2）手柄带动摩天轮转动的运动可通过以下表 9-2 中所列齿轮中的若干齿轮实现，齿轮模型已经给出，请选择合适的齿轮组合装入所设计的产品；齿轮模型尽可打孔，其余结构不能改变，相同规格的齿轮可重复使用。

表 9-2　可供选择的齿轮

齿轮名称	A	B	C	D	E	F
模数（mm）	1	1	1	1	1.25	1.25
齿数	15	20	30	40	30	40

3．产品拼装要求

为满足用户自行拼装要求，板材之间必须设置卡槽式连接。

4．设计变更要求

（1）由于板材厚度待定，基础模型应满足“一键选择厚度”的要求，即通过参数表中一步调整，便可修改全部板材相应结构的尺寸数据；板材厚度可选择为 3mm 或者 5mm。

（2）为满足不同用户需求，基础模型应满足“一键调整储水结构数量”的要求，即通过参数表中一步调整便可更改轿厢数量，并生成全部相关板材；轿厢数量可选择为 6 或 8。

（3）上述设计变更要求仅在基础模型体现即可；零部件、动画使用板厚 3mm、轿厢数量 6 生成即可。

提示：产品制造要求及加工图要求参见前面任务。

模 块 10

Fusion 360 自由造型设计

Fusion 360 是 AutoDesk 公司推出的一款三维设计软件，其整合了三维 CAD、CAM、CAE 工具，可以说该软件是 Autodesk 公司在机械设计、工业设计领域很多相关技术的试验田。Fusion 360 中比较流行的技术包括直接建模技术、T 样条建模技术、基于联结的装配技术、自顶向下的参数化建模技术、云端数据管理等。

在 2017 年的全国职业院校技能大赛“计算机辅助设计（工业产品 CAD）”项目中，开始在创客实践模块增加了 Fusion 360。

作为云端数据管理软件，Fusion 360 必须在线才能登录使用，且只能将文件保存在云端数据库。根据大赛要求，不允许选手在线比赛，因此目前该项比赛只能是按照题目要求将数据模型截图并保存到本地计算机端的 PPT 中。

作为入门，本模块通过一个玩偶造型的例子，来简单介绍 Fusion 360 的基本应用。读者要想熟练操作该软件，建议找相关的专业教程进行学习。

任务　鲸鱼玩偶模型创客实践

任务导入

玩偶模型如图 10-1 所示。具体玩偶造型可参见资料包中“模块十/玩偶造型与制造.pptx”文件。

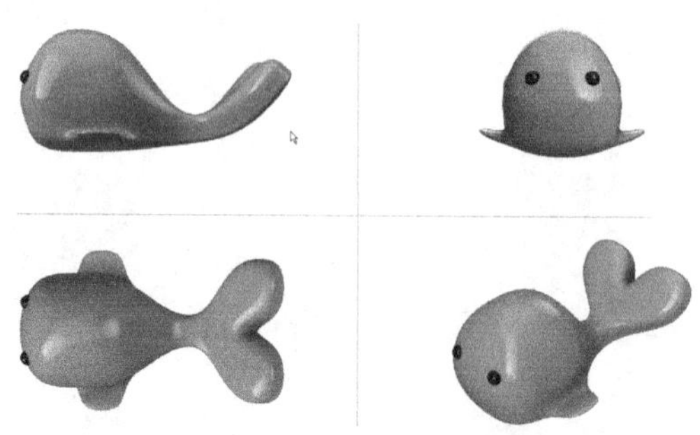

图 10-1　鲸鱼玩偶模型

✍设计流程

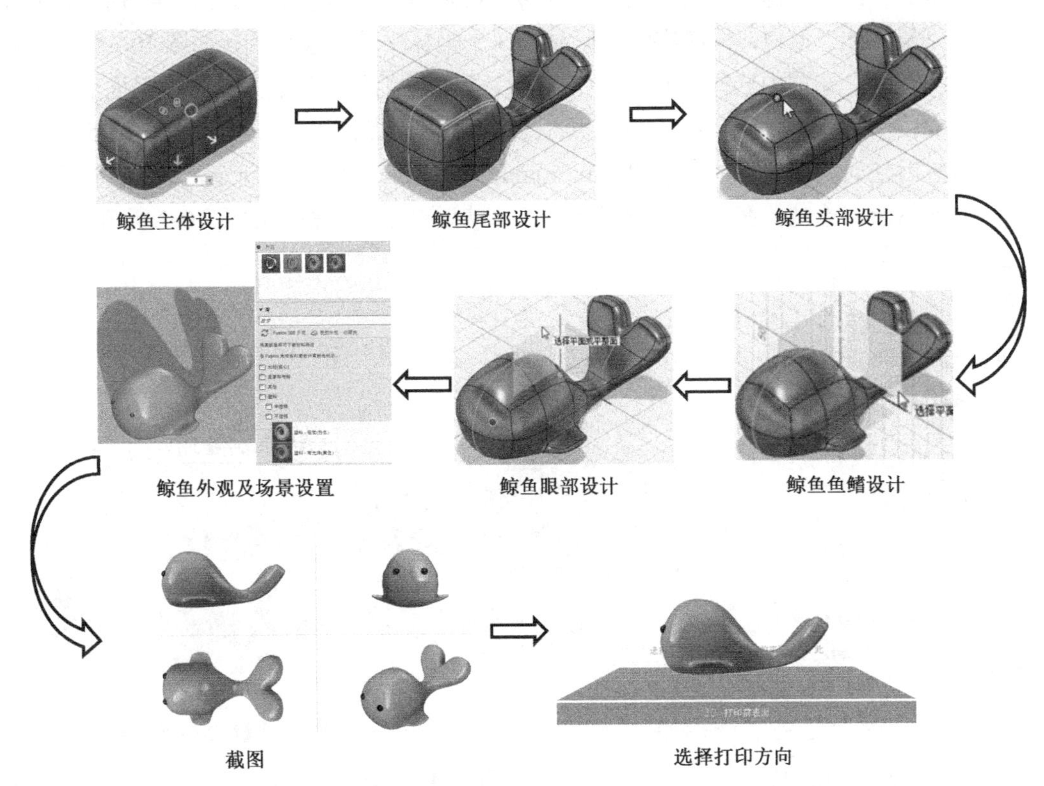

设计步骤

Step 01 鲸鱼主体设计。在确保计算机连接因特网的条件下，打开“Autodesk Fusion 360”窗口，进入 Fusion 360 后默认“模型”空间，操作界面如图 10-2 所示。

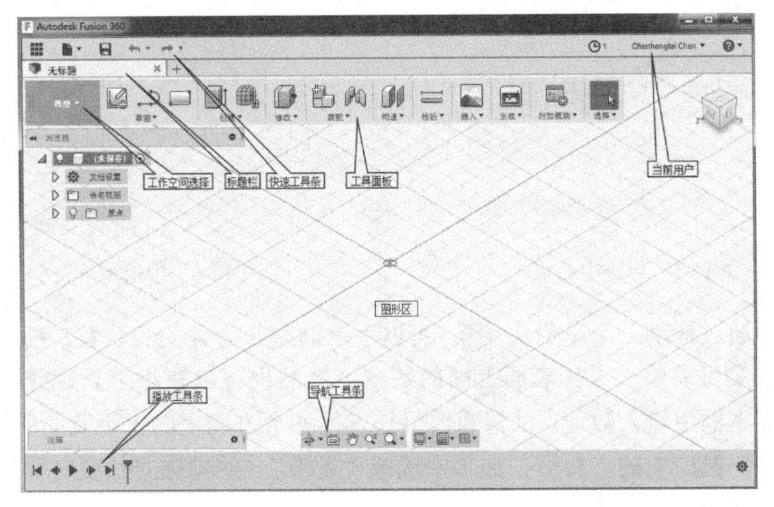

图 10-2 “Autodesk Fusion 360”操作界面

单击“创建”工具面板上的“创建造型”工具按钮，进入“造型”空间环境，单击“创建”工具下拉菜单中的“长方体”工具按钮，如图10-3所示。弹出“长方体”窗口，同时在绘图区显示3个坐标平面及坐标轴，如图10-4所示。在“方向”选项中选择“对称”。选择*XY*平面作为长方体造型的底部平面后鼠标变成形状，提示“指定中心点”。选择坐标原点作为中心点，如图10-5所示。然后拖动鼠标，绘制一个50mm×50mm的矩形，如图10-6所示，单击鼠标完成长方体造型绘制。在长方体造型上显示手动调整工具面板，如图10-7所示。

图10-3　长方体造型工具

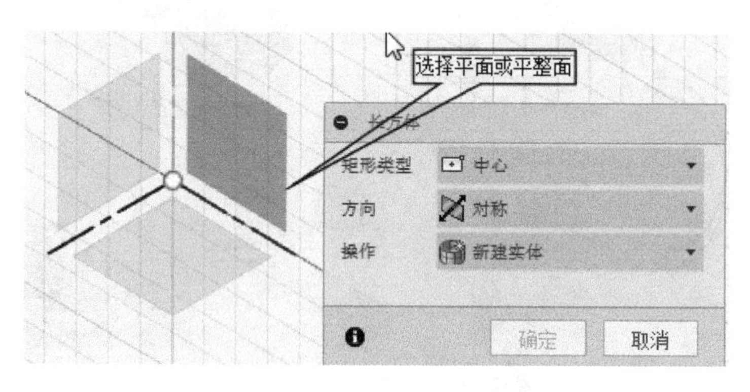

图10-4　“长方体”窗口

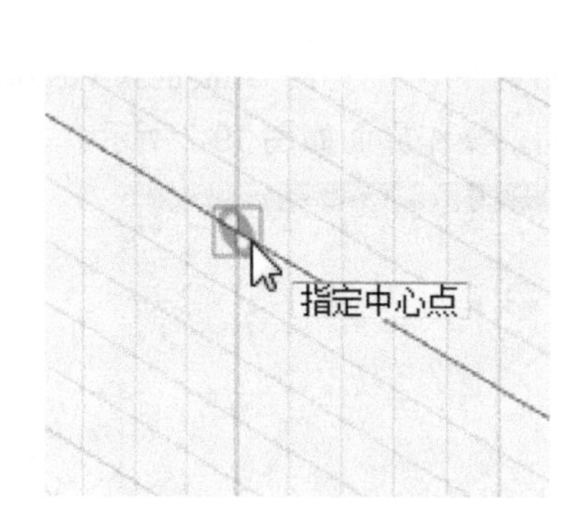

图10-5　指定中心点

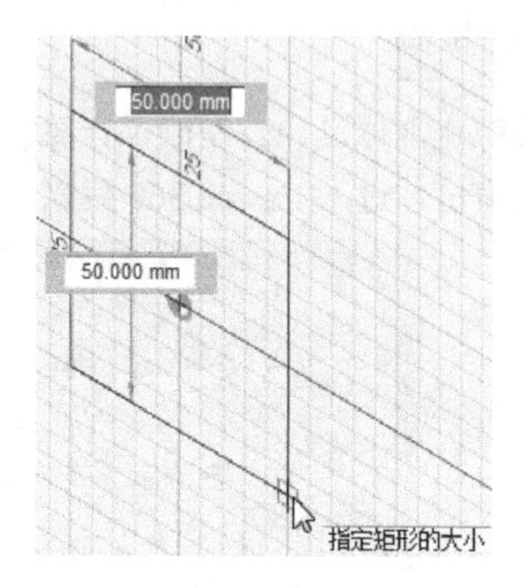

图10-6　指定矩形大小

通过拖动三个单箭头，可以手动调整长方体的长、宽、高；拖动三个双箭头可调整长方体表面上面的数量，当然也可以在小工具栏或者长方体窗口的文本框中输入数值，以精确调整长方体各个方向上的大小及面的数量。在“长方体”窗口中的“对称”选项中选择“镜像”，并勾选“长度对称”选项，如图10-7所示。

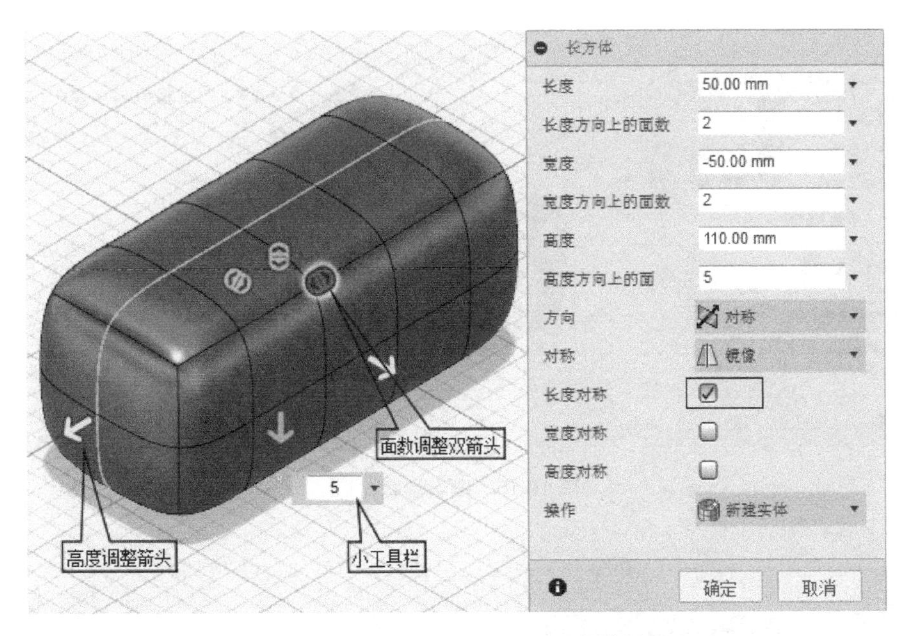

图 10-7 调整长方体大小及面的数量

Step 02 鲸鱼尾部设计。通过“View Cube”调整视图方向，框选如图 10-8 所示的边和面。单击“修改”工具下拉菜单中的“编辑形状”工具按钮 ，如图 10-9 所示。弹出“编辑形状”窗口和手动调整工具面板。当将鼠标置于空白处时，提示选择相应的顶点、边、或面进行调整，将视图调整至如图 10-10 所示方向。

说明：“编辑形状”工具除了从工具面板上的下拉菜单中选择以外，还可以通过右键菜单进行选择，如图 10-11 所示。

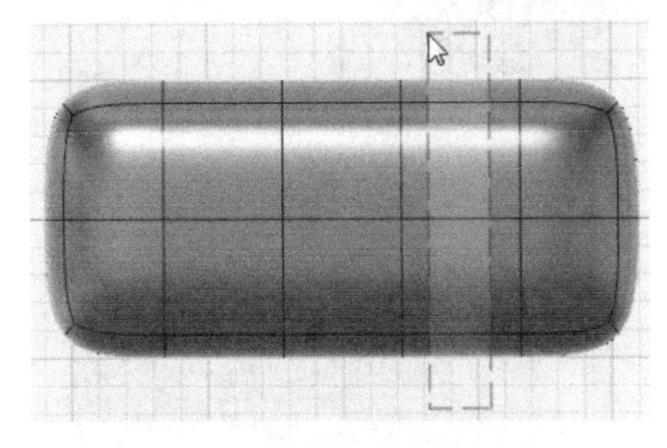

图 10-8 框选面

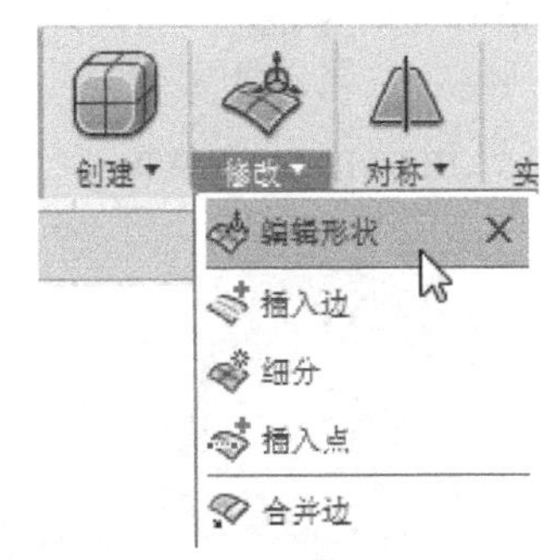

图 10-9 “编辑形状”工具

当鼠标置于要拉伸的顶点、边或者面时，鼠标指针变成小手形状 ，单击并拖动鼠标即可进行编辑。拖动如图 10-10 所示的缩放边，将选择的边和面缩放至如图 10-12 所示状态。单击“编辑形状”窗口的“确定”按钮，完成缩放编辑。

调整视图方向，选择如图 10-13 所示的边，单击“编辑形状”工具按钮，并将视图调整至如图 10-14 所示位置，向下拖动图 *Y* 轴平动箭头，调整到如图 10-15 所示位置，单击“确定”按钮，完成编辑操作。

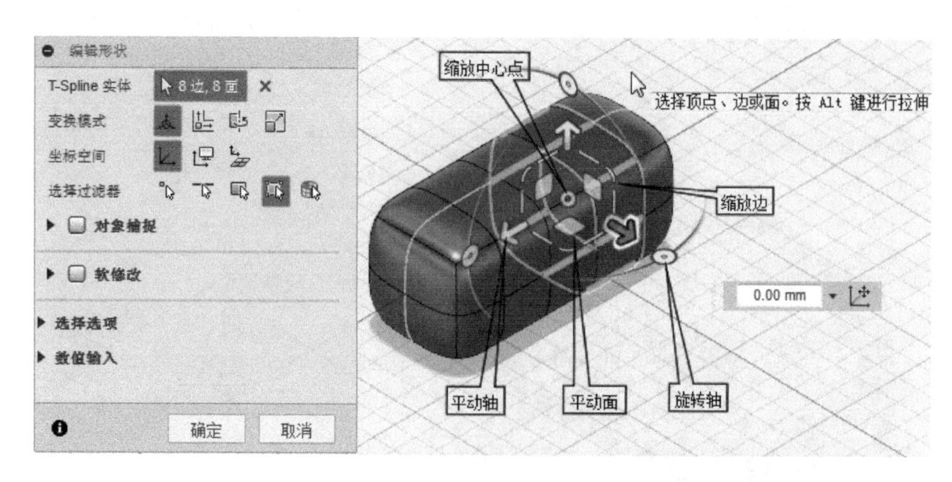

图 10-10　编辑形状窗口

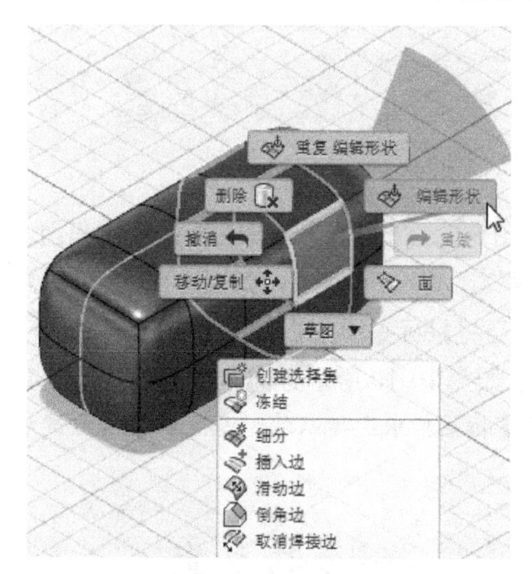

图 10-11　右键菜单

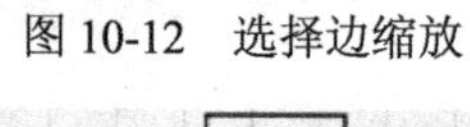

图 10-12　选择边缩放

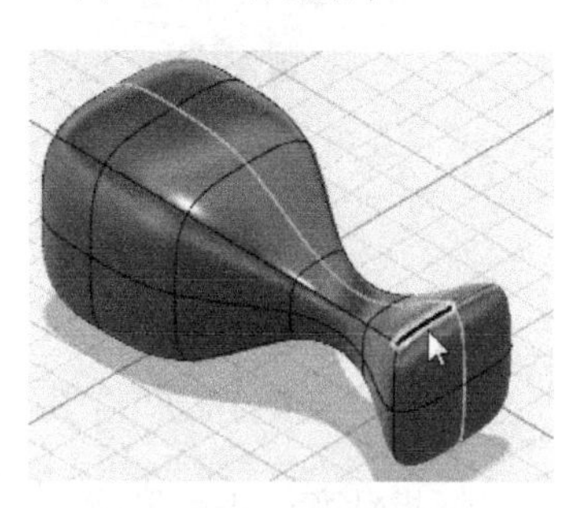

图 10-13　选择边

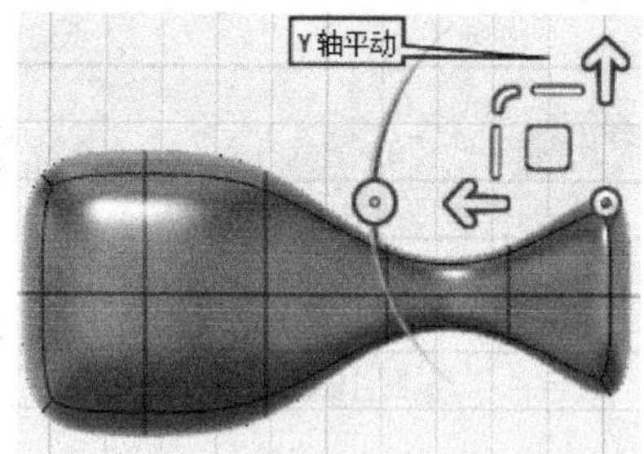

图 10-14　调整视图位置

重复操作，再选择下面的边进行形状编辑，向上拖动 *Y* 轴平动箭头，调整到如图 10-16 所示位置。

选择如图 10-17 所示的边和面进行“形状编辑”，拖动 *Z* 轴方向箭头，向左平动到如图 10-18 所示位置。

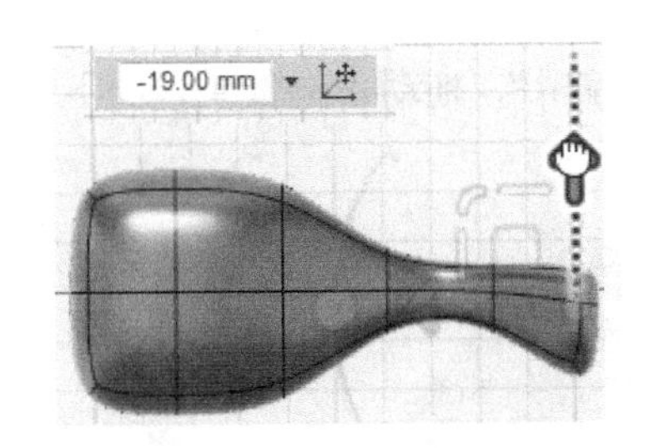

图 10-15　向下调整位置

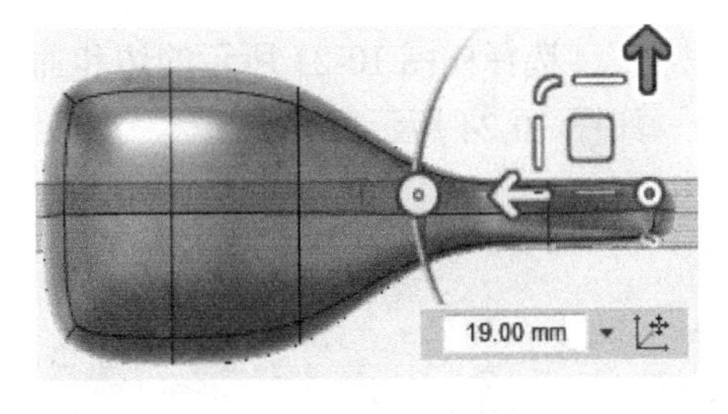

图 10-16　向上调整位置

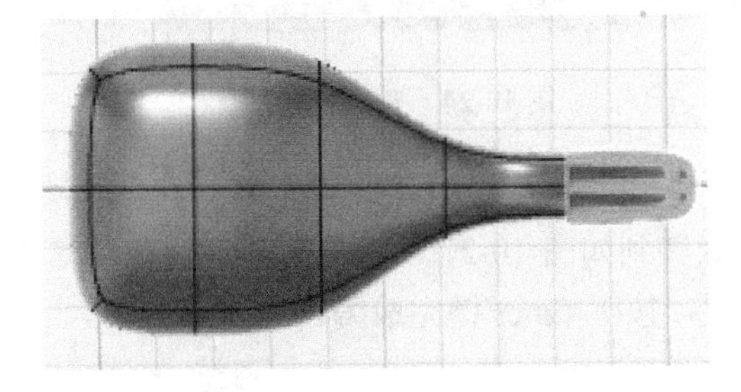

图 10-17　选择边和面

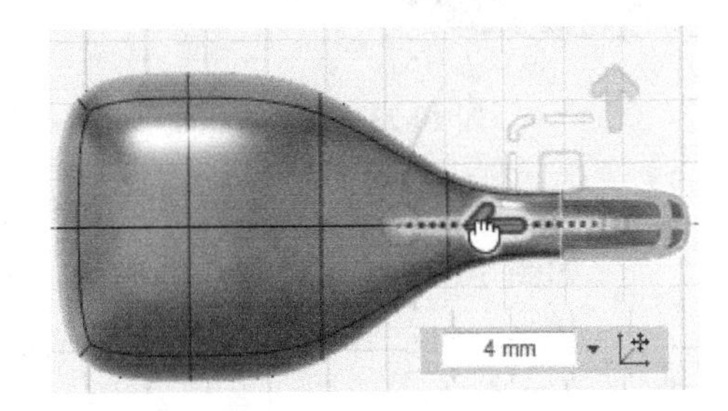

图 10-18　向左调整位置

按下 Shift 键的同时选择尾部四个面进行“形状编辑”，如图 10-19 所示。在按下 Alt 键的同时拖动 Z 轴方向箭头，平动到如图 10-20 所示位置；松开 Alt 键，再拖动 X 轴向箭头，平动到如图 10-21 所示位置。调整视图方向，拖动旋转轴，转动到如图 10-22 所示位置，单击“编辑窗口”中的“确定”按钮，完成编辑。

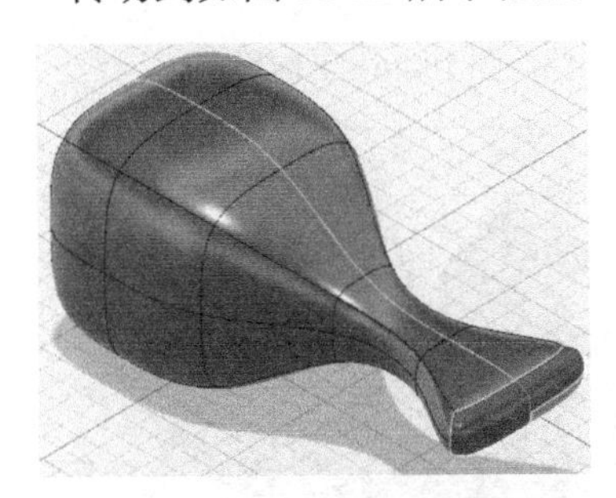

图 10-19　选择尾部面

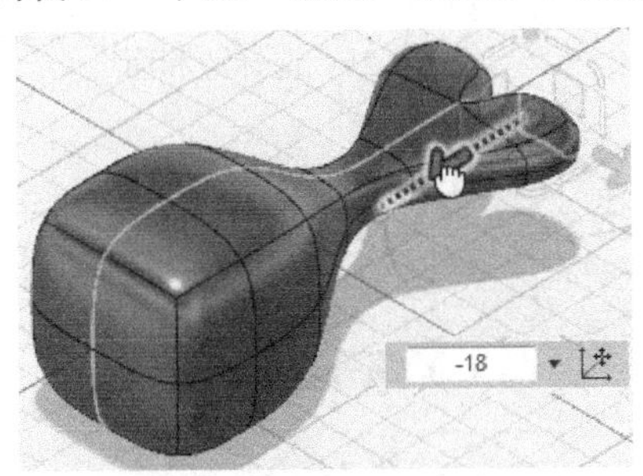

图 10-20　Z 轴方向调整位置

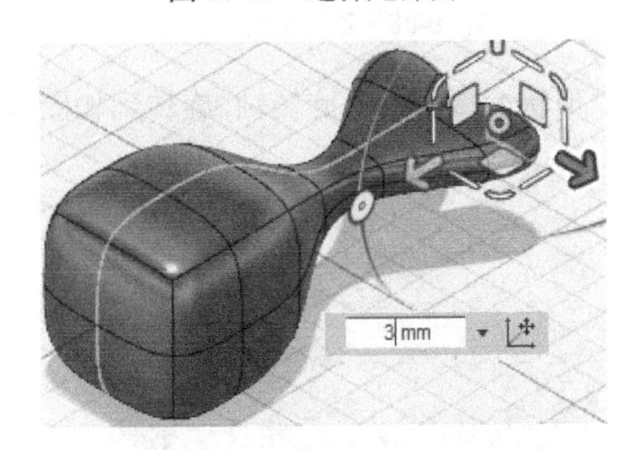

图 10-21　X 轴方向调整位置

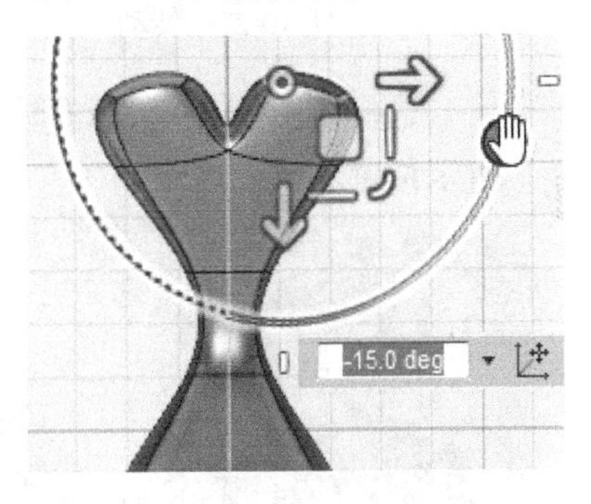

图 10-22　转动

选择如图 10-23 所示的边和面进行“形状编辑”，拖动 Y 向箭头，向下平动到如图 10-24 所示位置。

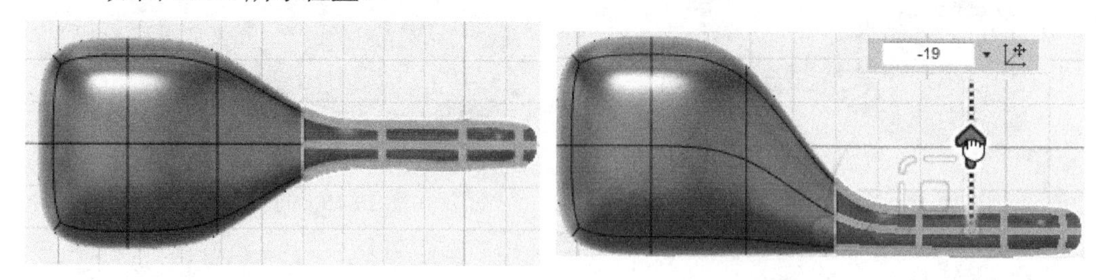

图 10-23　选择边和面

图 10-24　Y 向平动

选择如图 10-25 所示的边和面进行“形状编辑”，拖动 Y 向箭头，向上平动到如图 10-26 所示位置，再拖动旋转轴旋转到如图 10-27 所示位置，最后拖动 Z 向箭头，向左平动到如图 10-28 所示位置，按下 Enter 键完成编辑。

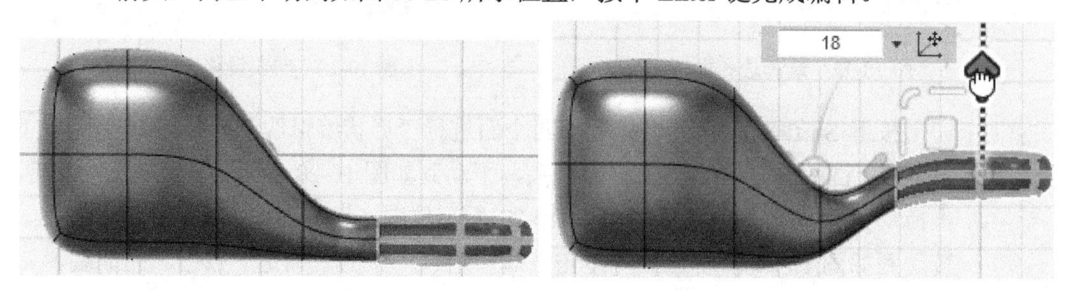

图 10-25　选择边和面

图 10-26　Y 向平动

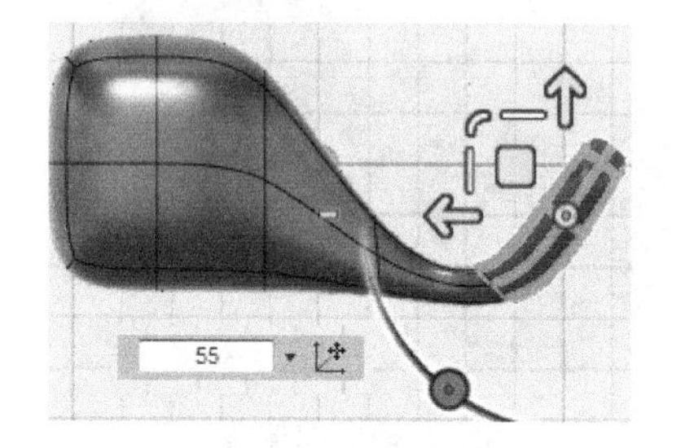

图 10-27　转动

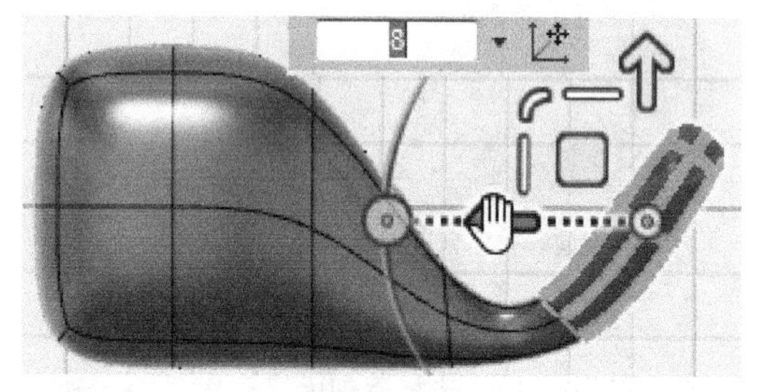

图 10-28　Z 向平动

选择如图 10-29 所示的边和面进行“形状编辑”，拖动旋转轴，旋转到如图 10-30 所示位置。

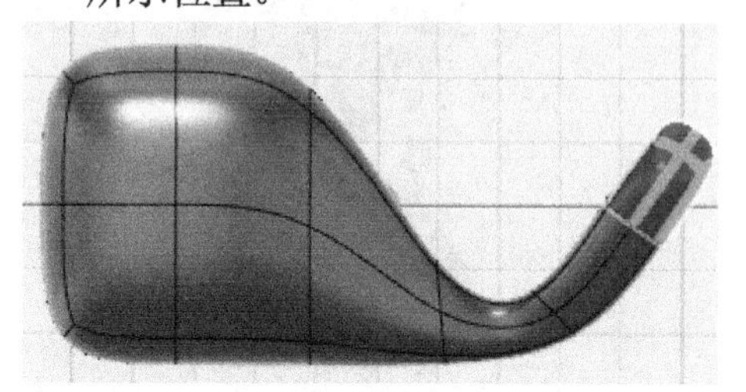

图 10-29　转动

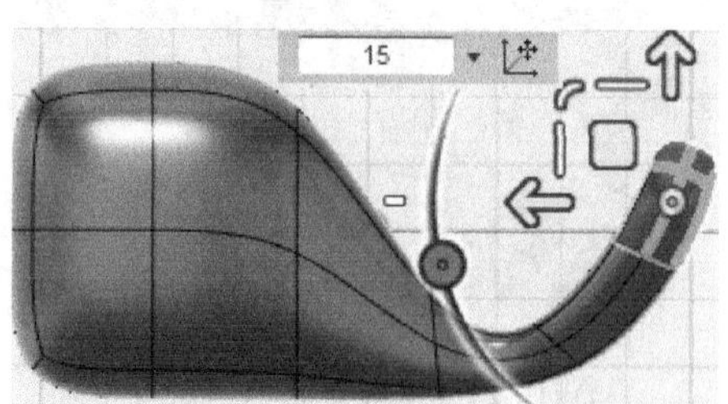

图 10-30　Z 向平动

Step 03 鲸鱼头部设计。选择如图 10-31 所示的边进行“形状编辑”，拖动 *Y* 向箭头，向下平动到如图 10-32 所示位置；再拖动 *X* 向箭头，向左平动到如图 10-33 所示位置。

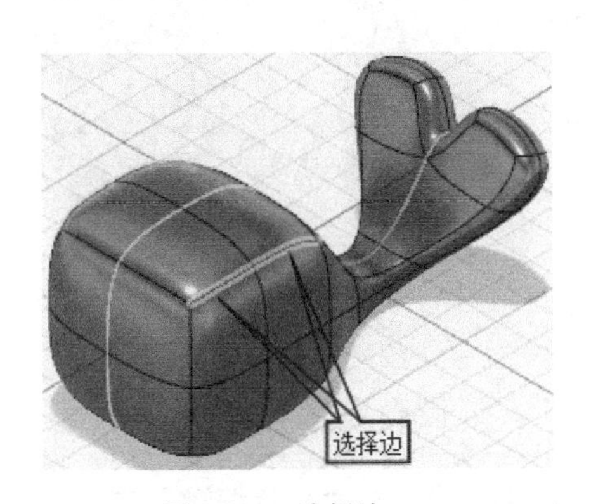

图 10-31　选择边

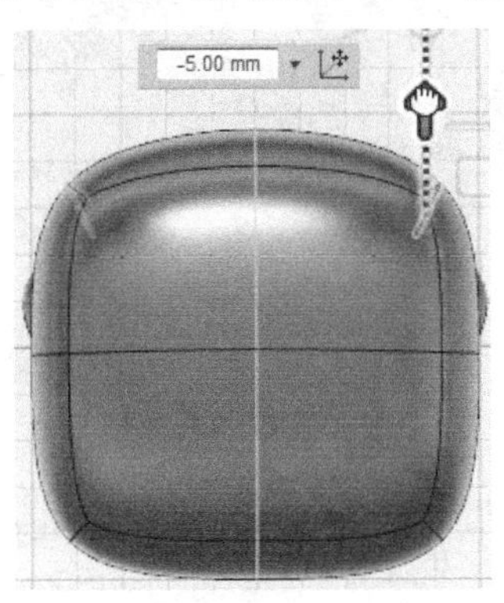

图 10-32　*Y* 向平动

重复操作，再选择下面的两条边，按照上述步骤反向操作，完成编辑后如图 10-34 所示。

选择如图 10-35 所示的顶点进行形状编辑，拖动 *Y* 向箭头，向下平动到如图 10-36 所示位置；再拖动 *X* 向箭头，向左平动到如图 10-37 所示位置。

重复操作，再选择下面的顶点，按照上述步骤反向操作，完成编辑后结果如图 10-38 所示。

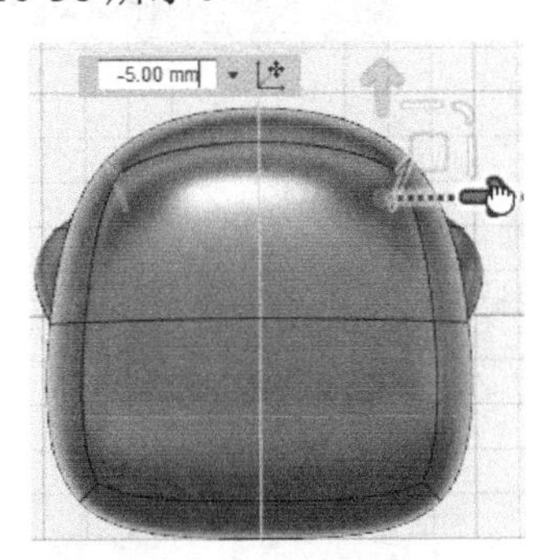

图 10-33　*X* 向平动

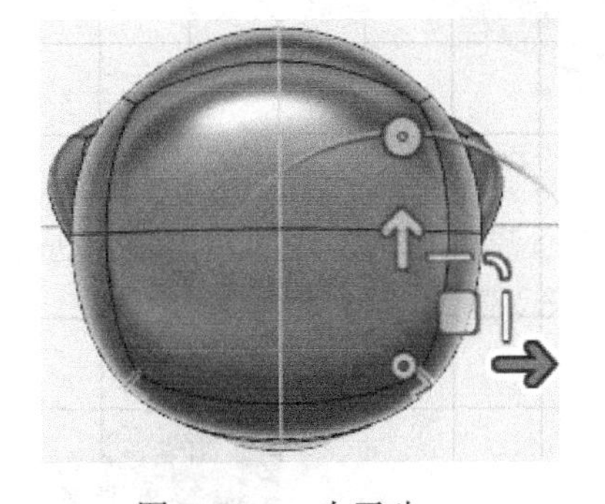

图 10-34　*Y* 向平动

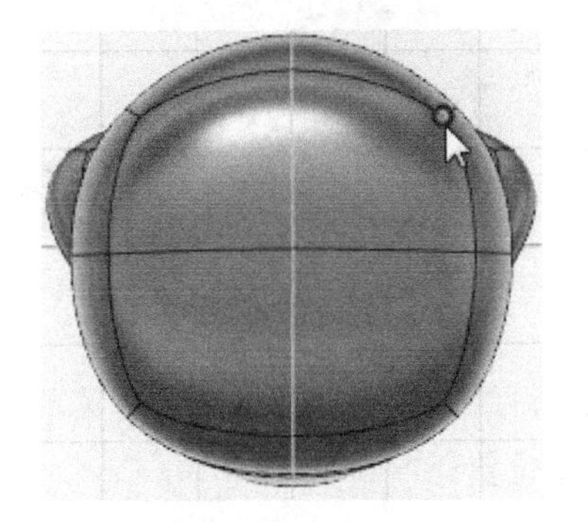

图 10-35　选择顶点

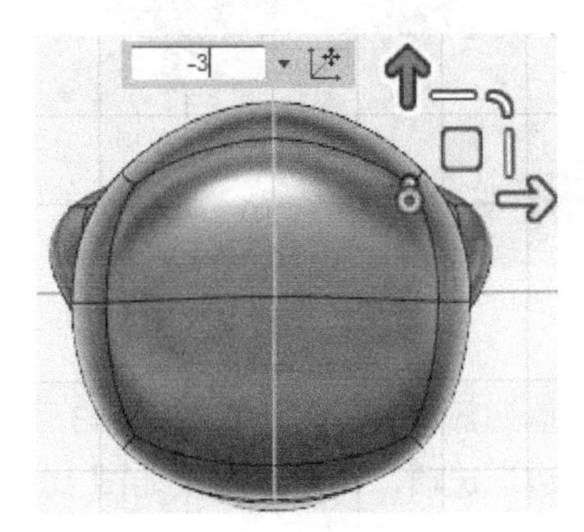

图 10-36　*Y* 向平动

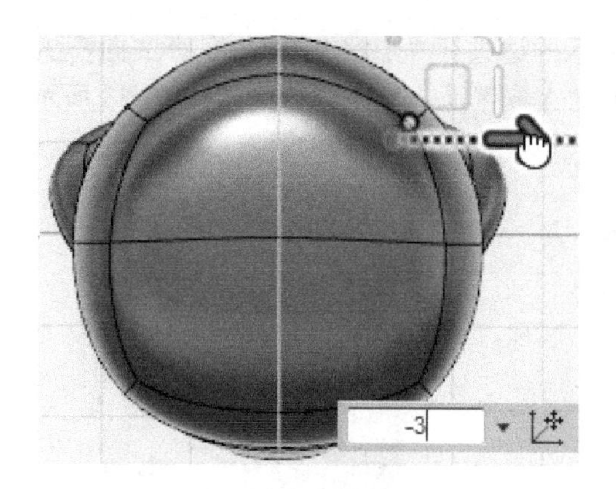

图 10-37 *X* 向平动

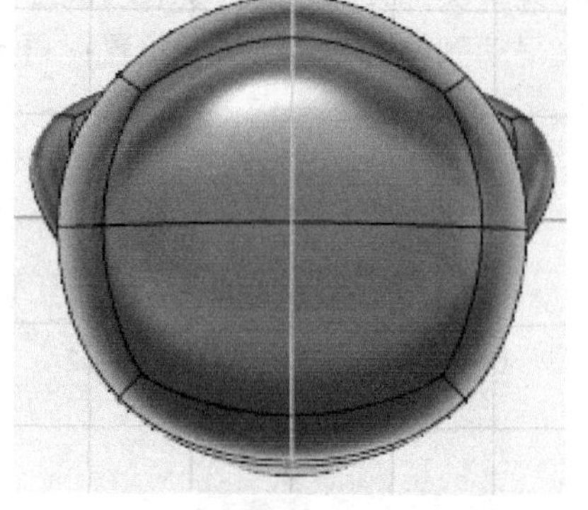

图 10-38 *Y* 向平动

调整视图方向，选择如图 10-39 所示的顶点进行“形状编辑”，拖动 Z 向箭头，向左平动到如图 10-40 所示位置。

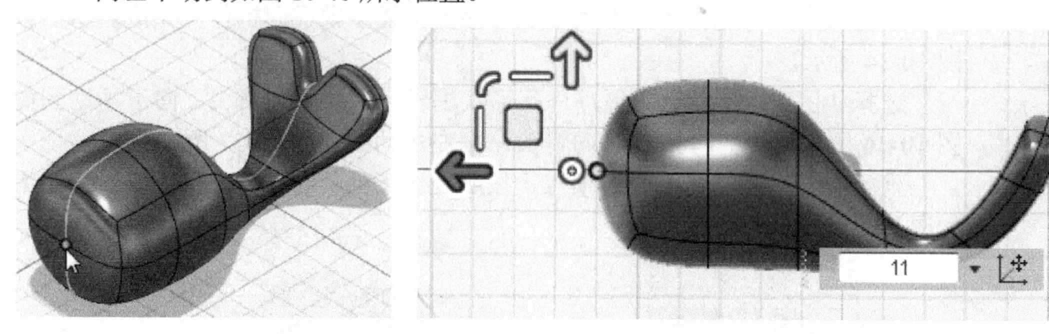

图 10-39 选择顶点

图 10-40 *Z* 向平动

选择如图 10-41 所示的顶点进行形状编辑，拖动 *Y* 向箭头，向上平动到如图 10-42 所示位置。

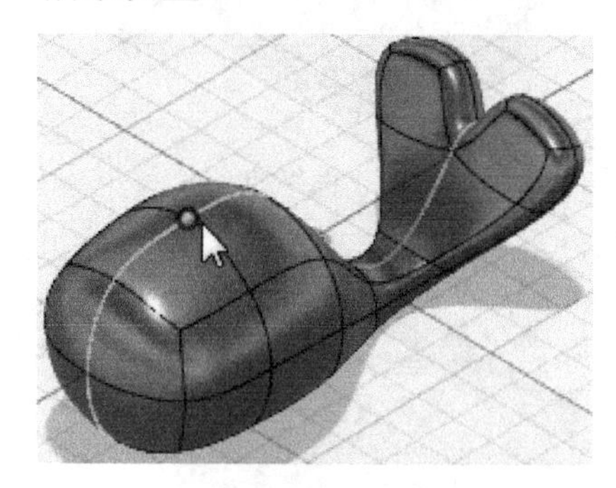

图 10-41 选择顶点

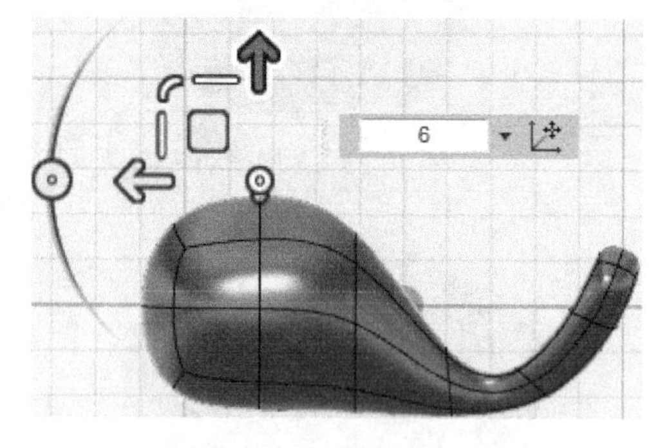

图 10-42 *Y* 向平动

Step 04 鲸鱼鳍部设计。选择如图 10-43 所示的边，单击鼠标右键，在右键菜单中选择“插入边”选项，调整距离至如图 10-44 所示位置。

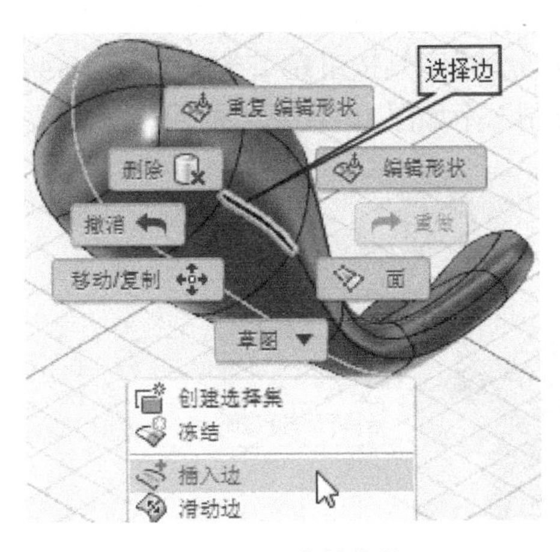

图 10-43 右键菜单

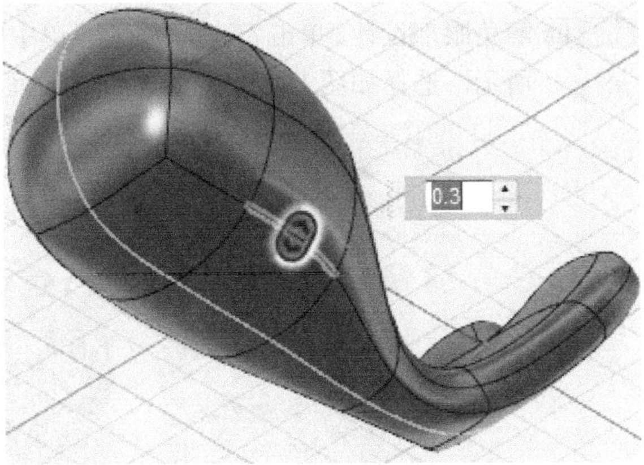

图 10-44 调整距离

选择如图 10-45 所示面进行“形状编辑”，在按下 Alt 键的同时拖动 *X* 向箭头，向右平动到如图 10-46 所示位置；松开 Alt 键，拖动 *Y* 向箭头，向上平动到如图 10-47 所示位置；拖动旋转轴，旋转到如图 10-48 所示位置。最后单击“确定”按钮完成“形状编辑”操作。

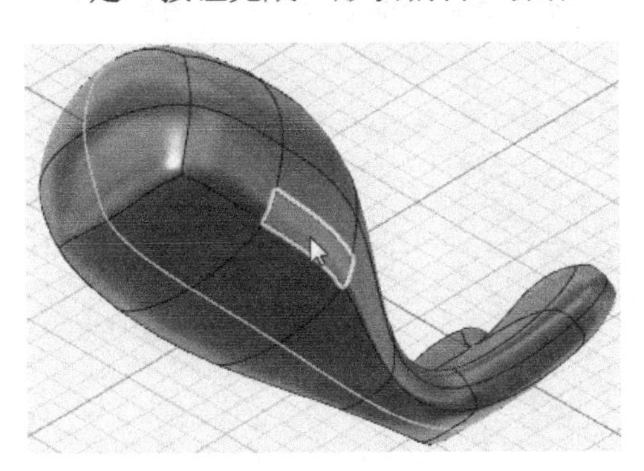

图 10-45 选择面

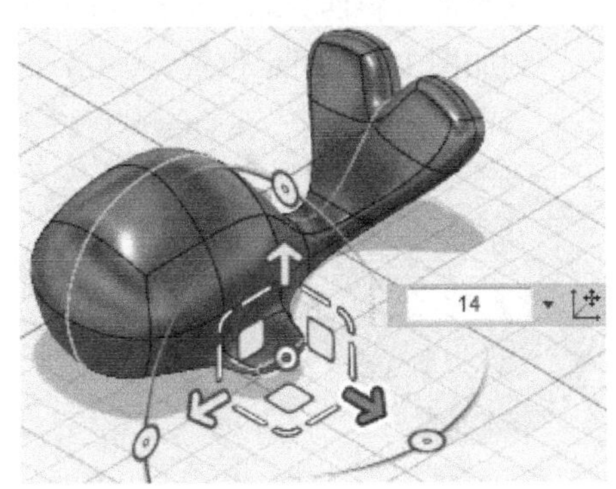

图 10-46 *X* 向平动

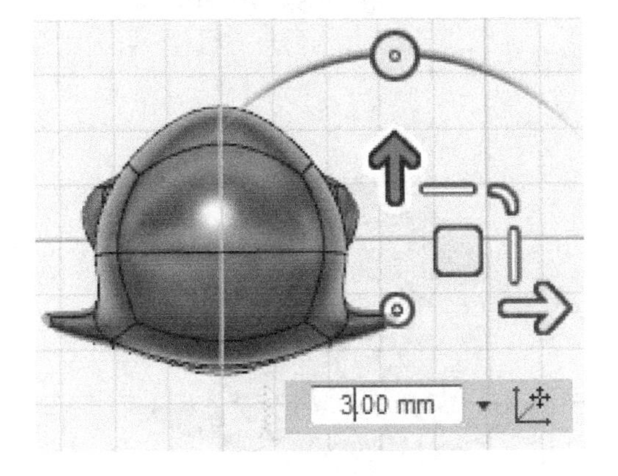

图 10-47 *Y* 向平动

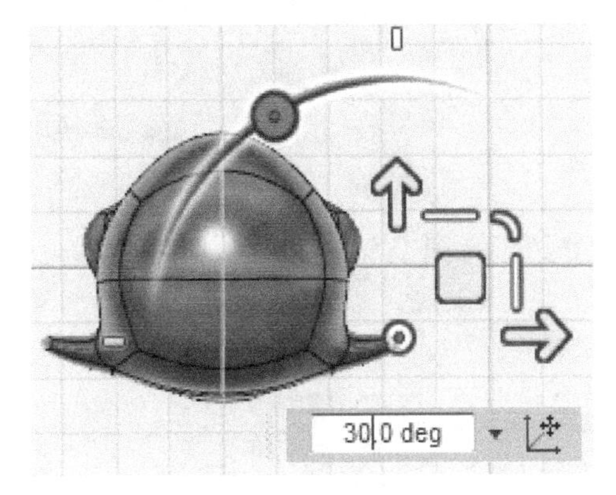

图 10-48 转动

Step 05 鲸鱼眼部设计。单击“创建”下拉菜单中的“四分球”工具按钮 四分球，如图 10-49 所示。选择如图 10-50 所示的 *XY* 工作面，绘制一个如图 10-51 所示的四分球。

图 10-49 “四分球”工具

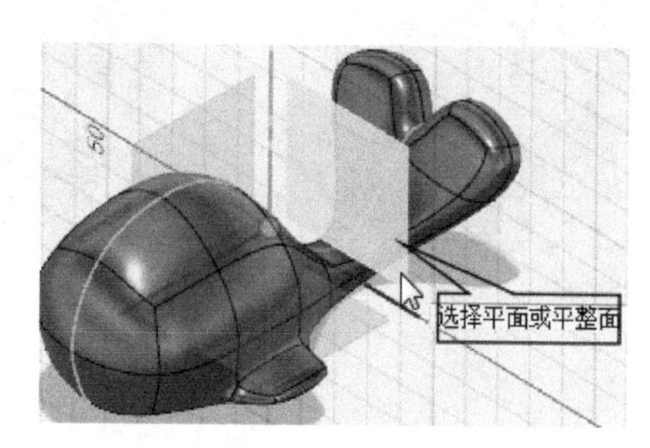

图 10-50 选择工作面

单击“四分球”窗口中的“确定”按钮，完成四分球绘制。框选四分球，如图 10-52 所示。单击鼠标右键，在右键菜单中选择“移动/复制”选项，如图 10-53 所示。弹出“移动/复制”窗口和手动控制面板，单击并拖动手动控制面板中的移动平面，将四分球移动至如图 10-54 所示位置。调整视图方向，再将四分球移动到如图 10-55 所示位置。

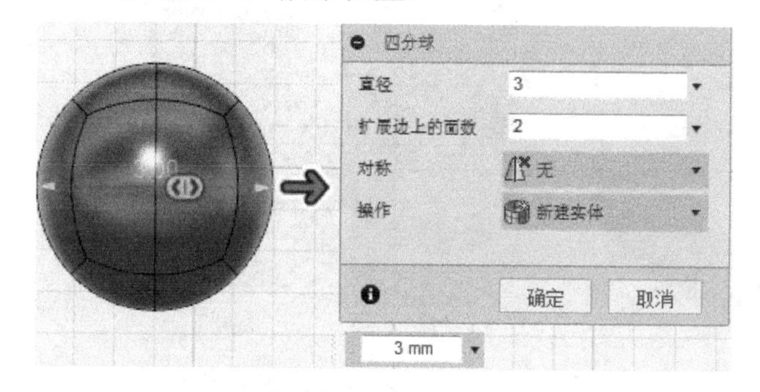

图 10-51 创建四分球

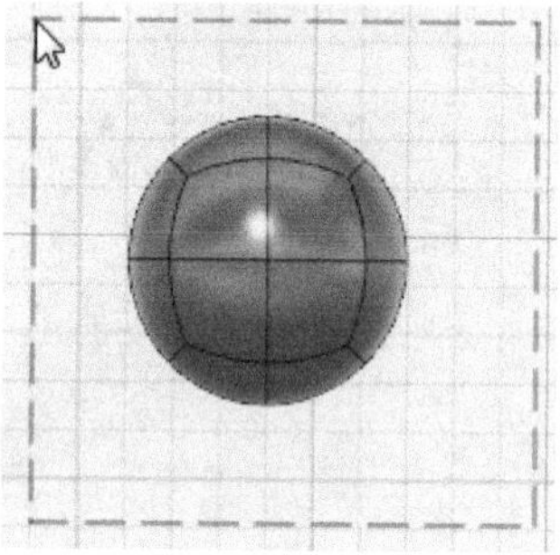

图 10-52 框选四分球

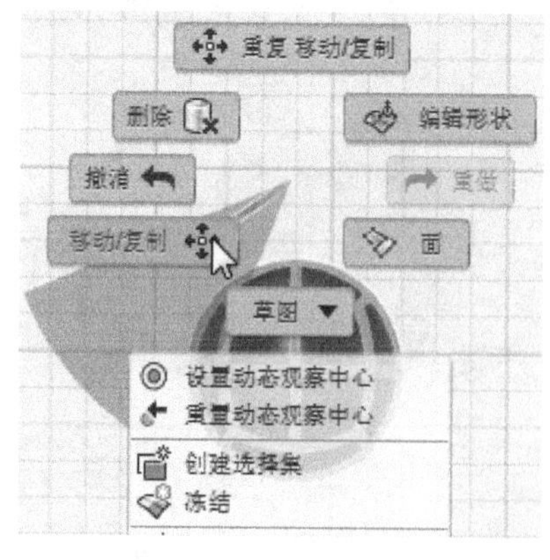

图 10-53 右键菜单

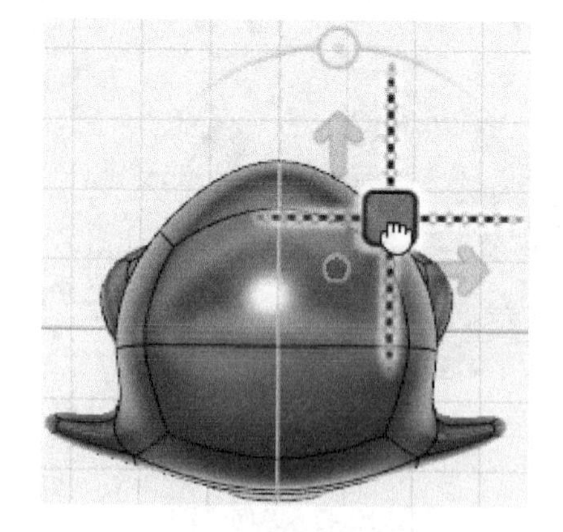

图 10-54 移动四分球-1

单击“对称”下拉菜单中的“镜像-复制”工具按钮 镜像-复制，如图 10-56 所示。弹出“镜像-复制”窗口，先选择镜像实体-四分球，再选择镜像平面——*YZ* 平面，如图 10-57 所示，最后单击工具面板上的“完成造型”工具按钮，完成鲸鱼的造型设计。

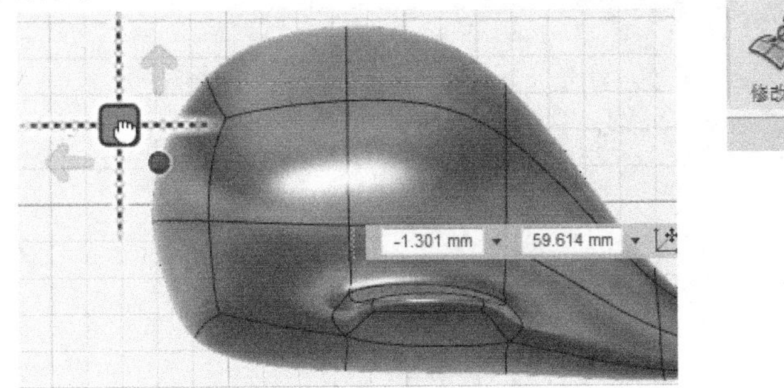

图 10-55　移动四分球-2

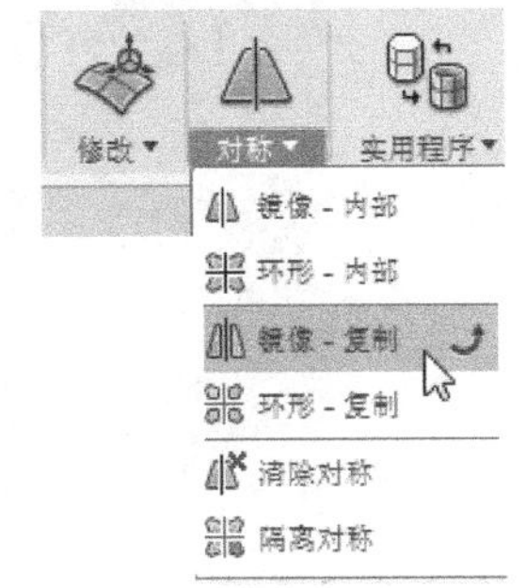

图 10-56　“镜像-复制”工具

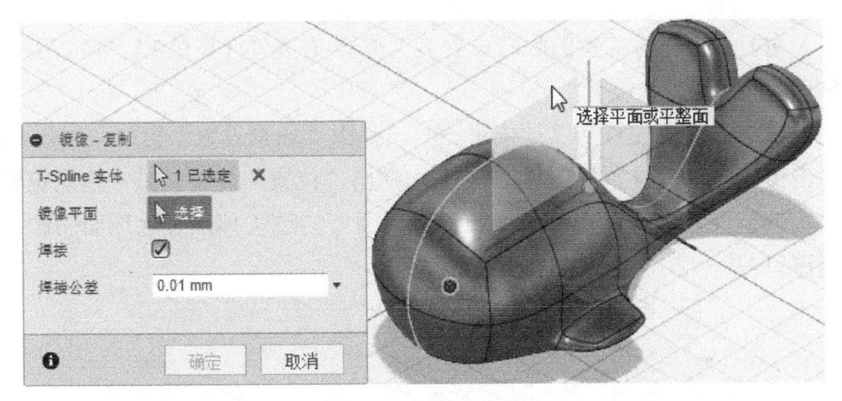

图 10-57　镜像实体

Step 06 鲸鱼外观及场景设置。在“空间”下拉菜单中选择“渲染”选项，如图 10-58 所示。进入渲染环境，渲染环境中工具面板如图 10-59 所示，单击“设置”工具面板上的“外观”工具按钮，弹出“外观”窗口。在材料“外观”窗口中选择“塑料-不透明-有光泽（黄色）”，如图 10-60 所示。然后用鼠标拖动选中的颜色至鲸鱼实体上，则鲸鱼就会变成所选择的外观颜色。

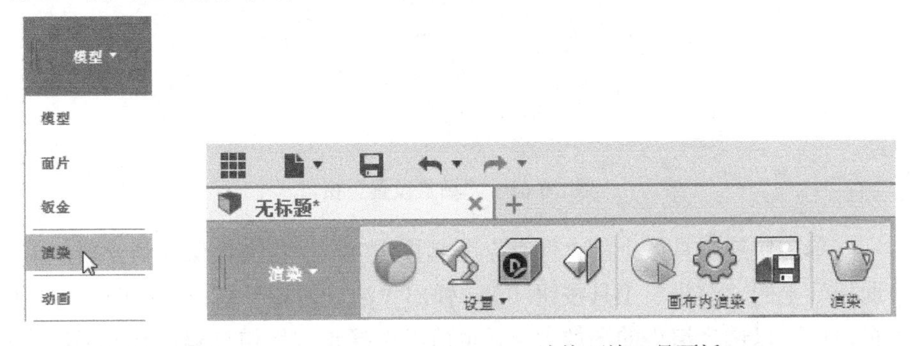

图 10-58　选择“渲染”选项　　　　图 10-59　渲染环境工具面板

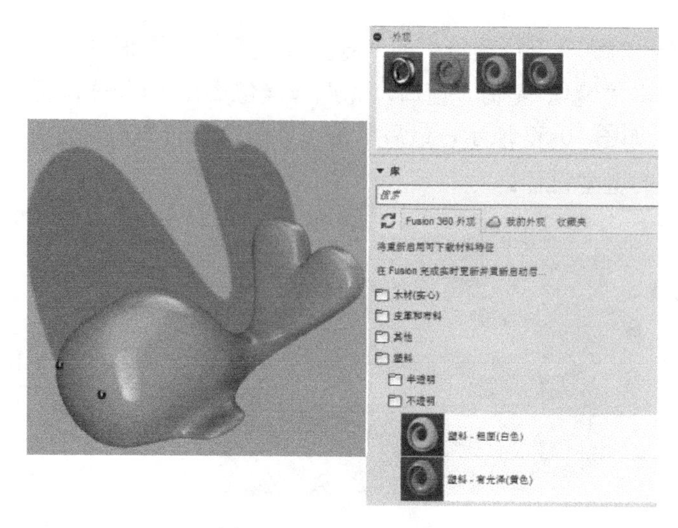

图 10-60　设置外观颜色

重复操作，将鲸鱼的眼睛设置为“塑料-有光泽（黑色）”，完成后关闭“外观”窗口。

单击“场景设置”工具按钮 ，弹出“场景设置”窗口，如图 10-61 所示，单击窗口中的“位置”工具按钮 ，弹出“位置”调整工具。拖动位置旋转的滑动块调整灯光位置；将窗口中的“地平面”勾选去掉以去除地面阴影，完成后关闭窗口。

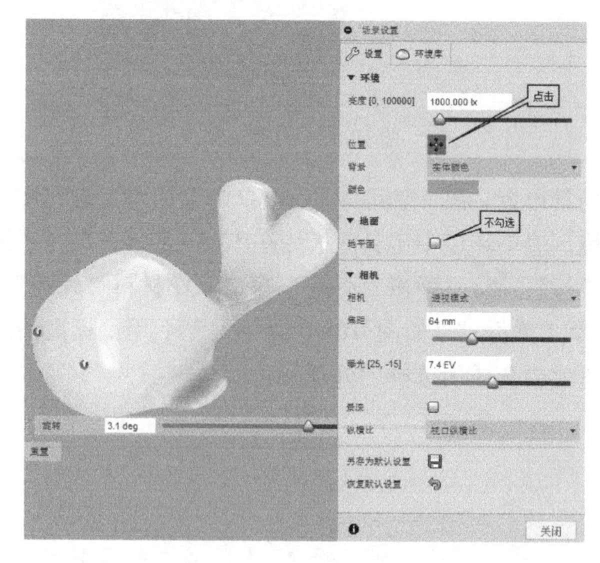

图 10-61　“场景设置”窗口

单击快速工具条上的“保存”工具按钮 ，将文件保存到云端，单击“工具面板”上的“渲染”工具按钮 ，弹出“渲染设置”窗口，如图 10-62 所示，在窗口中可以选择渲染的图像大小，也可以选择是本地渲染器还是云端渲染器，完成设置后，单击“渲染”按钮即可进行渲染。

说明： 要渲染图片的话必须将设计保存到云端服务器，由于比赛过程中不能将设计保存，因此在比赛中是不用渲染的。只是利用截图工具将所要求的视图截取并保存到PPT中即可，然后选取一个合适的视图作为打印方向，放置于PPT第2页。

渲染设置
WEB　手机　打印　视频　自定义
图像尺寸　自定义　宽度　1680　px
纵横比　16:9 宽屏　高度　945　px
文件格式　PNG (无损)
透明背景
渲染方式
云渲染器　本地渲染器
渲染质量
标准　最终
渲染队列时间:　< 20 分钟
2 所需积分　渲染
关闭

图 10-62　“渲染设置”窗口

思考与练习 10

用 Fusion 360 设计如图 10-63 所示飞机玩偶模型，具体可参见资料包中“模块十/练习.pptx”文件。

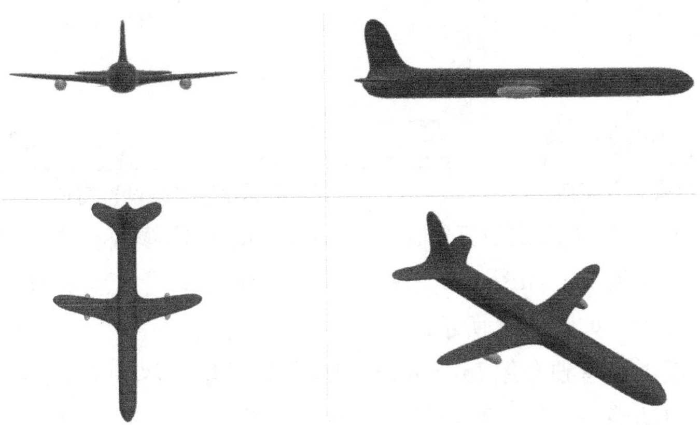

图 10-63　飞机玩偶模型

附 录 A

Inventor 与 3D 打印

随着 3D 打印技术的风靡，Autodesk 公司在 Inventor 2016 版本开始加入了 3D 打印模块。在 Inventor 中建立模型后，即可以输出 STL 文件，在其他切片软件中打印，也可以直接在 Inventor 的 3D 打印模块中打印。

Step 01 输出 STL 文件。从文件菜单中的“打印”选项中选择“发送到 3D 打印服务”选项，如图 A-1 所示。弹出“发送到 3D 打印服务”窗口，在该窗口中可以设置模型的缩放比例、长、宽、高等参数，如图 A-2 所示。单击“确定”按钮后，在弹出的“保存副本为”窗口中，选择保存路径、文件名，即可输出 STL 文件。

图 A-1　渲染设置窗口

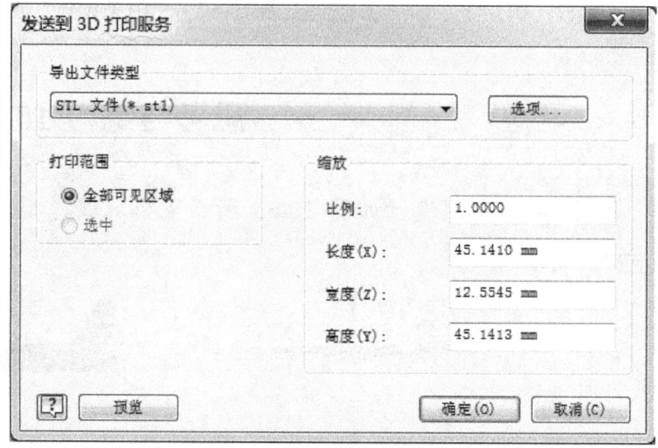

图 A-2　渲染设置窗口

Step 02 在 Inventor 3D 打印模块中打印。Inventor 的 3D 打印模块在“环境”菜单下的“3D 打印”工具面板上，如图 A-3 所示。单击“3D 打印”工具按钮，即可进入 3D 打印工作环境，如图 A-4 所示。

在这里不再单独介绍 Inventor 的 3D 打印环境，尽管 Inventor 2018 具有 3D 打印模块，但功能不完善，也不好用，建议读者还是将模型生成 STL 文件后，用其他的专门切片软件进行打印。

图 A-3　3D 打印模块位置

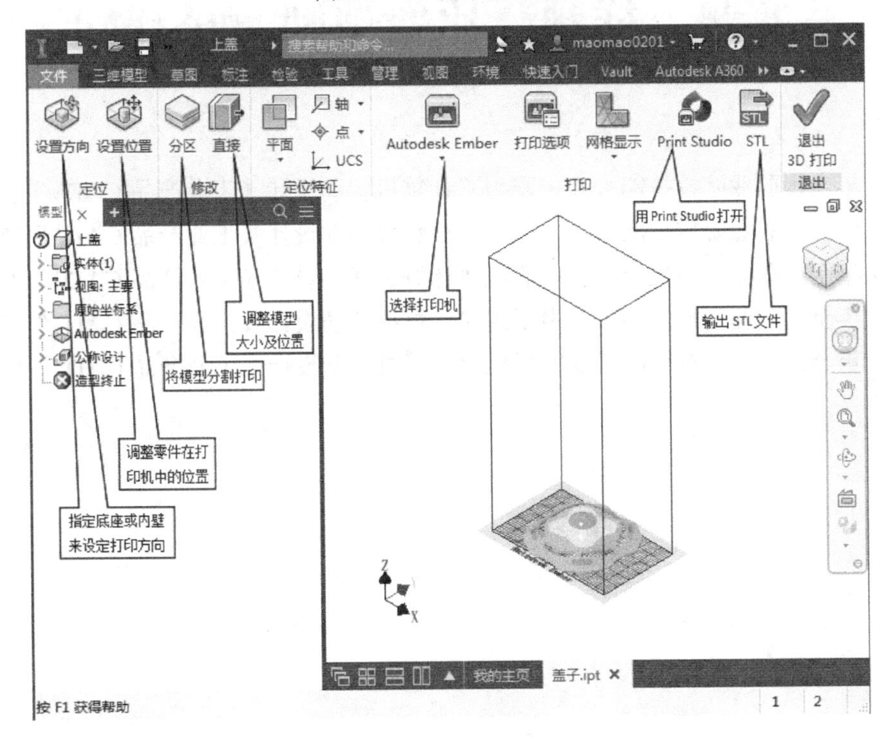

图 A-4　3D 打印环境

附 录 B

赛题、样题、比赛规则（附资料包中）

2015 年全国职业院校技能大赛中职组“计算机辅助设计（工业产品 CAD）”赛题
2016 年全国职业院校技能大赛中职组“计算机辅助设计（工业产品 CAD）”赛题
2017 年全国职业院校技能大赛中职组“计算机辅助设计（工业产品 CAD）”赛题
2018 年全国职业院校技能大赛中职组“计算机辅助设计（工业产品 CAD）”申报样题
2017 年全国职业院校技能大赛中职组“计算机辅助设计（工业产品 CAD）”比赛规则

参考文献

[1] Autodesk，Inc. Autodesk Inventor 2011 基础培训教程. 北京：电子工业出版社，2011.
[2] Autodesk，Inc. Autodesk Inventor 2011 进阶培训教程. 北京：电子工业出版社，2011.
[3] Autodesk，Inc. Autodesk Inventor 2011 高级培训教程. 北京：电子工业出版社，2011.
[4] 赵卫东. Inventor 2011 基础教程与项目指导. 上海：同济大学出版社，2010.
[5] 陈伯雄，等. Autodesk Inventor Professional 2008 机械设计实战教程. 北京：化学工业出版社，2008.

反侵权盗版声明

举报电话：（010）88254396；（010）88258888

传　　真：（010）88254397

E-mail：　dbqq@phei.com.cn

通信地址：北京市万寿路 173 信箱

　　　　　电子工业出版社总编办公室

邮　　编：100036